“十三五”国家重点出版物出版规划项目
卓越工程能力培养与工程教育专业认证系列规划教材
（电气工程及其自动化、自动化专业）

检测技术及应用

主　编　尚丽平
副主编　郭玉英　朱玉玉　张春峰
参　编　李俊国　王建伟　周颖玥　武　丽

机 械 工 业 出 版 社

本书从理论及工程应用的角度，系统地介绍了传感器原理、检测技术及其应用。全书由6章组成。第1章介绍了检测技术的基本概念、误差处理技术和检测系统设计方法等基础知识。第2章介绍了传感器的基本原理、静动态特性，常见的、应用广泛的以及新型的传感器，如电阻式、电容式、电感式、压电式、压阻式、光纤传感器和化学、生物传感器等。第3章则重点阐述了获得测量信号后，如何对其进行变换和处理，以获得期望的工程数据。第4、6章介绍了各种物理量的测量方法，如温度、流量、物位、位移、压力、成分与含量等及检测技术工程应用实例。第5章简要介绍了现代检测新技术，以使读者了解当前检测技术的新发展。

本书既可作为自动化、电气、电子专业的本科教材，也可作为硕士研究生及相关工程技术人员的参考书。

图书在版编目（CIP）数据

检测技术及应用/尚丽平主编. —北京：机械工业出版社，2018.9
“十三五”国家重点出版物出版规划项目 卓越工程能力培养与工程教育专业认证系列规划教材. 电气工程及其自动化、自动化专业
ISBN 978-7-111-60872-1

Ⅰ. ①检… Ⅱ. ①尚… Ⅲ. ①技术测量－高等学校－教材
Ⅳ. ①TG806

中国版本图书馆CIP数据核字（2018）第207224号

机械工业出版社（北京市百万庄大街22号 邮政编码100037）
策划编辑：王 康 贡克勤 责任编辑：王 康 张珂玲
责任校对：张晓蓉 封面设计：鞠 杨
责任印制：孙 炜
河北宝昌佳彩印刷有限公司印刷
2019年9月第1版第1次印刷
184mm×260mm · 18印张 · 441千字
标准书号：ISBN 978-7-111-60872-1
定价：45.90元

电话服务 网络服务
客服电话：010－88361066 机 工 官 网：www.cmpbook.com
010－88379833 机 工 官 博：weibo.com/cmp1952
010－68326294 金 书 网：www.golden－book.com
封底无防伪标均为盗版 机工教育服务网：www.cmpedu.com

"十三五"国家重点出版物出版规划项目

卓越工程能力培养与工程教育专业认证系列规划教材

（电气工程及其自动化、自动化专业）

编审委员会

序

工程教育在我国高等教育中占有重要地位，高素质工程科技人才是支撑产业转型升级、实施国家重大发展战略的重要保障。当前，世界范围内新一轮科技革命和产业变革加速进行，以新技术、新业态、新产业、新模式为特点的新经济蓬勃发展，迫切需要培养、造就一大批多样化、创新型卓越工程科技人才。目前，我国高等工程教育规模世界第一。我国工科本科在校生约占我国本科在校生总数的1/3，近年来我国每年工科本科毕业生约占世界总数的1/3以上。如何保证和提高高等工程教育质量，如何适应国家战略需求和企业需要，一直受到教育界、工程界和社会各方面的关注。多年以来，我国一直致力于提高高等教育的质量，组织并实施了多项重大工程，包括卓越工程师教育培养计划（以下简称卓越计划）、工程教育专业认证和新工科建设等。

卓越计划的主要任务是探索建立高校与行业企业联合培养人才的新机制，创新工程教育人才培养模式，建设高水平工程教育教师队伍，扩大工程教育的对外开放。计划实施以来，各相关部门建立了协同育人机制。卓越计划要求试点专业要大力改革课程体系和教学形式，依据卓越计划培养标准，遵循工程的集成与创新特征，以强化工程实践能力、工程设计能力与工程创新能力为核心，重构课程体系和教学内容；加强跨专业、跨学科的复合型人才培养；着力推动基于问题的学习、基于项目的学习、基于案例的学习等多种研究性学习方法，加强学生创新能力训练，“真刀真枪”做毕业设计。卓越计划实施以来，培养了一批获得行业认可、具备很好的国际视野和创新能力、适应经济社会发展需要的各类型高质量人才，教育培养模式改革创新取得突破，教师队伍建设初见成效，为卓越计划的后续实施和最终目标的达成奠定了坚实基础。各高校以卓越计划为突破口，逐渐形成各具特色的人才培养模式。

2016年6月2日，我国正式成为工程教育“华盛顿协议”第18个成员国，这标志着我国工程教育真正融入世界工程教育，人才培养质量开始与其他成员国达到了实质等效，同时，也为以后我国参加国际工程师认证奠定了基础，为我国工程师走向世界创造了条件。专业认证把以学生为中心、以产出为导向和持续改进作为三大基本理念，与传统的内容驱动、重视投入的教育形成了鲜明对比，是一种教育范式的革新。通过专业认证，把先进的教育理念引入了我国工程教育，有力地推动了我国工程教育专业教学改革，逐步引导我国高等 工程教育实现从课程导向向产出导向转变、从以教师为中心向以学生为中心转变、从质量监控向持续改进转变。

在实施卓越计划和开展工程教育专业认证的过程中，许多高校的电气工程及其自动化、自动化专业结合自身的办学特色，引入先进的教育理念，在专业建设、人才培养模式、教学内容、教学方法、课程建设等方面积极开展教学改革，取得了较好的效果，建设了一大批优质课程。为了将这些优秀的教学改革经验和教学内容推广给广大高校，中国工程教育专业认证协会电子信息与电气工程类专业认证分委员会、教育部高等学校电气类专业教学指导委员会、教育部高等学校自动化类专业教学指导委员会、中国机械工业教育协会自动化学科教学委员会、中国机械工业教育协会电气工程及其自动化学科教学委员会联合组织规划了“卓越工程能力培养与工程教育专业认证系列规划教材（电气工程及其自动化、自动化专业）”。本套教材通过国家新闻出版广电总局的评审，入选了“十三五”国家重点图书。本套教材密切联系行业和市场需求，以学生工程能力培养为主线，以教育培养优秀工程师为目标，突出学生工程理念、工程思维和工程能力的培养。本套教材在广泛吸纳相关学校在“卓越工程师教育培养计划”实施和工程教育专业认证过程中的经验和成果的基础上，针对目前同类教材存在的内容滞后、与工程脱节等问题，紧密结合工程应用和行业企业需求，突出实际工程案例，强化学生工程能力的教育培养，积极进行教材内容、结构、体系和展现形式的改革。

经过全体教材编审委员会委员和编者的努力，本套教材陆续跟读者见面了。由于时间紧迫，各校相关专业教学改革推进的程度不同，本套教材还存在许多问题。希望各位老师对本套教材多提宝贵意见，以使教材内容不断完善提高。也希望通过本套教材在高校的推广使用，促进我国高等工程教育教学质量的提高，为实现高等教育的内涵式发展贡献一份力量。

卓越工程能力培养与工程教育专业认证系列规划教材

（电气工程及其自动化、自动化专业）

编审委员会

前　言

检测技术，作为人类认识和改造客观世界的一种必不可少的重要手段，近几年来其所涵盖的内容更加深刻和广泛，而以此为基础的现代系统的设计水平也在快速提高。本书将传感器原理、自动检测技术和测量技术工程应用等内容有机地整合在一起，这样，读者不仅可以了解各种传感器的工作原理，而且可以知道检测系统设计的要点和传感器的工程应用，以便做到有的放矢。全书由 6 章组成。第 1 章介绍了检测技术的基本概念、误差处理技术和检测系统设计方法等基础知识。第 2 章介绍了传感器的基本原理、静动态特性，常见的、应用广泛的以及新型的传感器，如电阻式、电容式、电感式、压电式、压阻式、光纤传感器和化学、生物传感器等。第 3 章则重点阐述了获得测量信号后，如何对其进行变换和处理，以获得期望的工程数据。第 4、6 章介绍了各种物理量的测量方法，如温度、流量、物位、位移、压力、成分与含量等及检测技术工程应用实例。第 5 章简要介绍了现代检测新技术，以使读者了解当前检测技术的新发展。

本书由尚丽平教授主编。第 1、5 章由郭玉英教授编写。第 2 章中，2.1 ~ 2.4 节由王建伟副教授编写，2.5 ~ 2.7 节由武丽副教授和李俊国副教授编写。第 3 章中，3.5 节由武丽副教授编写，其余内容由朱玉玉副教授编写。第 4 章中，4.1 ~ 4.4 节由张春峰老师编写，4.5 节由武丽副教授编写，4.6 ~ 4.8 节由李俊国副教授编写。第 6 章 6.1 节由武丽副教授编写，6.2 节由张春峰老师编写。此外，附录由武丽副教授编写。郭玉英副教授负责全书统稿。

本书可作为自动化、电气、电子专业的本科教材，也可作为硕士研究生及相关工程技术人员的参考书。

在本书的编写过程中，周颖玥老师，王向磊、刘栩鄰、黄浩、赵桂及张子诚等同学为本书的撰写做了很多工作，在此，谨向他们表示最诚挚的谢意。

现代检测技术发展迅速，应用广泛，由于作者的水平和能力有限，书中谬误和不足之处在所难免，衷心希望得到广大读者的批评指正。

编　者

目 录

第1章　检测技术基础知识

检测是指在生产、科研、试验及服务等各个邻域，为及时获得被测、被控对象的有关信息而实时或非实时地对一些参量进行定性检查和定量测量。检测是人类认识和改造客观世界的一种必不可少的重要手段，检测技术是推动科学技术发展的基础技术。就现代工业生产而言，采用各种先进的检测技术与装置对生产全过程进行检查、监测，是确保安全生产，保证产品质量，提高产品合格率，降低能源和原材料消耗，提高企业的劳动生产率和经济效益所必不可少的。本章主要介绍检测系统的组成和设计、测量误差及分析等内容。

1.1　检测技术

检测技术，就是利用各种物理化学效应，选择合适的方法和装置，将生产、科研、生活中的有关信息通过检查与测量的方法赋予定性或定量结果的过程。检测技术对促进企业技术进步、传统工业技术改造和技术装备的现代化有着重要的意义。

中国有句古话："工欲善其事，必先利其器"，用这句话来说明检测技术在我国现代化建设中的重要性是非常恰当的。今天我们所进行的"事"，就是现代化建设大业，而"器"则是先进的检测手段。科学技术的进步、制造业和服务业的发展，促进了检测技术的发展，而先进的检测手段也可提高制造业、服务业的自动化、信息化水平和劳动生产率，促进科学研究和国防建设的进步，提高人民的生活水平。

"检测"是测量，"计量"也是测量，两者有什么区别？一般说来，"计量"是指用精度等级更高的标准量具、器具或标准仪器，对被测样品、样机进行考核性测量。这种测量通常具有非实时及离线和标定的性质，一般在规定的具有良好环境条件的计量室、实验室中，采用比被测样品、样机更高精度的并按有关计量法规和用定期校准的标准量具、器具或标准仪器进行。而"检测"通常是指在生产、实验等现场，利用某种合适的检测仪器或综合测试系统对被测对象进行在线、连续的测量。

1.1.1　检测系统的基本结构和类型

检测的基本任务是获取信息，信息是客观事物的时间、空间特性，是无所不在、无时不存的。为了从海量的信息中提取出有用的部分，以达到观测事物某一内在规律的目的，人们需要通过各种技术手段将所需要了解的那部分信息以容易理解和分析的形式表现出来，这种针对信息的表现形式称为"信号"，信号是信息的载体。

检测系统就是由一些部件以一定的方式组合起来，采用一定的方法和手段，以发现与特定信息对应的信号表现形式，并完成在特定环境下进行的最佳信号获取、变换、处理、存储、传输、显示记录等任务的全套检测装置的总称，它是检测装置的有机组合。

尽管现代检测仪器和检测系统的种类、型号繁多，用途、性能千差万别，但都是用于各种物理或化学成分等参量的检测，其组成单元按信号传递的流程来区分，首先由各种传感器，其将被测物理或化学成分等非电参量转换成电参量信号，然后经信号调理（包括信号转换、信号检波、信号滤波、信号放大等）、数据采集、信号处理后，进行显示、输出，加上系统所需的交直流稳压电源和必要的输入设备，便构成了一个完整的自动检测（仪器）系统。其组成框图如图 1-1 所示。

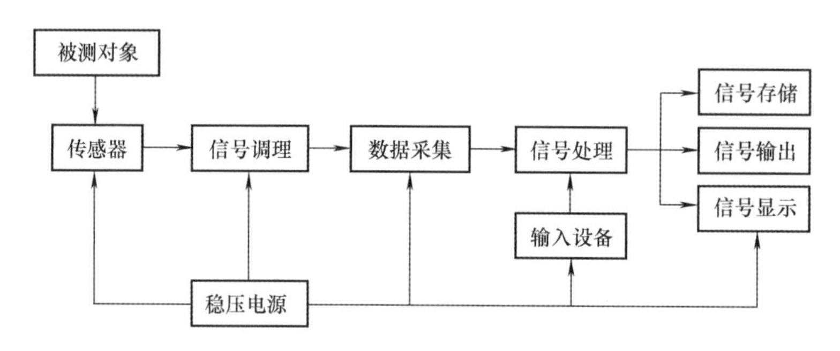

图 1-1　典型自动检测系统的组成框图

1. 传感器

传感器作为检测系统的信号源，是检测系统中十分重要的环节，其性能的好坏将直接影响检测系统的精度和其他指标。对传感器通常有如下要求：

1）准确性：传感器的输出信号必须准确地反映其输入量，即被测量的变化。因此，传感器的输出与输入关系必须是严格的单值函数关系，最好是线性关系。

2）稳定性：传感器的输入、输出的单值函数关系最好不随时间和温度而变，受外界其他因素的干扰影响也应很小，重复性要好。

3）灵敏度：即被测参量较小的变化就可使传感器获得较大的输出信号。

4）其他：如耐腐蚀性、功耗、输出信号形式、体积、售价等。

2. 信号调理

信号调理在检测系统中的作用是对传感器输出的微弱信号进行检波、转换、滤波及放大等，以方便检测系统后续处理或显示。例如，工程上常见的热电阻型数字温度检测（控制）仪表，其传感器 Pt100 的输出信号为热电阻值的变化量。为便于后续处理，通常需设计一个四臂电桥，把随被测温度变化的热电阻阻值转换成电压信号，由于信号中往往夹杂着 50Hz 工频等噪声电压，故其信号调理电路通常包括滤波、放大、线性化等环节。传感器和检测系统种类繁多，复杂程度、精度、性能指标要求等往往差异很大，因此它们所配置的信号调理电路的多寡也不一致，对信号调理电路的一般要求是：

1）能准确转换、稳定放大、可靠地传输信号。

2）信噪比高，抗干扰性能好。

3. 数据采集

数据采集（系统）在检测系统中的作用是对信号调理后的连续模拟信号进行离散化并

转换成与模拟信号电压幅度相对应的一系列数值信息，同时以一定的方式把这些转换的数据及时传递给微处理器或依次自动存储。数据采集系统通常以各类模－数（A－D）转换器为核心，辅以模拟多路开关、采样/保持器、输入缓冲器、输出锁存器。数据采集系统的主要性能指标是：

1）输入模拟电压信号范围，单位为V。

2）转换速度（率），单位为次/s。

3）分辨力，通常以模拟信号输入为满分度值时的转换值的倒数来表征。

4）转换误差，通常指实际转换数值与理想A－D转换器理论转换值之差。

4. 信号处理

信号处理模块是自动检测仪表、检测系统进行数据处理和各种控制的中枢环节，其作用和人的大脑相类似。现代检测仪表、检测系统中的信号处理模块通常以各种型号的嵌入式微控制器、专用高速数据处理器（DSP）和大规模可编程集成电路为核心，或直接采用工业控制计算机来构建。

对检测仪表、检测系统的信号处理环节来说，只要能满足用户对信号处理的要求，则越简单越可靠，成本越低越好。由于大规模集成电路设计、制造和封装技术的迅速发展，嵌入式微控制器、专用高速数据处理器和大规模可编程集成电路性能的不断提升，以及芯片价格不断降低，稍复杂一点的检测系统（仪器）的信号处理环节都应优先考虑选用合适型号的微控制器或DSP来设计和构建，从而使该检测系统具有更高的性能价格比。

5. 信号显示

通常人们都希望及时知道被测参量的瞬时值、累积值或其随时间的变化情况，因此，各类检测仪表和检测系统在信号处理器计算出被测参量的当前值后通常均需送至各自的显示器中进行实时显示。显示器是检测系统与人联系的主要环节之一，显示器一般可分为指示式、数字式和屏幕式三种。

1）指示式显示，又称模拟式显示。被测参量数值大小由光指示器或指针在标尺上的相对位置来表示。用有形的指针位移模拟无形的被测量是较方便、直观的。指示仪表有动圈式和动磁式等多种形式，但均具有结构简单、价格低廉、显示直观的特点，在检测精度要求不高的单参量测量显示场合应用较多。指针式仪表存在指针驱动误差和标尺刻度误差，这种仪表的读数精度和仪器的灵敏度受标尺最小分度的限制，如果操作者读仪表示值时，站位不当就会引入主观读数误差。

2）数字式显示。以数字形式直接显示出被测参量数值的大小。数字式显示没有转换误差和显示驱动误差，能有效地克服读数时的主观误差（相对指示式仪表），还能方便地与智能化终端连接并进行数据传输。因此，各类检测仪表和检测系统越来越多地采用数字式显示方式。

3）屏幕显示。实际上是一种类似电视的点阵式显示方法。具有形象性和易读数的优点，能在同一屏幕上显示一个被测量或多个被测量的变化曲线或图表，显示信息量大、方便灵活。屏幕显示器一般体积较大，对环境温度、湿度等要求较高，在仪表控制室、监控中心等环境条件较好的场合使用较多。

6. 信号输出

在许多情况下，检测仪表和检测系统在信号处理器计算出被测参量的瞬时值后除送显示器中进行实时显示外，通常还需把测量值及时传送给监控计算机、可编程序控制器（PLC）或其他智能化终端。检测仪表和检测系统的输出信号通常有4～20mA的电流模拟信号和脉宽调制PWM信号及串行数字通信信号等多种形式，需根据系统的具体要求确定。

7. 输入设备

输入设备是操作人员和检测仪表或检测系统联系的另一主要环节，用于输入设置参数，下达有关命令等。最常用的输入设备是各种键盘、拨码盘、条码阅读器等。近年来，随着工业自动化、办公自动化和信息化程度的不断提高，通过网络或各种通信总线利用其他计算机或数字化智能终端，实现远程信息和数据输入的方式越来越普遍。

8. 稳压电源

由于工业现场通常只能提供交流220V工频电源或+24V直流电源，传感器和检测系统通常不经降压、稳压就无法直接使用。因此，需根据传感器和检测系统内部电路实际需要，自行设计稳压电源。

最后，值得一提的是，以上八个组成部分不是所有的检测系统（仪表）都具备的，对有些简单的检测系统，其各环节之间的界线也不是十分清晰，需根据具体情况进行分析。

1.1.1.1 检测系统的类型

随着科技和生产的迅速发展，检测系统（仪表）的种类不断增加，其分类方法也很多，工程上常用的几种分类方法介绍如下。

1. 按被测参量分类

常见的被测参量可分为以下几类：

1）电工量：电压、电流、电功率、电阻、电容、频率、磁场强度及磁通密度等。

2）热工量：温度、热量、比热容、热流、热分布、压力、压差、真空度、流量、流速、物位、液位及界面等。

3）机械量：位移、形状、力、应力、力矩、重量、质量、转速、线速度、振动、加速度及噪声等。

4）物性和成分量：气体成分、液体成分、固体成分、酸碱度、盐度、浓度、黏度、粒度及密度等。

5）光学量：光强、光通量、光照度及辐射能量等。

6）状态量：颜色、透明度、磨损量、裂纹、缺陷、泄漏及表面质量等。

严格地说，状态量范围更广，但是有些状态量由于已习惯归入热工量、机械量、成分量中，因此，在这里不再重复列出。

2. 按被测参量的检测转换方法分类

被测参量通常是非电物理或化学成分量，通常需用某种传感器把被测参量转换成电量，以便于后续处理。被测量转换成电量的方法很多，最主要的有下列几类：

1）电磁转换：电阻式、应变式、压阻式、热阻式、电感式、互感式（差动变压器）、电容式、阻抗式（电涡流式）、磁电式、热电式、压电式、霍尔式、振频式、感应同步器及磁栅等。

2）光电转换：光电式、激光式、红外式、光栅及光导纤维式等。

3）其他能-电转换：声-电转换（超声波式）、辐射能-电转换（X射线式、β射线式、γ射线式）、化学能-电转换（各种电化学转换）等。

3. 按使用性质分类

按使用性质，检测仪表通常可分为标准表、实验室表和工业用表三类。

1）标准表：是各级计量部门专门用于精确计量、校准送检样品和样机的标准仪表。标准表的精度等级必须高于被测样品、样机所标称的精度等级，而其本身又根据量值传递的规定，必须经过更高一级法定计量部门的定期检定、校准，由更高精度等级的标准表检定，并出具该标准表重新核定的合格证书，方可依法使用。

2）实验室表：多用于各类实验室中，它的使用环境条件较好，往往无特殊的防水、防尘措施。其对温度、相对湿度、机械振动等的允许范围也较小。这类检测仪表的精度等级虽较工业用表高，但使用条件要求较严，只适于实验室条件下的测量与读数，不适于远距离观察及传送信号。

3）工业用表：是长期使用于实际工业生产现场的检测仪表与检测系统。这类仪表为数最多，根据安装地点的不同，又有现场安装及控制室安装之分。前者应有可靠的防护，能抵御恶劣环境条件的影响，其显示的内容也应清晰醒目。工业用表的精度一般不高，但要求能长期连续工作，并具有足够的可靠性。在某些场合使用时，还必须保证不因仪表引起事故，如在易燃、易爆环境条件下使用时，各种检测仪表都应有很好的防爆性能。

此外，按检测系统的显示方式可分为指示式（主要是指针式）系统、数字式系统和屏幕式系统等。

1.1.1.2　检测系统的基本结构

检测系统往往是由若干个基本环节构成的。这些基本环节可以形成检测系统的两种基本结构形式，即开环型结构和平衡闭环型结构。

1. 开环型结构

开环型结构如图1-2所示，其特点是简单、直观、明了，但是测量精度不高。

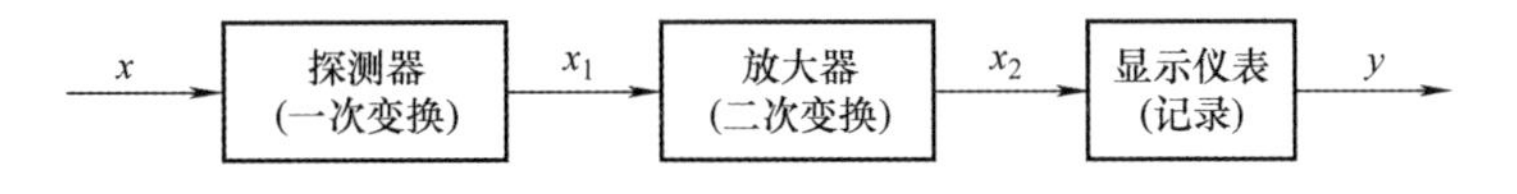

图1-2　检测系统的开环型结构

2. 平衡闭环型结构

平衡闭环型结构如图1-3所示，系统的构成主要包括前向环节和负反馈环节。其中，前向环节由检测元件、变换器和放大器组成，负反馈环节由反向变换器组成。

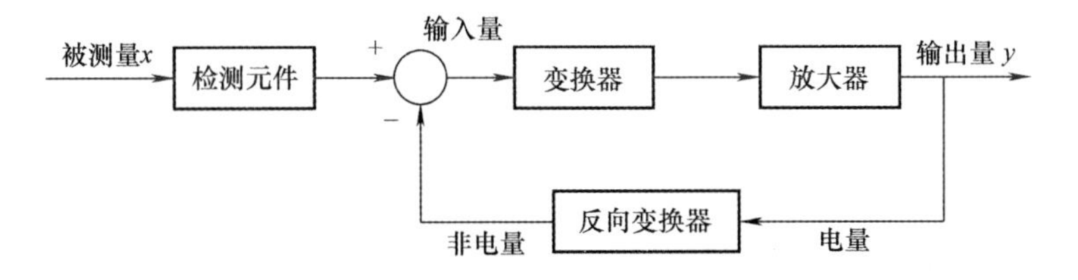

图1-3　检测系统的平衡闭环型结构

该结构中，检测元件将被测量 x 变换为力、力矩或位移等非电量，输出量 y 一般为电量（电压、电流或电荷等）。系统将输出信号 y 通过反向变换器转换为反馈非电量，然后与输入量在平衡点进行比较而产生一个偏差信号，此偏差信号经前向环节放大后调节反馈量，直至达到偏差信号为零的平衡状态，这时的输出即为测量值。为保证闭环系统的稳定或满足系统不同的频响要求，往往需要加入复合反馈环节和在放大环节中加入校正环节等。

如图 1-4 所示的光电 - 磁力式平衡闭环力测量装置为平衡闭环型结构的应用实例。图 1-4a中，被测力 F_i 作用在杠杆上，使遮光片下移，F_i 越大，则遮光片下移得越多，使得通过窗口照射在光电管上的光强越强，光电管输出的电流信号就越大。电流信号经放大器放大后，一方面经标准电阻转换为标准电压信号 U_o 输出，另一方面经电 - 磁转换装置产生一个反馈的电磁力，当该电磁力与 F_i 产生的力矩平衡时，则遮光片稳定在某一位置，从而使被测力 F_i 与输出电压 U_o 成一定的比例关系。

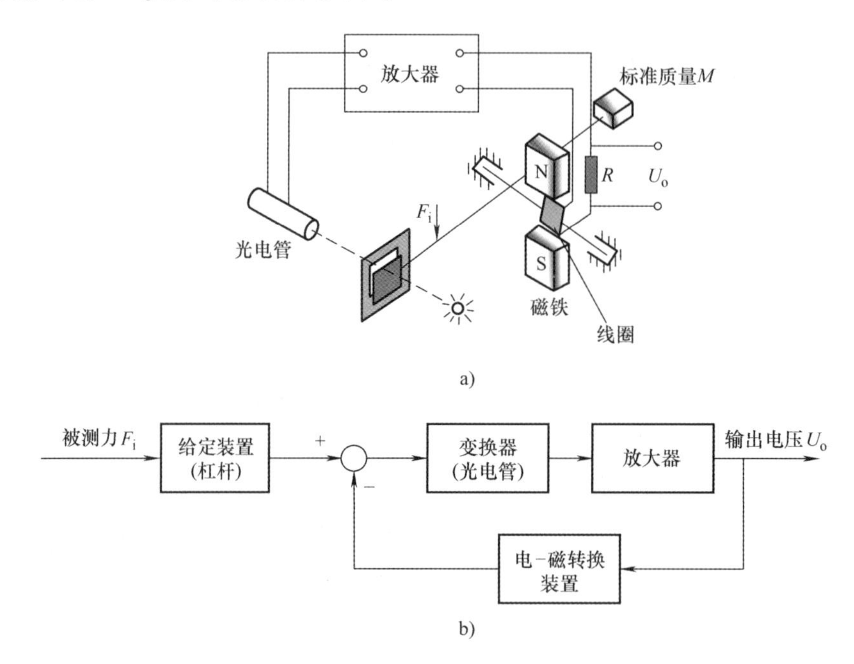

图 1-4　光电 - 磁力式平衡闭环力测量装置

a）测量装置原理　b）结构框图

1.1.2　检测系统的设计原则

1. 两类检测仪表及检测系统

自动检测系统的设计常分为两种情况：一种是根据生产工艺要求设计专用的测量仪表，组成检测系统；另一种是根据科学实验要求，设计一些参数的实验测试系统。前者多为现场（流程）的应用而由工业仪表组成的专用装置；后者是为了完成某一任务而专门设计的测试系统。由于用途的不同，设计方法和指导思想也各有不同。

对于在生产流程上使用的仪表，设计中要尽量考虑使用简单、可靠、稳定性好；由于使用量大，故要求通用性强，结构紧凑，能在各种恶劣环境下使用，并最好能以标准信号输出，以便于与其他装置配套使用。

对于主要用于科学实验的测量系统，有很大一部分是为了完成某一实验任务而设计的专用测试系统，这类系统通用性差，往往要求精度高、反应速度快、量程范围变化大等。

显然，上述两种类型仪器在设计上应采取不同的方法。工业流程中的测量仪表要求标准化、系列化程度比较高，而科研测试装置往往属于非标准设计，装置成本不是主要的考虑因素，但要求可调参数较多，如更换量程、更换显示装置等。有时为了缩短设计、制造周期，可以选用较多的通用装置、环节（如稳压电源、信号发生器、频率计和数据放大器等）来组成科研测试装置。由于采用了一些高精度的通用装置，构成的系统虽可以达到很高的精度，但装置繁杂、成本高，且对使用人员水平要求也较高。

2. 设计原则

任何一个自动检测仪表（或系统）都是为完成某一个具体测试任务而设计的，因此没计时要考虑使用的要求。对于能很好地完成某一测试任务的测量仪表，在另外一些条件下，有可能不完全适用。

一个很好的仪表设计者，不仅应懂得仪表本身应如何设计，还必须了解仪表的制造工艺及运行使用条件，其中还应包括操作者的水平及使用环境等。

一般情况下，在开始设计之前，要对如下使用条件做具体的了解和分析。

1）被测参数变化的极限范围及常用范围。

2）测量所要求的精度。

3）输出要求：输出形式（模拟还是数字显示，指示、记录、远传或报警等），信号标准化要求。

4）在被测参数变化的情况下，对动态精度要求如何。

5）安装条件：被测对象的尺寸大小、允许安装的地点高低、安装方法及要求。

6）被测对象介质的性质：有否腐蚀、剧毒、爆炸、高黏度，是单相、双相还是多相等。

7）使用环境包括：温度、湿度、气压、有无腐蚀及爆炸性气体、电磁场及振动强度等。

8）运行条件：固定式、运动式（速度、加速度）。

9）数据读出条件、观测距离及照明等。

除上述使用要求外，在设计时还要考虑仪表的生产工艺要求。

1）生产数量。对不同批量的生产有不同设计，以便得到最佳经济效益和最短的生产周期。

2）根据生产厂的生产能力、设备条件，在设计时应尽量采用已有的标准零部件，对新设计的零部件还要考虑以后可能在其他方面使用的通用性问题。

3）结构的工艺性。

4）制造成本。在设计时要考虑经济效益，应对材料、元件工艺提出合理的要求。有时不适宜地要求高性能指标会使最后产品的成本成倍增加，造成在经济上得不偿失。

以上述基本原则为出发点，可以对测量方案进行初步比较和选择。为了便于对测量方案的选择，及对测同一参数可用的方案进行分析比较，有时还要做必要的方案实验。就方案本身很难说哪个好哪个坏，但一经与使用条件相联系，就有优劣之分了。

1.1.3　检测系统的设计方法

将传感器、调理电路、数据采集系统组建为一个检测（测量）系统的基本原则是使检测系统的基本参数、静态性能及动态性能均达到预先规定的要求。组建过程中预估工作是非常重要的，预估工作就是根据对测量系统规定的要求，选择与确定系统各环节（传感器、调理电路、数据采集系统）。

如果确定的环节性能过好，虽然能满足系统性能的要求，但会使成本费用过高；反之，若确定的环节性能过低，将导致系统性能达不到规定的要求，甚至会造成更大的浪费。正确的预估表现是：根据预估确定的环节组成测量系统后，经过标定实验进行性能评定达到规定的要求。预估过程是一个反复设定、权衡调整直至最后确定的过程，属于误差分配问题。

本节以测量系统的基本形式为例来讨论组建系统的基本方法。测量系统的基本形式如图1-5所示，环节 S_1 代表传感器，环节 S_2 代表调理电路。最简单的调理电路是放大器，故 S_2 代表放大器。环节 S_3 代表数据采集系统的核心单元——具有采样/保持器的 A－D 转换器。$W_1(j\omega)$ 与 $W_2(j\omega)$ 分别代表传感器与放大器的频率特性。

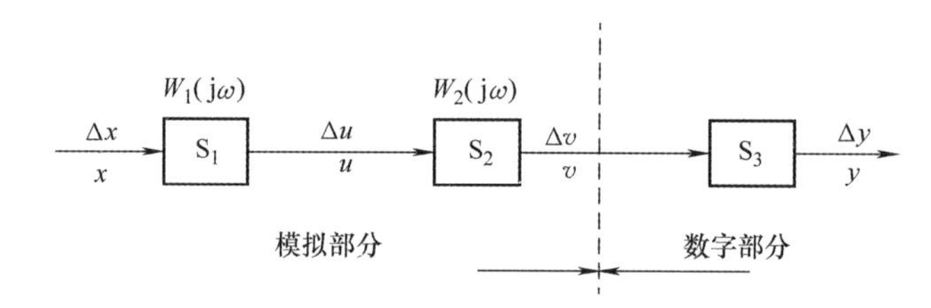

图1-5 现代测试系统基本形式的链形结构框图

1. 基本参数的预估

基本参数的预估项目主要是分辨力与量程，需采用的基本公式是

$$S=\frac{\Delta y}{\Delta x}=\frac{\Delta u}{\Delta x}\frac{\Delta v}{\Delta u}\frac{\Delta y}{\Delta v}=S_1S_2S_3 \tag{1-1}$$

式中 $S_1=\frac{\Delta u}{\Delta x}$——传感器的灵敏度；

$S_2=\frac{\Delta v}{\Delta u}$——放大器的放大倍数，又称增益；

$S_3=\frac{\Delta y}{\Delta v}$——A－D 转换器的分度值。

式（1-1）表示总灵敏度等于各个环节灵敏度的乘积。灵敏度数值大，表示相同的输入改变量引起的输出变化量大，则测量系统的灵敏度高。

预估时通常按系统分辨力与量程的要求以及工作环境条件等要求，先确定传感器类型及其灵敏度值 S_1，然后再进行放大器增益 S_2 与 A－D 转换器分度值 S_3 的权衡。在被测量范围较大的情况下，初定的 S_2、S_3 往往不能既满足分辨力又同时满足量程的要求。相应的解决办法有两种：一是设置多种增益，在被测量值较小时用增益大的档，被测量值大时自动切换为增益小的档；二是固定一种增益值选用多位（如10位、12位、14位、……）A－D 转换器，如测温分辨力若要求0.1℃，量程上限值要求160.0℃时，8位 A－D 转换器仅有256个分度值，10位 A－D 转换器仅有1024个分度值，这两种 A－D 转换器均不能满足要求，必须选用11位以上的 A－D 转换器，或者是采用多增益自动量程切换系统。

2. 动态性能的预估

测量动态信号的系统均应满足动态性能的要求。比如：动态信号的最高频率 f_m 为

1000Hz，动态频率幅值误差不能大于5%。根据上述要求，我们将测量系统中的模拟部分（传感器与放大器）与数字部分（数据采集系统）分别进行预估，也就是从系统动态性能出发来确定组成系统各环节的动态性能。

（1）模拟部分　模拟部分的传感器与放大器各自的频率特性分别为

$$W_1(j\omega)=\frac{U(j\omega)}{X(j\omega)},\quad W_2(j\omega)=\frac{V(j\omega)}{U(j\omega)}$$

故模拟部分总频率特性 $W(j\omega)$ 为

$$W(j\omega)=\frac{V(j\omega)}{X(j\omega)}=\frac{V(j\omega)}{U(j\omega)}\frac{U(j\omega)}{X(j\omega)}=W_1(j\omega)W_2(j\omega)\tag{1-2}$$

根据广义动态（幅值）误差表达式

$$\gamma=\frac{|W(j\omega)|-|W_N(j\omega)|}{|W_N(j\omega)|}\times 100\%\tag{1-3}$$

式中　γ——动态幅值误差；

$|W(j\omega)|=|W_1(j\omega)W_2(j\omega)|$——测量系统频率特性的模；

$|W_N(j\omega)|=|W(0)|$——执行信号传递功能的理想频率特性。

模拟部分动态幅值误差 γ 表达式有下列两种形式：

1）传感器与放大器均为一阶系统。将一阶系统幅频特性$\left(H(\omega)=\frac{1}{\sqrt{1+(\omega\tau)^2}}\right)$代入式（1-3）得

$$\gamma=\frac{1}{\sqrt{1+(\omega\tau_1)^2}}\frac{1}{\sqrt{1+(\omega\tau_2)^2}}-1\tag{1-4}$$

式中　τ_1——传感器的时间常数；

τ_2——放大器的时间常数，通常放大器给出的指标是带宽 f_b，则 $\tau_2=\frac{1}{2\pi f_b}$。

将选定的 τ_1 和 τ_2 的值（令 $\omega=2\pi f_m$）代入式（1-4），计算出动态幅值误差 γ 应满足的允许值，即

$$|\gamma|<5\%$$

2）传感器为二阶系统，放大器为一阶系统。将一阶系统幅频特性$\left(H(\omega)=\frac{1}{\sqrt{1+(\omega\tau)^2}}\right)$和二阶系统幅频特性$\left(H(\omega)=\frac{1}{\sqrt{\left[1-\left(\frac{\omega}{\omega_0}\right)^2\right]^2+\left(2\zeta\frac{\omega}{\omega_0}\right)^2}}\right)$代入式（1-3）中得

$$\gamma=\frac{1}{\sqrt{\left[1-\left(\frac{\omega}{\omega_0}\right)^2\right]^2+\left(2\zeta\frac{\omega}{\omega_0}\right)^2}}\frac{1}{\sqrt{1+(\omega\tau_2)^2}}-1\tag{1-5}$$

式中　ω_0——传感器的固有角频率；

ζ——传感器的阻尼比，如果说明书未给出则按 $\zeta=0$ 进行预估；

τ_2——放大器的时间常数，可按带宽 f_b 求得$\left(\tau_2=\frac{1}{2\pi f_b}\right)$。

于是选定的 ω_0、ζ（或 $\zeta=0$）、τ_2 的数值在令 $\omega=2\pi f_m$ 的条件下，由式（1-5）计算出

动态幅值误差 γ 应满足的允许值，即

$$|\gamma| < 5\%$$

（2）数字部分　数字部分与动态误差有关的器件指标是 A－D 转换器的转换时间 T_C，以及采样/保持器的孔径时间 T_{AP}与孔径抖动时间 T_{AJ}。

1）A－D 转换器转换时间 T_C 的选取。在保证 A－D 转换器转换误差不大于量化误差的条件下，被测信号的频率最大值f_H 与 T_C 的关系为

$$f_H \leqslant \frac{1}{\pi \times 2^{n+1}} \frac{1}{T_C} \tag{1-6}$$

式中　n——A－D 转换器的位数。

故测量系统的最高频率f_m 应满足下述关系：

$$f_m \leqslant f_H \tag{1-7}$$

2）采样/保持器孔径时间 T_{AP}与孔径抖动时间 T_{AJ}的选取。如果式（1-7）的关系不能满足，则 A－D 转换器前面必须有采样/保持器，一般情况下可以通过软件提前下达指令的措施来消除 T_{AP}的延时影响，故被测信号的频率最大值f_H 受限于孔径抖动时间 T_{AJ}，即

$$f_H \leqslant \frac{1}{\pi \times 2^{n+1}} \frac{1}{T_{AJ}} \tag{1-8}$$

式中　n——A－D 转换器的位数。

因而测量系统的最高频率f_m 应满足

$$f_m \leqslant f_H$$

总的来说，一台有传感器的测量系统，系统的动态性能主要受传感器的限制。

3. 静态性能的预估

静态性能的预估就是按总误差的限定值对组成系统的各环节进行误差分配的问题。基本思路就是从误差预分配、综合调整、再分配再综合直至选定环节的静态性能满足系统静态性能的要求。仍以压力测量系统为例，要求该系统在（20±5）℃环境温度内引用误差不大于1.0%，当工作环境温度为60℃时温度附加误差不大于2.5%，试确定压阻式压力传感器、放大器、数据采集系统的静态性能。

根据式（1-1）可以写出系统输出 y 的表达式

$$y = S_1 S_2 S_3 x$$

对上式取对数并全微分，得

$$\ln y = \ln S_1 + \ln S_2 + \ln S_3 + \ln x$$

$$\frac{dy}{y} = \frac{dS_1}{S_1} + \frac{dS_2}{S_2} + \frac{dS_3}{S_3} + \frac{dx}{x}$$

由于 x 是被测量，被认为是不变化的，也可认为它的变化是不属于测量系统本身的，故令$\frac{dx}{x}=0$，则由上式可得

$$\gamma_y = \gamma_1 + \gamma_2 + \gamma_3 \tag{1-9}$$

式（1-9）说明了系统整机总误差相对值 γ_y 与链形结构中各环节相对误差分项 γ_1、γ_2、γ_3 的关系。

如果进一步分析各环节本身的误差因素，可得

$$\gamma_1 = \gamma_{11} + \gamma_{12} + \gamma_{13} + \cdots$$
$$\gamma_2 = \gamma_{21} + \gamma_{22} + \gamma_{23} + \cdots$$
$$\gamma_3 = \gamma_{31} + \gamma_{32} + \gamma_{33} + \cdots$$

将它们代入式（1-9），则测量系统整机误差 γ_y 表达式有

$$\gamma_y = \gamma_{11} + \gamma_{12} + \gamma_{13} + \cdots + \gamma_{21} + \gamma_{22} + \gamma_{23} + \cdots + \gamma_{31} + \gamma_{32} + \gamma_{33} + \cdots \tag{1-10}$$

对于以计算机为核心的现代测试系统，由各环节的系统误差产生的总系统误差都可以通过标定实验数据很容易进行修正。因此，只存在可变系统误差与随机误差，于是采用方和根法综合，整机误差 γ_y 则为

$$\gamma_y^2 = \gamma_{11}^2 + \gamma_{12}^2 + \gamma_{13}^2 + \cdots + \gamma_{21}^2 + \gamma_{22}^2 + \gamma_{23}^2 + \cdots + \gamma_{31}^2 + \gamma_{32}^2 + \gamma_{33}^2 + \cdots \tag{1-11}$$

按照整机性能要求，引用误差小于1.0%，则整机的扩展不确定度 $U \leqslant 1.0\%$。为简单起见，取覆盖因子 $k_y = 3$（$P \approx 0.99$），则整机标准不确定度 u_{γ_c} 为

$$u_{\gamma_c} = \frac{U}{k_y} = 0.33\%$$

于是，式（1-11）的误差公式用标准不确定度来表示

$$u_y^2 = u_{11}^2 + u_{12}^2 + u_{13}^2 + \cdots + u_{21}^2 + u_{22}^2 + u_{23}^2 + \cdots + u_{31}^2 + u_{32}^2 + u_{33}^2 + \cdots \tag{1-12}$$

（1）有关传感器分项标准不确定度的设定

1）用传感器的准确度等级指数 α 进行估算，即令

$$u_1 = \frac{1}{3}\alpha\% \tag{1-13}$$

2）用传感器的分项标准不确定度来估算

$$u_1^2 = u_{11}^2 + u_{12}^2 + u_{13}^2 + u_{14}^2 \tag{1-14}$$

式中　$u_{11} = \frac{1}{3}\delta_H$——由滞后 δ_H 引入的不确定度分量；

$u_{12} = \frac{1}{3}\delta_R$——由重复性 δ_R 引入的不确定度分量；

$u_{13} = \frac{1}{3}\alpha_E$——由电源波动系数 α_E 引入的不确定度分量；

$u_{14} = (\alpha_0 + \alpha_S)\Delta t/\sqrt{3}$——由环境温度变化引入的不确定度分量。

设传感器技术指标为：滞后 $\delta_H = 0.09\%$，重复性 $\delta_R = 0.09\%$，电源波动系数 $\alpha_E = 0.03\%$，温度系数 $\alpha_0 = 4.9 \times 10^{-4}/℃$，$\alpha_S = 5.1 \times 10^{-4}/℃$。

将上述指标数据代入式（1-14）中，当 $\Delta t = 5℃$ 时有

$$u_1^2 = (0.03^2 + 0.03^2 + 0.01^2) \times 10^{-4} + \left[\frac{(4.9 + 5.1) \times 10^{-4} \times 5}{\sqrt{3}}\right]^2 = 0.086 \times 10^{-4}$$

$$u_1 = 0.293\%$$

（2）数据采集系统A-D转换器标准不确定度的设定　A-D转换器对整机不确定度的贡献只有两个分项：

1）由分度值进行示值估读的量化误差 e 引入的不确定度服从均匀分布，当选用8位A-D转换器时，有

$$u_{31} = \frac{1}{\sqrt{3}} \times \frac{1}{2} \times \frac{1}{2^8} \approx 0.113\%$$

2）因显示结果要修约至估读值，故产生的修约误差为量化误差的$\frac{1}{2}$，遵从均匀分布，则

$$u_{32}=\frac{1}{2}u_{31}=0.056\%$$

故

$$u_3^2=u_{31}^2+u_{32}^2=(0.113^2+0.056^2)\times10^{-4}=(0.126\%)^2$$

（3）放大器标准不确定度的限定

根据整机标准不确定度$u_{\gamma_c}\leqslant0.33\%$的要求，并且已设定的传感器及A－D转换器的标准不确定度值u_1及u_3，由式（1-12）可解得放大器标准不确定度u_2为

$$u_2\leqslant0.096\%\approx0.1\%$$

对一般放大器而言，达到上述要求不太困难，值得注意的是，放大倍数的实际值偏离设计值引起的系统误差是可以消除的。产生不确定度的是放大倍数的波动，通常是由环境温度变化引起放大器的失调温度漂移及反馈电阻阻值比的漂移而产生。在采用实时自校的测量系统中，放大倍数是由基准电压实时标定的。因此放大器的不确定度取决于基准电压源。同样基准电压值的波动通常也受环境影响，对于由2DW232系列稳压二极管制作的基准电压源，其温度系数可以达到$(5\sim20)\times10^{-6}$/℃，在5℃范围内的波动相对值为$(25\sim100)\times10^{-6}=(0.0025\sim0.01)\%$。

本节提供的测量系统性能的预估方法是进行测量系统工程设计的一种简化计算方法，虽然不严格，甚至很粗略，但是由于简单实用，因此在组建系统的实际工作中经常被采用。

1.1.4 检测技术的现状与发展

随着世界各国现代化步伐的加快，对检测技术的需求与日俱增；而大规模集成电路技术、微型计算机技术、机电一体化技术、微机械和新材料技术的不断进步，则大大促进了检测技术的发展。目前，现代检测技术发展的总趋势有以下几个方面。

1. 不断拓展测量范围，努力提高检测精度和可靠性

随着科学技术的发展，对检测仪器和检测系统的性能要求，尤其是精度、测量范围、可靠性指标的要求越来越高。以温度为例，为满足某些科学实验的要求，不仅要求研制测温下限接近0K（－273.15℃），且测温上限尽可能达到15K（－258.15℃）的高精度超低温检测仪表。同时某些场合需连续测量液态金属的温度或长时间连续测量2500～3000℃的高温介质温度。目前虽然已能研制和生产最高上限超过2800℃的钨铼系列热电偶，但当测温超过2300℃时，其准确度将下降，而且极易氧化，从而严重影响其使用寿命与可靠性。因此，寻找能长时间连续准确检测上限超过2300℃被测介质温度的新方法、新材料和研制（尤其是适合低成本大批量生产）出相应的测温传感器，是各国科技工作者多年来一直要解决的课题。目前，非接触式辐射型温度检测仪表的测温上限，理论上可达100000℃以上，但与聚核反应优化控制理想温度约10^8℃相比还相差3个数量级，这就说明超高温检测的需求远远高于当前温度检测技术所能达到的技术水平。

随着微米/纳米技术和微机械加工技术的研究与应用，对微机电系统、超精细且高精度在线检测技术和检测系统需求十分强劲。缺少在线检测技术和检测系统已成为各种微机电系

统制作的产品成品率低下，难以批量生产的根本原因。

目前，除了超高温、超低温检测仍有待突破外，诸如混相流量、脉动流量的实时检测，微差压（几十帕）、超高压在线检测，高温高压下物质成分的实时检测等都是亟须攻克的检测技术难题。

随着我国工业化、信息化步伐加快，各行各业高效率的生产更依赖于各种可靠的在线检测设备。努力研制在复杂和恶劣测量环境下能满足用户要求且能长期稳定工作的各种高可靠性检测仪器和检测系统将是检测技术的一个长期发展方向。

2. 重视非接触式检测技术研究

在检测过程中，把传感器置于被测对象上，灵敏地感知被测参量的变化，这种接触式检测方法通常比较直接、可靠，测量精度较高。但在某些情况下，因传感器的加入会对被测对象的工作状态产生干扰，而影响测量的精度。而且在有些被测对象上根本不允许或不可能安装传感器，例如测量高速旋转轴的振动、转矩等。因此，各种可行的非接触式检测技术研究越来越受到重视，目前已商品化的光电式传感器、电涡流式传感器、超声波检测仪表、核辐射检测仪表、红外检测与红外成像仪器等正是在这些背景下不断发展起来的。今后不仅需要继续改进和克服非接触式（传感器）检测仪器易受外界干扰及绝对精度较低等问题，而且相信，对一些难以采用接触式检测或无法采用接触方式进行检测的，尤其是那些具有重大军事、经济或其他应用价值的非接触检测技术课题的研究投入会不断增加，非接触检测技术的研究、发展和应用步伐将会明显加快。

3. 检测系统智能化

近十年来，由于包括微处理器、微控制器在内的大规模集成电路的成本和价格不断降低，功能和集成度不断提高，使得许许多多以微处理器、微控制器或微型计算机为核心的现代检测仪器（系统）实现了智能化，这些现代检测仪器通常具有系统故障自测、自诊断、自调零、自校准、自选量程、自动测试和自动分选功能，强大的数据处理和统计功能，远距离数据通信和输入、输出功能，可配置各种数字通信接口，传递检测数据和各种操作命令等，还可方便地接入不同规模的自动检测、控制与管理信息网络系统。与传统检测系统相比，智能化的现代检测系统具有更高的精度和性能/价格比。

随着现代三大信息技术（现代传感技术、通信技术和计算机技术）的日益融合，各种新的检测方法与成果不断应用到实际检测系统中来，如基于机器视觉的检测技术、基于雷达的检测技术、基于无线通信的检测技术，以及基于虚拟仪器的检测技术等，这些都给检测技术的发展注入了新的活力。

1.2　测量误差及其分析

测量精度（高、低）从概念上与测量误差（小、大）相对应，目前误差理论已发展成为一门专门的学科，涉及的内容很多。为适应不同的读者需要并便于后面各章的介绍，下面对测量误差的一些术语、概念和常用的误差处理方法做一些扼要的介绍。

1.2.1 测量误差的基本概念

1. 测量误差的定义

测量是变换、放大、比较、读数等环节的综合。由于检测系统（仪表）不可能绝对精确，测量原理的局限、测量方法的不尽完善、环境因素和外界干扰的存在以及测量过程中被测对象的原有状态可能会被影响等因素，也使得测量结果不能准确地反映被测量的真值而存在一定的偏差，这个偏差就是测量误差。

2. 真值

一个量具有严格定义的理论值通常称为理论真值，如三角形的内角和为180°等。许多量由于理论真值在实际工作中难以获得，常采用约定真值或相对真值来代替理论真值。

（1）约定真值　根据国际计量委员会通过并发布的各种物理参量单位的定义，利用当今先进的科学技术复现这些实物单位基准，其值被公认为国际或国家基准，称为约定真值。例如，保存在国际计量局的1kg铂铱合金原器就是1kg质量的约定真值。在各地的实践中通常用约定真值代替真值进行量值传递，也可对低一等级标准量值（标准器）或标准仪器进行比对、计量和校准。各地可用经过上级法定计量部门按规定定期送检、校验过的标准器或标准仪器及其修正值作为当地相应物理参量单位的约定真值。

（2）相对真值　如果高一级检测仪器（计量器具）的误差小于低一级检测仪器误差的1/3，则可认为前者是后者的相对真值。例如，高精度石英钟的计时误差通常比普通机械闹钟的计时误差小1~2个数量级以上，因此高精度的石英钟可视为普通机械闹钟的相对真值。

3. 标称值

计量或测量器具上标注的量值称为标称值。如天平的砝码上标注的1g、精密电阻器上标注的100Ω等。制造的不完备或环境条件的变化，使这些计量或测量器具的实际值与其标称值之间存在一定的误差，使计量或测量器具的标称值存在不确定度，通常需要根据精度等级或误差范围进行估计。

4. 示值

检测仪器（或系统）指示或显示（被测参量）的数值称为示值，又称测量值或读数。由于传感器不可能绝对精确，信号调理、模数转换不可避免地存在误差，加上测量时环境因素和外界干扰的存在以及测量过程可能会影响被测对象的原有状态等，都可使示值与实际值存在偏差。

5. 误差的表示方法

检测系统（仪器）的基本误差通常有以下几种表示形式。

（1）绝对误差　检测系统的测量值（即示值）X与被测量的真值X_0之间的代数差值Δx称为检测系统测量值的绝对误差，即

$$\Delta x = X - X_0 \tag{1-15}$$

式中　X_0——真值，可为约定真值，也可为由高精度标准器所测得的相对真值；

Δx——绝对误差，说明了系统示值偏离真值的大小，其值可正可负，且有和被测量相同的量纲。

在标定或校准检测系统样机时，常采用比较法：即对于同一被测量，将标准仪器（比检测系统样机具有更高的精度）的测量值作为近似真值X_0与被校检测系统的测量值X进行

比较，其差值就是被校检测系统测量值的绝对误差，如果该差值是一恒定值，即为检测系统的“系统误差”。该误差可能是系统在非正常工作条件下使用而产生的，也可能是其他原因所造成的附加误差。此时对检测仪表的测量值应加以修正，修正后才可得到被测量的实际值 X_0：

$$X_0 = X - \Delta x = X + C \tag{1-16}$$

式中　C——修正值或校正量。

修正值与示值的绝对误差数值相等，但符号相反，即

$$C = -\Delta x = X_0 - X \tag{1-17}$$

计量室用的标准器常由高一级的标准器定期校准，检定结果附带有示值修正表，或修正曲线 $C = f(x)$。

（2）相对误差　检测系统测量值（即示值）的绝对误差 Δx 与被测参量真值 X_0 的比值，称为检测系统测量（示值）的相对误差 δ，常用百分数表示，即

$$\delta = \frac{\Delta x}{X_0} \times 100\% = \frac{X - X_0}{X_0} \times 100\% \tag{1-18}$$

这里的真值可以是约定真值，也可以是相对真值（工程上，在无法得到本次测量的约定真值和相对真值时，常在被测参量没有发生变化的条件下重复多次测量，用多次测量的平均值代替相对真值，以消除系统误差）。用相对误差通常比用绝对误差更能说明不同测量的精确程度，一般来说相对误差值小，其测量精度就高。相对误差是一个量纲为 1 的量。

在评价检测系统的精度或测量质量时，有时利用相对误差作为衡量标准也不很准确。例如，用任一确定精度等级的检测仪表测量一个靠近测量范围下限的小量，计算得到的相对误差通常总比测量接近上限的大量（如 2/3 量程处）得到的相对误差大得多，故引入引用误差的概念。

（3）引用误差　检测系统测量值的绝对误差 Δx 与系统量程 L 的比值，称为检测系统测量值的引用误差 γ。引用误差 γ 通常仍以百分数表示，即

$$\gamma = \frac{\Delta x}{L} \times 100\% \tag{1-19}$$

比较式（1-18）和式（1-19）可知：在 γ 的表示式中用量程 L 代替了真值 X_0，使用起来虽然更加方便，但引用误差的分子仍为绝对误差 Δx；当测量值为检测系统测量范围的不同数值时，各示值的绝对误差 Δx 也可能不同。因此，即使是同一检测系统，其测量范围内的不同示值处的引用误差也不一定相同。为此，可以取引用误差的最大值，既能克服上述的不足，又更好地说明了检测系统的测量精度。

（4）最大引用误差（或满分度值最大引用误差）　在规定的工作条件下，当被测量平稳增加或减少时，在检测系统全量程所有测量值引用误差（绝对值）的最大者，或者说所有测量值中最大绝对误差（绝对值）$|\Delta x_{max}|$与量程的比值的百分数，称为该系统的最大引用误差，用符号 γ_{max} 表示

$$\gamma_{max} = \frac{|\Delta x_{max}|}{L} \times 100\% \tag{1-20}$$

最大引用误差是检测系统基本误差的主要形式，故也常称其为检测系统的基本误差。它是检测系统最主要的质量指标，能很好地表征检测系统的测量精确度。

6. 检测仪器的精度等级与工作误差

（1）精度等级　工业检测仪器（系统）常以最大引用误差作为判断其准确度等级的尺度。仪表准确度习惯上称为精度，准确度等级习惯上称为精度等级。人为规定：取最大引用误差百分数的分子作为检测仪器（系统）精度等级的标志，即用最大引用误差去掉正负号和百分号后的数字来表示精度等级，精度等级常用符号 G 表示。0.1、0.2、0.5、1.0、1.5、2.5、5.0 七个等级是我国工业检测仪器（系统）常用精度等级。检测仪器（系统）的精度等级由生产厂商根据其最大引用误差的大小并以选大不选小的原则就近套用上述精度等级得到。

例如，量程为 0～1000V 的数字电压表，如果其整个量程中最大绝对误差为 1.05V，则有

$$\gamma_{max}=\frac{|\Delta x_{max}|}{L}\times 100\%=\frac{1.05}{1000}\times 100\%=0.105\%$$

由于 0.105 不是标准化精度等级值，因此该仪器需要就近套用标准化精度等级值。0.105 位于 0.1 级和 0.2 级之间，尽管该值与 0.1 更为接近，但按选大不选小的原则该数字电压表的精度等级 G 应为 0.2 级。因此，任何符合计量规范的检测仪器（系统）都满足

$$|\gamma_{max}|\leqslant G \tag{1-21}$$

由此可见，仪表的精度等级是反映仪表性能的最主要的质量指标，它充分地说明了仪表的测量精度，可较好地用于评估检测仪表在正常工作时（单次）测量的误差范围。

（2）工作误差　工作误差是指检测仪器在额定工作下可能产生的最大误差范围，它也是衡量检测仪器的最重要的质量指标之一。检测仪器的准确度、稳定度等指标都可用工作误差来表征。按照 GB/T 6592—1996《电工和电子测量设备性能表示》的规定，工作误差通常直接用绝对误差表示。

一般情况下，仪表精度等级的数字越小，仪表的精度越高。如 0.5 级的仪表精度优于 1.0 级仪表，而劣于 0.2 级仪表。工程上，单次测量值的误差通常就是用检测仪表的精度等级来估计的。但值得注意的是：精度等级高低仅说明该检测仪表的引用误差最大值的大小，它绝不意味着该仪表某次实际测量中出现的具体误差值是多少。

例 1-1　被测电压实际值约为 21.7V，现有四种电压表：1.5 级、量程为 0～30V 的 A 表，1.5 级、量程为 0～50V 的 B 表，1.0 级、量程为 0～50V 的 C 表，0.2 级、量程为 0～360V 的 D 表。请问选用哪种规格的电压表进行测量所产生的测量误差较小。

解　根据式（1-20），分别用四种表进行测量可能产生的最大绝对误差如下：

A 表　$|\Delta x_{max}|=|\gamma_{max}|L=1.5\%\times 30V=0.45V$

B 表　$|\Delta x_{max}|=|\gamma_{max}|L=1.5\%\times 50V=0.75V$

C 表　$|\Delta x_{max}|=|\gamma_{max}|L=1.0\%\times 50V=0.50V$

D 表　$|\Delta x_{max}|=|\gamma_{max}|L=0.2\%\times 360V=0.72V$

四者比较，通常选用 A 表进行测量所产生的测量误差较小。

由上例不难看出，检测仪表产生的测量误差不仅与所选仪表精度等级 G 有关，而且与所选仪表的量程有关。通常量程 L 和测量值 X 相差越小，测量准确度越高。所以，在选择仪表时，应选择测量值尽可能接近量程的仪表。

1.2.2　测量误差的分类

1.2.2.1　测量误差的分类方法

1. 按误差的性质分类

测量误差一般根据其性质（或出现的规律）和产生的原因（或来源）可分为系统误差、随机误差和粗大误差3类。

（1）系统误差　在相同条件下，多次重复测量同一被测参量时，其测量误差的大小和符号保持不变，或在条件改变时，误差按某一确定的规律变化，这种测量误差称为系统误差。误差值恒定不变的系统误差又称为定值系统误差，误差值变化的系统误差则称为变值系统误差。变值系统误差又可分为累进性的、周期性的以及按复杂规律变化的系统误差。

系统误差产生的原因大体上有：测量所用的工具（仪器、量具等）本身性能不完善或安装、布置、调整不当；在测量过程中温度、湿度、气压、电磁干扰等环境条件发生变化；测量方法不完善或者测量所依据的理论本身不完善；操作人员视读方式不当等。总之，系统误差的特征是测量误差出现的有规律性和产生原因的可知性。系统误差产生的原因和变化规律一般可以通过实验和分析查出。因此，系统误差可被设法确定并消除。

（2）随机误差　在相同条件下多次重复测量同一被测参量时，测量误差的大小与符号均无规律变化，这类误差称为随机误差。随机误差主要是由于检测仪器或测量过程中某些未知或无法控制的随机因素（如仪器某些元器件性能不稳定，外界温度、湿度变化，空中电磁波扰动，电网的畸变与波动等）综合作用的结果。随机误差的变化通常难以预测，因此也无法通过实验方法确定、修正和消除。但是通过足够多的测量比较可以发现随机误差服从某种统计规律（如正态分布、均匀分布、泊松分布等）。

通常用精密度表征随机误差的大小。精密度越低，随机误差越大；反之，精密度越高，随机误差越小。

（3）粗大误差　粗大误差是指明显超出规定条件下预期的误差。其特点是误差数值大，明显歪曲了测量结果。粗大误差一般由外界重大干扰或仪器故障或不正确的操作等引起。存在粗大误差的测量值称为异常值或坏值，一般容易发现，发现后应立即剔除。也就是说，正常的测量数据应是剔除了粗大误差的数据，所以通常研究的测量结果误差中仅包含系统误差和随机误差两类误差。

系统误差和随机误差虽然是两类性质不同的误差，但两者并不是彼此孤立的。它们总是同时存在并对测量结果产生影响。在许多情况下，很难把它们严格区分开，有时不得不把并没有完全掌握或者分析起来过于复杂的系统误差当作随机误差来处理。例如，生产一批应变片，就每一只应变片而言，它的性能、误差是完全可以确定的，属于系统误差；但是由于应变片生产批量大和误差测定方法的限制，不允许逐个进行测定，而只能在同一批产品中按一定比例抽测，其余未测的只能按抽测误差来估计。这一估计具有随机误差的特点，是按随机误差方法来处理的。

同样，某些（如环境温度、电源电压波动等所引起的）随机误差，当掌握它的确切规律后，就可视为系统误差并设法修正。

由于在任何一次测量中，系统误差与随机误差一般都同时存在，所以常按其对测量结果的影响程度分三种情况来处理：系统误差远大于随机误差时，仅按系统误差处理；系统误差很小，已经校正，则可仅按随机误差处理；系统误差和随机误差差不多时应分别按不同方法来处理。

精度是反映检测仪器的综合指标，精度高必须做到系统误差和随机误差都小。

2. 按被测参量与时间的关系分类

按被测参量与时间的关系，测量误差可分为静态误差和动态误差两大类。习惯上，将被测参量不随时间变化时所测得的误差称为静态误差，被测参量随时间变化过程中进行测量时所产生的附加误差称为动态误差。动态误差是由于检测系统对输入信号变化响应上的滞后，或输入信号中不同频率成分通过检测系统时受到不同的衰减和延迟而造成的误差。动态误差的大小为动态时测量和静态时测量所得误差值的差值。

3. 按产生误差的原因分类

按产生误差的原因，把误差分为原理性误差和构造误差等。由于测量原理、方法的不完善或对理论特性方程中的某些参数做了近似处理或略去了高次项而引起的误差称为原理性误差（又称方法误差）；因检测仪器（系统）在结构上、在制造调试工艺上不尽合理和不尽完善而引起的误差称为构造误差（又称工具误差）。

1.2.2.2 精密度、正确度和准确度与误差的关系

在测量中，常用精密度、正确度和准确度这 3 个概念定性地描述测量结果的精确程度。

1）精密度。表征了多次重复对同一被测量测量时，各个测量值分布的密集程度。精密度越高则表征各测量值彼此越接近。随机误差越小，测量结果越精密。

2）正确度。表征了测量值和被测量真值的接近程度。正确度越高则表征测量值越接近真值。系统误差越小，测量结果越正确。

3）准确度。它是正确度和精密度的综合，准确度高则表征了正确度和精密度都高。三者的关系可用图 1-6 进行描述。

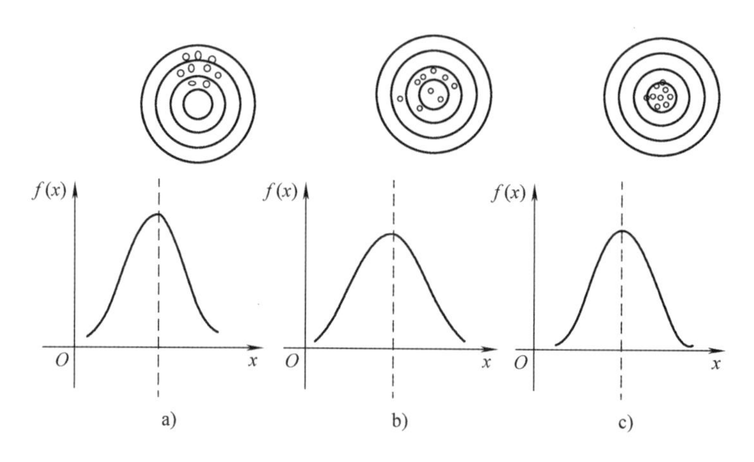

图 1-6 精密度、正确度和准确度的关系

a）精密度高 b）正确度高 c）准确度高

需要注意的是，这三者都是定性的概念，不能用数值做定量表示。

1.2.3　检测结果的数据分析及其处理

测量的目的是要知道被测量的真实值，但由于现阶段科学技术发展水平和操作人员的技术水平限制，测量值和被测量的真值之间，不可避免地存在误差。随着科学技术的发展，虽然可将误差控制得越来越小，但始终不能完全消除它。因此，在测量中，需要准确掌握测量误差的大小范围和分布特性，以误差理论为依据对测量结果做出科学合理的评价，并采用误差处理方法把测量误差控制在能够接受的范围内。

为了从大量的、可能是杂乱无章的、难以理解的测量数据中，推导和分析出被测对象的各种物理参数的大小、特性和变化情况，以及从测量结果中抽取出最能反映被测对象本质的信息，需要使用特殊的数学方法对测量结果进行数据处理和信号分析。目前，误差理论、数据处理和信号分析方法的发展已相当成熟，所包含的内容非常广泛，本节将重点介绍误差的处理方法，以及与检测系统密切相关的一些数据处理和信号分析方法。

1.2.3.1　随机误差的处理

1. 随机误差的性质

由随机误差的定义可知，随机误差具有随机变量的一切特点，它的概率分布服从一定的统计规律。这样，可以用数理统计的方法，研究其总体的统计规律，即从大量的数据中找出随机误差的规律。

对同一量值进行多次重复测量时，得到一系列不同的测量值，常称为测量列。在同一测量条件（相同的测量装置、相同的测量环境、相同的测量方法和相同的测量人员）下，进行的多次测量称为等精度测量，否则称为不等精度测量。

下面对随机误差的研究都是在假设无系统误差和粗大误差的条件下进行的。

（1）随机误差的分布规律　设被测量的真值为μ，一系列测得值为x_i，则被测量列中的随机误差δ_i为

$$\delta_i = x_i - \mu \qquad (i = 1, 2, \cdots, n) \tag{1-22}$$

当重复测量次数足够多时，随机误差的出现遵循统计规律，具有以下统计特征：

1）对称性。绝对值相等的正、负误差出现的概率相等。

2）单峰性。绝对值小的误差比绝对值大的误差出现的概率要大。

3）有界性。在一定的测量条件下，随机误差的绝对值不会超过一定界限。

4）抵偿性。当测量次数足够多时，随机误差的代数和趋于0。

这些统计特征说明测量值的随机误差多数都服从正态分布或接近正态分布，因而正态分布在误差理论中占有十分重要的地位。下面对正态分布进行介绍。

正态分布的概率密度函数为

$$P(\delta) = \frac{1}{\sqrt{2\pi}\sigma} e^{-\frac{\delta^2}{2\sigma^2}} \tag{1-23}$$

式中　σ——标准偏差；

　　δ^2——方差；

　　e——自然对数的底。

（2）随机误差的估计

1）测量列的算数平均值。实际的等精度测量中，由于随机误差的存在而无法得到被测

量的真值，应用测得值的算术平均值代替真值作为测量结果。设 x_1、x_2、…、x_n 为测量列中的 n 个测得值，则算术平均值 $\bar{x}$ 为

$$\bar{x} = \frac{x_1 + x_2 + x_3 + \cdots + x_n}{n} = \frac{1}{n}\sum_{i=1}^{n} x_i \tag{1-24}$$

用算术平均值代替真值作为测量结果通常还是会存在误差的，这个误差称为残余误差，它可表示为

$$v_i = x_i - \bar{x} \tag{1-25}$$

式中　x_i——被测量的第 i 个测得值。

随机误差的概率分布如图 1-7 所示。

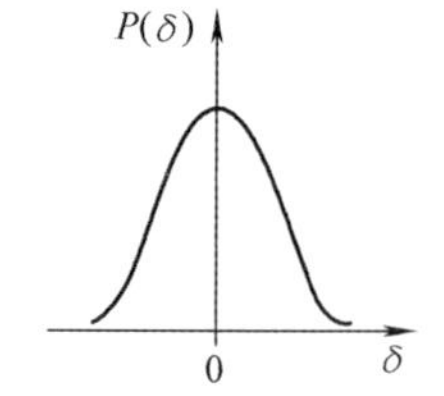

图 1-7　随机误差的概率分布

残余误差有两个重要的性质：

① 一组测量值的残余误差的代数和等于零，即 $\sum_{i=1}^{n} v_i = 0$。这一性质可以用来校验算术平均值的计算是否正确。

② 一组测量值的残余误差的二次方和为最小，即 $\sum_{i=1}^{n} v_i^2 = \min$。

2）测量列的标准差。由于随机误差的存在，测量列中各个测得值一般围绕着该测量列的算术平均值有一定的分散性，分散程度说明了测量列中单次测得值的不可靠性，必须用一个数值作为其不可靠性的评定标准，常用参数为测量列的标准差 σ，也可称为方均根误差。它是测量列的精密度参数，用于对测量中的随机误差大小进行估计，反映了在一定条件下进行等精度测量所得测量值及随机误差的分散程度。

测量列中的单次测量值的标准差 σ 定义为

$$\sigma = \lim \sqrt{\frac{1}{n}\sum_{i=1}^{n}(x_i - \mu)^2} = \lim \sqrt{\frac{1}{n}\sum_{i=1}^{n}\delta_i^2} \tag{1-26}$$

标准差 σ 对随机误差分布密度的影响可由式（1-23）得出，σ 越小，概率密度分布曲线越陡峭，说明测量值和随机误差的分散性小，测量的精密度高，反之，σ 越大，概率密度分布曲线越平坦，说明测量值和随机误差的分散性大，测量的精密度低，如图 1-8 所示。图 1-8 中的 $\sigma_1 < \sigma_2 < \sigma_3$。

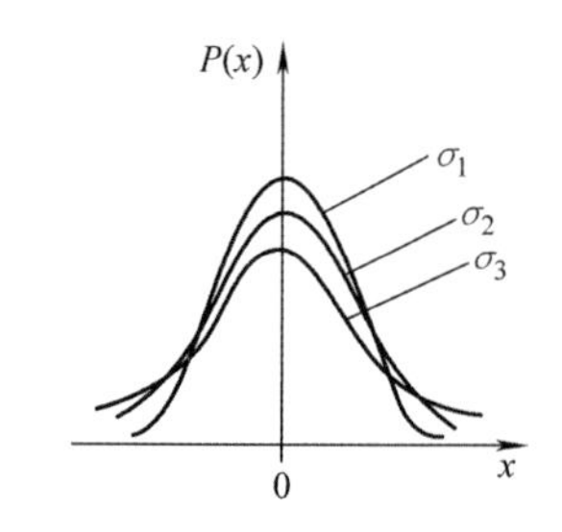

图 1-8　σ 值对概率分布的影响

在实际测量中，测量次数总是有限的，且被测量的真值 μ 无法得到，故通常用算术平均值来代替真值，用残余误差 v_i 来代替真误差 δ_i，对标准差 σ 做出估计，用符号 $\hat{\sigma}$ 表示。目前，常使用贝塞尔（Bessel）公式来计算，即

$$\hat{\sigma} = \sqrt{\frac{1}{n-1}\sum_{i=1}^{n}(x_i - \bar{x})^2} = \sqrt{\frac{1}{n-1}\sum_{i=1}^{n} v_i^2} \tag{1-27}$$

式中　x_i——第 i 次测量值；

n——测量次数，这里为一有限值；

$\bar{x}$——全部 n 次测量值的算术平均值，简称测量均值；

v_i——第 i 次测量的残余误差；

$\hat{\sigma}$——标准差 σ 的估计值，也称实验标准偏差。

3）测量列算术平均值的标准差

如果以对某个被测量进行 n 次重复测量的结果作为一个测量列，求出一个算术平均值 $\bar{x}_i$，对上述过程重复 k 次，则可得到 k 个测量列和 k 个平均值 $\bar{x}_1$、$\bar{x}_2$、…、$\bar{x}_k$。很明显，这 k 个平均值不可能完全相同，它们仍围绕真值有一定的分散性，因此有必要考虑测量列算术平均值标准差的精密度，此时用测量列的算术平均值的标准差作为测量列算术平均值的精密度参数，用贝塞尔公式定义测量列算术平均值的标准差的估计值为

$$\sigma_{\bar{x}} = \frac{\hat{\sigma}}{n} = \sqrt{\frac{1}{n(n-1)}\sum_{i=1}^{n} v_i^2} \tag{1-28}$$

对比式（1-27）和式（1-28）可知，算术平均值的标准差比测量列的标准差偏差小，而且随着测量次数的增多，算术平均值标准差减小，也就是说作为测量结果的算术平均值的精密度得到了提高，这也说明了随机误差的抵偿性。式（1-28）还表明，在较小范围内增加测量次数 n，可明显减小测量结果的标准差，提高测量的精密度。但随着 n 的不断增大，减小的程度越来越小，当 n 达到一定数值时，$\sigma_{\bar{x}}$ 就几乎不变了。另外，增加测量次数 n 不仅数据采集和数据处理的工作量迅速增加，而且因测量时间不断增长而使“等精度”的测量条件无法保持，由此产生新的误差。因此，在实际测量中，对普通被测参量，测量次数 n 一般取 4 ~24 次（通常 10 次左右就足够了）。若要进一步提高测量精密度，通常需要从选择精度等级更高的测量仪器、采用更为科学的测量方案、改善外部测量环境等方面入手。

2. 随机误差的处理原则

（1）随机误差的置信度　对于服从正态分布的随机误差，除用贝塞尔公式等方法求出标准差以表征其分布离散程度外，还需要估计测量误差落在某一对称的数值区间（$-\alpha$，α）内的概率，该数值区间称为置信区间，其界限称为置信限。随机误差落在该置信区间的概率称为置信概率或置信水平，如 $P=0.9$，表明测量的随机误差有 90% 的可能性落在该置信区间内。置信区间和置信概率合起来说明了测量结果的可靠程度，称为置信度。显然，置信限 α 越宽，测量误差落在置信区间内的概率越大。

由于随机误差 δ 在某一区间出现的概率与标准差 σ 的大小密切相关，故一般把置信限 α 取为 σ 的若干倍，即

$$\alpha = \pm k\sigma \tag{1-29}$$

式中　k——置信因子。

根据式（1-29），可得测量误差落在某区间的概率表达式为

$$P(\pm k\sigma) = \int_{-k\sigma}^{k\sigma} P(\delta)\mathrm{d}\delta \qquad (|\delta| < k\sigma) \tag{1-30}$$

当 k 值确定之后，则置信概率可定。表 1-1 以正态分布为例，给出了几个典型的 k 值及其相应的置信概率。

表 1-1　k 值及其相关的置信概率

k	置信概率	测量次数	误差超出 $\|\delta\|$ 的次数
0.65	0.4844	2	1
1	0.6826	3	1
2	0.9544	22	1
3	0.99730	370	1
4	0.999936	15626	1
5	0.99999994	16666667	1

由表 1-1 可知，当 $k=1$ 时，置信区间为（$-\sigma$，σ），相应的置信概率 $P=0.683$，这意味着大约每 3 次测量中有一次测得值的随机误差落在置信区间之外。

当 $k=2$ 时，置信概率 $P=0.954$，这意味着大约每 22 次测量中有一次测得值的随机误差落在置信区间之外。

当 $k=3$ 时，置信概率 $P=0.997$，这意味着大约每 370 次测量中有一次测得值的随机误差落在置信区间之外。因测量次数通常不会超过几十次，因此可认为绝对值大于 3σ 的随机误差是不可能出现的。

图 1-9 反映了置信区间与相应置信概率的关系。

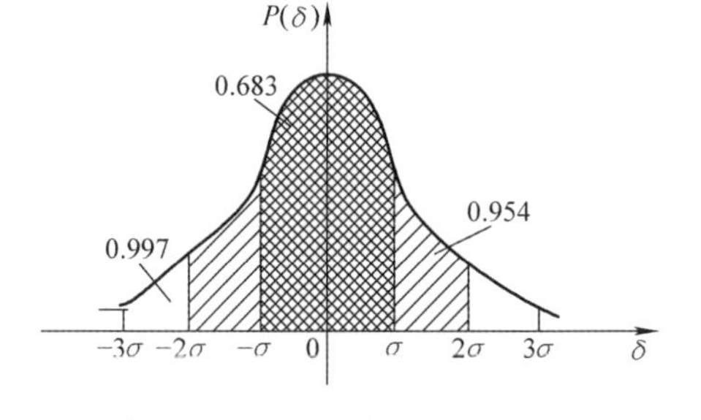

图 1-9　置信区间与相应置信概率

（2）多次重复测量的极限误差和测量结果的表示　多次重复测量的结果可表示为

$$x = \bar{x} \pm \delta_{\bar{x}_{\lim}} = \bar{x} \pm k\sigma_{\bar{x}} = \bar{x} \pm k\frac{\sigma}{\sqrt{n}} \qquad (1\text{-}31)$$

式中　$\bar{x}$——测量值的算术平均值；

$\delta_{\bar{x}_{\lim}}$——测量极限误差；

$\sigma_{\bar{x}}$——算术平均值标准差；

k——置信因子。

若标准差 σ 已知，则可取定置信概率 P，按正态分布来确定 k（若取 $P=0.9544$，则 $k=2$；若取 $P=0.9973$，则 $k=3$，见表 1-1）；若标准差未知，用贝塞尔公式求出标准差的估计值 $\hat{\sigma}$ 代替 σ，且置信因子 k 按 t 分布来确定（请查阅相关手册）。在测量结果后标注所取定的置信概率 P。

例 1-2　对某工件的尺寸进行了 10 次等精度测量，测得值为 10.0050mm、10.0053mm、10.0054mm、10.0048mm、10.0051mm、10.0057mm、10.0052mm、10.0050mm、10.0061mm、10.0062mm。事先未知测量列的标准差，试写出测量结果。

解　因标准差事先未知，置信因子 k 按 t 分布确定。

取定置信概率 $P=0.99$，置信水平 $\alpha=0.01$，自由度 $\gamma=n-1=10-1=9$，查 t 分布表得置信因子 $k=3.2498$。

测量列的算术平均值为

$$\bar{x} = \frac{1}{10}\sum_{i=1}^{10} x_i = 10.00538\text{mm}$$

由贝塞尔公式（1-28）得测量列算术平均值的标准偏差的估计值为

$$\hat{\sigma}_{\bar{x}} = \sqrt{\frac{1}{n(n-1)}\sum_{i=1}^{n} v_i^2} = \sqrt{\frac{1}{10(10-1)}\sum_{i=1}^{10}(x_i - \bar{x})^2} = 0.00015\text{mm}$$

测量的极限误差为

$$\delta_{\bar{x}_{\lim}} = k\hat{\sigma}_{\bar{x}} = 3.2498 \times 0.00015\text{mm} = 0.0005\text{mm}$$

测量结果可表示为

$$x = (10.0053 \pm 0.0005)\text{mm} \quad (P = 0.99)$$

1.2.3.2 系统误差的处理

若判定出测量中存在系统误差，首先应对系统误差产生的原因进行仔细分析，从根源上消除系统误差。例如，可选择精度等级更高的仪器进行测量，对仪器进行校准、调零、预热以使其工作在最佳状态，提高操作员的技术水平和责任心以减小人员操作误差，选择最合适的测量方法和数据处理方法等。

此外，对于不同性质的系统误差，通常还可以采用不同的方法进行消除或减小。

1. 减小恒值系统误差的方法

（1）替代法　这种方法的实质是在测量装置上对被测量进行测量后，立即在同一测量条件下，用同一测量装置对一个已知标准量进行测量，并使指示值相同，则被测量与标准量相同。

（2）交换法　对被测量进行一次测量后，把被测量与标准量的位置进行交换后再测量一次，使能引起恒定系统误差的因素以相反的效果影响测量结果，通过取两次测量的平均值作为测量结果的方法减小系统误差。例如，在等臂天平上称重，先将被测量放在左边，标准砝码放在右边，砝码质量为 m，调平衡后，将两者交换位置，再调平衡，记下砝码的质量为 m'，可取测量结果为

$$x = \sqrt{mm'} \approx \frac{(m + m')}{2} \tag{1-32}$$

（3）抵消法　这种方法要求对被测量进行测量时进行两次适当的测量，使两次测量结果所产生的系统误差大小相等、符号相反，取两次测量的平均值作为最终测量结果。例如，用千分尺测量长度时，第 1 次测量时从顺时针方向旋转螺杆对准标线，第 2 次测量时从反时针方向旋转螺杆对准标线，取两次测量结果的平均值作为最终结果，即可减小因螺杆和螺母加工时存在空隙而引起的空行程造成的系统误差。

2. 减小线性系统误差的方法

减小线性系统误差的方法通常采用对称测量法（或称交叉对数法）。对于存在线性系统误差的测量过程，被测量将随时间的增长而线性增加，若选定整个测量时间范围内的某时刻为中点，则对称于此点的各对测量值的算术平均值都相等。利用这一特点可将测量在时间上对称安排，取各对称点两次读数的算术平均值作为测量值，即可减小线性系统误差。

3. 采用半周期法减小周期性系统误差

对周期性系统误差，可以相隔半个周期进行一次测量，共进行偶数次测量，取偶数次读数的算术平均值作为测量结果，即可有效地减小周期性系统误差。因为对于相差半周期的两次测量，其系统误差在理论上具有大小相等、符号相反的特征，故能够有效地减小和消除周期性系统误差。

值得注意的是，上述几种减小或消除系统误差的方法在实际工程中，由于各种原因的影响，是难以完全消除系统误差的，而只能将系统误差减小到可以接受的程度。通常测量系统误差或残余系统误差代数和的绝对值小于测量结果扩展不确定度的最后一位有效数字的1/2时，可认为系统误差对测量结果的影响很小，可忽略不计。

1.2.3.3 粗大误差的处理

测量中存在粗大误差，会明显歪曲测量结果。为此需要对测量结果进行判别，找出含有粗大误差的测量值（坏值），并予以删除。

判别坏值的方法是首先选定一个置信概率 P，得出置信水平 $\alpha=1-P$，然后按照一定的准则来设置置信区间，凡是超出置信区间的误差可认为是粗大误差，其对应的测量值即为坏值。

用于设置置信区间的准则通常有以下两种：

（1）3σ 准则（拉伊达准则）　对某个可疑数据 x_b，若

$$|v_b| = |x_b - \bar{x}| \geqslant 3\sigma \tag{1-33}$$

成立，则认为该数据是异常值，应予舍弃。

式中　v_b——坏值的残余误差；

x_b——坏值；

$\bar{x}$——包括坏值在内的全部测量值的算术平均值；

σ——测量列的标准偏差，可使用贝塞尔公式进行估计。

需要注意的是，3σ 准则通常只适用于测量次数 $n>50$ 的情况；当 $n\leqslant 10$ 时，3σ 准则失效。

（2）格罗布斯准则　格罗布斯准则的判别式为

$$|v_b| = |x_b - \bar{x}| > [g_0(n,\alpha)]\sigma \tag{1-34}$$

即如果某测量值的残余误差大于$[g_0(n,\alpha)]\sigma$，则认为该数据是坏值，应予舍弃。式(1-34)中，$\alpha=1-P$ 称为置信水平；$g_0(n,\alpha)$称为格罗布斯鉴别值，其值随测量次数 n 和 α 而定，可由表1-2查出。

表1-2　格罗布斯准则的 $g_0(n,\alpha)$ 数值

n	α		n	α		n	α	
	0.01	0.05		0.01	0.05		0.01	0.05
	$g_0=(n,\alpha)$			$g_0=(n,\alpha)$			$g_0=(n,\alpha)$	
3	1.16	1.15	12	2.55	2.29	21	2.91	2.58
4	1.49	1.46	13	2.6	2.33	22	2.94	2.6
5	1.75	1.67	14	2.66	2.37	23	2.96	2.62
6	1.91	1.82	15	2.7	2.41	24	2.99	2.64
7	2.1	1.94	16	2.74	2.44	25	3.01	2.66
8	2.22	2.03	17	2.78	2.47	30	3.1	2.74

（续）

n	α		n	α		n	α	
	0.01	0.05		0.01	0.05		0.01	0.05
	$g_0=(n,\alpha)$			$g_0=(n,\alpha)$			$g_0=(n,\alpha)$	
9	2.32	2.11	18	2.82	2.5	35	3.18	2.81
10	2.41	2.18	19	2.85	2.53	40	3.24	2.87
11	2.48	2.23	20	2.88	2.56	50	3.34	2.96

需要注意的是：格罗布斯准则每次只能舍弃一个最大的异常数据，如有两个相同的最大值超过鉴别值，也只能先除去一个，然后按舍弃后的数据列重新进行以上计算，直到判明无坏值为止。

例1-3　对某工件的重量进行10次等精度测量，并确认测量已排除系统误差，测得值为1.33g、1.36g、1.41g、1.40g、1.38g、1.39g、1.35g、1.34g、1.49g、1.37g。若取定置信概率$P=0.95$，试用格罗布斯准则判断测量结果中是否存在坏值，若有坏值，则将坏值剔除。

解　将测量值的残余误差和残余误差二次方和列入表1-3中，经计算可得测量列的算术平均值为

$$\bar{x}=\sum_{i=1}^{10}\frac{x_i}{10}=1.382\text{g}$$

残余误差二次方和为

$$\sum_{i=1}^{10}v_i^2=\sum_{i=1}^{10}(x_i-\bar{x})^2=0.019\text{g}^2$$

由贝塞尔公式得测量列标准差为

$$\hat{\sigma}=\sqrt{\sum_{i=1}^{n}\frac{1}{n-1}v_i^2}=0.0459\text{g}$$

取置信水平$\alpha=0.05$，根据测量次数$n=10$，查表1-2得格罗布斯临界系数$g_0(10,0.05)=2.18$，计算格罗布斯鉴别值

$$[g_0(n,\alpha)]\sigma=2.18\times0.0459=0.1003$$

将表1-3中绝对值最大的残余误差与格罗布斯鉴别值比较，由于$|v_9|=0.108>0.1003$，故判定v_9为粗大误差，x_9为坏值应剔除，重新计算各测量值的v_i及v_i^2，并填入表1-3中。

表　1-3

i	x_i/g	$v_i(1)$/g	$v_i^2(1)/\text{g}^2$	$v_2(2)$/g	$v_i^2(2)/\text{g}^2$
1	1.33	−0.052	0.002704	−0.04	0.0016
2	1.36	−0.025	0.000625	−0.01	0.0001
3	1.41	0.028	0.000784	0.04	0.0016
4	1.4	0.018	0.000324	0.03	0.0009
5	1.38	0.002	0.000004	0.01	0.0001
6	1.39	0.002	0.000004	0.02	0.0004
7	1.35	0.032	0.001024	0.02	0.0004

（续）

i	x_i/g	$v_i(1)$/g	$v_i^2(1)/g^2$	$v_2(2)$/g	$v_i^2(2)/g^2$
8	1.34	0.042	0.001764	0.03	0.0009
9	1.49	0.108	0.011664	—	—
10	1.37	-0.012	0.000144	0	0

重新计算测量的算术平均值为

$$\bar{x} = \frac{1}{n}\sum_{i=1}^{n} x_i = \frac{12.33}{9}\text{g} = 1.37\text{g}$$

重新计算标准差为

$$\hat{\sigma} = \sqrt{\sum_{i=1}^{n} \frac{1}{n-1} v_i^2} = \sqrt{\sum_{i=1}^{9} \frac{1}{8}}\ \text{g} = 0.0274\text{g}$$

取定置信水平 $\alpha = 0.05$，根据测量次数，$n = 9$，查表1-2得出相应的格罗布斯临界系数 $g_0(9, 0.05) = 2.11$，计算格罗布斯鉴别值

$$[g_0(n, \alpha)]\sigma = 2.11 \times 0.0274 = 0.0578$$

将各测量值的残余误差 v_i 与格罗布斯鉴别值相比较，所有残余误差 v_i 的绝对值均小于格罗布斯鉴别值，故已无坏值。

第 2 章　传感器原理

2.1　传感器基础知识

2.1.1　传感器的定义

传感器（Transducer/Sensor）是一种检测装置或器件，能感受到被测量的信息，并能将感受到的信息，按一定规律变换成为电信号或其他所需形式的信息输出，以满足信息的传输、处理、存储、显示、记录和控制等要求。

在 GB/T 7665—2005《传感器通用术语》中，对于传感器的定义做了如下规定："能感受被测量并按照一定的规律转换成可用输出信号的器件或装置，通常由敏感元件和转换元件组成。"

在高速发展的信息化时代，现代信息技术的三大基础是信息的获取、传输和处理。在检测和自动控制领域，信息的获取很大程度上是由传感器来完成的，它能将各种被测信号（信息）检出并转换成便于传输、处理、记录、显示和控制的可用信号（一般为电信号）。

通常，人们为了获取外界信息，必须借助于感觉器官。而单靠人们自身的感觉器官，在研究自然现象和规律以及生产活动中，这些感觉器官的功能已经远远不够了。为适应这种情况，就需要传感器。因此，可以说传感器是人类五官的延长，传感器又称之为"电五官"。

为更好地说明什么是传感器，我们先与人体进行对比，人体五官及肌体均有各自的感官功能，眼睛有视觉、鼻子有嗅觉、舌头有味觉、耳朵有听觉，同时皮肤有触觉。当外界环境发生变化，如周围景物发生变化、环境中混有刺激性气味、环境气温上升等时，人体可通过各感觉器官接收外界信号，并将这些信号传送给大脑，大脑将传送来的信号加以分析、处理之后，再传递给肌体。如图 2-1 所示，是将智能机器与人体进行的类比，在完成某一过程中，计算机相当于人的大脑，执行机构相当于人的肌体，传感器相当于人的感觉器官。

传感器的存在和发展，让物体有了触觉、味觉和嗅觉等感官，让物体慢慢变得活了起来。通常根据其基本感知功能分为热敏元件、光敏元件、气敏元件、力敏元件、磁敏元件、湿敏元件、声敏元件、放射线敏感元件、色敏元件和味敏元件等。传感器的发展方向是微型化、数字化、智能化、多功能化、系统化和网络化。

传感器是实现自动检测和自动控制的首要环节，在现代工业生产尤其是自动化生产过程中，要用各种传感器来监视和控制生产过程中的各个参数，使设备工作在正常状态或最佳状

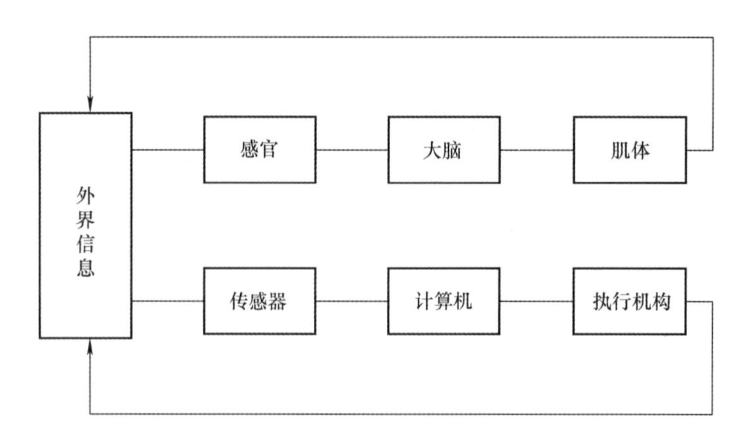

图 2-1　智能机器与人体类比

态，并使产品达到最好的质量。因此说，没有传感器，现代化生产也就失去了基础。

传感器早已渗透到诸如工业生产、宇宙开发、海洋探测、环境保护、资源调查、医学诊断、生物工程、甚至文物保护等极其广泛的领域。可以毫不夸张地说，从茫茫的太空，到浩瀚的海洋，以至各种复杂的工程系统，几乎每一个现代化项目，都离不开各种各样的传感器。由此可见，传感器技术在发展经济、推动社会进步方面的重要作用是十分明显的。世界各国都十分重视这一领域的发展。

2.1.2　传感器的组成

传感器一般由敏感元件、转换元件和基本电路组成，如图 2-2 所示。敏感元件用来感受被测量，转换元件是传感器的核心元件，它将响应的被测量转换成电参量，基本电路把电参量接入电路转换成电量。

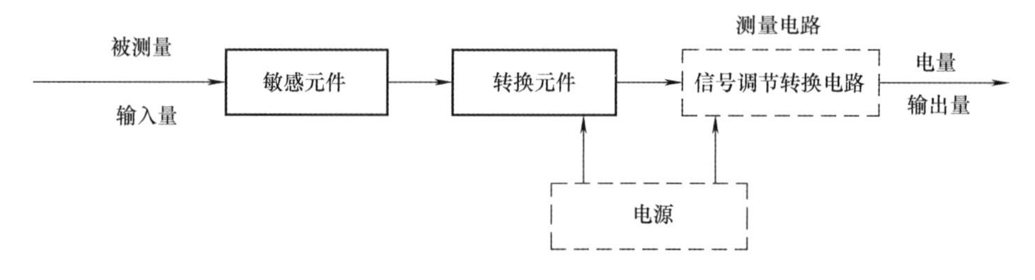

图 2-2　传感器组成框图

2.1.3　传感器的分类

有关传感器的分类方法很多，原理各异，而且互相交叉，一般以被测量参数和测量原理两种分类为主。

按被测量参数分类可分为温度、压力、流量、位移、速度、加速度、黏度、湿度等传感器，除去模拟量以外，还有离散量（开关等）传感器等。

按测量原理分类可分为根据电阻定律的电位计式、应变式传感器，根据变磁阻原理的电感式、差动变压器式、电涡流式传感器，根据半导体理论的半导体力敏、热敏、光敏及气敏等固态传感器。

目前，常用的传感器名称是以上两种分类的综合，以用途为主，如力敏传感器、热敏传感器、湿敏传感器、磁敏传感器、气敏传感器、加速度传感器、生物传感器等。近年来形成的有光传感器、光电传感器、图像传感器、光纤传感器、多功能传感器及仿生传感器等。国内传感器共分 10 大类、24 小类、6000 多个品种，美国约 17000 种传感器。具体分类见表 2-1。

表 2-1 传感器按被测量分类

<table>
<tr><td rowspan="7">物理量传感器</td><td>力学量</td><td>压力传感器、力传感器、力矩传感器、速度传感器、加速度传感器、流量传感器、位移传感器、位置传感器、尺度传感器、密度传感器、粘度传感器、硬度传感器、浊度传感器</td></tr>
<tr><td>热学量</td><td>温度传感器、热流传感器、热导率传感器</td></tr>
<tr><td>光学量</td><td>可见光传感器、红外光传感器、紫外光传感器、照度传感器、色度传感器、图像传感器、亮度传感器</td></tr>
<tr><td>磁学量</td><td>磁场强度传感器、磁通传感器</td></tr>
<tr><td>电学量</td><td>电流传感器、电压传感器、电场强度传感器</td></tr>
<tr><td>声学量</td><td>声压传感器、噪声传感器、超声波传感器、声表面波传感器</td></tr>
<tr><td>射线</td><td>x 射线传感器、β 射线传感器、γ 射线传感器、辐射剂量传感器</td></tr>
<tr><td>化学量传感器</td><td colspan="2">离子传感器、气体传感器、湿度传感器</td></tr>
<tr><td rowspan="2">生物量传感器</td><td>生化量</td><td>酶式传感器、免疫血型传感器、微生物型传感器、血气传感器、血液电解质传感器</td></tr>
<tr><td>生理量</td><td>脉搏传感器、心音传感器、体温传感器、血流传感器、呼吸传感器、血容量传感器、体电图传感器</td></tr>
</table>

除此之外，其他的分类方法还包括：按输出信号性质分为模拟传感器和数字传感器；按照功能不同分为单功能传感器、多功能传感器和智能传感器；按能源分类包括有源传感器和无源传感器；按能量关系可分为能量转换型（传感器输出量直接由被测量能量转换而成）和能量控制型（传感器输出的能量由外部能源提供，但受输入量控制）传感器等。本书按测量原理分类来介绍常用的传感器。

2.1.4 传感器的基本特性

在一个测量系统中，传感器的特性，如灵敏度、分辨力、稳定性等，决定了测量结果的好坏，而传感器的输入—输出关系则反映其一般特性。传感器的输入—输出关系在不同情况下，会发生各种各样的变化。比如，利用热敏电阻测量某一材料的温度时，在室温环境下，测得的结果与在高温环境下测得的结果就略有不同。又比如，在测量某一液压系统的压力时，压力值在一段时间内可能很稳定，在另一段时间内则可能有起伏。所以传感器的输入可分为两种基本形式：一种是输入处于静态形式（静态或准静态），另一种是动态形式。根据不同的输入状态，输出情况也将发生变化。传感器主要通过两大基本特性（静态特性和动态特性）来反映对被测量的响应。

2.1.4.1 静态特性

传感器的静态特性是指传感器在静态工作状态下的输入—输出特性。所谓静态工作状态是指传感器的输入量恒定或缓慢变化而输出量也达到相应的稳定值时的工作状态。在静态工作状态下，传感器的输入与输出之间有确定的数学关系，且关系式中的量与时间变量无关。

传感器的静态特性是通过静态性能指标来表示的，静态性能指标是衡量传感器静态性能优劣的重要依据，同时也是使用传感器的重要依据，传感器的出厂说明书中都列有其主要的静态性能指标数值。

通常静态特性可用函数式表达为

$$y = f(x) \tag{2-1}$$

在静态工作状态下，若不考虑传感器特性中的迟滞、蠕变，其静态特性在多数情况下可以用式（2-2）表示

$$y = a_0 + a_1 x + a_2 x^2 + \cdots + a_n x^n \tag{2-2}$$

式中　x——输入量；

y——输出量；

a_0——输入量 $x=0$ 时的输出值（y），即零位输出；

a_1——传感器的理想灵敏度；

a_n——非线性项系数（$n=2, 3, \cdots$）。

式（2-2）中各项系数不同时，传感器将呈现出不同的静态特性。常见的有以下几种情况：

1）当 $a_0 = a_2 = \cdots = a_n = 0$ 时，$y = a_1 x$，特性曲线是一条过零点的直线，如图2-3a所示，这是线性传感器的理想特性。

2）当 $a_2 = a_3 = \cdots = a_n = 0$ 时，$y = a_0 + a_1 x$，特性曲线是一条不过零点的直线，如图2-3b所示。这是线性传感器的一般特性。

3）当 $a_0 = a_3 = a_5 = \cdots = 0$ 时，$y = a_1 x + a_2 x^2 + a_4 x^4 + \cdots$，方程仅包含一次项和偶次方项，特性曲线具有零点附近的较小线性段，但不具有对称性，如图2-3c所示。

4）当 $a_0 = a_2 = a_4 = \cdots = 0$ 时，$y = a_1 x + a_3 x^3 + a_5 x^5 + \cdots$，方程只有奇次方项，特性曲线关于原点对称，如图2-3d所示。这时的特性曲线在原点附近的线性段范围较宽，通常差动形式传感器具有这种特性。

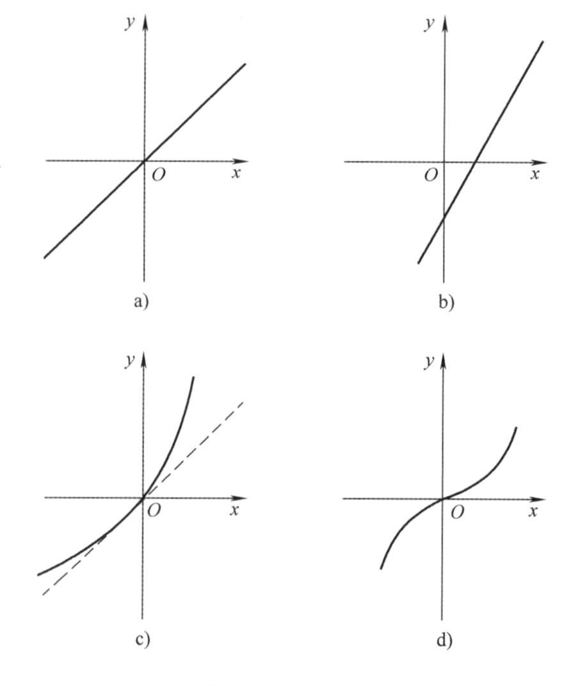

图2-3　传感器的几种典型静态特性示意图

1. 测量范围和量程

传感器的测量范围是指其所能测量到的最小被测量（输入量）x_{min} 至最大被测量（输入量）x_{max} 之间的范围，即（x_{min}，x_{max}）。

量程是指传感器测量范围的大小，用代数式可表示为

$$量程 = x_{max} - x_{min} \tag{2-3}$$

如一个力传感器的测量范围是（0，10N），则其量程为10N。测量范围可以明确传感器

的测量上限和测量下限，以便操作者正确使用传感器。通过量程可以知道传感器的满量程输入值。

2. 灵敏度

灵敏度是指传感器在稳态下的输出变化对输入变化比值的极限值，通常用 S_n 表示，即

$$S_n = \lim_{\Delta x \to 0} \frac{\Delta y}{\Delta x} = \frac{\mathrm{d}y}{\mathrm{d}x} \tag{2-4}$$

从数学表达式上看，灵敏度就是传感器输入—输出特性曲线上某点的斜率。对于线性传感器而言，它的灵敏度就是输入—输出特性曲线的斜率，为一常数，即 $S_n = \frac{y}{x} = K$。对于非线性传感器而言，它的灵敏度为一变量，如图2-4所示。

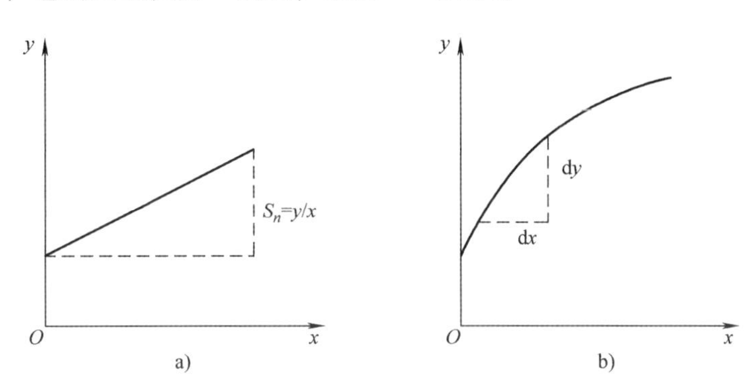

图2-4　灵敏度的定义

a）线性传感器　b）非线性传感器

一般希望传感器灵敏度高，并在满量程范围内恒定。灵敏度是一个有单位的量，其量纲为输出量的量纲与输入量的量纲之比。当输入量和输出量具有相同量纲时，常用“增益”或“放大倍数”来替代灵敏度。

若检测系统是由灵敏度分别为 S_1、S_2、S_3 等多个相互独立的环节串联而成时，此检测系统的总灵敏度为各组成环节灵敏度的积，即

$$S = S_1 S_2 S_3 \tag{2-5}$$

3. 分辨力和阈值

分辨力是用来表示传感器能够检测被测量的最小量值的性能指标，它是指能引起输出量发生变化时输入量的最小变化量 $\Delta x_{\min}$。通常有两种方法来表示分辨力。

（1）输入分辨力　在传感器的全程工作范围内都能产生可观测的引起输出量变化的最小输入量变化，以满量程输入的百分比表示

$$R_x = \frac{\max|\Delta x_{i,\min}|}{x_{\max} - x_{\min}} \times 100\% \tag{2-6}$$

式中　$\max|\Delta x_{i,\min}|$——输入变化量，取在全程工作范围测得的各最小输入变化量的最大值。

（2）输出分辨力　传感器在全程工作范围内，在输入量缓慢而连续变化时所观测到的输出量的最大阶跃变化，以满量程输出的百分比表示为

$$R_y = \frac{\Delta y_{\max}}{y_{\max} - y_{\min}} \times 100\% \tag{2-7}$$

实际传感器的输入—输出关系不可能做到绝对连续。有时输入量开始变化，输出量并不随之相应变化，而是当输入量变化到某一程度时输出才突然产生一个小的阶跃变化，这也是分辨力问题的实际来源。同时还存在阈值问题。阈值可定义为：输入量由零变化到使输出量开始发生可观测变化的输入量值。阈值通常可称为灵敏限、灵敏阈等，它实际上是传感器在正行程（输入量渐增）时的零点分辨力。

4. 线性度

实际的传感器都有非线性存在，如图 2-5 所示。传感器的线性度是衡量传感器线性特性好坏的指标，是指传感器的输出与输入之间的线性程度，即实际测得的传感器输入—输出特性曲线与其拟合曲线之间的最大偏差 ΔL_{max} 与满量程 $y_{F.S.}$ 输出比值的百分比，通常由 δ_L 来表示。

$$\delta_L = \pm \frac{\Delta L_{max}}{y_{F.S.}} \times 100\% \qquad (2\text{-}8)$$

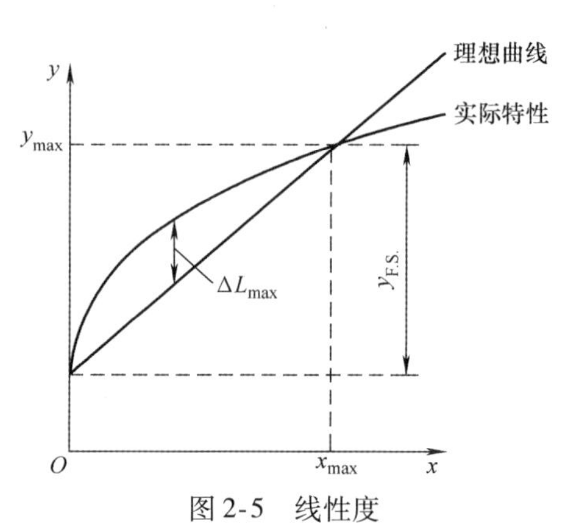

图 2-5　线性度

传感器的线性度是以一条理想曲线作基准，即在静态标准条件（静态标准条件是没有加速度、振动、冲击；环境温度一般为室温(20 ±5)℃；相对湿度≤85%；大气压力为(101.3 ±8.0) kPa）下测得的，基准不同时得出的线性度也不同。因此在提出线性度时，必须说明所依据的基准直线，通常有两种求解拟合直线的方法。一种是端点法，通过连接实测特性曲线的两个端点得到，所得直线称为基准直线，以端基直线作为基准来确定的线性度称为端基线性度，如图 2-6a 所示。另一种是最小二乘法，所得直线与实测特性曲线相应点之间偏差的二次方和为最小，称为最小二乘直线，以最小二乘直线作为基准来确定的线性度称为最小二乘线性度，如图 2-6b 所示。

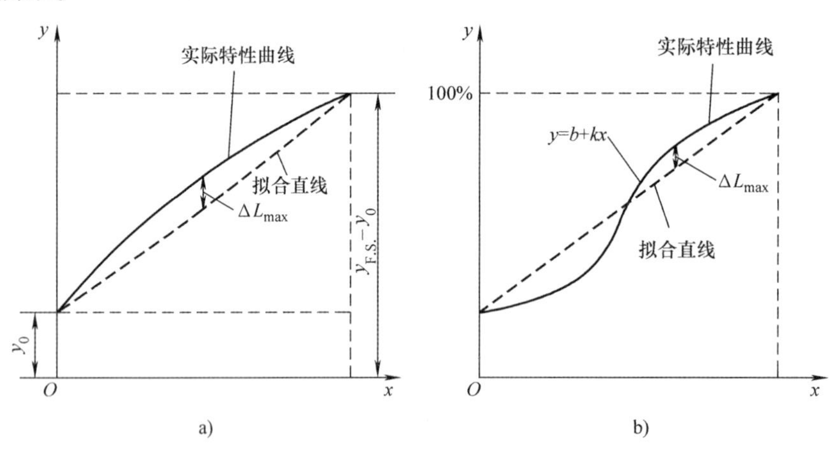

图 2-6　拟合曲线

a）端点连线拟合　b）最小二乘法拟合

5. 迟滞

对于同一大小的输入量，传感器在正行程（输入量由小到大）和反行程（输入量由大到小）期间，所得输入—输出特性曲线往往不尽相同，这一现象称为迟滞现象。迟滞反映了传感器在正反行程过程中，输入—输出曲线的不重合程度。如图 2-7 所示。

迟滞大小一般由实验测得，通常用全量程中最大的迟滞 Δ_{max} 与满量程输出值之比的百分数表示

$$\delta_H = \frac{\Delta_{max}}{y_{F.S.}} \times 100\% \tag{2-9}$$

6. 重复性

在相同条件下，输入量按同一方向做全量程多次测量时，所得特性曲线不一致的现象称为重复性问题，如图 2-8 所示。

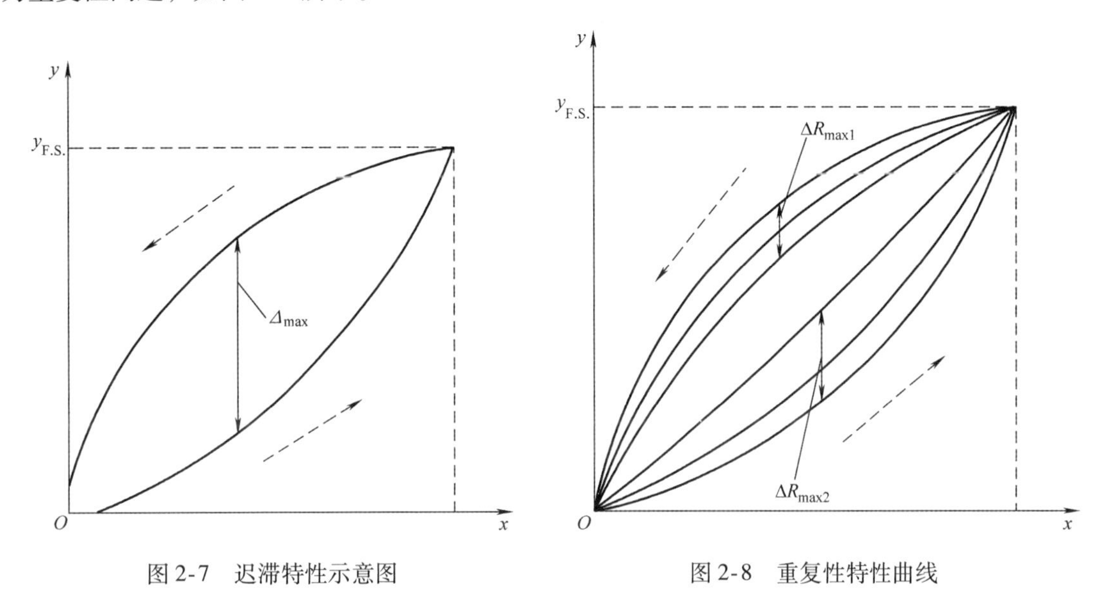

图 2-7　迟滞特性示意图　　图 2-8　重复性特性曲线

重复性指标（即不重复误差）一般采用输出量最大不重复误差 Δ_{max} 与满量程输出 $y_{F.S.}$ 的百分数表示，即

$$\delta_R = \frac{\Delta_{max}}{y_{F.S.}} \times 100\% \tag{2-10}$$

7. 精度

传感器的精度由其量程范围内的最大基本误差与满量程之比的百分数表示。基本误差是由系统误差和随机误差两部分组成的。系统误差包括迟滞与线性度所表示的误差；重复性所表示的误差为随机误差。传感器的精度 δ 表示为

$$\delta = \frac{\Delta_m}{y_{F.S.}} \times 100\% = \delta_L + \delta_H + \delta_R \tag{2-11}$$

式中　Δ_m——测量范围内允许的最大基本误差。

8. 稳定性和漂移

稳定性是指在一定工作条件下，保持输入信号不变时，传感器输出信号随时间或温度的变化而出现缓慢变化的程度，也就是传感器在一定时间内保持其性能参数恒定的能力。

在输入信号不变的情况下，传感器的输出随时间变化的现象称为时漂移；随环境温度变化的现象称为热漂移。热漂的主要表现为零点漂移和灵敏度漂移。

一般在室温条件下，经过规定时间后，传感器实际输出与标定时输出的差异程度可以用来表示其稳定性。稳定性可用相对误差或绝对误差来表示。

2.1.4.2　动态特性

传感器的动态特性是指输入量随时间变化时输出和输入之间的关系，它是传感器输出值能够真实地再现随时间变化着的输入量能力的反映。当传感器的输入量随时间变化时，我们不仅要讨论其静态特性，更加要关注其动态特性，希望传感器具有良好的动态性能。

动态特性用数学模型来描述，对于连续时间系统，主要有三种形式：时域中的微分方程，复频域中的传递函数 $H(s)$，频率域中的频率特性 $H(\mathrm{j}\omega)$。传感器的动态特性由其本身的固有属性所决定。

1. 数学模型

传感器的输入—输出关系如图 2-9 所示。

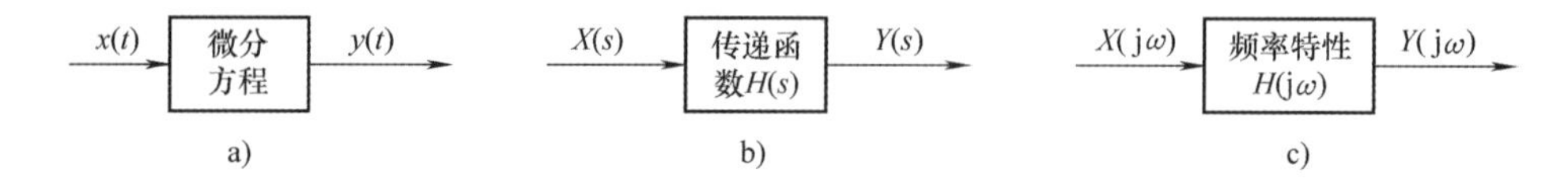

图 2-9　传感器的输入—输出关系

a）时域　b）复频域　c）频域

实际的传感器一般都能在一定程度上看作线性定常系统。因此可用常系数线性微分方程来描述输入—输出关系，其数学模型的一般表达式为

$$a_n\frac{\mathrm{d}^n y}{\mathrm{d}t^n}+a_{n-1}\frac{\mathrm{d}^{n-1}y}{\mathrm{d}t^{n-1}}+\cdots+a_1\frac{\mathrm{d}y}{\mathrm{d}t}+a_0y=b_m\frac{\mathrm{d}^m x}{\mathrm{d}t^m}+b_{m-1}\frac{\mathrm{d}^{m-1}x}{\mathrm{d}t^{m-1}}+\cdots+b_1\frac{\mathrm{d}x}{\mathrm{d}t}+b_0x \tag{2-12}$$

式中　y——传感器的输出量 $y(t)$；

x——传感器的输入量 $x(t)$；

t——时间；

a_0，a_1，…，a_n——仅取决于传感器自身特性的常数；

b_0，b_1，…，b_m——仅取决于传感器自身特性的常数。

显然，求解式（2-12）的微分方程组是很困难的。为计算的简洁，对式（2-12）两边做拉普拉斯变换，将其转换为复变函数。

$$(a_ns^n+a_{n-1}s^{n-1}+\cdots+a_1s+a_0)Y(s)=(b_ms^m+b_{m-1}s^{m-1}+\cdots+b_1s+b_0)X(s) \tag{2-13}$$

式中　s——拉普拉斯算子；

$Y(s)$——初始条件为 0 时，传感器输出量的拉普拉斯变换式；

$X(s)$——初始条件为 0 时，传感器输入量的拉普拉斯变换式。

由式（2-13）可得

$$H(s)=\frac{Y(s)}{X(s)}=\frac{b_ms^m+b_{m-1}s^{m-1}+\cdots+b_1s+b_0}{a_ns^n+a_{n-1}s^{n-1}+\cdots+a_1s+a_0} \tag{2-14}$$

式中等号右边仅与传感器系统的结构参数有关，它反映了传感器输出与输入的关系，是一个描述传感器信息传递特征的函数，即传感器特征的表达式，称为传递函数。

令 $s=\mathrm{j}\omega$，式（2-14）可直接得到传感器的频率特性

$$H(\mathrm{j}\omega)=\frac{Y(\mathrm{j}\omega)}{X(\mathrm{j}\omega)}=A(\omega)\mathrm{e}^{\mathrm{j}\varphi(\omega)} \tag{2-15}$$

频率响应函数 $H(\mathrm{j}\omega)$ 是一个附属函数，式中 $A(\omega)$ 为 $H(\mathrm{j}\omega)$ 的模，$\varphi(\omega)$ 为 $H(\mathrm{j}\omega)$ 的相角，分别是

$$A(\omega)=|H(\mathrm{j}\omega)|=\sqrt{[H_{\mathrm{R}}(\omega)]^2+[H_{\mathrm{I}}(\omega)]^2} \tag{2-16}$$

$$\varphi(\omega)=\arctan H(\mathrm{j}\omega)=-\arctan\frac{H_{\mathrm{I}}(\omega)}{H_{\mathrm{R}}(\omega)} \tag{2-17}$$

式中　$H_{\mathrm{R}}(\omega)$——$H(\mathrm{j}\omega)$ 的实部；

$H_{\mathrm{I}}(\omega)$——$H(\mathrm{j}\omega)$ 的虚部。

式（2-16）称为传感器的幅频特性，式（2-17）为相频特性。由式（2-15）、式（2-16）和式（2-17）可知，常系数线性测量系统的频率响应只是频率的函数，与时间、输入量无关。

2. 阶跃响应

在实际工作中，通常采用实验的方法，根据传感器对典型信号的响应，来评价其动态性能。最常用的典型信号是阶跃信号和正弦信号。以阶跃信号作为传感器输入，研究传感器的输出波形的方法称为瞬态响应分析法。

（1）一阶系统阶跃响应　对于式（2-14）的传感器传递函数，可将其转化为连乘形式，即

$$H(s)=A\prod_{i=1}^{r}\left(\frac{1}{s+p_i}\right)\prod_{j=1}^{(n-r)/2}\left(\frac{1}{s^2+2\xi_j\omega_{\mathrm{n}j}s+\omega_{\mathrm{n}j}{}^2}\right) \tag{2-18}$$

式（2-18）中，每个因子式都可以看作一个传感器子系统的传递函数。其中 A 是零阶系统传递函数，$\dfrac{1}{s+p_i}$ 是一阶系统传递函数，$\dfrac{1}{s^2+2\xi_j\omega_{\mathrm{n}j}s+\omega_{\mathrm{n}j}{}^2}$ 是二阶系统传递函数。

当 $n=0$ 时，称为零阶系统。零阶系统是一个与时间和频率无关的系统，输出量的幅值与输入量的幅值成比例，通常称为比例系统或无惯性系统。

当 $n=1$ 时，称为一阶系统，其传递函数为

$$H(s)=\frac{b_0}{a_1s+a_0} \tag{2-19}$$

一阶系统除了弹簧—阻尼、质量—阻尼系统以外，还有 RC、LR 电路、液体温度计等。

当 $n=2$ 时，称为二阶系统。RLC 回路是典型的二阶系统，其传递函数为

$$H(s)=\frac{b_0}{a_2s^2+a_1s+a_0} \tag{2-20}$$

传递函数中分子的阶次小于分母的阶次，即 $m\leqslant n$，一般用分母的阶次代表传感器的特征，n 阶数学模型即称为 n 阶传感器。尽管传感器种类很多，绝大多数传感器的动态特性都可用零阶、一阶或二阶微分方程来描述。高阶系统可看作若干个零阶、一阶、二阶系统的串联。

对于一阶系统，设其初始状态为零，当输入信号为单位阶跃信号时，即

$$x(t) = \begin{cases} 0 & t \leqslant 0 \\ 1 & t > 0 \end{cases}$$

单位阶跃信号的拉普拉斯变换为

$$X(s) = \frac{1}{s} \tag{2-21}$$

由式（2-19）和式（2-21），可得一阶系统输出的拉普拉斯变换为

$$Y(s) = X(s)H(s) = \frac{1}{\tau s + 1}\frac{1}{s} \tag{2-22}$$

由式（2-22）可求其拉普拉斯反变换为

$$y(t) = 1 - \mathrm{e}^{-t/\tau} \tag{2-23}$$

式中　τ——$\tau = a_1/a_0$ 为系统时间常数，量纲为时间。

式（2-23）的响应曲线如图 2-10 所示。从图中可以看出，一阶系统的阶跃响应由稳态响应和暂态响应两部分分量组成。其中暂态响应是一个指数函数，输出曲线随时间呈指数规律变化。由图 2-10 可知，输出的初始值为零，随着时间的推移，输出值 y 接近于稳态值 1，当 $t=\tau$ 时，$y=0.632$。传感器的时间常数越小，响应就越快。故时间常数 τ 是决定一阶传感器响应速度的重要参数。

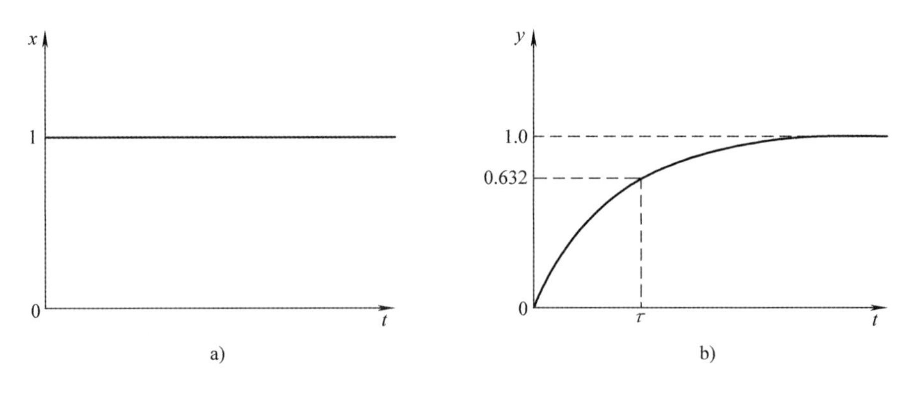

图 2-10　一阶传感器的阶跃响应

a）单位阶跃信号　b）一阶传感器阶跃响应曲线

（2）二阶系统阶跃响应　具有惯性质量、弹簧和阻尼器的振动系统是典型的二阶系统。典型的二阶传感器系统的传递函数可由式（2-14）获得

$$H(s) = \frac{Y(s)}{X(s)} = \frac{b_0}{a_2 s^2 + a_1 s + a_0} = \frac{k\omega_n^2}{s^2 + 2\xi\omega_n s + \omega_n^2} \tag{2-24}$$

式中　$k = \dfrac{b_0}{a_0}$——静态灵敏度；

$\xi = \dfrac{a_1}{2\sqrt{a_0 a_2}}$——阻尼比；

$\omega_n = \sqrt{a_0/a_2}$——传感器无阻尼固有频率，由传感器结构确定。

当输入为阶跃信号时，由式（2-24）可获得二阶传感器的输出拉普拉斯变换为

$$Y(s)=H(s)X(s)=\frac{\omega_n^2}{s^2+2\xi\omega_n s+\omega_n^2}\frac{1}{s} \tag{2-25}$$

对上式求取拉普拉斯反变换，得

$$y(t)=1-\left(\frac{e^{-\xi\omega_n t}}{\sqrt{1-\xi^2}}\right)\sin(\omega_d t+\varphi) \tag{2-26}$$

式中　$\varphi=-\tan^{-1}\left(\sqrt{1-\xi(\omega_d/\omega_n)^2}/\xi\right)$

$\omega_d=\omega_n\sqrt{1-\xi^2}$

由式（2-26）作出输出特性曲线如图2-11所示。由图可知，二阶系统的阶跃响应与其阻尼比 ξ 有关，不同的阻尼比，其输出曲线不同。

1）当 $\xi=0$，即无阻尼时，$y(t)=\frac{b_0}{a_0}(1-\cos\omega_n t)$，输出等幅振荡，系统产生自激，永远达不到稳定。

2）当 $\xi<1$，即欠阻尼时，输出阶跃响应由式（2-26）描述，输出为衰减振荡，达到稳定的时间随 ξ 下降而加长。

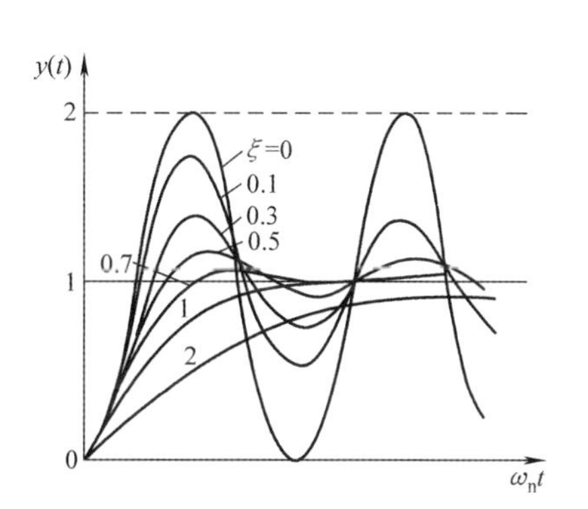

图2-11　二阶传感器的阶跃响应

3）当 $\xi=1$，即临界阻尼时，$y(t)=\frac{b_0}{a_0}[1-(1+\omega_n t)e^{-\omega_n t}]$，响应时间最短。

4）当 $\xi>1$，即过阻尼时，达到稳定时间最长，系统没有振荡，是非周期性过渡过程，

$$y(t)=\frac{b_0}{a_0}\left[1-\frac{\xi+\sqrt{\xi^2-1}}{2\sqrt{\xi^2-1}}e^{(-\xi+\sqrt{\xi^2-1})\omega_n t}+\frac{\xi-\sqrt{\xi^2-1}}{2\sqrt{\xi^2-1}}e^{(-\xi-\sqrt{\xi^2-1})\omega_n t}\right]$$

显然，固有频率 ω_n 越高，响应曲线上升越快，当 ω_n 为常数时，响应特性取决于阻尼比。并且阻尼比越大，过冲现象越减弱，在过阻尼情形下，不存在振荡。在实际应用中，通常取欠阻尼工作状态，一般阻尼比取 $\xi=0.6\sim0.8$，取值原则是过冲量不太大，稳定时间不太长。

3. 正弦响应

以正弦信号作为传感器输入，研究传感器的输出波形的方法称为频率响应分析法。假设传感器输入单位正弦函数信号 $x(t)=\sin\omega t$，振幅恒定，信号频率为 ω。已知正弦函数的拉普拉斯变换为

$$X(s)=\frac{\omega}{s^2+\omega^2} \tag{2-27}$$

为讨论传感器系统在正弦信号作用下的振幅和频率变化特性的方便，下面分一阶系统、二阶系统两种情形分别说明。

（1）一阶系统正弦响应　由式（2-19）一阶系统的传递函数和式（2-27）的输入信号，可求出一阶传感器系统的输出响应为

$$Y(s)=H(s)X(s)=\frac{k}{\tau s+1}\frac{\omega}{s^2+\omega^2} \tag{2-28}$$

对上式进行拉普拉斯反变换，可求得一阶传感器对正弦输入的时间函数

$$y(t)=\frac{\omega}{\tau}\frac{e^{-\tau/t}}{(1/\tau)^2+\omega^2}+\frac{k}{\omega}\sqrt{\frac{(\omega/\tau)^2}{(1/\tau)^2+\omega^2}}\sin(\omega t+\varphi) \tag{2-29}$$

式（2-29）包含输出 $y(t)$ 的两个组成部分，即瞬态响应和稳态响应。其中瞬态响应（式中右式第一项）随时间 t 逐渐递减，直至消失。在某些场合下，忽略瞬态响应，稳态响应可整理为

$$y(t)=\frac{k}{\sqrt{1+\omega^2\tau^2}}\sin(\omega t+\varphi)=A(\omega)\sin(\omega t+\varphi) \tag{2-30}$$

其中幅频特性

$$A(\omega)=\left|\frac{y(t)}{k}\right|=\frac{1}{\sqrt{1+\omega^2\tau^2}} \tag{2-31}$$

相频特性

$$\varphi(\omega)=-\arctan(\omega\tau) \tag{2-32}$$

根据式（2-31）和式（2-32）分别作出一阶传感器的伯德图，如图 2-12 所示。一阶传感器的频率响应特性有如下结论。

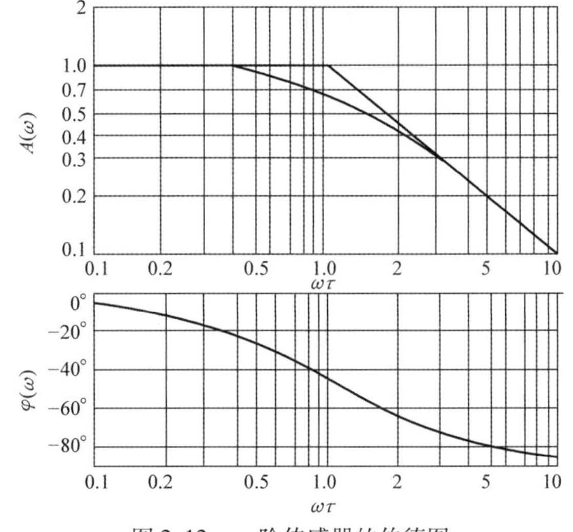

图 2-12　一阶传感器的伯德图

1）一阶传感器系统只有在时间常数 $\tau \ll 1$ 或 $\omega\tau \ll 1$ 时，才近似于零阶系统的特性，即 $A(\omega)\approx 1$，$\varphi(\omega)\approx 0$；当时间常数 τ 很小时，输入与输出关系接近线性关系，且相位差也很小，这时的输出信号能较真实地反映输入的变化规律。

2）当 $\omega\tau=1$ 时，传感器灵敏度幅值衰减至输入信号的 $0.707k$，如果将灵敏度下降到 3dB 时的频率作为传感器工作频率上限，则传感器上限频率为 $\omega_B=1/\tau$。可见，时间常数 τ 越小，传感器上限频率 ω_B 越高；工作频率越宽，频率响应特性越好。

可见，一阶传感器系统的动态响应主要取决于时间常数 τ，τ 越小越好，减小时间常数 τ 可改善传感器频率特性，加快响应过程。

（2）二阶系统正弦响应　零初始状态的二阶系统，在如式（2-27）的正弦信号作用下，其输出的拉普拉斯变换为

$$Y(s)=\frac{\omega_n^2}{s^2+2\xi\omega_n+\omega_n^2}\frac{\omega}{s^2+\omega^2} \tag{2-33}$$

其中，信号频率为 ω。对上式求其拉普拉斯反变换，可得

$$y(t)=\frac{k\omega_n\omega}{\sqrt{(\omega_n^2-\omega^2)^2+4\xi^2\omega_n^2\omega^2}}\sin(\omega t+\varphi_1)+$$

$$\frac{k\omega_n\omega}{(1-\xi^2)\sqrt{(\omega_n^2-\omega^2)^2+4\xi^2\omega_n^2\omega^2}}e^{-\xi\omega_n t}\sin[\omega_n(1+\xi^2)t+\varphi_2] \tag{2-34}$$

忽略上式的暂态部分（等号右侧第二项），可列出二阶系统输出相应的幅频特性为

$$A(\omega)=\left|\frac{y(t)}{k}\right|=\frac{1}{\sqrt{[1-(\omega/\omega_n)^2]^2+(2\xi\omega/\omega_n)^2}} \tag{2-35}$$

相频特性为

$$\varphi(\omega)=-\arctan\frac{2\xi\omega/\omega_n}{1-(\omega/\omega_n)^2} \tag{2-36}$$

由（2-35）和式（2-36）可分别作出二阶系统在正弦信号作用下的幅频特性和相频特性曲线，如图2-13所示。

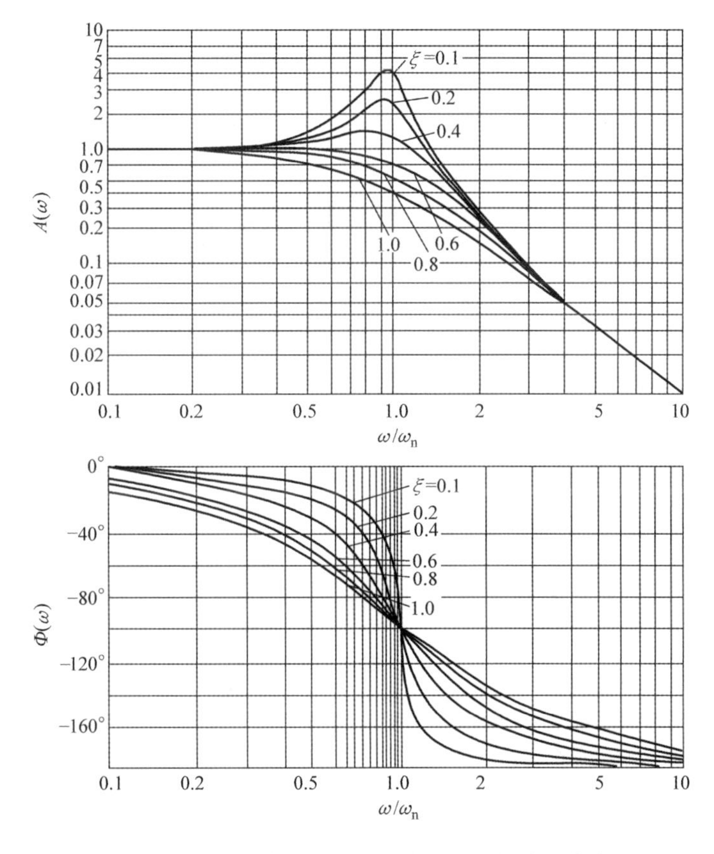

图2-13　二阶传感器的幅频特性和相频特性曲线

二阶系统的频率响应特性为：

1）当$\xi<1$，且$\omega_n \gg \omega$时，输出幅值$A(\omega)\approx 1$，相移$\varphi(\omega)\approx 0$。

2）当$\xi<1$，且$\omega_n=\omega$时，在$\omega_n=\omega$附近幅值增加，形成峰值，系统会产生共振；同时相频特性变差，会有90°~180°的相位差。

3）传感器固有频率ω_n至少应大于被测信号频率ω的3~5倍，即$\omega_n\geq(3\sim5)\omega$，以保证系统增益，避免共振。

由上述分析知，二阶传感器系统对阶跃信号响应和正弦信号响应（频率响应）特性的

好坏在很大程度上取决于阻尼比 ξ 和传感器的固有频率 ω_n。

2.2 阻抗型传感器

2.2.1 电阻式传感器

电阻式传感器的种类繁多，应用广泛。它是将非电量（如力、位移、形变、速度、加速度和扭矩等参数）变化转换为电阻变化的传感器。其核心转换元件是电阻元件，将非电量的变化转换成相应的电阻的变化，通过电测技术对电阻值进行测量，以达到对上述非电量测量的目的。

电阻式传感器主要分为两大类：电位器式传感器和应变（计）式传感器。前者又分为线绕式和非线绕式两种，主要用于非电量变化较大的测量场合；后者分为金属应变片式和半导体应变片式，用于测量非电量变化量相对较小的情况，且灵敏度较高。

2.2.1.1 电位器式传感器

电位器式传感器（简称电位器）是一种可调的电子元件。它是由一个电阻体和一个转动或滑动系统组成。当电阻体的两个固定触头之间外加一个电压时，通过转动或滑动系统改变触头在电阻体上的位置，在动触头与固定触头之间便可得到一个与动触头位置成一定关系的电压。

电位器的种类很多，按电阻体材料分类，可分为线绕电位器和非线绕电位器。按调节方式分类，可分为旋转式、推拉式和直滑式电位器，按电阻值变化规律分类，可分为直线式、指数式和对数式。按结构特点分类，可分为单圈、多圈、单联、双联、多联、抽头式、带开关、锁紧型、非锁紧型和贴片式电位器。

1. 工作原理

电位器式传感器是由电位器构成的，可以将直线位移、角位移转换为与其成一定函数关系的电阻或电压输出，其结构如图 2-14 所示。

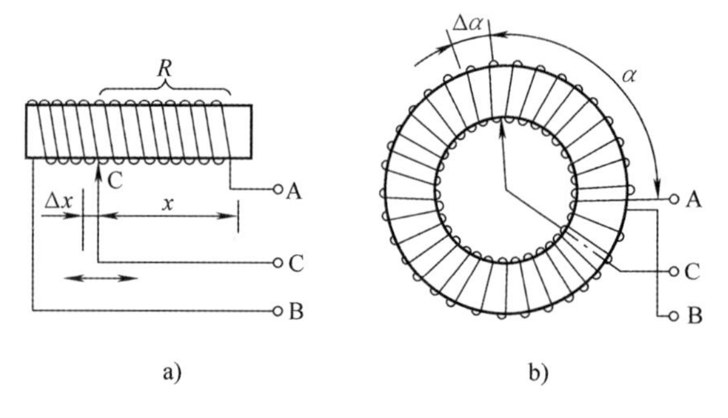

图 2-14 电位器式传感器

a）直线位移型 b）角位移型

如图 2-14 所示，电位器由电阻器和电刷两部分构成。当电刷触头 C 在电阻器 R_{AB}（阻值为 R）上移动时，A、C 间的电阻就会发生变化，而且阻值 R_{AC} 与触头的直线位移或角位移 α 成一定的函数关系。

电位器的输出有电阻和电压两种。作为电阻值输出，当触头 C 位移为 x 时，其输出为

$$R_x = R_{AC} = f(x) \tag{2-37}$$

作为电压值输出，令 A、B 两端的电压值为 U，当触头 C 位移为 x 时，其输出为

$$U_x = U_{AC} = \frac{U}{R_{AB}}f(x) = \frac{U}{R}f(x) \tag{2-38}$$

2. 结构特点

按照电位器的结构形式不同，可分为线绕式电位器、薄膜式电位器和光电式电位器等。常用的有线绕电位器和非线绕电位器两种。

线绕电位器主要由骨架、绕组、电刷、导电环及转轴等部分组成，具体结构如图 2-15 所示。一般骨架有胶木等绝缘材料或表面覆有绝缘层的金属骨架构成。绕组为电阻元件，由漆包电阻丝整齐地绕制在骨架上构成，两个引出端 1、2 是电压输入端。电刷由电刷触头和电刷臂组成（电刷触头一般焊接在电刷臂上），电刷被绝缘地固定在电位器的转轴上，绕组与电刷触头接触的工作端面用打磨和抛光的方法去掉漆层，以便与电刷头有良好的接触。电刷经导电环引出输出端 3，电位器的转轴随外界被测量一起转动。当电位器转轴转动时，电刷臂随之移动，电刷触头在绕组上滑动接触，在工作电压 U_0 作用下，电位器输出电压 U_x 与转轴转动量成对应关系，从而实现机电信号的转换。

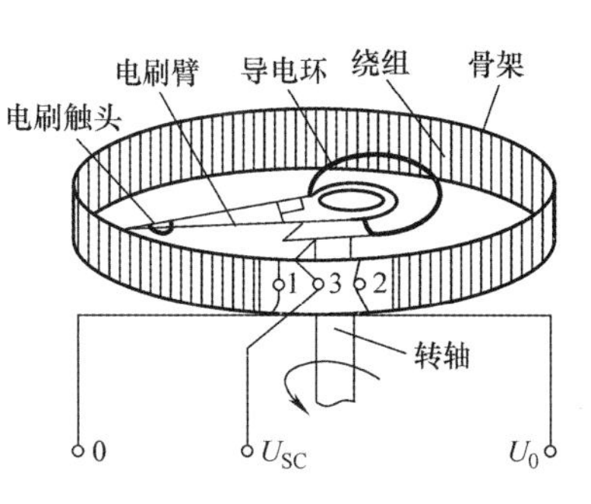

图 2-15　线绕电位器式传感器结构

非线绕式电位器较线绕式电位器性能优良，分辨率高、耐磨性好、寿命长。现有的非线绕式电位器包括薄膜电位器、导电塑料电位器、光电电位器。

3. 输出特性

本节结合线绕式电位器的输出特性来介绍电阻式传感器的输出特性。

在图 2-15 中，设输入工作电压为 U_0，输出电压为 U_{SC}，电位器的总电阻为 R_0，总行程为 L_0，电刷的行程为 L，相应的电阻 R 称为输出端电阻。在空载下，当电刷的行程为 L 时，输出端电压为

$$U_{SC} = \frac{U_0}{R_0}R \tag{2-39}$$

假设电位器的绕线截面积均匀，即电阻 R 线性变化，则

$$U_{SC} = \frac{U_0}{L_0}L \tag{2-40}$$

电位器的电阻灵敏度为

$$K_R = \frac{R}{L} = \frac{R_0}{L_0} \tag{2-41}$$

电位器的电压灵敏度为

$$K_V = \frac{U_{SC}}{L} = \frac{U_0}{L_0} \tag{2-42}$$

K_R 和 K_V 为线绕电位器的电阻和电压灵敏度，他们分别表示单位位移所引起的输出电阻和输出电压的变化量。由式（2-41）和式（2-42）可以看出，K_R 和 K_V 均为常数，这样的电位器称为线性电位器，即改变测量电阻值 R 所引起输出电压 U_{SC} 的变化为线性变化。

若电位器的负载电阻 $R_L \neq 0$，由于负载电阻 R_L 与现行电位器的输出端电阻 R 的并联作用，改变了空载时的分压关系，这时，带有负载的输出电压 U_x 将小于空载时的输出电压 U_{SC}。

设流经线性电位器的电流为 I_0，流经负载电阻 R_L 的电流为 I_L，则

$$U_0 = U_x + I_0(R_0 - R) \tag{2-43}$$

$$I_0 = I_L + (I_0 - I_L) = \frac{U_x}{R_L} + \frac{U_x}{R} = \frac{R_L + R}{R_L R}U_x \tag{2-44}$$

将式（2-44）的 I_0 代入式（2-43）得

$$U_0 = U_x + \frac{R_L + R}{R_L R}(R_0 - R)U_x \tag{2-45}$$

则可推导出带负载时的输出电压 U_x 为

$$U_x = \frac{R_L R}{R_L R + RR_0 - R^2}U_0 \tag{2-46}$$

将式（2-46）与空载时的输出电压式（2-39）比较，带有负载时的输出电压 U_x 小于空载时的输出电压 U_{SC}。

若令 $K = \frac{R}{R_0}$ 为分压系数，$a = \frac{R_0}{R_L}$ 为负载系数，则对于线性电位器，在空载下，输出电压 U_{SC} 正比于分压系数，也就是说输出电压与机械位移量 L 是线性关系。但是，在有负载的情况下，输出电压 U_x 与输出端电阻 R（或 L）呈非线性关系，并且 U_x 小于 U_{SC}。

2.2.1.2 应变式传感器

1. 工作特性

应变式传感器是利用导电材料的应变电阻效应研制而成的，它能将试件上的应变转换为电阻变化。应变（计）式传感器具有以下独特的优点：①结构简单，使用方便，性能稳定、可靠。②易于实现测试过程自动化和多点同步测量、远距离测量和遥测。③灵敏度高，测量速度快，适合于静态、动态测量。④可以测量多种物理量，应用广泛。

2. 导电材料的应变电阻效应

如图 2-16 所示，设有一段长为 l，截面半径为 r，电阻率为 ρ 的导电材料，它具有的电阻为

$$R = \rho\frac{l}{A(r)} \tag{2-47}$$

$$A(r) = \pi r^2 \tag{2-48}$$

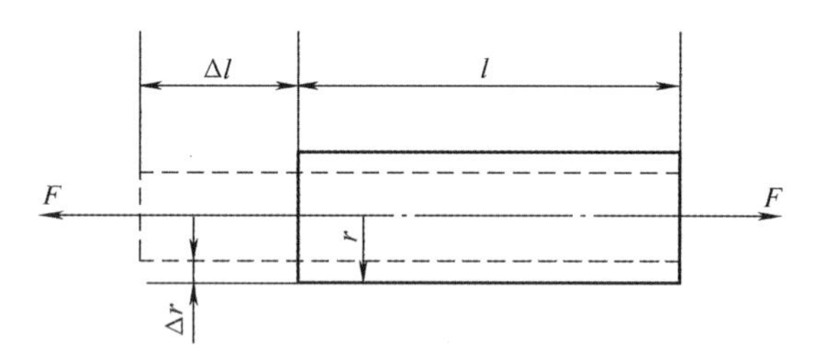

图 2-16 导电材料受拉伸后的参数变化

当有轴向力 F 作用在导体上时，导体被拉伸，其轴向上被拉长（$l \to l + \Delta l$），在径向上被压缩（$r \to r - \Delta r$），同时，电阻率 ρ 也将发生变化，则导电材料的电阻值也随之发生变化，其电阻的相对变化可表示为

$$\frac{\mathrm{d}R}{R}=\frac{\mathrm{d}\rho}{\rho}+\frac{\mathrm{d}l}{l}-\frac{\mathrm{d}A}{A} \tag{2-49}$$

式中，电阻的相对变化$\frac{\mathrm{d}R}{R}$由电阻率的相对变化$\frac{\mathrm{d}\rho}{\rho}$、长度的相对变化$\frac{\mathrm{d}l}{l}$和截面积的相对变化$\frac{\mathrm{d}A}{A}$三部分组成。其中$\frac{\mathrm{d}l}{l}=\varepsilon$定义为导体材料的轴向线应变，常用单位为$\mu\varepsilon$，$1\mu\varepsilon=1\times10^{-6}\mathrm{mm/mm}$，称为“微应变”。$\frac{\mathrm{d}A}{A}=2\frac{\mathrm{d}r}{r}=-2\mu\varepsilon$，$\frac{\mathrm{d}r}{r}$为导体材料的径向线应变，等于材料的轴向线应变$\varepsilon$与泊淞比$\mu$的乘积，这样，电阻的相对变化可表示为

$$\frac{\mathrm{d}R}{R}=\frac{\mathrm{d}\rho}{\rho}+(1+2\mu)\varepsilon \tag{2-50}$$

导电材料主要指金属和半导体材料，而电阻率的相对变化$\frac{\mathrm{d}\rho}{\rho}$对于金属和半导体材料的情况不同，需分开讨论。

（1）金属材料的应变电阻效应　对于金属材料，其电阻率ρ的相对变化与体积V的相对变化有关

$$\frac{\mathrm{d}\rho}{\rho}=C\frac{\mathrm{d}V}{V} \tag{2-51}$$

其中，C是由一定的材料和加工方式决定的常数，由于

$$\frac{\mathrm{d}V}{V}=\frac{\mathrm{d}l}{l}+\frac{\mathrm{d}A}{A}=(1-2\mu)\varepsilon \tag{2-52}$$

因此金属材料的电阻相对变化为

$$\frac{\mathrm{d}R}{R}=[(1+2\mu)+C(1-2\mu)]\varepsilon=K_{\mathrm{m}}\varepsilon \tag{2-53}$$

式中　K_{m}——金属丝材的应变电阻灵敏系数，表示金属丝材在受到单位轴向线应变作用时，其电阻的相对变化。

因此，金属材料的应变电阻效应可表述为：金属材料的电阻相对变化与线应变成正比。

（2）半导体材料的应变电阻效应　半导体材料具有压阻效应，其电阻率的相对变化可表示为

$$\frac{\mathrm{d}\rho}{\rho}=k\sigma=kE\varepsilon \tag{2-54}$$

式中　σ——作用于半导体材料的轴向应力；

k——半导体材料在受力方向的压阻系数；

E——半导体材料的弹性模量。

因此对半导体材料而言，其电阻的相对变化为

$$\frac{\mathrm{d}R}{R}=[(1+2\mu)+kE]\varepsilon=K_{\delta}\varepsilon \tag{2-55}$$

式中　K_{δ}——半导体材料的应变灵敏系数。

半导体材料的应变电阻效应可表述为：半导体材料的电阻相对变化与线应变成正比。

（3）导电丝材料的应变电阻效应　综合式（2-53）和式（2-55），导电丝材料的应变电阻效应可写成

$$\frac{\Delta R}{R} = K_0 \varepsilon \tag{2-56}$$

式中　K_0——导电丝材料的应变灵敏系数。

对于金属材料，$K_0 = K_m = (1 + 2\mu) + C(1 - 2\mu)$。其中，第一部分（$1 + 2\mu$）表示受力后金属丝几何尺寸变化所致，一般金属 $\mu \approx 0.3$，故$(1 + 2\mu) \approx 1.6$。第二部分为电阻率随应变而变的部分，以康铜为例，$C \approx 1$，$C(1 - 2\mu) \approx 0.4$，故 $K_0 = K_m \approx 2.0$。因此，金属丝材的应变电阻效应以结构尺寸变化为主，K_m 一般在 1.8～4.8 的范围内。

对于半导体材料，$K_0 = K_\delta = (1 + 2\mu) + kE$，第一部分与金属材料相同，为结构尺寸变化所致，后一部分是半导体材料的压阻效应引起的，而且一般 $kE >> (1 + 2\mu)$，因此，$K_0 = K_\delta \approx kE$，半导体材料的应变电阻效应主要基于压阻效应，通常 $K_\delta = (50 \sim 80) K_m$，半导体材料的应变电阻的灵敏度高于金属材料。

3. 结构特点

应变式传感器的结构如图 2-17 所示，它主要由敏感栅、基底、引出线、覆盖层和黏结剂五部分组成。

（1）敏感栅　敏感栅是应变式传感器最重要的部分，根据敏感栅材料形状和制造工艺的不同，应变式传感器的结构形式有丝式、箔式和薄膜式三种类型。

丝式应变式传感器的结构如图 2-18a 所示，其敏感栅由某种金属细丝绕成栅状。敏感栅栅丝直径一般为 0.012～0.05mm，以 0.025mm 最常用。栅长 l 依用途不同有 0.2mm、0.5mm、1.0mm、100mm、200mm。

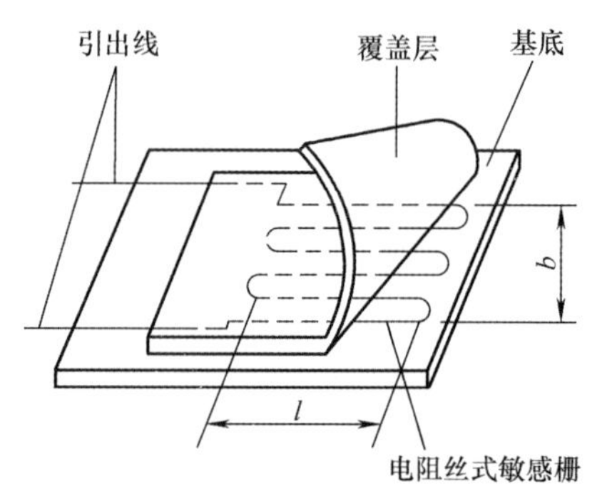

图 2-17　应变式传感器的结构

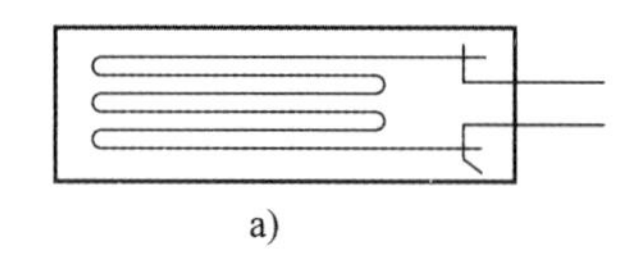

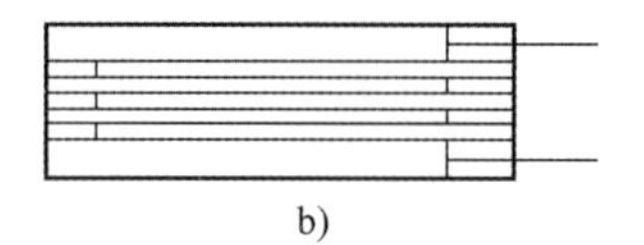

a)　　b)

图 2-18　应变式传感器
a）丝式应变式传感器　b）箔式应变式传感器

箔式应变式传感器的敏感栅如图 2-18b 所示。它利用照相制版或光刻腐蚀技术将厚度为 0.003～0.01mm 的金属箔片制成所需的各种图形的敏感栅，也称为应变花。这种敏感栅因具有很多优点而在实际测试中得到广泛应用。

一般来说，对制作敏感栅的材料有以下要求：

1）应变灵敏系数较大，且在所测应变范围内保持常数。

2）电阻率高而稳定，以便于制造小栅长的应变片。

3）电阻温度系数要小，电阻 - 温度间的线性关系和重复性好。

4）机械强度高，辗压及焊接性能好，与其他金属之间的接触电动势小。

5）抗氧化、耐腐蚀性能强，无明显机械滞后。

（2）基底和覆盖层　基底用于保持敏感栅和引出线的几何形状不变和相对位置固定，还具有绝缘作用；覆盖层除固定敏感栅和引出线外，还可以保护敏感栅。基底和覆盖层的材料有纸和聚合物两大类，纸基逐渐被胶基（有机聚合物）取代，因为胶基各方面性能都优于纸基。胶基是由环氧树脂、酚醛树脂和聚酰亚胺等制成的胶膜，厚度为0.02～0.05mm。对基底材料的要求：机械强度好，挠度好；粘贴性能好；电绝缘性能好；热稳定性和抗湿性好，无滞后和蠕变。

（3）引出线　应变式传感器的引出线用以和外接导线相连。康铜丝敏感栅应变式传感器的引出线采用直径为0.05～0.1mm的银铜丝，采用定位焊焊接。其他类型的敏感栅，多采用直径与前相同的铬镍、铁铬铝金属丝或扁带作为引出线，与敏感栅定位焊相接。

（4）黏合剂

用于将敏感栅固定于基底上，并将覆盖层与基底粘结在一起。使用金属应变片时，也需用黏合剂将应变片粘贴在试件表面某个方向和位置上，以便将试件受力后的表面应变传递给应变片的基底和敏感栅。

2.2.1.3　热电阻和热敏电阻温度传感器

热电阻温度传感器是将温度变化转换为电阻变化的传感器。根据材料的不同，热电阻温度传感器可分为金属热电阻和半导体热电阻两大类。其中前者简称为热电阻，后者简称为热敏电阻。

1. 热电阻

（1）工作原理　物质的电阻率随温度变化而变化的现象称为热电阻现象。对金属而言，温度上升时，金属的电阻值将增大。

（2）热电阻的材料及要求　热电阻有热电阻丝、绝缘骨架、引出线等部件组成，其中，热电阻丝是热电阻的主体。热电阻丝的材料一般应满足以下要求：

1）电阻温度系数要大，以便提高热电阻的灵敏度。

2）电阻率尽可能大，以便在相同灵敏度下减小电阻体的尺寸。

3）热容量要小，以便提高热电阻的响应速度。

4）在整个测量温度范围内，应具有稳定的物理和化学性能。

5）电阻与温度的关系最好接近于线性。

6）应有良好的可加工性，且价格低廉。

根据对热电阻丝的要求及金属材料的特性，目前最广泛使用的热电阻丝材料是铜和铂，另外随着低温和超温测量技术的发展，已开始采用铟、锰和碳等作为热电阻的材料。

（3）常用热电阻

1）铂电阻。铂热电阻性能稳定、重复性好、精度高，在工业用温度传感器中得到了广泛应用。它的测温范围一般为－200～650℃。

铂热电阻的阻值与温度之间的关系近似线性，其特性方程为

在－200℃≤t≤0℃时

$$R_t = R_0[1 + At + Bt^2 + Ct^3(t - 100)]$$

在0℃≤t≤650℃时

$$R_t = R_0[1 + At + Bt^2]$$

式中　R_t、R_0——分别为铂电阻在t℃和0℃时的电阻值；

t——任意温度；

A、B、C——常数，$A = 3.940\times10^{-2}$/℃，$B = -5.84\times10^{-7}$/℃^{2}，$C = -4.22\times10^{-12}$/℃^{4}。

在工业上，将对应于 $R_0=50\Omega$ 和 $R_0=100\Omega$ 的 R_t-t 关系制成分度表，供使用者查阅。铂电阻容易提纯，在高温和氧化性介质中，其物理、化学性能很稳定，输出特性接近线性，测量精度高。因此，它能用作工业测温元件和作为温度标准器的元件，按国际温标 IPTS—68 规定，在 -259.34 ~ 630.74℃的温度范围内，以铂电阻温度计作为基准器。

2）铜电阻。由于铂为贵金属，一般在测量精度要求不太高、测温范围不大的情况下，可以采用铜电阻来代替铂电阻，这样可以降低成本，同时也能达到精度要求。在 -50 ~ 150℃的温度范围内，铜电阻与温度的关系为

$$R_t = R_0(1 + At + Bt^2 + Ct^3)$$

式中　R_t、R_0——分别为铜电阻在 t℃和 0℃时的电阻值；

t——任意温度；

A、B、C——常数，$A=4.28899\times10^{-3}/℃$，$B=-2.133\times10^{-7}/℃^2$，$C=-1.233\times10^{-9}/℃^3$。

同样，我国将对应于 $R_0=50\Omega$ 和 $R_0=100\Omega$ 的 R_t-t 关系制成分度表，供使用者查阅。铜容易提纯，在 -50 ~ +150℃范围内铜电阻的物理、化学特性稳定，输入 - 输出关系接近线性，且价格低廉，铜电阻的缺点是电阻率较低，仅为铂电阻的 1/6 左右，另外其电阻体的电极较大，热惯性也较大，当温度高于100℃时易氧化，因此，铜电阻只适于在低温和无侵蚀性的介质中工作。

2. 热敏电阻

（1）工作原理　热敏电阻是由半导体材料制成的温度传感器，按其物理特性分为三大类型，即负温度系数热敏电阻（NTC）、正温度系数热敏电阻（PTC）及在特定温度条件下电阻值会发生突变的临界温度热敏电阻。多数热敏电阻具有负温度系数，即温度升高电阻下降，负温度系数热敏电阻特性曲线如图 2-19 所示。随温度上升电阻下降的同时灵敏度也有所下降。目前，热敏电阻的温度上限约 300℃。

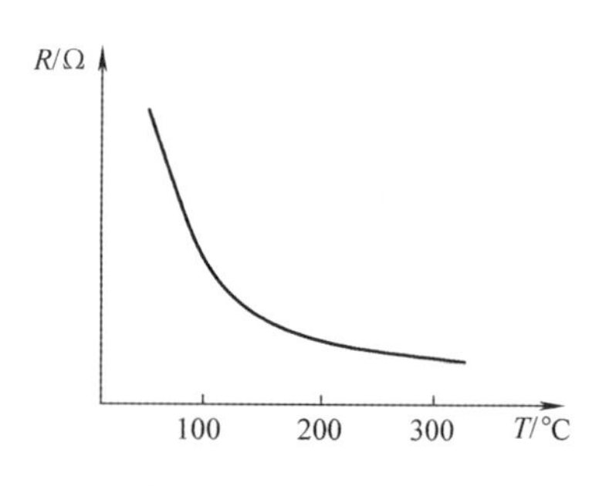

图 2-19　负温度系数热敏电阻温度特性

负温度系数热敏电阻的阻值与温度的关系可用经验公式表示：

$$R_t = A(t-1)e^{\frac{B}{t}}$$

式中　R_t——温度为 t 时的电阻值；

A——与材料和形状有关；

B——常数。

（2）结构形式　热敏电阻是用半导体 - 金属氧化物材料混合后，掺入一定的黏合剂成型，再经高温烧结而成。主要材料有 Mn、Co、Ni、Cu、Fe 氧化物；采用不同的形式封装，有珠状、圆片状、片状及杆状等封装形式。结构分为：二端、三端、四端、直热式、旁热式等。

2.2.2　电容式传感器

电容式传感器是通过电容传感元件把被测物理量的变化转换成电容量的变化，然后再经

过转换电路转换成电压、电流或频率等信号输出的测量装置。电容式传感器不但广泛应用于位移、振动、角度、加速度等机械量的精密测量，而且还逐步扩展到用于压力、压差、液位、物位或成分含量等方面的测量。

2.2.2.1　电容式传感器的工作原理及结构

1. 工作原理

平行板电容器是在两个相距很近的平行金属极板中间夹上一层电介质而构成的，如图2-20所示。

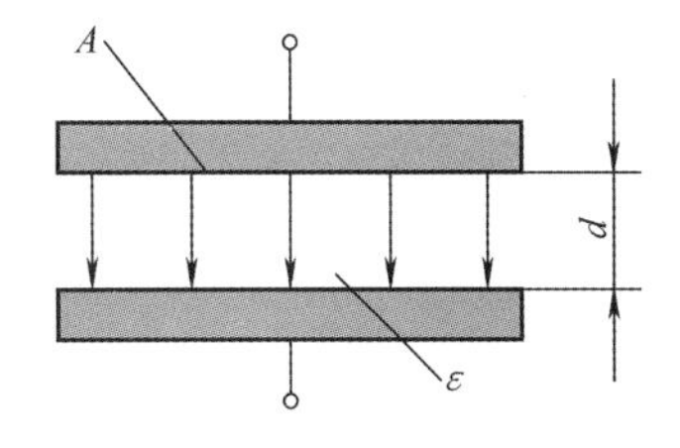

图2-20　平行板电容器

若在两极板间加上电压，电极上就储存有电荷，所以电容器实际上是一种储存电场能的元件。平板式电容器在忽略其边缘效应时的电容量可用下式表示：

$$C = \frac{\varepsilon S}{d} = \frac{\varepsilon_r \varepsilon_0 S}{d} \tag{2-57}$$

式中　S——电容器两极板遮盖面积；

ε——介质的介电常数，单位为F/m；

ε_r——介质的相对介电常数；

ε_0——真空的介电常数，$\varepsilon_0 = 8.85 \times 10^{-12}$F/m；

d——极板间距离，单位为m。

从式（2-57）可以看出，若三个变量中任意两个为常数而改变另外一个，电容量就发生变化，根据这个原理，电容器式传感器可分为三大类型：变极距型电容式传感器、变面积型电容式传感器以及变介电常数型电容式传感器，如图2-21所示。

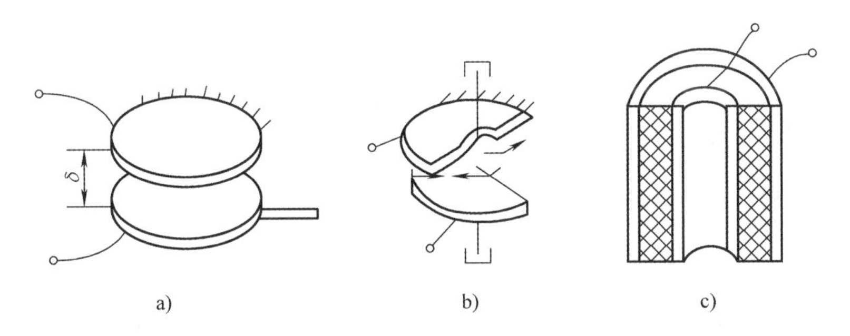

图2-21　电容式传感元件的结构形式
a）变极距型　b）变面积型　c）变介电常数型

2. 变极距型电容式传感器

图2-22为变极距型电容式传感器的原理图。此时ε和S为常数，图中3为与被测对象相连的活动极板，2为固定极板。当活动极板间因被测参数的改变而引起移动时，两极板间的距离d发生变化，从而改变了两极板之间的电容量C。

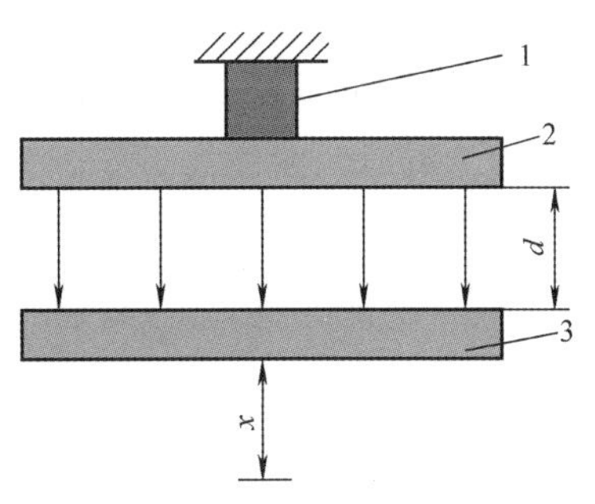

图2-22　变极距型电容式传感器

设极板面积为S，其静态电容量由式（2-57）可得。当活动极板移动x后，其电容量为

$$C = \frac{\varepsilon S}{d - x} = C_0 \frac{1 + \frac{x}{d}}{1 - \frac{x^2}{d^2}} \tag{2-58}$$

式中　C_0——静态电容量，$C_0 = \varepsilon S/d$。

当 $x \ll d$ 时，$1 - \frac{x^2}{d^2} \approx 1$，

则
$$C = C_0\left(1 + \frac{x}{d}\right)$$

由式（2-58）可知，电容量 C 与 x 不是线性关系，而是双线性关系。只有当 $x \ll d$ 时，才可认为是近似线性关系。同时还可以看出，要提高灵敏度，应减小起始 d。但当 d 过小时，又容易引起击穿，同时加工精度要求也高了。为此，一般是在极板间放置云母和塑料膜等介电常数高的物质来改善这种情况。在实际应用中，为了提高灵敏度，减小非线性，可采用差动式结构，其原理如图 2-23 所示。当动极板移动后，C_1 和 C_2 成差动变化，即其中一个电容量增大，而另一个电容量则相应减小，这样可以消除外界因素所造成的测量误差。

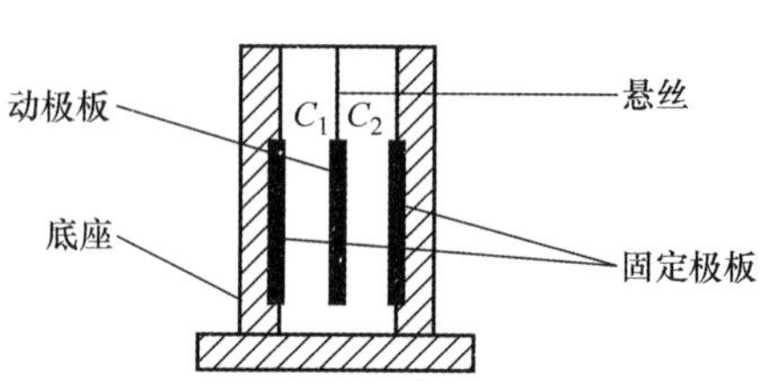

图 2-23　差动电容式传感器原理

3. 变面积型电容式传感器

极板间距和介电常数为常数，而平板电容器的面积为变量的传感器成为变面积型电容式传感器。如图 2-24 所示是一直线位移型电容式传感器的示意图。

当动极板移动 Δx 后，覆盖面积就发生变化，电容量也随之改变，其值为

$$C = \varepsilon b(a - \Delta x)/d = C_0(1 - \Delta x/a) \tag{2-59}$$

电容因位移而产生的变化量为

$$\Delta C = C - C_0 = -\frac{\varepsilon b}{d}\Delta x = -C_0\frac{\Delta x}{a}$$

其灵敏度为 $K = \frac{\Delta C}{\Delta x} = -\frac{\varepsilon b}{d}$，可见增加 b 或减小 d 均可提高传感器的灵敏度。

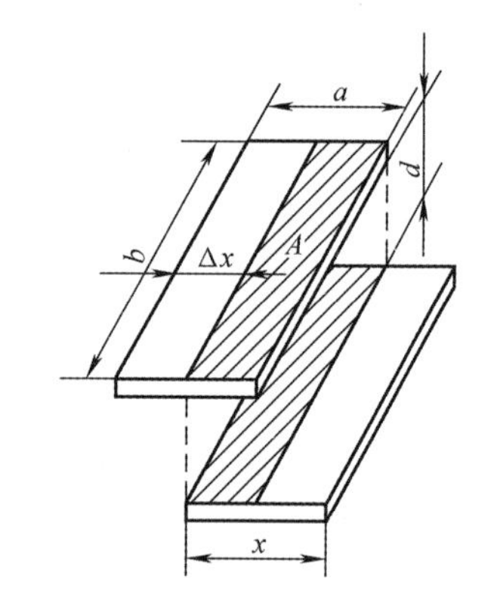

图 2-24　直线位移型电容式传感器

如图 2-25 所示为此类传感器的几种派生形式。图 2-25a 是角位移型电容式传感器，当动片有一角位移时，两极板间覆盖面积就发生变化，从而导致电容量变化，此时电容值为

$$C = \frac{\varepsilon S\left(1 - \frac{\theta}{\pi}\right)}{d} = C_0\left(1 - \frac{\theta}{\pi}\right)$$

图 2-25b 中极板采用了齿形板，其目的是为了增加遮盖面积，提高灵敏度。当极板的齿数为 n，移动 Δx 后，其电容量为

$$C = \frac{n\varepsilon b(a - \Delta x)}{d} = n\left(C_0 - \frac{\varepsilon b}{d}\Delta x\right)$$

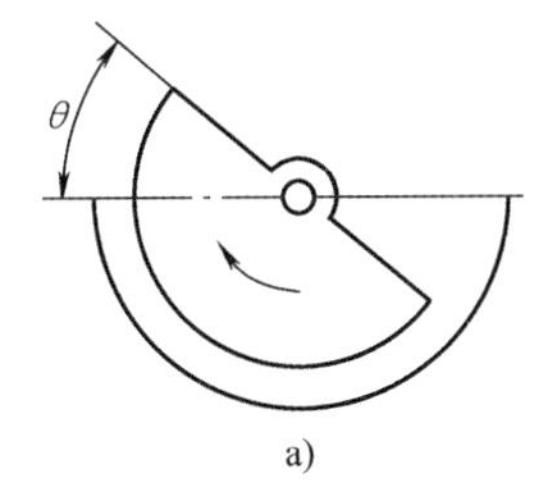

a)

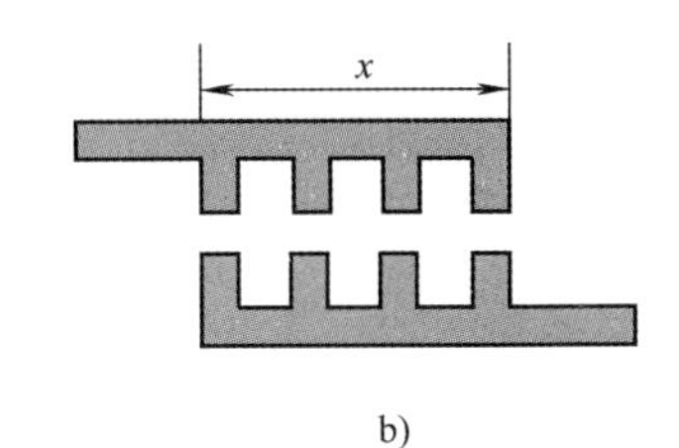

b)

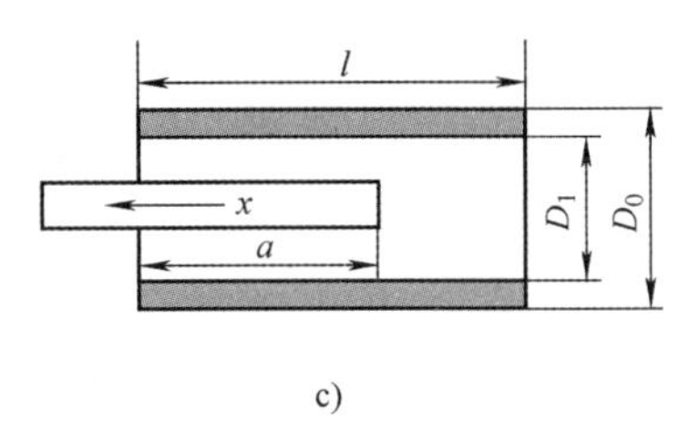

c)

图 2-25　变面积型电容式传感器的变形

a）角度位移型　b）齿形极板型　c）圆筒型

电容变化量为

$$\Delta C = C - nC_0 = -n\frac{\varepsilon b}{d}\Delta x$$

其灵敏度为

$$K = \frac{\Delta C}{\Delta x} = -n\frac{\varepsilon b}{d}$$

图 2-25c 为圆筒型电容式位移传感器。在初始位置（$a = 0$）时，两极板相互覆盖，此时电容量为

$$C_0 = \frac{\varepsilon l}{1.8\ln\left(\frac{D_0}{D_1}\right)}$$

当动极板发生位移 a 后，其电容量为

$$C = C_0\left(1 - \frac{a}{l}\right)$$

由前面的分析可得出结论，变面积型电容式传感器的灵敏度为常数，即输出与输入呈线性关系。

4. 变介电常数型电容式传感器

变介电常数型电容式传感器有较多的结构形式，图 2-26 是一种常用的结构形式，在固定极板间加入空气以外的其他被测固体介质，当介质变化时，电容量也随之变化。因此，变介电常数电容式传感器可广泛应用于厚度、位移、温度、湿度和容量等的测量。

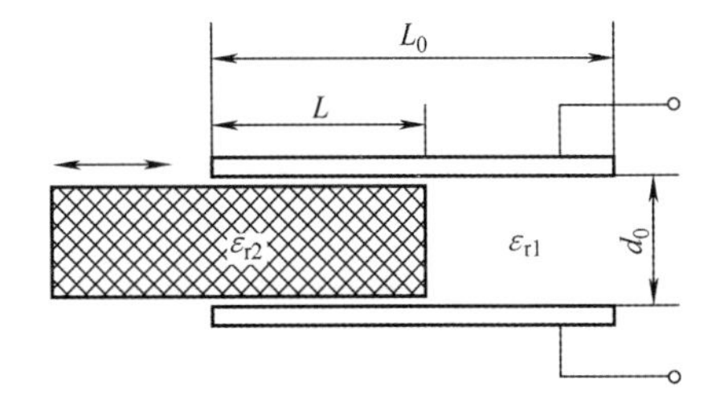

图 2-26　变介电常数型电容式传感器的结构原理图

图中两平行电极固定不动，极距为 d_0，相对介电常数为 ε_{r2}的电介质以不同深度插入电容器中，从而改变两种介质的极板覆盖面积。传感器总电容量 C 为

$$C = C_1 + C_2 = \varepsilon_0 b_0\frac{\varepsilon_{r1}(L_0 - L) + \varepsilon_{r2}L}{d_0} \tag{2-60}$$

式中　L_0 和 b_0——极板的长度和宽度；

L——第二种介质进入极板间的长度。

若电介质 $\varepsilon_{r1}=1$，当 $L=0$ 时，传感器初始电容 $C_0=\varepsilon_0\varepsilon_{r1}L_0b_0/d_0$。当被测介质 ε_{r2} 进入极板间 L 深度后，引起电容相对变化量为

$$\frac{\Delta C}{C_0}=\frac{C-C_0}{C_0}=\frac{(\varepsilon_{r2}-1)L}{L_0} \tag{2-61}$$

可见，电容量的变化与电介质 ε_{r2} 的移动量 L 呈线性关系。

关于电容式传感器的测量电路将在第 3 章和第 4 章详细介绍，此处将不再赘述。下面主要介绍电容式传感器的应用。

2.2.2.2　电容式传感器的等效电路

当电容式传感器在高温、高湿及高频激励条件下工作时，则需考虑附加损耗及电感效应等的影响，这时的等效电路可用图 2-27 所示电路表示。

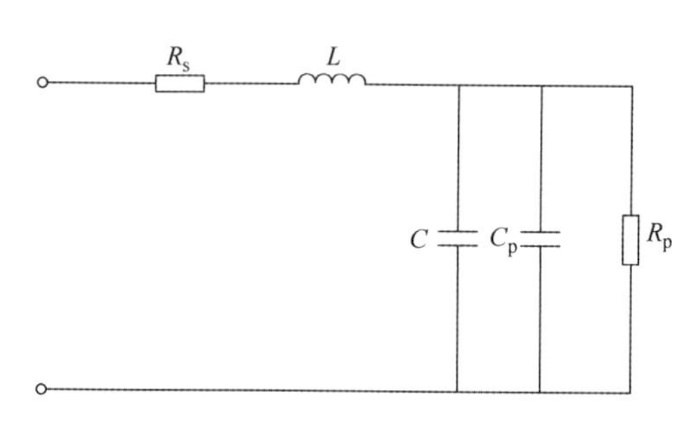

图 2-27　电容式传感器的等效电路

图 2-27 中，C 是传感器电容，R_p 是并联损耗电阻，R_s 为串联损耗电阻，L 为电感，C_p 是寄生电容。

R_p——并联损耗电阻，包括极板间的漏电损耗和介质损耗，这些损耗在低频时影响较大，随着工作频率的增高，容抗（$X_c=\frac{1}{j\omega C}$）减小，它的影响也减弱，所以 R_p 也称为低频并联损耗电阻。

R_s——串联损耗电阻，包括引线电阻、电容器支架和极板的电阻，R_s 通常很小，只有在极高的工作频率下和高温、高湿环境中工作时才需考虑。

L——由电容式传感器本身的电感和外部引出线电感组成。前者与传感器结构形式有关，而引出线电感则与引出线的长度有关，引出线越短，电感越小。

C_p——寄生电容，主要指电缆寄生电容，它与传感器电容相并联，严重影响传感器的输出特性，因此，消灭寄生电容的影响，是电容式传感器使用的关键。

由等效电路可知，传感器有一个谐振频率，通常为几十兆赫兹。当工作频率等于或接近谐振频率时，电容式传感器将不能正常工作。因此，应选择低于谐振频率的工作频率。

为计算方便，忽略 R_p、R_s，传感元件的有效电容 C_e 可用下式求得

$$\frac{1}{j\omega C_e}=j\omega L-\frac{1}{j\omega C} \tag{2-62}$$

$$C_e=\frac{C}{1-\omega^2LC} \tag{2-63}$$

有效电容 C_e 比 C 增大了。这时，电容的实际相对变化量为

$$\frac{\Delta C_e}{C}=\frac{\Delta C/C}{1-\omega^2LC} \tag{2-64}$$

这表明电容式传感器的实际相对变化量与传感器的固有电感和角频率有关。因此，在实际应

用中，每当改变激励频率或更换传输电缆时，都必须对测量系统重新标定。

2.2.3　电感式传感器

电感式传感器是一种利用磁路磁阻变化引起传感器线圈的电感（自感或互感）变化来检测非电量的转换装置，一些教材也将此类传感器称为变磁阻式传感器。此类传感器常用来检测位移、振动力、应变、流量及密度等物理量。由于它结构简单、工作可靠、寿命长，并具有良好的性能与宽广的使用范围，适合在较恶劣的环境中工作，因而在计量技术、工业生产和科学研究领域得到了广泛应用。

2.2.3.1　自感式传感器

1. 结构和工作原理

自感式传感器的结构如图2-28所示，自感式传感器由线圈、铁心和衔铁三部分组成。铁心和衔铁都由导磁材料制成，如硅钢片或铁-镍合金。在铁心和活动衔铁之间有气隙，气隙厚度为δ_0，传感器的运动部分与衔铁相连，当衔铁移动时，气隙厚度δ发生变化，从而使磁路中磁阻变化，导致电感线圈的电感值改变，然后通过测量电路测出其变化量，由此可判别被测位移量的大小。

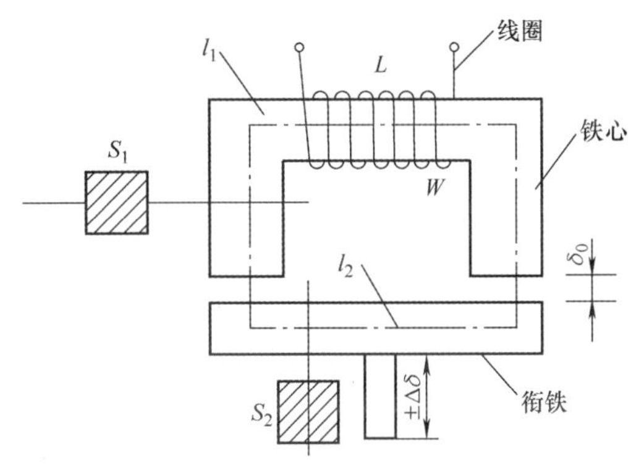

图2-28　自感式传感器的基本结构

线圈的电感值L由电工学公式知：

$$L = \frac{W^2}{R_m} \tag{2-65}$$

式中　W——线圈匝数；

R_m——磁路的总磁阻。

且

$$R_m = R_1 + R_2 + R_\delta \tag{2-66}$$

式中　R_1、R_2——铁心和衔铁的磁阻；

R_δ——空气气隙磁阻。

且

$$R_1 = \frac{l_1}{\mu_1 A_1} \tag{2-67}$$

$$R_2 = \frac{l_2}{\mu_2 A_2} \tag{2-68}$$

$$R_\delta = \frac{2\delta_0}{\mu_0 A} \tag{2-69}$$

式中　l_1、l_2——铁心和衔铁的磁路长度，单位为m；

μ_1、μ_2——铁心材料和衔铁材料的磁导率，单位为H/m；

μ_0——空气的磁导率，$\mu_0 = 4\pi \times 10^{-7}$H/m；

A_1、A_2——分别是铁心和衔铁的横截面积，单位为m^2。

由于$(R_1+R_2) \ll R_\delta$，常常忽略R_1和R_2，则线圈电感为

$$L \approx \frac{W^2}{R_\delta} = \frac{\mu_0 A W^2}{2\delta_0} \tag{2-70}$$

由式（2-70）可知，当线圈匝数W确定后，只要改变δ_0和A均可导致电感的变化。因此，自感式传感器可分为变气隙厚度δ的传感器和变气隙面积A的传感器，其中使用最为广泛的是变气隙式自感传感器。

2. 变气隙式自感传感器

变气隙式自感传感器的L与δ之间是非线性关系。设电感式传感器初始气隙为δ_0，初始电感量为L_0，衔铁位移引起的气隙变化量为$\Delta\delta$，当衔铁处于初始位置时，初始电感量为

$$L_0 = \frac{\mu_0 A W^2}{2\delta_0} \tag{2-71}$$

1）当衔铁下移$\Delta\delta$，即传感器气隙增大$\Delta\delta$，气隙厚度为$\delta=\delta_0+\Delta\delta$时，电感量减小，其变化量为

$$\begin{aligned}\Delta L_1 &= L_1 - L_0 = \frac{\mu_0 A W^2}{2(\delta_0+\Delta\delta)} - \frac{\mu_0 A W^2}{2\delta_0} \\ &= \frac{\mu_0 A W^2}{2\delta_0}\left[\frac{2\delta_0}{2(\delta_0+\Delta\delta)} - 1\right] \\ &= L_0 \frac{-\Delta\delta}{\delta_0+\Delta\delta}\end{aligned} \tag{2-72}$$

电感量的相对变化为

$$\frac{\Delta L_1}{L_0} = \frac{-\Delta\delta}{\delta_0+\Delta\delta} \tag{2-73}$$

当$\frac{\Delta\delta}{\delta_0} \ll 1$时，可展开为级数形式：

$$\frac{\Delta L_1}{L_0} = -\left(\frac{\Delta\delta}{\delta_0}\right) + \left(\frac{\Delta\delta}{\delta_0}\right)^2 - \left(\frac{\Delta\delta}{\delta_0}\right)^3 + \cdots \tag{2-74}$$

2）当衔铁上移$\Delta\delta$，传感器气隙减小$\Delta\delta$，即$\delta=\delta_0-\Delta\delta$时，电感量增大，则电感的变化量为

$$\Delta L_2 = L_2 - L_0 = L_0 \frac{\Delta\delta}{\delta_0-\Delta\delta} \tag{2-75}$$

$$\frac{\Delta L_2}{L_0} = \frac{\Delta\delta}{\delta_0-\Delta\delta} = \frac{1}{1-\frac{\Delta\delta}{\delta_0}} \frac{\Delta\delta}{\delta_0} \tag{2-76}$$

同样展开成级数形式：

$$\frac{\Delta L_2}{L_0} = \left(\frac{\Delta\delta}{\delta_0}\right) + \left(\frac{\Delta\delta}{\delta_0}\right)^2 + \left(\frac{\Delta\delta}{\delta_0}\right)^3 + \cdots \tag{2-77}$$

3）忽略二次以上的高次项，则ΔL_1、ΔL_2与$\Delta\delta$为线性关系，即

$$\Delta L_1 = -\frac{L_0}{\delta_0}\Delta\delta \tag{2-78}$$

$$\Delta L_2 = \frac{L_0}{\delta_0}\Delta\delta \tag{2-79}$$

传感器的灵敏度为

$$S = \left|\frac{\Delta L}{\Delta\delta}\right| = \left|\frac{L_0}{\delta_0}\right| \tag{2-80}$$

由此可见，高次项是造成非线性的主要原因，且当 $\Delta\delta/\delta_0$ 越小时，高次项迅速减小，非线性得到改善，这说明了输出特性与测量范围之间存在矛盾。因此，变气隙式自感传感器用于测量微小位移量是比较准确的。为减小非线性误差，实际测量中广泛采用差动式自感传感器。

3. 差动传感器

在实际应用中，常采用两个相同的传感器线圈共用一个衔铁，构成差动式自感传感器，两个线圈的电气参数和几何尺寸要求完全相同。这种结构除了可以改善线性、提高灵敏度外，对温度变化、电源频率变化等的影响也可以进行补偿，从而减少了外界影响造成的误差。

以变气隙式差动自感传感器为例，如图2-29所示。当磁路总气隙改变 $\Delta\delta$ 时，电感量的相对变化为

$$\frac{\Delta L}{L_0} = \frac{L_2 - L_1}{L_0} = 2\left[\frac{\Delta\delta}{\delta_0} + \left(\frac{\Delta\delta}{\delta_0}\right)^3 + \left(\frac{\Delta\delta}{\delta_0}\right)^5 + \cdots\right] \tag{2-81}$$

由式（2-81）可知，式中不存在偶次项，显然差动式自感传感器的非线性误差在 $\pm\Delta\delta$ 工作范围内要比单个自感传感器小得多。

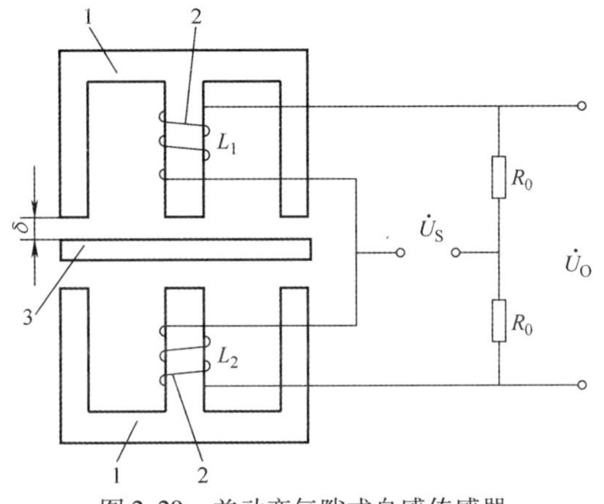

图2-29　差动变气隙式自感传感器

1—铁心　2—线圈　3—衔铁

差动式自感传感器的灵敏度由式（2-81）忽略高次项后可以得到

$$k_0 = \frac{\Delta L/L_0}{\Delta\delta} = \frac{2}{\delta_0}$$

根据以上讨论，可以得到两点结论：

1）差动变气隙式自感传感器的灵敏度是单线圈式传感器的两倍。

2）单线圈式忽略 $\left(\frac{\Delta\delta}{\delta_0}\right)^2$ 以上高次项，差动式是忽略 $\left(\frac{\Delta\delta}{\delta_0}\right)^3$ 以上高次项，因此差动式自感传感器的线性度得到了明显改善。

4. 变面积式自感传感器

传感器气隙长度保持不变，令磁通截面积随被测非电量而变，设铁心材料和衔铁材料的磁导率相同，则此变面积自感传感器的自感 L 为

$$L = \frac{W^2}{\dfrac{l_\delta}{\mu_0 A} + \dfrac{l}{\mu_0\mu_r A}} = \frac{W^2\mu_0}{l_\delta - l/\mu_r}A = K'A$$

灵敏度为

$$k_0 = \frac{\Delta L}{\Delta A} = K'$$

变面积式自感传感器在忽略气隙磁通边缘效应的情况下，输入与输出呈线性关系，因此

可望得到较大的线性范围。但是与变气隙式自感传感器相比，其灵敏度降低了。

5. 螺线管式自感传感器

图2-30为开磁路差动螺线管式自感传感器的结构原理图，它是由两个完全相同的螺线管相连而成，铁心初始状态处于对称位置上，使两边螺线管的初始电感值相等，即

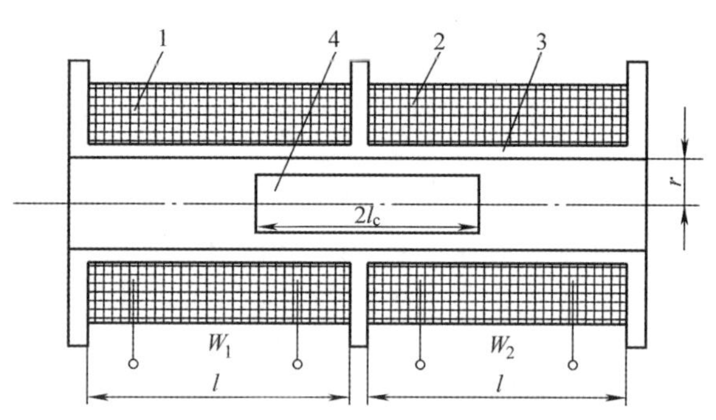

图2-30 螺线管式传感器结构
1—螺线管线圈Ⅰ 2—螺线管线圈Ⅱ
3—骨架 4—活动铁心

$$L_0 = L_{10} = L_{20} = \frac{\pi r^2 \mu_0 W^2}{l}\left[1 + (\mu_r - 1)\left(\frac{r_c}{r}\right)^2 \frac{l_c}{l}\right] \quad (2\text{-}82)$$

式中 L_{10}和L_{20}——分别为线圈Ⅰ和线圈Ⅱ的初始电感值；
r——线圈内半径；
$W = W_1 = W_2$——每个线圈的匝数；
l——线圈的长度；
μ_r——活动铁心的相对磁导率；
r_c——活动铁心半径；
$2l_c$——活动铁心长度。

当铁心移动（如右移）后，使右边电感值增加，左边电感值减小，即

$$L_2 = \frac{\pi r^2 \mu_0 W^2}{l}\left[1 + (\mu_r - 1)\left(\frac{r_c}{r}\right)^2 \frac{(l_c + \Delta x)}{l}\right] \quad (2\text{-}83)$$

$$L_1 = \frac{\pi r^2 \mu_0 W^2}{l}\left[1 + (\mu_r - 1)\left(\frac{r_c}{r}\right)^2 \frac{(l_c - \Delta x)}{l}\right] \quad (2\text{-}84)$$

根据式（2-83）和式（2-84），可以求得每个线圈的灵敏度为

$$k_1 = -k_2 = \frac{\mathrm{d}L_1}{\mathrm{d}x} = -\frac{\mathrm{d}L_2}{\mathrm{d}x} = \frac{\pi \mu_0 W^2 (\mu_r - 1) r_c^2}{l^2} \quad (2\text{-}85)$$

两个线圈的灵敏度大小相等，符号相反，具有差动特征。

考虑到$\mu_r << 1$，而一般取$l_c \approx l$，$r_c \approx r$，则式（2-82）和式（2-85）可简化为

$$L_0 = L_{10} = L_{20} \approx \frac{\pi \mu_0 W^2 \mu_r r_c^2 l_c}{l^2} \quad (2\text{-}86)$$

$$k_1 = -k_2 \approx \frac{\pi \mu_0 W^2 \mu_c {r_c}^2}{l^2} \quad (2\text{-}87)$$

由此可见，当l与l_c为常数时，增加W、μ_r、r_c，可以提高传感器的灵敏度和自感量。

2.2.3.2 互感式电感传感器

互感式电感传感器是利用线圈的互感作用，将被测非电量变化转换为感应电动势的变化。互感式电感传感器是根据变压器的原理制成的，有一次绕组和二次绕组，一次绕组、二次绕组的耦合能随衔铁的移动而变化，即绕组间的互感随被测位移的改变而变化。由于在使用时两个结构尺寸和参数完全相同的二次绕组采用反向串接，以差动方式输出，所以又把这种传感器称为差动变压器式电感传感器，简称差动变压器。

1. 变隙式差动变压器

（1）工作原理　变隙式差动变压器的结构如图 2-31 所示。一次绕组作为差动变压器的励磁绕组，相当于变压器的一次侧，而二次绕组相当于变压器的二次侧。当一次绕组加以适当频率的励磁电压$\dot{U}_1$时，在两个二次绕组中就会产生感应电动势 E_{21} 和 E_{22}。初始状态时，衔铁处于中间位置，即两边气隙相同，两个二次绕组的互感相等，即 $M_1=M_2$，由于两个二次绕组做得一样，磁路对称，所以两个二次绕组产生的感应电动势相同，即有 $E_{21}=E_{22}$，当二次绕组接成反向串联，则传感器的输出为$\dot{U}_O=\dot{E}_{21}-\dot{E}_{22}=0$。

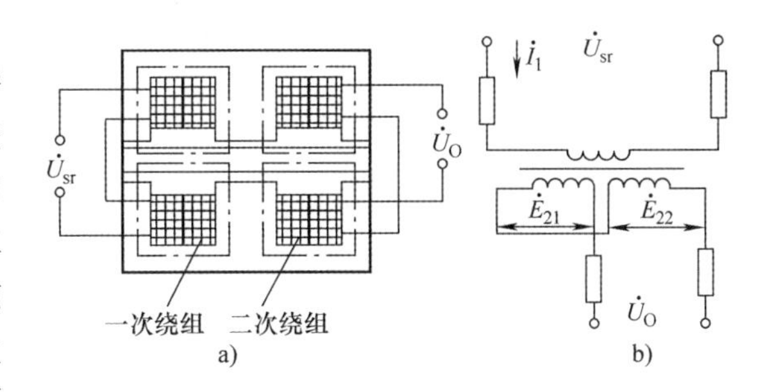

图 2-31　变隙式差动变压器

当衔铁偏离中间位置时，两边的气隙不相同，这样两个二次绕组的互感 M_1 和 M_2 发生变化，即 $M_1\neq M_2$，从而产生的感应电动势也不再相同，即$\dot{E}_{21}\neq\dot{E}_{22}$，$\dot{U}_O\neq 0$，即差动变压器有电压输出，此电压的大小与极性反映了被测物位移的大小和方向。

（2）输出特性　设一次、二次绕组的匝数分别为 W_1、W_2，一次绕组的电阻为 R，当有气隙时，传感器的磁回路中的总磁阻近似值为 R_a，$\dot{U}_{sr}$为一次绕组的励磁电压，在初始状态时，一次绕组的电感为

$$L_{11}=L_{12}=\frac{{W_1}^2}{R_a}$$

初始时，一次绕组的阻抗分别为

$$Z_{11}=R_1+j\omega L_{11}$$
$$Z_{12}=R_1+j\omega L_{12}$$

此时一次绕组的电流为

$$\dot{I}_1=\frac{\dot{U}_{sr}}{2(R_1+j\omega L_{11})}$$

当气隙变化 $\Delta\delta$ 时，两个一次绕组的电感值分别为

$$L_{11}=\frac{W_1^2\mu_0 A}{\delta-\Delta\delta}$$
$$L_{12}=\frac{W_1^2\mu_0 A}{\delta+\Delta\delta}$$

而感应电动势分别为

$$\dot{E}_{21}=-j\omega M_1\dot{I}_1$$
$$\dot{E}_{22}=-j\omega M_2\dot{I}_1$$

式中　M_1 及 M_2——一次与二次绕组之间的互感系数，其值为

$$M_1=\frac{W_2\Phi_1}{\dot{I}_1}=\frac{W_1W_2\mu_0 A}{\delta-\Delta\delta}$$
$$M_2=\frac{W_1\Phi_2}{\dot{I}_1}=\frac{W_1W_2\mu_0 A}{\delta+\Delta\delta}$$

式中 Φ_1、Φ_2——分别为上下两个磁系统中的磁通。

$$\dot{U}_0=\dot{E}_{21}-\dot{E}_{22}=-\mathrm{j}\omega(M_1-M_2)\dot{I}_1=-\mathrm{j}\omega\,\dot{I}_1W_1W_2\mu_0A\left(\frac{2\Delta\delta}{\delta^2-\Delta\delta^2}\right)$$

忽略 $\Delta\delta^2$，整理上式可得

$$\dot{U}_0=-\mathrm{j}\omega\,\dot{I}_1\frac{W_2}{W_1}\frac{2\Delta\delta}{\delta}\left(\frac{W_1^2\mu_0A}{\delta}\right)=-\mathrm{j}\omega L_{11}\dot{I}_1\frac{W_2}{W_1}\frac{2\Delta\delta}{\delta}$$

将 $\dot{I}_1=\dfrac{\dot{U}_{sr}}{2(R_1+\mathrm{j}\omega L_{11})}$ 代入整理得

$$\dot{U}_0=-\mathrm{j}\omega L_{11}\frac{W_2}{W_1}\frac{2\Delta\delta}{\delta}\frac{\dot{U}_{sr}}{2(R_1+\mathrm{j}\omega L_{11})}$$

当 $\omega>>R_1$ 时

$$\dot{U}_0=-\frac{W_2}{W_1}\frac{\Delta\delta}{\delta}\dot{U}_{sr}$$

上式表明输出电压与衔铁位移量成正比。负号表示的是当衔铁向上移动时，$\Delta\delta$ 为正，输出电压与输入电压反相（相位差 180°）；当衔铁向下移动时，$\Delta\delta$ 为负，输出与输入同相。

传感器的灵敏度为

$$S=\frac{\dot{U}_0}{\Delta\delta}=\frac{W_2}{W_1}\frac{\dot{U}_{sr}}{\delta_0} \tag{2-88}$$

2. 螺管式差动变压器

（1）工作原理　螺管式差动变压器根据一次、二次排列的不同分为二节式、三节式、四节式和五节式等形式。三节式的零点电位较小，二节式比三节式灵敏度高、线性范围大，四节式和五节式都是为改善传感器线性度采用的方法。图 2-32 画出了上述差动变压器线圈各种排列形式。

差动变压器工作在理想情况下（忽略涡流损耗、磁滞损耗和分布电容等影响），它的等效电路如图 2-33 所示。图中 $\dot{U}_1$ 为一次绕组励磁电压，M_1、M_2 分别为一次绕组与两个二次绕组间的互感，L_1、R_1 分别为一次绕组的电感和有效电阻，L_{21}、L_{22} 分别为两个二次绕组的电感，R_{21}、R_{22} 分别为两个二次绕组的有效电阻。

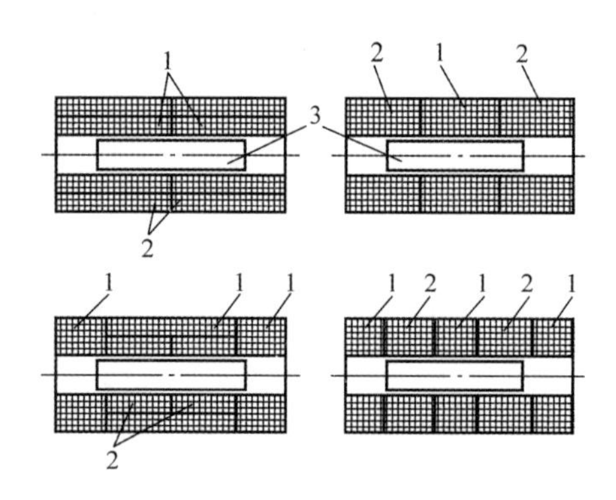

图 2-32　差动变压器线圈的各种排列形式
1—一次绕组　2—二次绕组　3—活动铁心

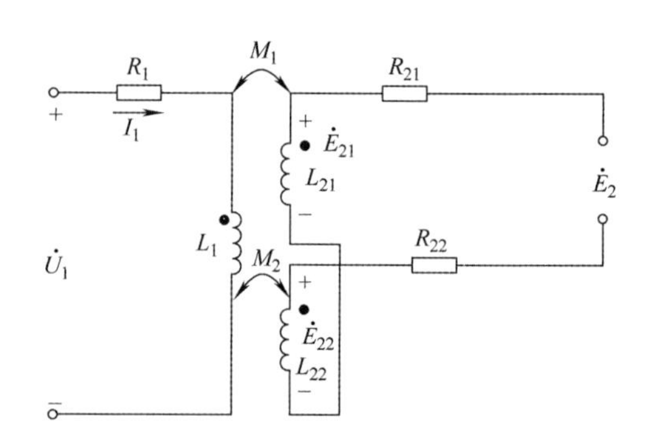

图 2-33　差动变压器的等效电路

对于差动变压器，当衔铁处于中间位置时，两个二次绕组互感相同，因而有一次侧励磁引起的感应电动势相同。由于两个二次绕组反相串接，所以差动输出电动势为零。

当衔铁移向一次绕组 L_{21} 一边时，这时互感 M_1 大、M_2 小，因而二次绕组 L_{21} 内感应电动势大于二次绕组 L_{22} 内感应电动势，这时差动输出电动势不为零。在传感器的量程内，衔铁移动越大，差动输出电动势就越大。

同样的道理，当衔铁向二次绕组 L_{22} 一边移动时，差动输出电动势仍不为零，但由于移动方向改变，所以输出电动势反相。因此通过差动变压器输出电动势的大小和相位就可以知道衔铁位移量的大小和方向。

（2）输出特性　由图2-33可以看出一次绕组的电流为

$$\dot{I}_1=\frac{\dot{U}_1}{R_1+\mathrm{j}\omega L_1}$$

二次绕组的感应电动势为

$$\dot{E}_{21}=-\mathrm{j}\omega M_1\dot{I}_1$$
$$\dot{E}_{22}=-\mathrm{j}\omega M_2\dot{I}_1$$

由于二次绕组反相串联，所以输出电动势为

$$\dot{E}_2=-\mathrm{j}\omega(M_1-M_2)\frac{\dot{U}_1}{R_1+\mathrm{j}\omega L_1}$$

其有效值为

$$E_2=\frac{\omega(M_1-M_2)U_1}{\sqrt{{R_1}^2+(\omega L_1)^2}}$$

差动变压器的输出特性曲线如图2-34所示。图中 E_{21}、E_{22} 分别为两个二次绕组的输出感应电动势，E_2 为差动输出电动势，Δx 表示衔铁偏离中心位置的距离，其中 E_2 的实线表示理想的输出特性，而虚线部分表示实际的输出特性。E_0 为零点残余电动势，这是由于差动变压器制作上的不对称以及铁心位置等因素所造成的。

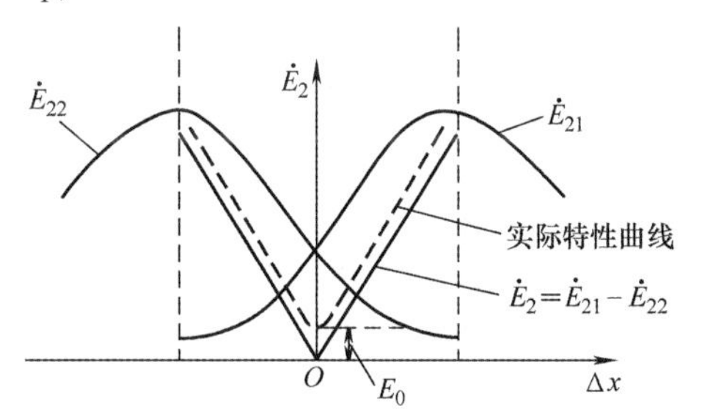

图2-34　差动变压器输出特性曲线

2.2.3.3　电涡流式传感器

1. 基本原理

如图2-35所示，金属导体放置在磁场中，当通过金属导体的磁通发生变化时，导体内

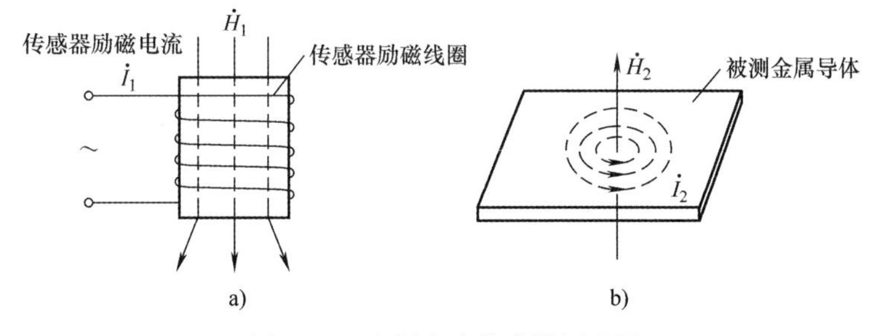

图2-35　电涡流式传感器原理图

a）传感器激励线圈　b）被测金属导体

就会产生感应电流，这种电流在导体中是自行闭合的，就像水中漩涡那样在导体内转圈，故称之为电涡流或涡流。电涡流的产生必然要消耗一部分能量，从而使产生磁场的线圈阻抗（或等效电感、品质因数等）发生变化，这种现象就称为涡流效应。

电涡流式传感器就是利用涡流效应，将非电量转换为阻抗（或等效电路、品质因数等）的变化来进行测量。

根据法拉第定律，当传感器线圈通以正弦交变电流 $\dot{I}_1$ 时，线圈周围空间必然产生正弦交变磁场$\dot{H}_1$，使置于此磁场中的金属导体中感应电涡流$\dot{I}_2$，$\dot{I}_2$又产生新的交变磁场$\dot{H}_2$。根据楞次定律，$\dot{H}_2$的作用将反抗原磁场$\dot{H}_1$，由于磁场$\dot{H}_2$的作用，涡流要消耗一部分能量，导致传感器线圈的等效阻抗发生变化。由上可知，线圈阻抗的变化完全取决于被测金属导体的电涡流效应。电涡流效应既与被测体的电阻率ρ、磁导率μ以及几何形状有关，还与线圈的几何参数、线圈中励磁电流频率f有关，同时还与线圈与导体间的距离 x 有关。因此，传感器线圈受电涡流影响时的等效阻抗 Z 的函数关系式是

$$Z=F(\rho,\mu,r,f,x)$$

式中 r——线圈与被测体的尺寸因子。

如果保持上式中其他参数不变，而只改变其中一个参数，传感器线圈的阻抗 Z 就仅仅是这个参数的单值函数。通过与传感器配用的测量电路测出阻抗 Z 的变化量，即可实现对该参数的测量。

2. 等效电路

电涡流式传感器的空心线圈可看做变压器的一次绕组 L_1（如图 2-36 所示），金属导体中涡流回路视作变压器二次侧。当对线圈 L_1 施加交变励磁信号时，则在线圈周围产生交变磁场，环状涡流也产生交变磁场，其方向与线圈 L_1 产生的磁场方向相反，因而抵消部分原磁场，线圈和环状涡流之间存在互感 M，其大小取决于金属导体和线圈之间的距离 x。

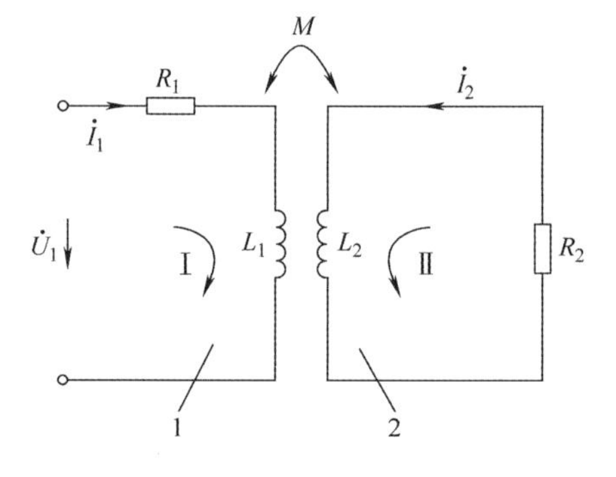

图 2-36 电涡流式传感器等效电路图

1—传感器线圈 2—电涡流短路环

根据基尔霍夫定律，可列出如下方程：

$$\begin{cases} R_1\dot{I}_1+\mathrm{j}\omega L_1\dot{I}_1-\mathrm{j}\omega M\dot{I}_2=\dot{U}_1 \\ -\mathrm{j}\omega M\dot{I}_1+R_2\dot{I}_2+\mathrm{j}\omega L_2\dot{I}_2=0 \end{cases} \quad (2\text{-}89)$$

式中 ω——线圈励磁电流角频率；

R_1、L_1——线圈电阻和电感；

L_2——短路环等效电感；

R_2——短路环等效电阻；

M——互感系数。

解得

$$\dot{I}_1=\frac{\dot{U}_1}{R_1+\frac{\omega^2M^2}{R_2{}^2+\omega^2L_2{}^2}R_2+\mathrm{j}\omega\left(L_1-\frac{\omega^2M^2}{R_2{}^2+\omega^2L_2{}^2}L_2\right)}$$

$$\dot{I}_2 = \frac{\mathrm{j}\omega M \dot{I}_1}{R_2 + \mathrm{j}\omega L_2}$$

当线圈与被测金属导体靠近时，线圈的等效阻抗为

$$Z = \frac{\dot{U}_1}{\dot{I}_1} = R_1 + \frac{\omega^2 M^2}{R_2{}^2 + \omega^2 L_2{}^2} R_2 + \mathrm{j}\omega\left(L_1 - \frac{\omega^2 M^2}{R_2{}^2 + \omega^2 L_2{}^2} L_2 \right)$$
$$= R_{\mathrm{eq}} + \mathrm{j}\omega L_{\mathrm{eq}}$$

线圈的等效电阻为

$$R_{\mathrm{eq}} = R_1 + \frac{\omega^2 M^2}{R_2{}^2 + \omega^2 L_2{}^2} R_2$$

线圈的等效电感为

$$L_{\mathrm{eq}} = L_1 - \frac{\omega^2 M^2}{R_2{}^2 + \omega^2 L_2{}^2} L_2$$

线圈的等效 Q 值为

$$Q = \frac{\omega L_{\mathrm{eq}}}{R_{\mathrm{eq}}}$$

从以上讨论可知，由于涡流的影响，线圈的阻抗的实数部分增大，虚数部分减小，因此线圈的 Q 值下降；同时看到，电涡流式传感器等效电路参数均是互感系数 M 和电感 L_1、L_2 的函数，故把这类传感器归为电感式传感器。

2.3　电压型传感器

2.3.1　磁电式传感器

磁电式传感器又称磁电感应式传感器，它利用电磁感应原理，将运动速度、位移等转换成线圈中的感应电动势输出。磁电式传感器工作时不需要外加电源，可直接将被测物体的机械能转换为电量输出，是典型的有源传感器，这类传感器的特点是：输出功率大、稳定可靠、结构简单，可简化二次仪表，但传感器尺寸大、较重、频率响应低。工作频率在 10 ~ 500Hz 范围，适合做机械振动测量和转速测量。

2.3.1.1　工作原理和结构形式

磁电式传感器利用导体和磁场发生相对运动而在导体两端输出感应电动势。根据法拉第电磁感应定律可知，导体在磁场中运动切割磁力线，或者通过闭合线圈的磁通发生变化时，在导体两端或线圈内将产生感应电动势，电动势的大小与穿过线圈的磁通变化率有关。当导体在均匀磁场中，沿垂直磁场方向运动时（如图 2-37 所示），导体内产生的感应电动势为

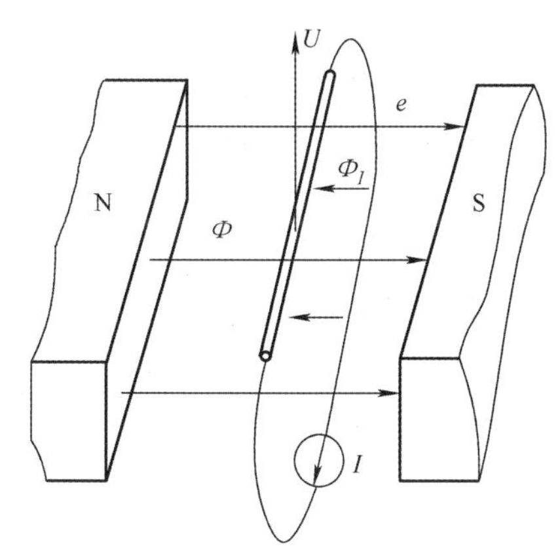

图 2-37　磁电式传感器原理

$$e = -N\frac{\mathrm{d}\Phi}{\mathrm{d}t} \tag{2-90}$$

这就是磁电式传感器的基本工作原理。根据这一原理，磁电式传感器由恒磁通式和变磁通式两种结构形式。

1. 恒磁通式

恒磁通式磁电传感器的结构如图 2-38 所示。磁路系统产生恒定的磁场，工作气隙中的磁通也恒定不变，感应电动势是由线圈相对永久磁铁运动时切割磁力线而产生的。运动部件可以是线圈也可以是磁铁，因此结构上又分为动圈式和动钢式两种。

图 2-38a 中，永久磁铁和传感器壳体固定，绕组相对于传感器壳体运动，称为动圈式。图 2-38b 中，线圈组件和传感器壳体固定，永久磁铁相对于传感器壳体运动，称为动钢式。

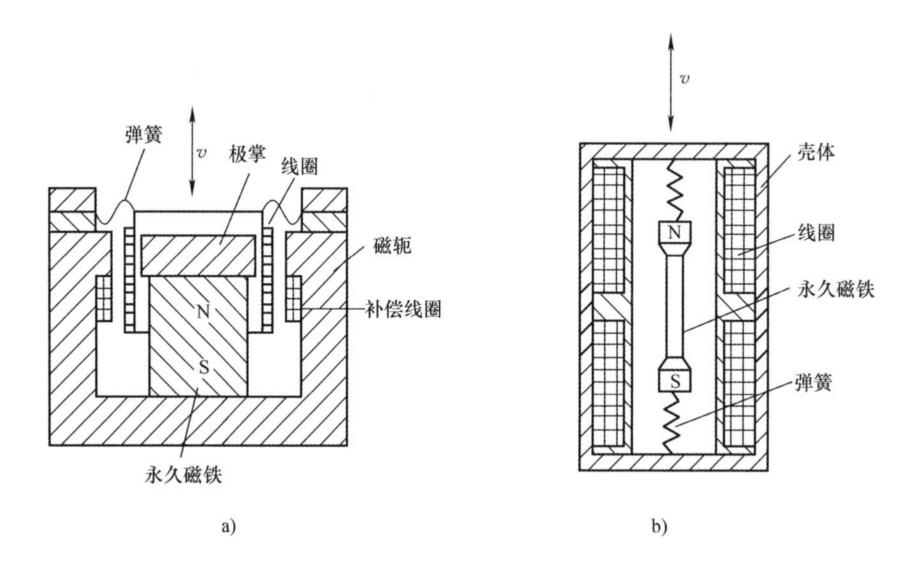

图 2-38　恒磁通式传感器结构

a）动圈式　b）动钢式

动圈式和动钢式的工作原理相同，感应电动势大小与磁场强度、线圈匝数以及相对运动速度有关，若线圈和磁铁有相对运动，则线圈中产生的感应电动势为

$$e = -BlNv \tag{2-91}$$

式中　B——磁感应强度；

N——线圈匝数；

l——每匝线圈长度；

v——运动速度。

传感器的结构尺寸确定后，式（2-91）中的 B、l、N 均为常数。

2. 变磁通式

变磁通式磁电传感器的结构原理如图 2-39 所示，线圈和磁铁都是静止不动的，感应电动势由变化的磁通产生。由导磁材料组件构成的被测体运动时，如转动物体引起磁阻变化，使穿过线圈的磁通量变化，从而在线圈中产生感应电动势，所以这种传感器也成为变磁阻式。根据磁路系统的不同又分为开磁路和闭磁路两种。

图 2-39a 是开磁路变磁通式转速传感器，安装在被测转轴上的齿轮旋转时与软磁铁的间隙随之变化，引起气隙磁阻和穿过气隙的磁通发生变化，使线圈中产生感应电动势。感应电

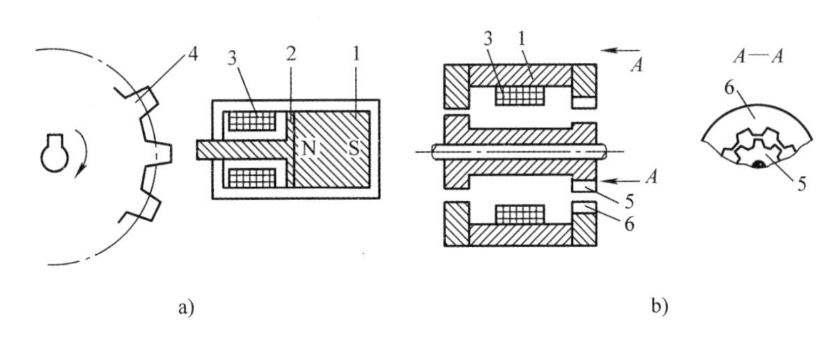

图 2-39　变磁通式磁电传感器结构

a）开磁路　b）闭磁路

1—永久磁铁　2—软磁铁　3—感应线圈　4—铁齿轮　5—内齿轮　6—外齿轮

动势的频率 f 取决于齿轮的齿数 z 和转速 n，测出频率 f 就可求得转速。

图 2-39b 是闭磁路变磁通式转速传感器，其中内齿数和外齿数相同。连接在被测轴的转轴转动时，外齿轮 6 不动，内齿轮 5 转动，由于内外齿轮相对运动使磁路气隙发生变化，在线圈中产生交变的感应电动势。显然，感应电动势的频率与被测转速成正比。

2.3.1.2　基本特性

传感器的结构尺寸确定后，传感器输出电动势可表示为

$$e = -NBlv = sv \tag{2-92}$$

式中　s——传感器灵敏度，为一常数。

则传感器输出电动势正比于运动速度 v。当测量电路接入磁电式传感器电路时，如图 2-40 所示，磁电式传感器的输出电流 I_o 为

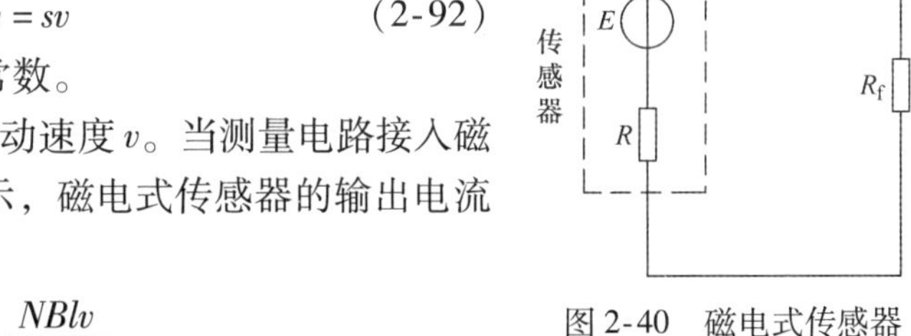

图 2-40　磁电式传感器测量电路

$$I_o = \frac{E}{R+R_f} = \frac{NBlv}{R+R_f}$$

由此磁电式传感器的电流灵敏度和电压灵敏度分别定义如下：

电流灵敏度为单位速度引起的输出电流变化：

$$s_I = \frac{I_o}{v}$$

电压灵敏度为单位速度引起的输出电压变化：

$$s_U = \frac{U_o}{v}$$

显然，为提高灵敏度可设法增大磁场强度 B、每匝线圈长度 l 和线圈匝数 N。但在选择参数时要综合考虑传感器的材料、体积、重量、内阻和工作频率。

2.3.2　压电式传感器

压电式传感器是以具有压电效应的压电器件为核心组成的传感器。由于压电效应具有自发电和可逆性，因此压电器件是一种典型的双向无源传感器件。基于这一特性，压电器件已被广泛应用于超声、通信、宇航、雷达和引爆等领域，并与激光、红外、微声等技术相结

合，将成为发展新技术和高科技的重要器件。

2.3.2.1 压电效应及压电材料

1. 压电效应

某些电介质，当沿着一定方向对其施加力而使它变形时，内部就产生极化现象，同时在它的两个表面上便产生符号相反的电荷，当外力去掉后，又重新恢复到不带电状态。这种现象称压电效应。在物理学中，一些离子型晶体的电介质（如石英、酒石酸钾钠及钛酸钡等）不仅在电场力作用下，而且在机械力作用下，都会产生极化现象。即：

1）在这些电介质的一定方向上施加机械力而产生变形时，就会引起它内部正电荷中心相对转移而产生电的极化，从而导致其两个相对表面（极化面）上出现符号相反的束缚电荷 Q，如图 2-41a 所示，且其电位移 D（在 MKS 单位制中即电荷密度 σ）与外应力张量 T 成正比

$$D=\boldsymbol{d}T \text{ 或 } \sigma=\boldsymbol{d}T \tag{2-93}$$

式中　$\boldsymbol{d}$——压电常数矩阵。

当外力消失，又恢复不带电原状；当外力变向，电荷极性随之改变，称为正压电效应，或简称压电效应。

2）若对上述电介质施加电场时，同样会引起电介质内部正负电荷中心的相对位移而导致电介质产生变形，且其应变 S 与外电场强度 E 成正比

$$S=\boldsymbol{d}^{\mathrm{T}}E \tag{2-94}$$

式中　$\boldsymbol{d}^{\mathrm{T}}$——逆压电常数矩阵（$\boldsymbol{d}^{\mathrm{T}}$ 是 $\boldsymbol{d}$ 的转置矩阵）。

这种现象称为逆压电效应，或称电致伸缩。

可见，具有压电特性的电介质（称压电材料），能实现机－电能量的相互转换，如图 2-41b所示。

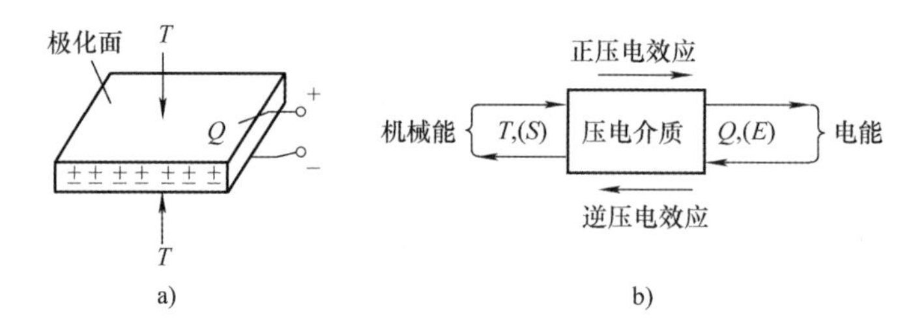

图 2-41　压电效应

a）正压电效应　b）压电效应的可逆性

2. 压电材料

压电材料的主要特性参数有：

1）压电常数：是衡量材料压电效应强弱的参数，它直接关系到压电输出灵敏度。

2）弹性常数：压电材料的弹性常数决定压电器件的固有频率和动态特性。

3）介电常数：对于一定形状、尺寸的压电器件，其固有电容与介电常数有关，而固有电容又影响压电式传感器的频率下限。

4）机电耦合系数：在压电效应中，转换输出的能量（如电能）与输入的能量（如机械能）之比的二次方根。它是衡量压电材料机电能量转换效率的一个重要参数。

5）电阻：压电材料的绝缘电阻将减小电荷泄漏，从而改善压电式传感器的低频特性。

6）居里点：即压电材料开始丧失压电性的温度。

迄今出现的压电材料可分为三大类：一是压电晶体（单晶），它包括压电石英晶体和其他压电单晶；二是压电陶瓷（多晶半导瓷）；三是新型压电材料，其中有压电半导体和有机高分子压电材料两种。

在传感器技术中，目前国内外普遍应用的是压电单晶中的石英晶体和压电多晶中的钛酸钡与锆钛酸铅系列压电陶瓷。现简要介绍如下：

（1）石英晶体（S_iO_2）　石英晶体有天然和人工之分。目前传感器中使用的均是以居里点为573℃，晶体的结构为六角晶系的α－石英，如图2-42所示，呈六角棱柱体。它由m、R、r、s、x共5组30个晶面组成。石英晶体各个方向的特性是不同的。其中纵向轴z称为光轴，经过六面体棱线并垂直于光轴的x称为电轴，与x和z轴同时垂直的轴y称为机械轴。通常把沿电轴x方向的力作用下产生电荷的压电效应称为“纵向压电效应”，而把沿机械轴y方向的力作用下产生电荷的压电效应称为“横向压电效应”。而沿光轴z方向的力作用时不产生压电效应。

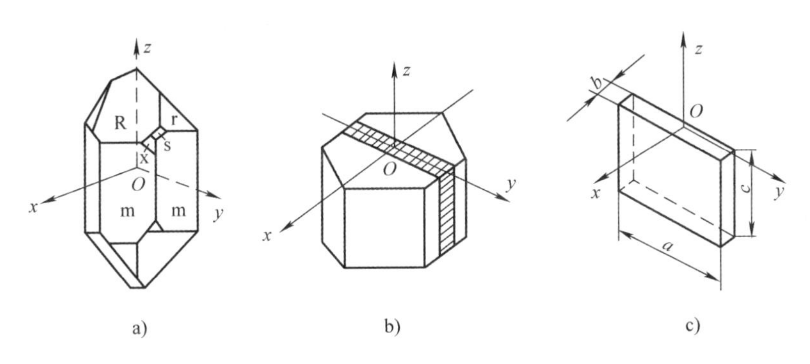

图2-42　石英晶体

a）石英晶体外形　b）切割方向　c）石英晶片

m—柱面　R—大棱面　r—小棱面　s—棱界面　x—棱角面

若从晶体上沿y方向切下一块如图2-42c所示的晶片，当沿电轴方向施加作用力F_x时，在与电轴x垂直的平面上将产生电荷，其大小为

$$q_x = d_{11} F_x \tag{2-95}$$

式中　d_{11}——x方向受力的压电系数。

若在同一切片上，沿机械轴y方向施加作用力F_y，则仍在与x轴垂直的平面上产生电荷q_y，其大小为

$$q_y = d_{12} \frac{a}{b} F_y \tag{2-96}$$

式中　d_{12}——y轴方向受力的压电系数，根据石英晶体的对称性，有$d_{12} = -d_{11}$；

a、b——晶体切片的长度和厚度。

电荷q_x和q_y的符号由受压力还是受拉力决定。

在讨论晶体结构时，常采用对称晶轴坐标$abcd$，其中c轴与晶体上下晶锥顶点连线重合，如图2-43所示（此图为左旋石英晶体，它与右旋石英晶体的结构成镜像对称，压电效

应极性相反）。在讨论晶体机电特性时，采用 xyz 右手直角坐标较方便，并统一规定：x 轴与 a（或 b、d）轴重合，谓之电轴，它穿过六棱柱的棱线，在垂直于此轴的面上压电效应最强；y 轴垂直 m 面，谓之机械轴，在电场的作用下，沿该轴方向的机械变形最明显；z 轴与 c 轴重合，谓之光轴，也叫中性轴，光线沿该轴通过石英晶体时，无折射，沿 z 轴方向上没有压电效应。

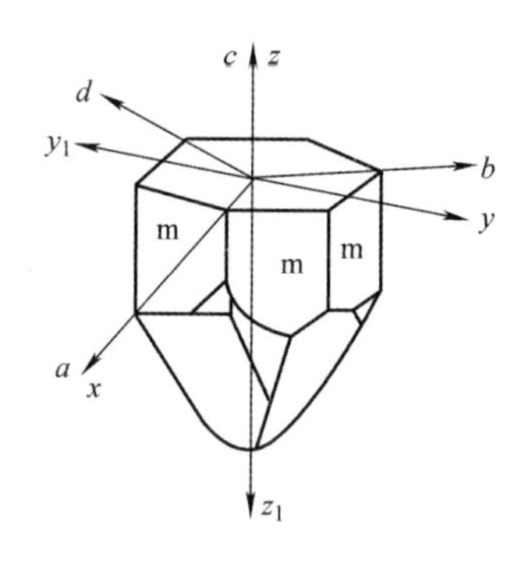

图 2-43　理想石英晶体坐标系

压电石英的主要性能特点是：1）压电常数小，其时间和温度稳定性极好，常温下几乎不变，在 20～200℃范围内其温度变化率仅为 −0.016%/℃。2）机械强度和品质因数高，应力高达（6.8～9.8）×10^7Pa，且刚度大，固有频率高，动态性能好。3）居里点 573℃无热释电性，且绝缘性、重复性均好。天然石英的上述性能尤佳。因此，它们常用于精度和稳定性要求高的场合和制作标准传感器。

（2）压电陶瓷　压电陶瓷是人工制造的多晶体压电材料。所谓“多晶”，它是由无数细微的单晶组成；所谓“铁电体”，它具有类似铁磁材料磁畴的“电畴”结构。每个单晶形成一个单晶电畴，无数单晶电畴的无规则排列，致使原始的压电陶瓷呈现各向同性而不具有压电性，如图 2-44a 所示。要使之具有压电性，必须做极化处理，即在一定温度下对其施加强直流电场，迫使“电畴”趋向外电场方向做规则排列，如图 2-44b 所示；极化电场去除后，趋向电畴基本保持不变，形成很强的剩余极化，从而呈现出压电性，如图 2-44c 所示。

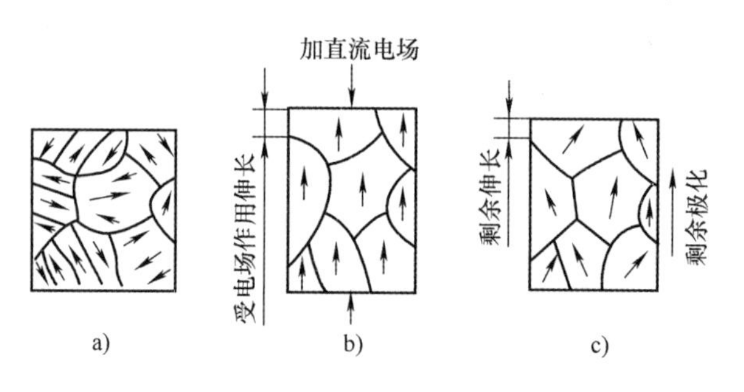

图 2-44　$BaTiO_3$ 压电陶瓷的极化

a）极化前　b）极化　c）极化后

压电陶瓷的特点是：压电常数大，灵敏度高；制造工艺成熟，可通过合理配方和掺杂等人工控制来达到所要求的性能；成形工艺简单，成本低廉，利于广泛应用。压电陶瓷除有压电效应外，还具有热释电性。因此它可制作热电传感器件而用于红外探测器中。但作压电器件应用时，会给压电式传感器造成热干扰，降低稳定性。所以，对高稳定性的传感器，压电陶瓷的应用受到限制。

2.3.2.2　压电式传感器的等效电路

压电式传感器中的压电晶体承受被测机械力的作用时，在它的两个极板上出现极性相反但电量相等的电荷，故可以把压电式传感器看作一个静电发生器，如图 2-45 所示。同样也可以把它视为一个极板上聚集正电荷，一个极板上聚集负电荷，中间为绝缘体的电容，其电容量为

$$C_a = \frac{\varepsilon S}{b} = \frac{\varepsilon_r \varepsilon_0 S}{b} \tag{2-97}$$

式中　S——极板的面积，单位为 m^2；

b——极板的厚度，单位为 m；

ε——压电晶体的介电常数，单位为 F/m；

ε_r——压电晶体的相对介电常数，无量纲；

ε_0——真空介电常数，单位为 F/m。

当两极板聚集异性电荷时，则两极板就呈现出一定的电压，其大小为

$$U_a = \frac{Q}{C_a} \tag{2-98}$$

式中　Q——极板上聚集的电荷电量，单位为 C；

C_a——两极板间的等效电容，单位为 F；

U_a——两极板间电压，单位为 V。

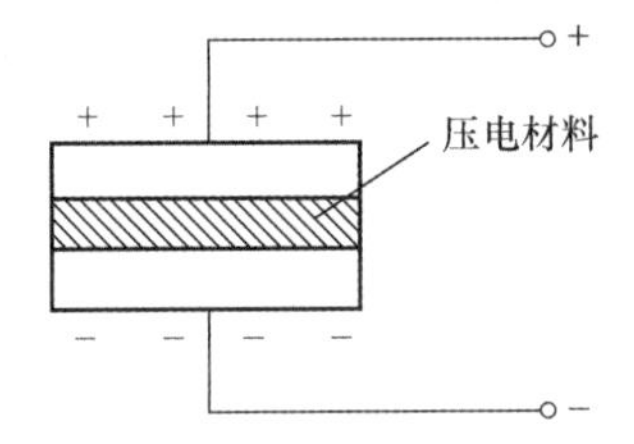

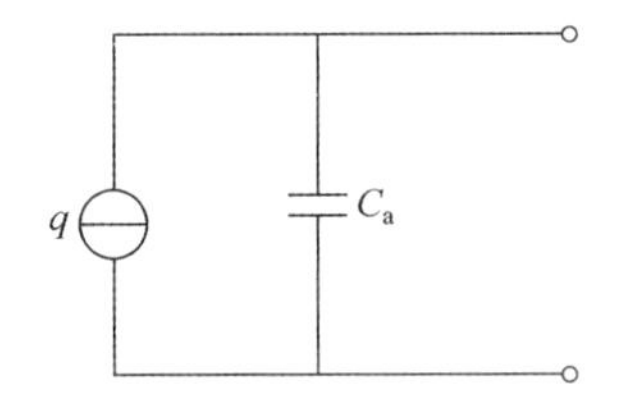

图 2-45　压电式传感器的等效原理图

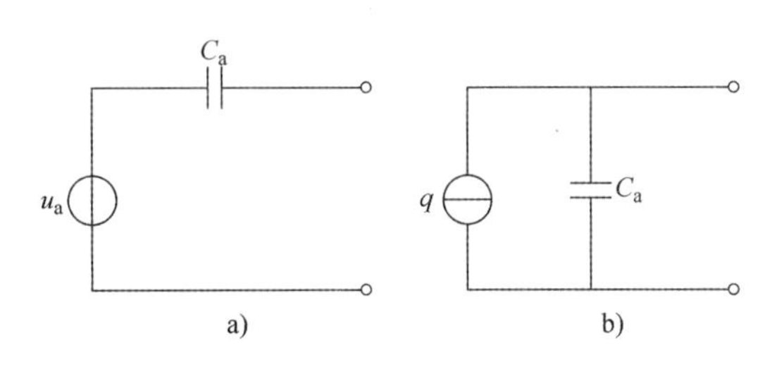

图 2-46　压电式传感器等效电路

因此，压电式传感器可以等效成一个电压源 U_a 和一个电容器 C_a 的串联电路，如图 2-46a所示。由等效电路可知，只有传感器内部信号电荷无“漏损”，外电路负载无穷大时，压电式传感器受力后的电压和电荷才能长期保存下来，否则电路将以某时间常数按指数规律放电，这对于静态标定以及低频准静态测量极为不利，必然带来误差。实际上，传感器内部不可能没有“漏损”，外电路负载也不可能无穷大，只有外力以较高频率不断地作用，传感器的电荷才能得以补充，从这个意义上说，压电式传感器不适于静态测量。

压电式传感器的灵敏度有两种表示方法，它可以表示为单位力的电压或单位力的电荷。前者称为电压灵敏度 K_a，后者称为电荷灵敏度 K_q，它们之间可以通过压电元件（或传感器）的电容 C_a 联系起来，即

$$K_a = \frac{K_q}{C_a},\quad K_q = K_a C_a \tag{2-99}$$

2.3.3 热电偶温度传感器

热电偶是目前应用广泛、发展比较完善的温度传感器，它在很多方面都具备了一种理想温度传感器的条件。热电偶具有以下特点：

1）温度测量范围宽。随着科学技术的发展，目前热电偶的品种较多，它可以测量自 -271 ~ +2800℃以至更高的温度。

2）性能稳定、准确可靠。在正确使用的情况下，热电偶的性能是很稳定的，其精度高，测量准确可靠。

3）信号可以远传和记录。由于热点偶能将温度信号转换成电压信号，因此可以远距离传递，也可以集中检测和控制。此外，热电偶的结构简单，使用方便，其测量端能做得很小。因此，可以用它来测量“点”的温度。又由于它的热容量小，因此反应速度很快。

2.3.3.1 热电效应

两种不同材料的导体（或半导体）A、B 组成一个闭合回路（如图 2-47 所示），并使结点 1 和结点 2 处于不同的温度 T、T_0 之中，那么回路中就会存在热电动势，因而就有电流产生，这一现象称为热电效应。相应的热电动势称为温差电动势，统称热电动势。回路中产生的电流称为热电流，导体 A、B 称为热电极。测温时结点 1 置于被测的温度场中，称为测量端（工作端\热端）；结点 2 一般处在某一恒定温度中，称为参考端（自由端\冷端）。由两种导体的组合并将温度转换成热电动势的传感器称为热电偶。

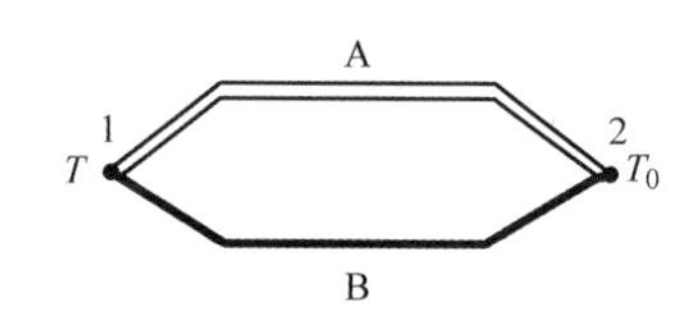

图 2-47 热电效应示意图

热电偶产生的热电动势（温差电动势）$E_{AB}(T,T_0)$是由两种导体的接触电动势和单一导体的温差电动势组成的。接触电动势有时又称为珀尔帖电动势；而单一导体的温差电动势又称为汤姆逊电动势。

1. 两种导体的接触电动势

它是由于互相接触的金属导体内自由电子的密度不同造成的。当两种不同的金属 A、B 接触在一起时，在金属 A、B 的接触处将发生电子扩散。电子扩散的速度和自由电子的密度及金属所处的温度成正比。设金属 A、B 中的自由电子密度分别为 N_A 和 N_B，并且 $N_A > N_B$，在单位时间内由金属 A 扩散到金属 B 的电子数要比从金属 B 扩散到金属 A 的电子数多，这样，金属 A 因失去电子而带正电，金属 B 因得到电子而带负电，于是在接触处便形成了电位差，即接触电动势，如图 2-48 所示。这个电动势将阻碍电子由金属 A 进一步向金属 B 扩散，一直达到动态平衡为止。接触电动势可用式子表示为

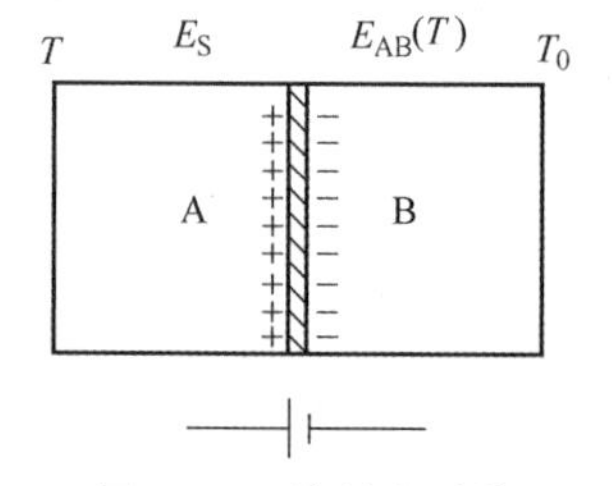

图 2-48 接触电动势

$$E_{AB}(T) = \frac{kT}{e}\ln\frac{N_A}{N_B} \tag{2-100}$$

式中 k——玻尔兹曼常数，为 1.38×10^{-16}；

T——接触处的热力学温度；

e——电子电荷数；

N_A、N_B——金属 A、B 的自由电子密度。

同理可以计算出 A、B 两种金属构成回路在温度 T_0 端的接触电动势为

$$E_{AB}(T_0)=\frac{kT_0}{e}\ln\frac{N_A}{N_B} \tag{2-101}$$

上式表明，接触电动势只与热电极的材料 A、B 和接触的温度有关，而与热电极的几何尺寸无关，如果是同种材料导体相接触，那么接触电动势为零。

2. 单一导体的温差电动势

在一根均匀的金属导体中，如果两端的温度不同，则在导体的内部也会产生电动势，这种电动势称为温差电动势（或汤姆逊电动势），如图 2-49 所示。温差电动势的形成是由于导体内高温端自由电子的动能比低温端自由电子的动能大，这样高温端自由电子的扩散速率比低温端自由电子的扩散速率大，因此对导体的某一薄层来说，温度较高的一边因失去电子而带正电，温度较低的一边也因得到电子而带负电，从而形成了电位差。当导体两端的温度分别为 T、T_0 时，温差电动势可由下式表示：

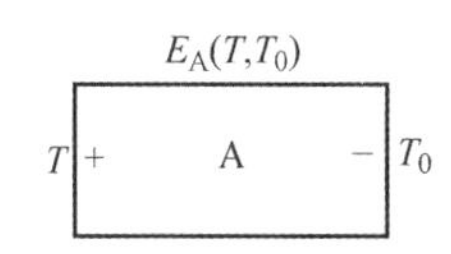

图 2-49　温差电动势

$$E_A(T,T_0) = \int_{T_0}^{T}\sigma_A \mathrm{d}T \tag{2-102}$$

式中　σ_A——A 导体的汤姆逊系数。

同理，导体 B 的温差电动势为

$$E_B(T,T_0) = \int_{T_0}^{T}\sigma_B \mathrm{d}T \tag{2-103}$$

式中　σ_B——B 导体的汤姆逊系数。

上式表明，温差电动势只与热电极的材料 A、B 和两结点的温度 T、T_0 有关，而与热电极的几何尺寸无关，如果两结点的温度相同，那么温差电动势为零。

3. 回路的总热电动势

对于图 2-49 所示的由 A 和 B 两种导体构成的热电偶回路，热端和冷端温度分别为 T、T_0 时，其总热电动势用 $E_{AB}(T,T_0)$ 表示，它等于整个回路中各接触电动势与各温差电动势的代数和。从热端出发，沿回路绕行一周，按照遇到的导体和温度的顺序，依次写出各接触电动势与温差电动势，并将它们相加便是整个回路的总热电动势。这种方法称之为“巡游一周法”。以图 2-49 为例，从热端 T 出发，逆时针沿回路一周，在 T 端先遇 A 后遇 B，接触电动势为 $E_{AB}(T)$；B 导体温度先遇 T 后遇 T_0，温差电动势为 $E_B(T,T_0)$；在 T_0 端先遇 B 后遇 A，接触电动势为 $E_{BA}(T_0)$；A 导体温度先遇 T_0 后遇 T，温差电动势为 $E_A(T_0,T)$；将它们相加便是整个回路的总热电动势，即

$$E_{AB}(T,T_0)=E_{AB}(T)+E_B(T,T_0)+E_{BA}(T_0)+E_A(T,T_0) \tag{2-104}$$

将式（2-100）~式（2-103）代入上式，整理得

$$E_{AB}(T,T_0) = \frac{k}{e}(T-T_0)\ln\frac{N_A}{N_B}+\int_{T_0}^{T}(\sigma_A-\sigma_B)\mathrm{d}T \tag{2-105}$$

由式（2-105）可见，如果 A 和 B 两导体的材料相同，即 $N_A=N_B$，$\sigma_A=\sigma$，即使两端温度 T、T_0 不同，总热电动势也为零。因此，热电偶必须用两种不同成分的材料做热电极。此外，如果热电偶的两电极材料不同，但热电偶的两端温度相同，即 $T=T_0$，总的热电动势也为零。

2.3.3.2 热电偶基本定律

1. 均质导体定律

由同一种均质材料（导体或半导体）两端焊接组成闭合回路，无论导体截面如何以及温度如何分布，将不产生接触电动势，温差电动势相抵消，回路中总电动势为零。即热电偶必须由两种不同的均质导体或半导体构成。若热电极材料不均匀，由于温度梯存在，将会产生附加热电动势。

2. 中间导体定律

在热电偶回路中，接入第三种导体 C，如图 2-50 所示，只要这第三种导体两端温度相同，则热电偶所产生的热电动势保持不变。即第三种导体 C 的引入对热电偶回路的总电动势没有影响。

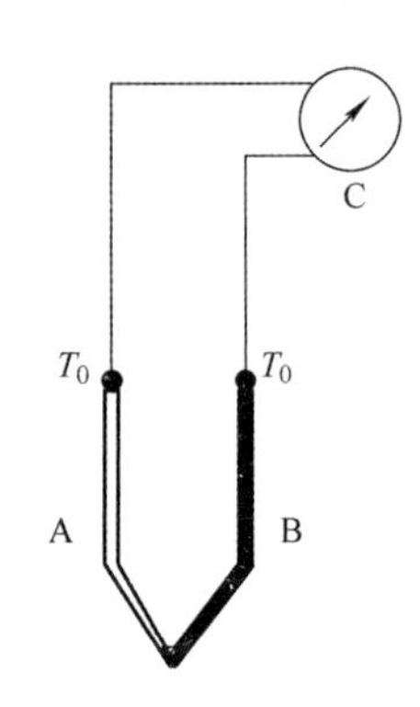

图 2-50 接入导体 C 的热电偶回路

热电偶回路接入中间导体 C 后热电偶回路的总热电动势为

$$E_{ABC}(T,T_0)=E_{AB}(T)+E_{CA}(T_0)+E_{BC}(T_0)-E_A(T,T_0)+E_C(T_0,T_0)+E_B(T,T_0) \tag{2-106}$$

因为

$$E_{BC}(T_0)+E_{CA}(T_0)=\frac{kT_0}{e}\ln\frac{N_{BT_0}}{N_{CT_0}}+\frac{kT_0}{e}\ln\frac{N_{CT_0}}{N_{AT_0}}=\frac{kT_0}{e}\ln\frac{N_{BT_0}}{N_{AT_0}}=E_{BA}(T_0)=-E_{AB}(T_0)$$

又 $E_C(T_0,T_0)=0$，代入式（2-106）可得

$$E_{ABC}(T,T_0)=E_{AB}(T)-E_{AB}(T_0)+E_B(T,T_0)-E_A(T,T_0)=E_{AB}(T,T_0) \tag{2-107}$$

同理，热电偶回路中接入多种导体后，只要保证接入的每种导体的两端温度相同，则对热电偶的热电动势没有影响。根据热电偶的这一性质，可以在热电偶的回路中引入各种仪表和连接导线等。如在热电偶的自由端接入一个测量电动势的仪表，并保证两个结点的温度相等，就可以对热电动势进行测量，并且不影响热电动势的输出。

3. 中间温度定律

在热电偶回路中，两结点温度为 T、T_0 时的热电动势等于该热电偶在结点温度为 T、T_a 和 T_a、T_0 时热电动势的代数和，即

$$E_{AB}(T,T_0)=E_{AB}(T,T_a)+E_{AB}(T_a,T_0) \tag{2-108}$$

根据这一定律，只要给出自由端为 0℃时的热电动势和温度关系，就可以求出冷端为任意温度 T_0 时热电偶热电动势，即

$$E_{AB}(T,T_0)=E_{AB}(T,0)+E_{AB}(0,T_0)$$

该定律是参考端温度计算修正法的理论依据，在实际热电偶测温回路中，利用热电偶这一性质，可对参考端温度不为 0℃的热电动势进行修正。热电偶的“分度表”就是参考温度为 $T_0=0$℃时的热电动势 $E_{AB}(T,0)$ 与测量端温度 T 的对照数据表。如果测得热电动势 $E_{AB}(T,0)$，查分度表可求得对应的温度 T，反之，如果已知温度 T，查分度表可求得对应的热电动势 $E_{AB}(T,0)$。中间温度定律为制定热电偶的分度表奠定了理论基础。

4. 标准电极定律

如图 2-51 所示，当温度为 T、T_0 时，用导体 A、B 组成的热电偶的热电动势等于 AC 热电偶和 CB 热电偶的热电动势之代数和，即

$$E_{AB}(T,T_0)=E_{AB}(T,T_0)+E_{CB}(T,T_0) \quad (2\text{-}109)$$

导体 C 称为标准电极，故把这一定律称为标准电极定律。

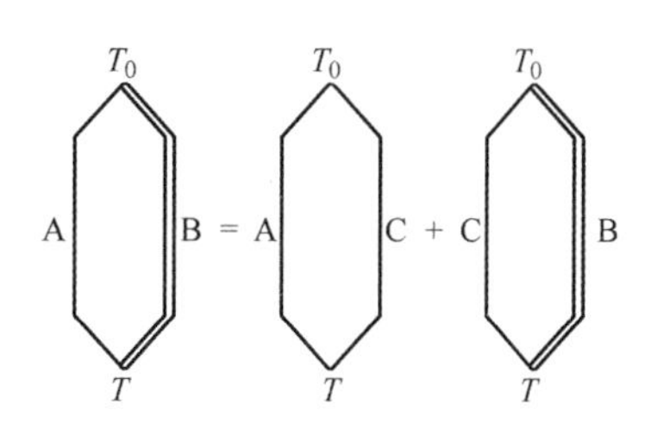

图 2-51　标准电极

标准电极 C 通常用纯度很高、物理化学性能非常稳定的铂制成，称为标准铂热电极。利用标准电极定律可大大简化热电偶选配工作，只要已知任意两种电极分别与标准电极配对的热电动势，即可求出这两种热电极配对的热电偶的热电动势而不需要测定。该定律可以简述为：用高纯度铂丝作标准电极，假设镍铬－镍硅热电偶的正负极分别和标准电极配对，它们的值相加等于镍铬－镍硅的值。

2.3.3.3　热电偶结构和类型

1. 热电偶的结构

为了适应不同生产对象的测温要求和条件，热电偶的结构形式有普通型热电偶、铠装型热电偶和薄膜热电偶等。

图 2-52 以普通型热电偶为例来说明热电偶的结构形式，它有热电极、保护套管、绝缘管和接线盒组成，通常呈棒形结构。可采用螺纹或法兰方式安装连接。

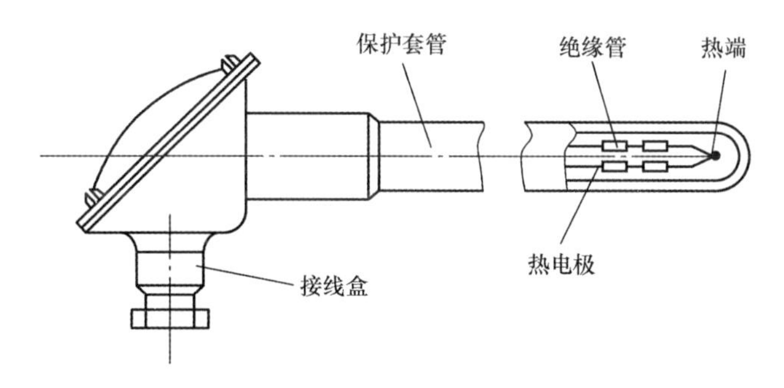

图 2-52　普通热电偶的结构

（1）热电偶的材料　根据热电偶的原理，似乎只要是两种不同金属材料就可以组成热电偶，用以测量温度。但为了保证工程技术中的可靠性，并有足够的测量精度，并不是所有材料都可以组成热电偶，一般来说，对热电偶材料有如下要求：

1）配制成的热电偶应具有较大的热电动势，并希望热电动势与温度之间呈线性关系或近似线性关系。

2）能在较宽的温度范围内使用，并且在长期工作后物理化学性能与热电性能都比较稳定。

3）电导率要求高，电阻温度系数要小。

4）易于复制，工艺简单，价格便宜。

在实际生产中很难找到一种能完全符合上述要求的材料。一般讲，纯金属的热电极容易复制，但其热电动势较小，平均为 20μV/℃；非金属热电极的热电动势较大，可达

$10^3\mu V/℃$，熔点高，但复制性和稳定性都较差；合金热电极的热电性能和工艺性能介于前两者之间。目前，常用的热电极材料有贵金属和普通金属两大类，这些材料在国内外都已标准化。贵金属热电极材料有铂铑合金和铂，直径大多在0.13～0.65mm范围内；普通金属热电极材料有铁、铜、康铜、考铜、镍铬合金、镍硅合金等，直径为0.5～3.2mm。此外还有铱、钨、铼等耐高温材料，碳、石墨、碳化硅等非金属材料。热电极长度由具体使用情况决定，通常为350～2000mm。

（2）绝缘材料　绝缘材料的作用是为防止电极间短路，根据不同使用温度，可选用不同绝缘材料，最常用的是氧化铝管（1500～1700℃）和耐火陶瓷（1400℃）。

（3）保护套管　保护套管的作用是使电极和待测温度的介质隔离，使之免受化学侵蚀和机械损坏。对保护套管的要求是必须有优良的传热性能，且经久耐用。

（4）接线盒　接线盒用于连接热电偶和补偿导线，它固定在热电偶保护套管上，一般用铝合金制成。

2. 热电偶的种类

热电偶的种类很多，通常分为普通热电偶、铠装热电偶、薄膜热电偶、表面热电偶、侵入式热电偶。

普通热电偶：主要用于测量气体、蒸汽和液体等介质的温度，这类热电偶已做成标准型式，可根据测温范围和环境条件来选择合适的热电极材料和保护套管。

铠装热电偶：又称缆式热电偶，主要特点是动态响应快，测量端热容量小，挠性好、强度高、种类多。

薄膜热电偶：适宜测量微小面积和瞬时变化的温度，其热容量小、动态响应快。

表面热电偶：主要用于测量金属块、炉壁、橡胶筒、涡轮叶片、轧辊等固体的表面温度。

侵入式热电偶：可直接插入液态金属中进行测量，主要用于测量钢水、铜水、铝水以及熔融合金的温度。

除以上分类外，按照工业标准化的要求，可将热电偶分为标准化热电偶和非标准化热电偶两种。所谓标准化热电偶是指工艺上比较成熟，能批量生产、性能稳定、应用广泛，具有统一分度表并已列入国际和国家标准文件中的热电偶。国际和国家的标准化文件对同一型号的标准化热电偶规定了统一的热电极材料及其化学成分、热电性质和允许偏差，故统一型号的标准化热电偶具有良好的互换性。因为标准化热电偶可以互换，精度有一定的保证，并有配套的显示、记录仪表可供选用，这就为应用提供了方便。

到目前为止，国际电工委员会（IEC）共推荐了8种标准化热电偶（我国已完全采用），这些热电偶的型号（通常称为分度号）、热电极的材料以及可测的温度范围见表2-2。表中所列的每一种型号的热电偶材料前者为热电偶的正极，后者为负极（例如，“铂铑10－铂”表示正极为铂铑合金，其中铂90%，铑10%；负极为铂。以此类推）；温度的测量范围是指热电偶在良好的使用环境下允许测量温度的极限值，实际使用，特别是长时间使用时，一般允许测量的温度上限是极限值的60%～80%。

2.3.3.4　热电偶的测温电路及冷端补偿

1. 热电偶的测温电路

如图2-53所示为几种热电偶的测温电路。

表 2-2 标准化热电偶

分度号	材 料	温度范围/℃	分度号	材 料	温度范围/℃
S	铂铑 10 - 铂	-50 ~ 1768	N	镍铬硅 - 镍硅	-270 ~ 1300
R	铂铑 13 - 铂	-50 ~ 1768	E	镍铬 - 康铜	-270 ~ 1000
B	铂铑 30 - 铂铑 6	0 ~ 1820	J	铁 - 康铜	-210 ~ 1200
K	镍铬 - 镍硅	-270 ~ 1372	T	铜 - 康铜	-270 ~ 400

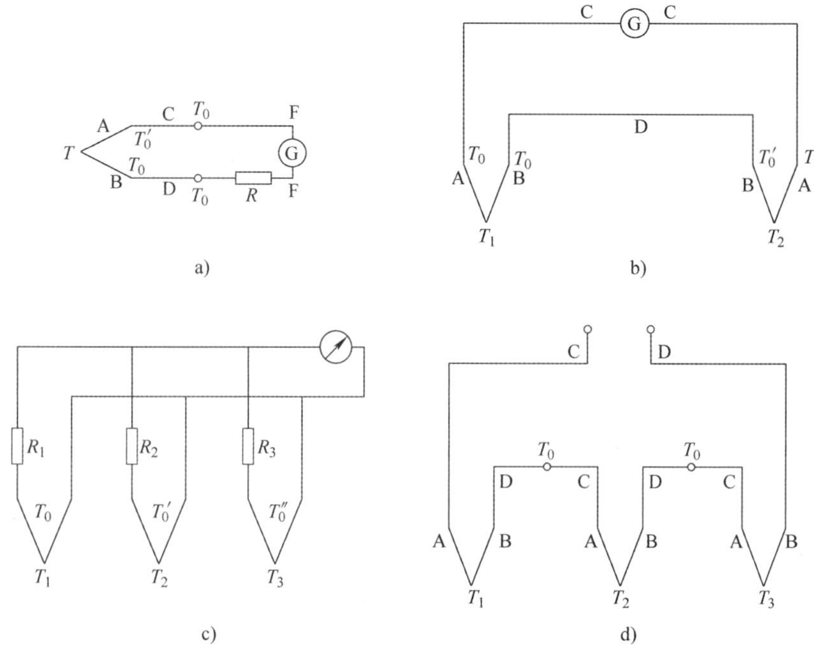

图 2-53 热电偶的测温电路

图 2-53a 为测量某点温度的基本测温线路，其中 A、B 为热电偶，C、D 为补偿导线，冷端温度为 T_0，F 为铜导线（在实际使用时把补偿导线一直延伸到配用仪表的接线端子，这时冷端温度即为仪表接线端所处的环境温度），G 为配用的仪表。

图 2-53b 是测量两个温度之差的一种实用线路。两支同型号的热电偶配用相同的补偿导线，接线的方法应使两热电动势相互抵消，就可测得 T_1 和 T_2 的温度之差。

图 2-53c 是测量平均温度的线路，三个同型号的热电偶并联在一起，使输入到仪表两端的毫伏值为三个热电偶输出热电动势的平均值，即 $E=(E_1+E_2+E_3)/3$，如果三个热电偶均工作在特性曲线的线性部分，则 E 代表各点温度的算术平均值，为此，每个热电偶需串联较大电阻（相对于热电偶本身电阻而言）。此种电路的优点是仪表的分度仍旧和单独配用一个热电偶时一样；缺点是当某一热电偶烧断时，不能很快觉察出来。

图 2-53d 是测量几点温度之和的线路，即输入到仪表两端的电动势值为 $E=E_1+E_2+E_3$，三个同型号的热电偶之间为串联关系。该电路的特点是热电偶烧坏时可立即知道。另外，可获得较大的热电动势，也可根据总电动势 E 的值求解出平均温度。

2. 冷端温度补偿

热电偶的分度表和显示仪表是以冷端温度0℃作为基准进行分度的，而在实际使用环境中，冷端温度通常不为0℃，且随环境温度的变化而变化，给检测带来误差，因此，在使用中必须采取适当的修正或补偿措施消除这一误差，即进行冷端补偿，以保证测量精度。

在实际应用中，可根据不同的使用条件及不同的测量精度要求而采用不同的补偿方法。

（1）0℃恒温法　该方法直接将热电偶冷端置于装有冰水混合物的容器中，使冷端温度保持在0℃不变。该方法一般只适合于实验室中，在工业生产中使用极为不便。

（2）冷端温度修正法　当冷端温度不为0℃，而为不变 T_n 时，根据中间温度定律，可将热电动势修正到冷端为0℃时的电动势值，即

$$E_{AB}(T,0)=E_{AB}(T,T_n)+E_{AB}(T_n,0) \tag{2-110}$$

式中　$E_{AB}(T,0)$——热电偶热端温度为 T、冷端温度为0℃时的热电动势；

$E_{AB}(T,T_n)$——热电偶热端温度为 T、冷端温度为 T_n 时的热电动势；

$E_{AB}(T_n,0)$——热电偶热端温度为 T_n、冷端温度为0℃时的热电动势。

该方法适用于冷端温度 $T_0\neq 0$℃，但冷端温度能保持恒定不变的情况，虽有误差，但简单方便，在工业上经常采用。

例2-1　用镍铬－镍硅热电偶测温炉，当冷端温度为30℃时，测得热电动势为39.17mV，实际炉温是多少？

解　由 $T_n=30$℃，查分度表得 $E_{AB}(30,0)=1.20\text{mV}$，则有

$$E_{AB}(T,0)=E_{AB}(T,30)+E_{AB}(30,0)=(39.17+1.20)\text{mV}=40.37\text{mV}$$

再用40.37mV反查分度表可得977℃，即为实际炉温。

（3）补偿导线法　所谓补偿导线是指这些导线在工业环境温度（0～100℃）中的热电特性和与它们配套的热电偶电极材料的热电特性基本一致，这样就可以使用补偿导线将热电偶的冷端延长至温度恒定的地方，这样做有利于温度补偿。如图2-54所示，补偿导体C、D相当于对热电极进行延长，由中间温度定律可知，C、D的加入不会引起附加误差。

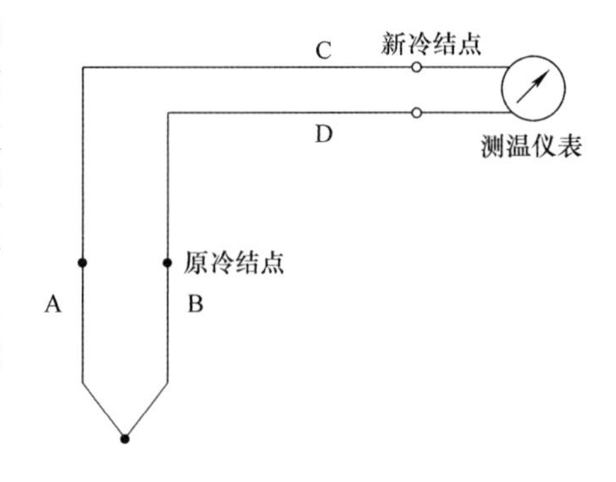

图2-54　补偿导线法温度补偿示意图

在此，需要说明以下几点：

1）不同的热电偶所配套的补偿导线材料是不同的。

2）补偿导线和热电极连接时，正极必须接正极，负极必须接负极，极性不能接反，否则会出现更大的误差。

3）补偿导线和热电极连接处两结点温度必须相同，并且不能超过规定范围（一般为0～100℃）。

4）补偿导线的加入只是移动了冷端的位置，若该处温度不为0℃，则仍需进行温度补偿。

表2-3给出了几种常用的热电偶补偿导线，其型号中第一个字母与热电偶的分度号对应，字母“X”表示延伸性补偿导线，字母“C”表示补偿性补偿导线。

表 2-3　常用补偿导线

补偿导线型号	配用的热电偶分度号	补偿导线		补偿导线颜色	
		正极	负极	正极	负极
SC	S（铂铑 10—铂）	SPC（铜）	SNC（铜镍）	红	绿
KC	K（镍铬—镍硅）	KPC（铜）	KNC（铜镍）	红	蓝
KX	K（镍铬—镍硅）	KPX（镍铬）	KNX（镍硅）	红	黑
EX	E（镍铬—铜镍）	EPX（镍铬）	ENX（铜镍）	红	棕
JX	J（铁—铜镍）	JPX（铁）	JNX（铜镍）	红	紫
TX	T（铜—铜镍）	TPX（铜）	TNX（铜镍）	红	白

（4）仪表机械零点调整法　对于具有零点调整的显示仪表，如果热电偶冷端温度 T_0 较为恒定时，可在测温系统没有工作之前，预先将显示仪表的机械零点调整到 T_0 上。这意味着将热电动势修正值 $E_{AB}(T_0,0)$ 预先加到了显示仪表上，在测温系统工作之后，显示仪表的指示值就是实际的被测温度值。

（5）补偿电桥法　如图 2-55 所示，是利用不平衡电桥（又称冷端补偿器）产生不平衡电压来自动补偿热电偶因冷端温度变化而引起的热电动势变化。

在图 2-55 中，采用补偿导线将热电偶冷端引至温度较恒定（一般为 20℃）的控制室中。在该温度下，电桥处于平衡而无输出，但需将显示器机械零点调至 20℃；当控制室环境温度变化时，补偿电桥中的铜电阻 r_{cu} 的电阻值也改变（其他电阻 r_1、r_2、r_3 是用温度系数很小的锰钢丝绕制而成，其阻值基本不受温度影响而保持恒定）而使电桥失去平衡，输出不平衡电动势 ΔE，且与热电偶输出值叠加，而进行补偿。若桥路参数的设计正好能使 $\Delta E = E(T_0,0)$，则就能实现完全补偿。

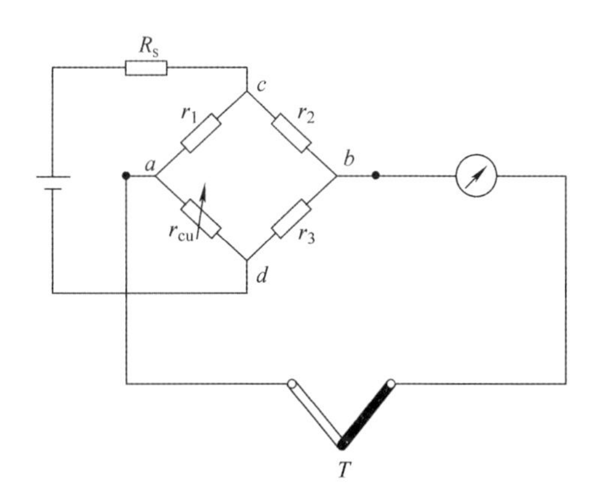

图 2-55　补偿电桥法温度补偿示意图

2.3.4　光电式传感器

光是自然界中主要的信息媒体。许多物体对光的反应是有规律的。通过一定方法把物体对光学量的反应测量出来，就可以直接或间接反映物体的一些特性。光电式传感器是一种将被测量的变化转换成光学量的变化，再通过光电器件把光学量的变化转换成电信号的装置。光电式传感器的基本原理是物质的光电效应。

2.3.4.1　光电效应

光的电磁说认为光是一种电磁波，其频谱如图 2-56 所示。可见光只是电磁波谱中的一小部分，波长在 380 ~780nm 之间，红光频率最低，紫光频率最高。光的频率越高，携带的能量越大。

光的量子说认为光是一种带有能量的粒子（称为光子）所形成的粒子流。光子的能量为 $h\gamma$，$h = 6.63 \times 10^{-34}$J·s 为普朗克常数，γ 为光的频率。

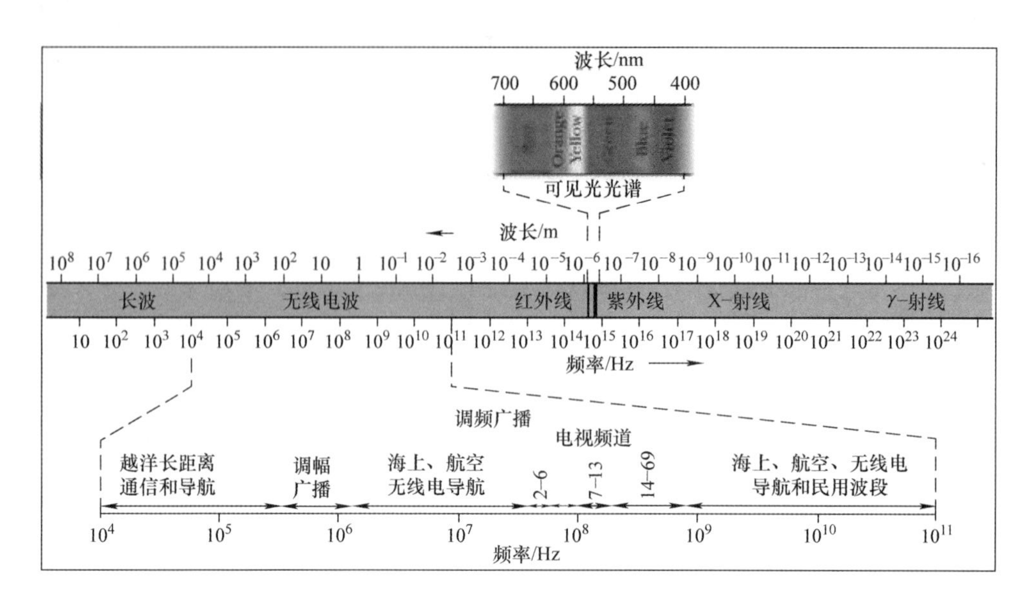

图 2-56 电磁波谱

可见，每个光子具有的能量正比于光的频率。光的频率越高，其光子的能量就越大。用光照射某一物体，可以看作物体受到一连串能量为 $h\gamma$ 的光子所轰击，组成该物体的材料吸收光子能量而发生相应的电效应的物理现象称为光电效应。

通常把光电效应分为 3 类：外光电效应、内光电效应和光生伏特效应。根据这些光电效应可制成不同的光电转换器件（光电元件），如光电管、光电倍增管、光敏电阻、光敏晶体管即光电池等。

1. 外光电效应

光照射于某一物体上，使电子从这些物体表面逸出的现象称为外光电效应，也称光电发射。逸出来的电子称为光电子。外光电效应可由爱因斯坦光电方程描述为

$$\frac{1}{2}mv^2 = h\gamma - A \tag{2-111}$$

式中 m——电子质量；

v——电子逸出物体表面的初速度；

h——普朗克常数，$h=6.63\times10^{-34}\text{J}\cdot\text{s}$；

γ——入射光频率；

A——物体逸出功。

根据爱因斯坦假设：一个光子的能量只能给一个电子，因此一个单个的光子把全部能量传给物体中的一个自由电子，使自由电子能量增加 $h\gamma$，这些能量一部分用于克服逸出功 A，另一部分作为电子逸出时的初动能$\frac{1}{2}mv^2$。

由于逸出功与材料的性质有关，当材料选定后，要使物体表面有电子逸出，入射光的频率 γ 有最低的限度，当 $h\gamma$ 小于 A 时，即使光通量很大，也不可能有电子逸出，这个最低限度的频率称为红限频率，相应的波长称为红限波长。在 $h\gamma$ 大于 A（入射光频率超过红限频率）的情况下，光通量越大，逸出的电子数目也越多，电路中光电流也越大。

2. 内光电效应

光照射于某一物体上，物体的导电性能发生变化或产生光生电动势的效应称为内光电效应。许多金属、硫化物、硒化物及碲化物等半导体材料，如硫化镉、硒化镉、硫化铅及硒化铅等在收到光照时均会出现电阻值下降的现象。利用上述现象可制成光敏电阻、光敏二极管、光敏晶体管及光敏晶闸管等光电转换器件。

3. 光生伏特效应

在光线作用下物体产生一定方向的电动势的现象称为光生伏特效应。具有该效应的材料有硅、硒、氧化亚铜、硫化镉及砷化镓等。例如在一块 N 型硅上，用扩散的方法掺入一些 P 型杂质，形成一个大面积的 PN 结，由于 P 层做得很薄，从而使光线能穿透到 PN 结上。当一定波长的光照射 PN 结时，就产生电子 - 空穴对，在 PN 结内电场的作用下，空穴移向 P 区，电子移向 N 区，从而使 P 区带正电、N 区带负电，于是 P 区和 N 区之间产生电压，即光生电动势。利用该效应可制成各类光电池。

2.3.4.2　光电器件

1. 光电发射型光电器件

基于外光电效应原理工作的光电器件有光电管和光电倍增管。

（1）光电管　光电管可分为两类：真空光电管和充气光电管。

1）真空光电管。当入射的光线透过光窗，照射到阴极上时，光电子就从阴极发射至真空，在电场的作用下，光电子在极间做加速运动，最后这些光电子被具有较高电位的阳极所接收。在阳极电路内，可以测出光电流的数值，其大小主要取决于阴极灵敏度与光照强度等因素。如果停止光照，那么阴极电路内应无电流输出。根据真空光电管内阴极与阳极形状设置的不同，一般真空光电管可分为中心阴极型、中心阳极型、平板电极型、圆筒平板阴极型。中心阴极型真空光电管结构如图 2-57 所示。

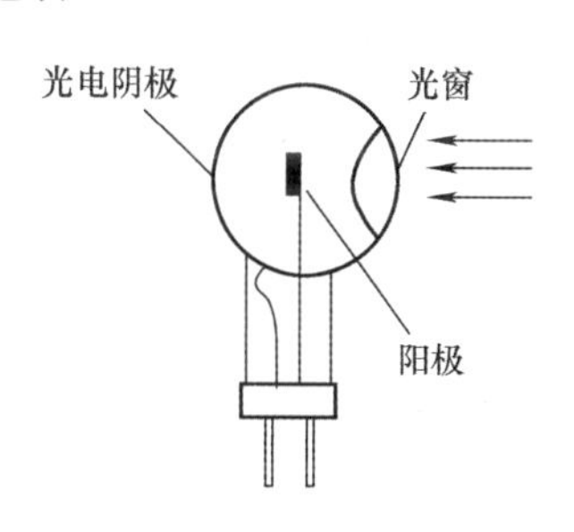

图 2-57　中心阴极型真空光电管

2）充气光电管。在充气光电管工作时，阴极产生光电发射，光电子在电场作用下向阳极运动，途中与管中的气体原子碰撞而发生电离现象。由电离形成的新电子与光电子一起被阳极所接收，而正离子却反向运动被阴极接收。因此充气光电管形成数倍于真空光电管的光电流。简而言之，阴极光电发射与非自持的汤姆生放电相结合，使阳极接收到经过电离放大的光电流。按管内的充气成分，其可分为单纯气体（如氩气、氦或氖）和混合气体两种。由于正离子轰击阴极会引起发射层结构破坏，因此充气光电管在工作过程中的灵敏度衰减很快。

（2）光电倍增管　光电倍增管是将微弱的光信号输入转换成光电子，并使光电子获得倍增效应的真空光电发射器件。光电倍增管由阴极室和二次发射倍增系统组成，如图 2-58 所示。

阴极室的结构与光电阴极（K）的尺寸和形状有关。它的主要作用是把光电阴极受激光电离的电子聚焦在面积比光电阴极小的第一倍增极 D1 表面上。

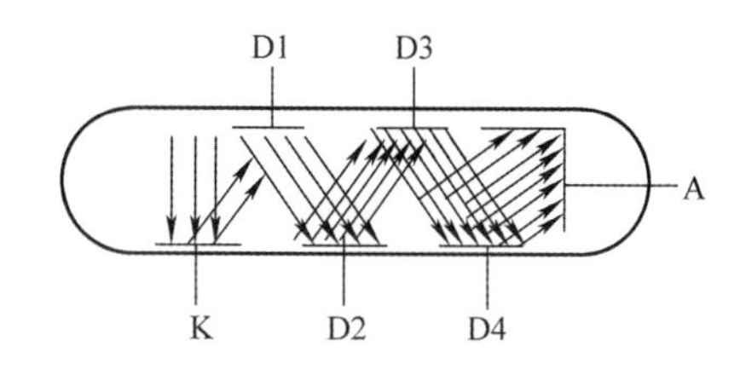

图 2-58　光电倍增管

聚焦通常采用静电透镜。二次发射倍增系统，是光电倍增管最复杂的部分，主要由若干个倍增极构成。

在光电倍增管的各倍增极 D1、D2、D3、……和阳极 A 上，依次有逐渐增高的正电压，而且相邻两极之间电压应使二次发射系数大于 1。即

$$U_{D1} < U_{D2} < U_{D3} < \cdots < U_{DK}$$

在入射光作用下，光电阴极 K 发射的光电子在 U_{D1} 电场作用下，以高速向第一倍增极 D1 射去，产生二次发射；接着更多的二次发射电子又在 U_{D2} 电场作用下，射向第二倍增极 D2，激发更多的二次发射电子……如此下去，一个光电子将激发更多的二次发射电子，最后被阳极 A 收集。

光电倍增管可分为 4 个主要部分：

光电阴极。它分为投射型的端窗式和反射型的侧窗式。在侧窗式结构中，光电阴极涂敷在一金属基底上，与倍增极组装在管内，使整管的结构紧凑，体积小，具有较快的响应速度。

电子光学输入系统。它主要用来使尽可能多的光电子打在第一倍增极的有效区域内，使光阴极各部分发射的电子到达第一倍增极所经历的时间尽量一致，这样才能有快的响应。

电子倍增系统。根据其工作原理可分为两类：一种是聚焦型，指前一倍增极来的电子被加速和汇聚在下一倍增极上，在两倍增极之间可能发生电子束轨迹的交叉；另一种是非聚焦型，它的作用是接收从最后倍增极发射出的电子流而输出到阳极电路中。

2. 光导型光电器件

基于内光电效应原理工作的半导体光电器件有光敏电阻、光敏二极管和光敏晶体管。

（1）光敏电阻　光敏电阻具有灵敏度高、体积小、质量小、光谱响应范围宽、耐冲击、耗散功率大及寿命长等特点。金属外壳封装的硫化镉光敏电阻结构如图 2-59 所示。

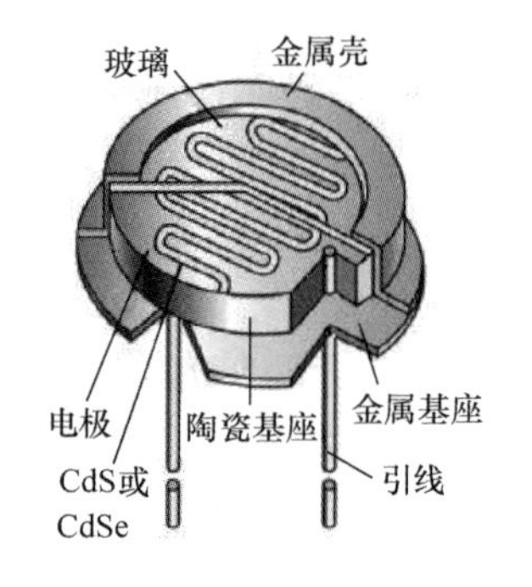

图 2-59　光敏电阻

光敏电阻的工作原理：在无光照时，光敏电阻的阻值很高。当收到光线作用时，由于有些光子具有大于材料禁带宽度的能量，则光子的轰击使得价带中的电子吸收光子能量后而跃迁到导带，从而激发出可以导电的电子－空穴对，提高了材料的导电性能。光线越强则参与轰击的光子越多，激发出的电子－空穴对越多，阻值也就越低，导电性能也就越强。光照停止后，自由电子和空穴复合，导电性能下降，电阻恢复原值。

（2）光敏二极管　光敏二极管是一种利用 PN 结单向导电性的结型光电器件，与一般半导体二极管类似，其 PN 结装在管子的顶部，以便接收光照，上面有一个透镜制成的窗口以便使光线集中在敏感面上，光敏二极管在电路中通常工作在反向偏压状态，其原理如图 2-60所示。在无光照时，处于反偏压状态的光敏二极管工作在截止状态。这时只有少数载流子在反向偏压的作用下形成微小的反向电流，即暗电流。

当光敏二极管收到光照时，PN 结附近受光子轰击，吸收能量而产生电子－空穴对，从而使 P 区和 N 区的少数载流子浓度增加。因此在外加反偏电压和内电场的作用下，P 区的少数载流子穿越阻挡层进入 N 区，N 区的少数载流子穿越阻挡层进入 P 区，从而使通过 PN 结的反向电流大大增加，形成了光电流。

(3) 光敏晶体管　光敏晶体管与光敏二极管结构相似，不过它内部有两个 PN 结，类似普通晶体管，但和普通晶体管不同的是它的发射极一边的尺寸很小，以扩大光照面积。当基极开路时，基极、集电极处于反偏。当光照射到集电极附近的基区时，使集电极附近产生电子－空穴对，它们在内电场作用下做定向运动形成光电流。由于光照射产生的光电流相当于普通晶体管基极电流，因此集电极输出的光电流就被放大了 ($\beta+1$) 倍，从而使光敏晶体管具有比光敏二极管更高的灵敏度。光敏晶体管原理如图 2-61 所示。

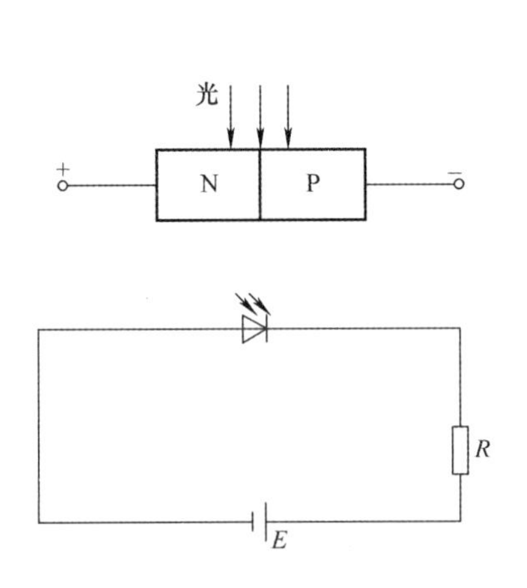

图 2-60　光敏二极管原理

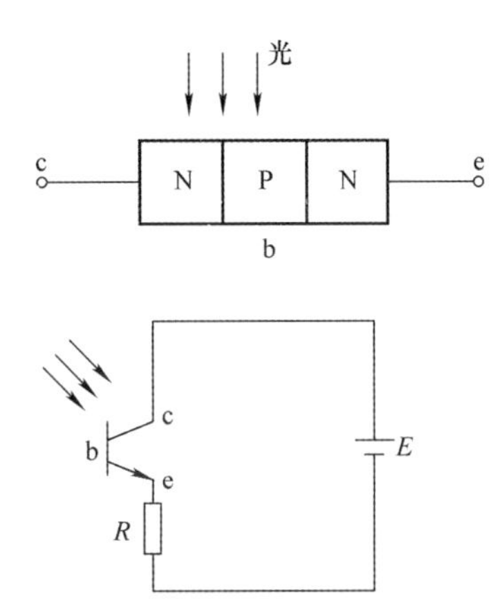

图 2-61　光敏晶体管原理

3. 光电池

光电池是基于光生伏特效应原理工作的光电器件，是一种直接将光能转换为电能的光电器件。如图 2-62 所示是硅光电池工作原理图。它实际上是一个大面积的 PN 结，当光照射到 PN 结的一个面，例如 P 型面时，若光子能量大于半导体材料的禁带宽度，那么 P 型区每吸收一个光子就产生一对自由电子和空穴，自由电子－空穴对从表面向内迅速扩散，在结电场的作用下，最后建立一个与光照强度有关的电动势。

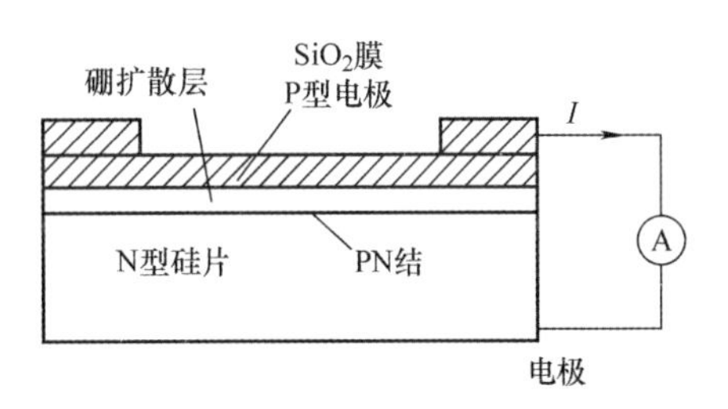

图 2-62　光电池工作原理图

2.3.4.3　光电器件特性

1. 光照特性

当在光电器件上加上一定电压时，光电流 I 与光电器件上光照度 E 之间的对应关系成为光照特性。一般可表示为

$$I=f(E)$$

对于光敏电阻器，因其灵敏度高而光照特性呈非线性，一般用于自动控制中作开关元件。其光照特性如图 2-63a 所示。

光电池的开路电压 U 与照度 E 是对数关系，如图 2-63b 曲线所示。在 2000lx 的照度下趋于饱和，在负载电阻一定时，光电池的短路电流 I_{SC} 与照度呈线性关系，如图 2-63b 直线所示，图中右边纵坐标为 I_{SC} 值，单位为 mA。线性范围下限由光电池的噪声电流控制，上限

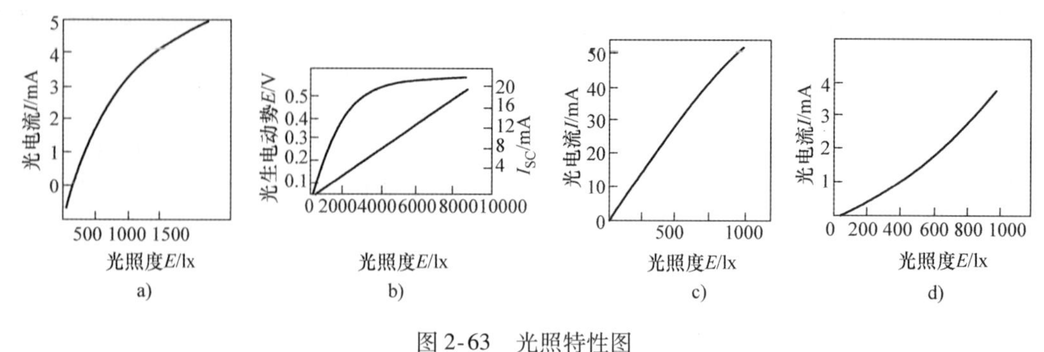

图 2-63　光照特性图

a）光敏电阻　b）光电池　c）光敏二极管　d）光敏晶体管

受光电池的串联电阻限制，降低噪声电流，减小串联电阻都可扩大线性范围。光电池的输出电流与受光面积成正比。增大受光面积可以加大短路电流。光电池大都用作测量元件。由于它的内阻很大，并且与照度是线性关系，所以多以电流源的形式使用。

光电池的负载变化对它的线性工作范围也有影响。对闭合电路来说，增加负载电阻，等效于增大了光电池的串联电阻。当负载电阻不为零时，随着照度的增加，光电流 I 与光生电压 U 都在增加，负载电阻上的压降使光电池处于正偏压状态，光电池等效并联电阻减小，因而内耗增加，流入外电路的光电流减小，故其短路电流 I_{SC} 与照度成非线性关系。负载电阻越大，并联电阻的分电流作用越明显，流到外电路中的光电流也越小，带来的非线性就越大。

光敏二极管的光照特性为线性，适于做检测元件，其特性如图 2-63c 所示。

光敏晶体管的光照特性呈非线性，如图 2-63d 所示。但由于其内部具有放大作用，故其灵敏度较高。

2. 光谱特性

光敏元件上加上一定的电压，这时如有一单色光照射到光敏元件上，如果入射光功率相同，光电流会随入射光波长的不同而变化。入射光波长与光敏器件相对灵敏度或相对光电流间的关系即为该器件的光谱特性。各光敏元件的光谱特性如图 2-64 所示。

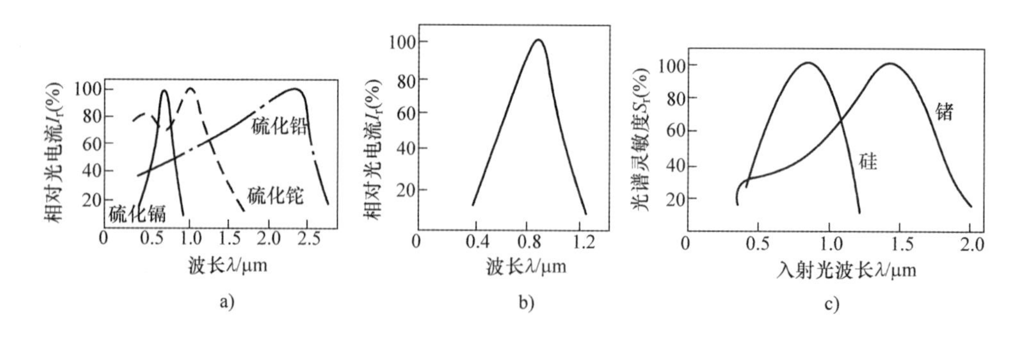

图 2-64　光敏元件的光谱特性

a）光敏电阻　b）硅光敏二极管　c）光敏晶体管

由图2-64可见，器件材料不同，所能影响的峰值波长也不同。因此，应根据光谱特性来确定光源与光电器件的最佳匹配。在选择光敏器件时，应使最大灵敏度在需要测量的光谱范围内，才有可能获得最高的灵敏度。

3. 伏安特性

在一定照度下，光电流 I 与光敏器件两端电压 U 的对应关系，称为伏安特性。各种光敏器件的伏安特性如图2-65所示。

同晶体管的伏安特性一样，光敏器件的伏安特性可以帮助我们确定光敏器件的负载电阻，设计应用电路。

图2-65a中的曲线1和2分别表示照度为零和某一照度时光敏电阻的伏安特性。光敏电阻的最高使用电压由它的耗散功率确定，而耗散功率又与光敏电阻的面积、散热情况有关。

光敏晶体管在不同照度下的伏安特性与一般晶体管在不同基极电流下的输出特性相似，如图2-65c所示。

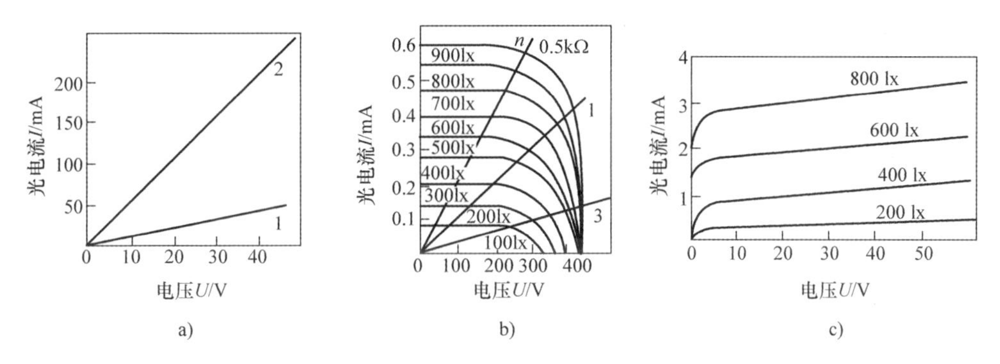

图2-65　光敏元件的伏安特性
a）光敏电阻　b）光电池　c）光敏晶体管

4. 频率特性

在相同的电压和同样幅值的光照下，当入射光以不同频率的正弦波调制时，光敏器件输出的光电流 I 和灵敏度 S 会随调制频率 f 的变化而变化，它们的关系为

$$I=F_1(f)\text{或}S=F_2(f)$$

称为频率特性。以光生伏特效应原理工作的光敏器件频率特性较差，以内光电效应原理工作的光敏元件（如光敏电阻）频率特性更差。

从图2-66可以看出，光敏电阻的频率特性较差，这时由于存在光电导的弛豫现象的缘故。

光电池的PN结面积大，又工作在零偏置状态，所以极间电容较大。由于响应速度与结电容和负载电阻的乘积有关，要想改善频率特性，可以减小负载电阻或结电容。

光敏二极管的频率特性是半导体光敏器件中最好的。光敏二极管结构电容和杂散电容与负载电阻并联，工作频率越高，分流作用越强，频率特性越差。要想改善频率响应可采取减小负载电阻的办法，另外也可采用PIN光敏二极管。PIN光敏二极管由于中间I层的电阻率很高，起到电容介质的作用。当加上相同的反向偏压时，PIN光敏二极管耗尽层比普通PN

结光敏二极管宽很多，从而减少了结电容。

光敏晶体管由于集电极结电容较大，基区渡越时间长，它的频率特性比光敏二极管差。

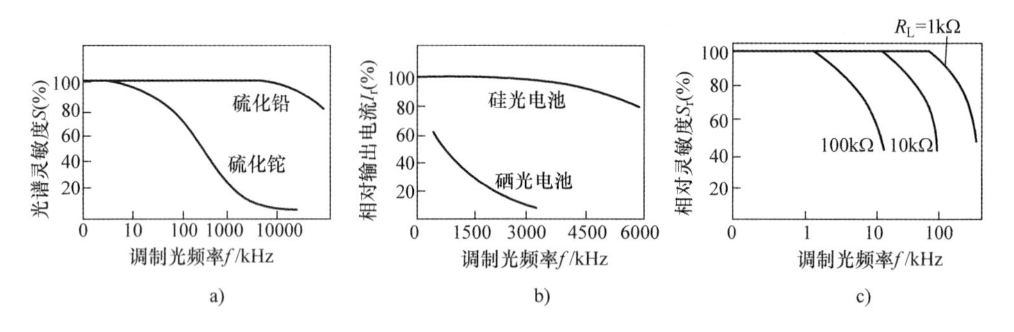

图 2-66 光敏元件的频率响应

a）光敏电阻 b）光电池 c）光敏晶体管

5. 温度特性

部分光敏器件的输出受温度影响较大。如光敏电阻，当温度上升时，暗电流增大，灵敏度下降，因此常需要进行温度补偿。再如光敏晶体管，由于温度变化对暗电流影响非常大，并且是非线性的，因而给微光测量带来较大误差。由于硅管的暗电流比锗管小几个数量级，所以在微光测量中采用硅管，并用差动的办法来减小温度的影响。

光电池受温度的影响主要表现在开路电压随温度增加而下降。短路电流随温度上升缓慢增加，其中，电压温度系数较大，电流温度系数较小。当光电池作为检测元件时，也应考虑温度漂移的影响，采取相应措施进行补偿。

6. 响应时间

不同光敏器件的响应时间有所不同，如光敏电阻较慢，约为$10^{-1}\sim10^{-3}$s，一般不能用于要求快速响应的场合。工业用的硅光敏二极管的响应时间为$10^{-5}\sim10^{-7}$s，光敏晶体管的响应比二极管约慢一个数量级，因此在要求快速响应或入射光、调制光频率较高时应选用硅光敏二极管。

在众多的光传感器中，最为成熟且应用最广的是可见光传感器和近红外光传感器，如CdS、Si、Ge、InCaAs等都已广泛应用于控制系统、光纤通信系统、雷达系统、仪器仪表、电影电视及摄影曝光等领域。随着光纤技术的开发、近红外光传感器（包括Si、Ge、InCaAs光探测器）已成为重点开发的对象，这类传感器有PIN和APD两大结构。PIN具有低噪声和高速度的优点，但内部无放大功能，往往需与前置放大器配合使用，从而形成PIN + FET光传感器系列。APD光传感器的最大优点是具有内部放大功能，这对简化光接收机的设计十分有利。高速、高探测能力和集成化的光传感器是这类传感器的发展趋势。

2.3.4.4 光电式传感器的基本组成

光电式传感器由光源、光通路、光学元件和光电器件组成的光路系统，结合相应的测量转换电路而构成，如图2-67所示。常用的光源有各种白炽灯、发光二极管和激光等，常用的光学元件有各种反射镜、透镜和半反射透镜等。

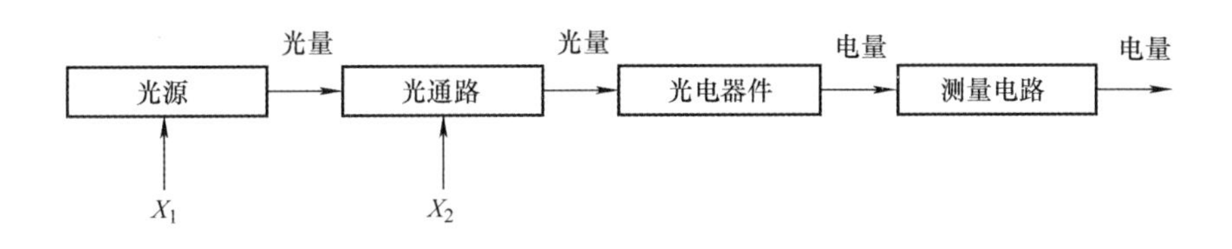

图 2-67　光电式传感器的基本组成

2.3.5　霍尔式传感器

霍尔式传感器是利用材料的霍尔效应实现磁电转换的一种传感器。霍尔效应这一现象是霍尔（E. H. Hall，1855－1938）于1879年在研究金属的导电机制时发现的。霍尔效应是磁电效应的一种，后来发现半导体、导电流体等也有这种效应，而半导体的霍尔效应比金属强得多，利用这种现象制成各种霍尔元件，将霍尔元件、放大器温度补偿电路及稳压电源等做在一个芯片上，称为霍尔集成传感器。霍尔式传感器具有灵敏度高、线性度好、体积小、耐高温和性能稳定等优点，在测量和自动控制等领域被广泛应用于检测大电流、微弱磁场及微位移等方面。

2.3.5.1　霍尔效应和霍尔元件

1. 霍尔效应

置于磁场中的静止载流导体，当它的电流方向与磁场方向不一致时，载流导体上平行于电流和磁场方向上的两个面之间产生电动势，这种现象称霍尔效应。

图 2-68 所示为霍尔效应原理图，在一块长、宽、厚分别为 L、W、d 的长方形半导体相对两侧面上通以控制电流 I，在垂直方向加磁场 B，那么就会在半导体另两侧面产生一个大小与控制电流 I 和磁场 B 的乘积成正比的电动势 U_H，这一电动势被称为霍尔电动势，其计算公式为

$$U_H = K_H IB \tag{2-112}$$

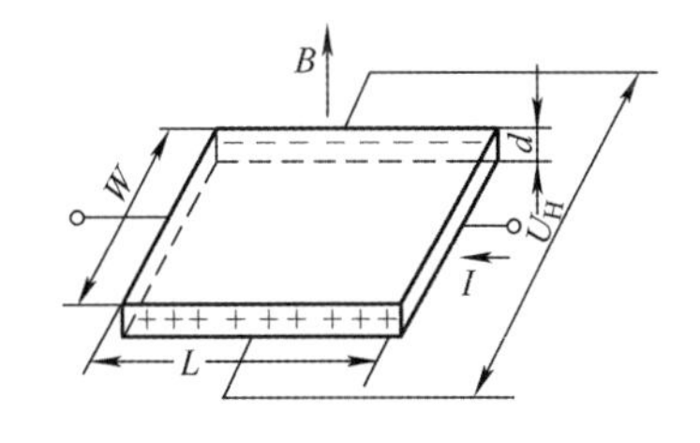

图 2-68　霍尔效应原理图

式中　K_H——霍尔材料的乘积灵敏度，是指在单位激励电流和单位磁场作用下的开路霍尔电动势。

其计算公式为

$$K_H = \frac{R_H}{d} \tag{2-113}$$

式中　d——霍尔材料的厚度；

R_H——霍尔系数，霍尔系数为一常数，由霍尔材料性质所决定。

应该指出的是，在实际应用中，当磁感应强度 B 和霍尔元件基片平面法线方向成角度 α 时，霍尔电动势 U_H 的计算公式应当变为

$$U_H = K_H IB\cos\alpha \tag{2-114}$$

霍尔效应在半导体材料中表现较为显著，硅、锗、砷化铟（InAs）、锗化铟（InGe）、锑化铟等是常用的霍尔元件材料。

2. 霍尔元件

（1）霍尔元件的基本结构　霍尔元件是由霍尔材料制成的一种四段型器件，它是由霍尔片、四根引线和壳体组成的，其结构如图 2-69 所示。图中矩形薄片状的霍尔材料称为基片，在其两垂直侧面上各装有一对电极：1、1′两根引线加激励电压或电流，称为激励电极（控制电极）；2、2′引线为霍尔输出引线，称为霍尔电极。霍尔元件的壳体是用非导磁金属、陶瓷或环氧树脂封装的。在电路中，霍尔元件一般可用两种符号表示，如图 2-70 所示。

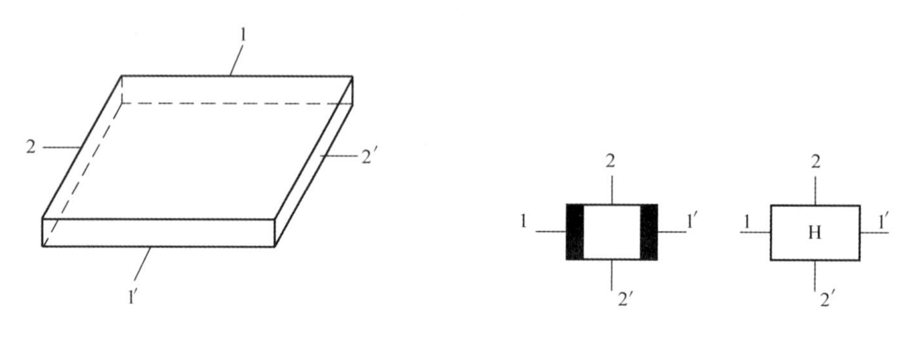

图 2-69　霍尔元件的结构　　图 2-70　霍尔元件的符号表示

（2）霍尔元件的主要参数　霍尔元件的主要参数包括额定激励电流、输入电阻、输出电阻、不等位电动势和霍尔电压温度系数等。

1）额定激励电流和最大允许激励电流。额定激励电流 I_c 是指使霍尔元件温度升高 10℃时所对应的激励电流值。以元件允许最大温升为限制所对应的激励电流称为最大允许激励电流。虽然霍尔电动势与激励电流成正比，但在实际使用中激励电流 I_c 不能过大，否则元件会因温度超过其允许的最高温升值而损坏。改善霍尔元件的散热条件，可以使激励电流增加。

2）输入电阻和输出电阻。输入电阻 R_i：霍尔元件激励电极之间的等效电阻称为输入电阻，也称为控制电极内阻。由于霍尔元件是由半导体材料制成的，因而输入电阻值受温度影响较大，温度升高，输入电阻值减小，从而使激励电流变大，最终会引起霍尔电动势的变化。为了降低温度对输入电阻的影响，应采用恒流源作为激励源。输出电阻 R_o：霍尔元件电极之间的等效电阻称为输出电阻，也称为霍尔电极内阻。其同样受到温度的影响，使霍尔电动势发生变化，通过选择适当的电阻与之匹配，可以使温度引起的霍尔电动势的漂移减至最小。

3）不等位电动势和不等位电阻

不等位电动势 U_0：无外加磁场时，霍尔元件在额定激励电流作用下霍尔电极间的空载电动势称为不等位电动势。产生这一现象的原因有：

① 霍尔电极安装位置不对称或不在同一等电位面上。

② 半导体材料不均匀造成了电阻率不均匀或几何尺寸不均匀。

③ 激励电极接触不良造成激励电流不均匀分布等。

4）寄生直流电动势。在外加磁场为零，霍尔元件用交流激励时，霍尔电极输出除了交流不等位电动势外，还有一直流电动势，称为寄生直流电动势。其产生的原因有：

① 激励电极与霍尔电极接触不良，形成非欧姆接触，造成整流效果；

② 两个霍尔电极大小不对称，则两个电极点的热容不同，散热状态不同而形成极间温差电动势。

寄生直流电动势一般在1mV以下，它是影响霍尔片温漂移的原因之一。

5）霍尔电动势温度系数。霍尔电动势温度系数 α：在一定磁感应强度和激励电流下，温度每变化1℃时，霍尔电动势值变化的百分率称为霍尔电动势温度系数。

2.3.5.2　霍尔式传感器的基本测量电路及连接方式

1. 霍尔式传感器的基本测量电路

图2-71所示是霍尔式传感器的基本测量电路。控制电流 I 由电源 E 供给，电位器 R_W 调节激励电流 I 的大小。霍尔式传感器输出接负载 R_L，R_L 可以是放大器的输入电阻或者是测量仪表的内阻。在测量中，可以把 $I\times B$，或者 I，或者 B 作为输入信号，则霍尔式传感器的输出电动势正比于 $I\times B$，或者 I，或者 B。

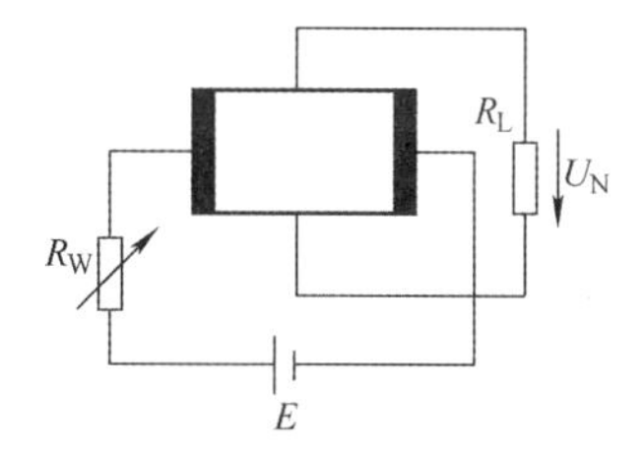

图2-71　霍尔式传感器的基本测量电路

2. 霍尔式传感器的连接方式

除了霍尔式传感器的基本电路外，为了获得较大的霍尔输出电压，可以采用几片霍尔式传感器叠加的连接方式，如图2-72所示。

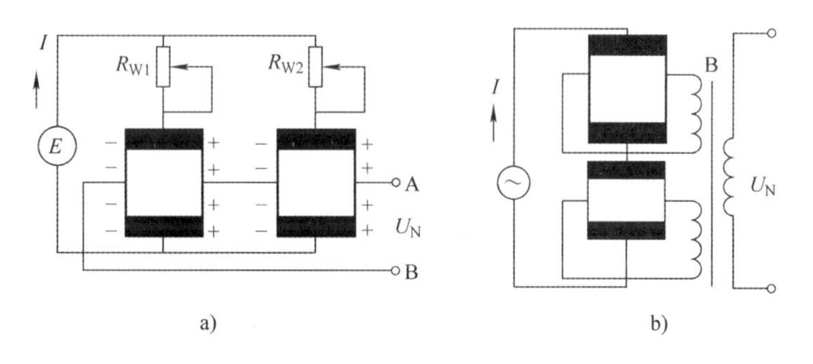

图2-72　霍尔式传感器输出叠加方式
a）直流供电　b）交流供电

图2-72a所示为直流供电情况。控制电流端并联，由 R_{W1} 和 R_{W2} 调节两个元件的输出霍尔电动势，A、B为输出端，它的输出电动势为单个霍尔片的2倍。

图2-72b所示为交流供电情况。控制电流端串联，各元件输出端接输出变压器B的一次绕组，变压器的二次侧便有霍尔电动势信号叠加输出。

2.3.5.3　霍尔式传感器的误差分析与补偿

霍尔式传感器在实际使用中，存在着各种影响其测量精度的因素。产生这些误差的主要因素有两类：一类是半导体本身所固有的特性；另一类是半导体制造工艺的缺陷。霍尔式传感器的误差表现为零位误差和温度误差。

1. 霍尔式传感器零位误差及补偿方法

霍尔式传感器在不加激励电流或不加外磁场时出现的霍尔电动势称为零位误差。由制造霍尔式传感器的工艺问题造成的不等位电动势是主要的零位误差。因为在工艺上难以保证霍尔式传感器电压输出端电极焊接在同一等电位面上，如图2-73所示。当激励电流 I 流过时，即使未加外加磁场，A、B 两级仍存在电位差，该电位差称为不等位电动势 U_0。

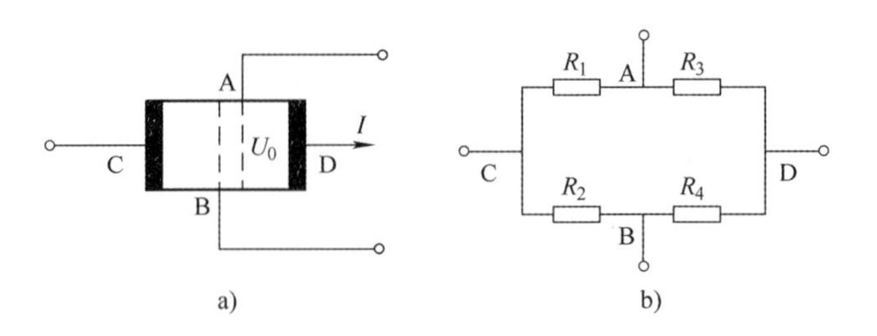

图 2-73　霍尔式传感器的不等位电动势和等效电路

a）不等位电动势　b）霍尔器件的等效电路

为了减小或消除不等位电动势，可以采用电桥平衡原理进行补偿。根据霍尔式传感器的工作原理，可以把霍尔式传感器等效成一个四壁电桥，如图 2-73b 所示。如果两个霍尔电动势电极 A 极、B 极处于同一等位面上，桥路处于平衡状态，即 $R_1=R_2=R_3=R_4$，则不等位电动势 $U_0=0$。如果两个霍尔电动势电极不在同一等位面上，电桥不平衡，不等位电动势 $U_0\neq0$，此时，根据 A、B 两点电动势高低，判断应在某一桥臂上并联一个电阻，使电桥平衡，从而消除不等位电动势。图 2-74 所示给出了几种常用的补偿方法。为了消除不等位电动势，可以在阻值较大的桥臂上并联电阻。

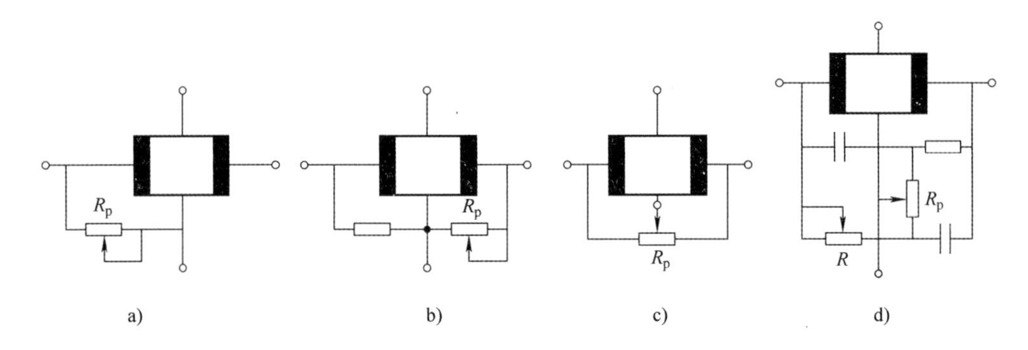

图 2-74　霍尔式传感器的不等位电动势补偿电路

2. 温度误差与补偿

霍尔元件是采用半导体材料制成的，与一般的半导体元件一样，对温度的变化很敏感。这是由于半导体材料的电阻率、迁移率和载流子浓度等都随温度变化而辩护，因此会导致霍尔式传感器的内阻、霍尔电动势等也随着温度的变化而变化，从而使霍尔式传感器产生温度误差，为了减小霍尔元件的温度误差，必须用适当的电路进行补偿。这里仅介绍常用的输入端并联电阻补偿方法。

由 $U_H=K_HBI$，因 R_i 随温度变化，影响流过 R_i 的电流 I_c。现采用恒流源供电，使总电流 I 保持不变。为补偿 I_c 和 K_H 随温度的变化，可以在输入端并联一适当电阻 R，如图 2-75 所示。

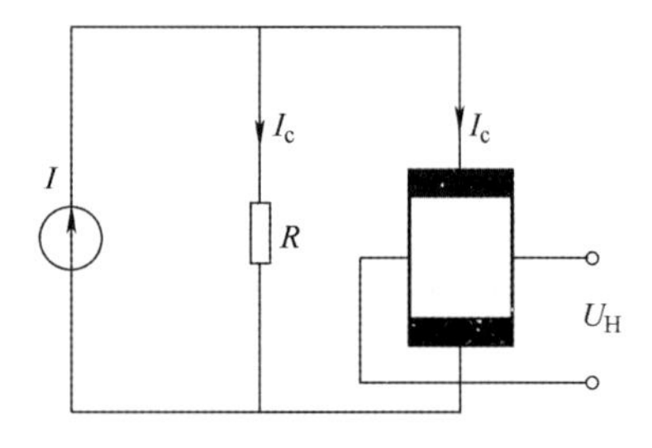

图 2-75　输入端并联温度补偿电路

2.4　新型传感器

2.4.1　光纤传感器

光纤传感技术始于1977年，是伴随光纤通信技术的发展而迅速发展起来的，光纤传感技术是衡量一个国家信息化程度的重要标志。光纤传感器的基本工作原理是将来自光源的光信号经过光纤送入调制器，使待测参数与进入调制区的光相互作用后，导致光的光学性质（如光的强度、波长、频率、相位、偏振态等）发生变化，成为被调制的信号源，再经过光纤送入光探测器，经解调器解调后，获得被测参数。

2.4.1.1　光纤的基本知识

光纤是光导纤维的简写，是一种利用光在玻璃或塑料制成的纤维中发生全反射的原理而达成的光传导工具。微细的光纤封装在塑料护套中，使得它能够弯曲而不至于断裂。

光是一种电磁波。可见光部分波长范围是：390 ~760nm，大于760nm部分的光是红外光，小于390nm部分的光是紫外光。光纤的工作波长有短波长0.85μm、长波长1.31μm和1.55μm。光纤的损耗一般是随波长加长而减小，0.85μm的损耗为2.5dB/km，1.31μm的损耗为0.35dB/km，1.55μm的损耗为0.20dB/km，这是光纤的最低损耗，波长1.65μm以上的损耗趋向加大。

通常，光纤一端的发射装置使用发光二极管（Light Emitting Diode，LED）或一束激光将光脉冲传送至光纤，光纤另一端的接收装置使用光敏元件检测脉冲信号。

实用的光纤是比人的头发丝稍粗的玻璃丝，通信用光纤的外径一般为125 ~140μm。一般所说的光纤是由纤芯和包层组成，纤芯完成信号的传输，包层与纤芯的折射率不同，包层将光信号封闭在纤芯中传输并起到保护纤芯的作用。工程中一般将多条光纤固定在一起构成光缆。光纤和光缆的一般结构如图2-76a和b所示。

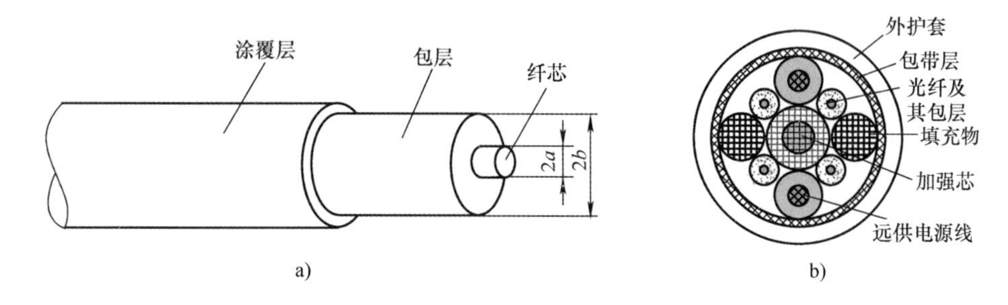

图2-76　光纤和光缆的结构示意图

2.4.1.2　光纤传感器的工作原理、构成及分类

光纤是利用全反射原理使光沿着弯曲路径传播的光学媒质，相关的光的全反射知识可以参阅光学原理等相关书籍，这里不再赘述。从使用的角度我们主要介绍光纤传感器的基本工作原理、构成及分类。

1. 光纤传感器的基本工作原理

光纤传感器的工作原理是用被测量的变化调制传输光波的某一参数，使其随之变化，然后对已调制的光信号进行检测，从而得到被测物理量。在光纤传感器中，由于光纤不仅可以作为光波的传输媒质，并且在光纤中传输的光波易受外界因素的影响，因此，也可将光纤作为传感元件来探测如振幅、相位、偏振态及波长等物理量。

2. 光纤传感器的构成

光纤传感器一般是由光源、接口、光导纤维、光调制机构、光电探测器和信号处理系统等部分组成。从光源发出光线，通过接口进入光纤，然后将检测的参数调制成幅度、相位、色彩或偏振信息，最后利用微处理器进行信息处理。概括来说，光纤传感器一般由三部分组成，除光纤之外，还必须有光源和光探测器两个重要部件，光纤传感器的基本构成如图 2-77 所示。

图 2-77　光纤传感器的基本构成

3. 光纤传感器的分类

按其作用不同可分为两种类型：一类是功能型（传感型）传感器；另一类是非功能型（传光型）传感器。利用光纤本身的某种敏感特性或功能制成的传感器，称为功能型（Functional Fiber，FF）传感器，又称为传感型传感器；光纤仅仅起传输光的作用，它在光纤端面或中间加装其他敏感元件感受被测量的变化，这类传感器称为非功能型（Non Functional Fiber，NFF）传感器，又称为传光型传感器。

按被调制的光波参数不同，分为相位调制光纤传感器、强度调制光纤传感器、波长（颜色）调制光纤传感器、偏振调制光纤传感器及频率调制光纤传感器等。

按被测对象的不同，分为光纤电流传感器、光纤浓度传感器、光纤位移传感器及光纤温度传感器等。

2.4.2　MEMS 传感器

微机电系统（Micro - Electro - Mechanical Systems，MEMS）是在微电子技术基础上发展起来的多学科交叉的前沿研究领域。经过四十多年的发展，已成为世界瞩目的重大科技领域之一。它涉及电子、机械、材料、物理学、化学、生物学及医学等多种学科与技术，具有广阔的应用前景。

截至 2010 年，全世界有 600 余家单位从事 MEMS 的研制和生产工作，已研制出包括微型压力传感器、加速度传感器、微喷墨打印头、数字微镜显示器在内的几百种产品，其中 MEMS 传感器占相当大的比例。

MEMS 传感器是采用微电子和微机械加工技术制造出来的新型传感器。与传统的传感器相比，它具有体积小、重量轻、成本低、功耗低、可靠性高、适于批量化生产、易于集成和实现智能化的特点。同时，在微米量级的特征尺寸使得它可以完成某些传统机械传感器所不能实现的功能。

2.5　图像传感器

图像传感器是由光敏元件阵列和电荷转移器件（Charge Transfer Device，CTD）集合而成，它的核心器件是电荷转移器件。根据元件不同分为电荷耦合器（Charge Couple Device，CCD）和金属氧化物半导体元件（Complementary Metal - Oxide Semiconductor，CMOS）。图像传感器主要应用于一些成像设备中，如数字照相机、数字摄像机、手机、医疗成像设备、自动导航、驾驶员辅助功能及工业机器视觉等。

2.5.1　CCD 图像传感器

1969 年，美国贝尔实验室波依尔（Boyle）和史密斯（Smith）成功研制出了第一只 CCD 图像传感器，它使用一种高感光度的半导体材料制成，能把光线转变成电荷，并通过模 - 数转换器芯片转换成数字信号。CCD（Charge - Coupled Device）图像传感器又称电荷耦合器件，是一种由大规模集成电路构成的光电器件，是在 MOS 集成电路技术基础上发展起来的一种新型半导体传感器。

图 2-78　CCD 芯片实物图

CCD 图像传感器按其像元排列形式分为两大类型——线阵（Liner）CCD 和面阵（Area）CCD。CCD 芯片如图 2-78 所示，其主要有以下特点：

1）CCD 是一种固体化器件，集成度高、功耗低、体积小、重量轻、可靠性高、寿命长。

2）光敏单元间距的几何尺寸精度高，可获得较高的定位精度和测量精度。

3）具有较高的空间分辨率。

4）图像畸变小，尺寸重现性好。

5）光电灵敏度较高，动态范围较大。

一个完整的 CCD 图像传感器是由光敏单元、转移栅、移位寄存器及一些辅助输入、输出电路组成的。当 CCD 图像传感器工作时，在设定的时间内由光敏单元对光信号进行取样，将光的强弱转换为各光敏单元的电荷多少。取样结束后各光敏单元电荷由转移栅转移到移位寄存器的相应单元中，移位寄存器在驱动时钟的作用下，将信号电荷按顺序转移到输出端。将输出信号接到示波器、图像显示器或其他信号存储处理设备中，就可对信号再现或进行存储处理。

2.5.1.1　CCD 的 MOS 结构及存储电荷原理

CCD 的基本单元是 MOS 电容器，这种电容器能存储电荷，其结构如图 2-79 所示。若以 P 型硅为例，在 P 型硅衬底上通过氧化在其表面形成 SiO_2 层，然后在 SiO_2 上淀积一层金属为栅极，P 型硅里的多数载流子是带正电荷的空穴，少数载流子是带负电荷的电子，当在金属电极上施加正电压时，电场能够透过 SiO_2

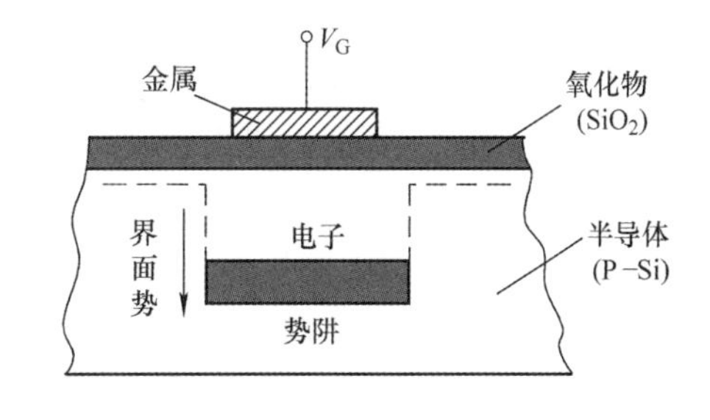

图 2-79　少数载流子存储单元的 MOS 电容器剖视图

绝缘层对这些载流子产生排斥或吸引作用。于是带正电的空穴被排斥到远离电极处，剩下的带负电的少数载流子在紧靠 SiO_2 层处形成负电荷层（耗尽层），电子一旦进入电荷层，由于电场作用就不能复出，故又称为电子势阱。

当器件受到光照时（光可从各电极的缝隙间经过 SiO_2 层射入，或经衬底的薄 P 型硅射入），光子的能量被半导体吸收，产生电子 - 空穴对。这时出现的电子被吸引存储在势阱中，光越强，势阱中收集的电子越多，光越弱则收集的电子越少，这样就把光的强弱变成电荷数量的多少，实现了光到电的转换。而势阱中收集的电子处于存储状态，即使停止光照一定时间内也不会损失，这就实现了对光照的记忆。

总之，上述结构实质上是个微小的 MOS 电容，用它构成像素存储单元，既可实现“感光”又可留下“潜影”，感光作用是靠光强产生的电子电荷积累再经过光电转换记忆下来实现的，潜影是各个像素留在各个电容里的电荷不等而形成的，若能设法把各个电容里的电荷依次传送到输出端，再组成行和帧并经过“显影”就实现了图像的传递。

2.5.1.2　CCD 的电荷的转移与传输

CCD 的移位寄存器是一列排列紧密的 MOS 电容器，它的表面由不透光的铝层覆盖，以实现光屏蔽。MOS 电容器上的电压越高，产生的势阱越深，当外加电压一定时，势阱深度随阱中的电荷量增加而线性减小。利用这一特性，通过控制相邻 MOS 电容器栅极电压高低来调节势阱深浅，制造时要将 MOS 电容紧密排列，使相邻的 MOS 电容势阱相互“沟通”。当相邻 MOS 电容两电极之间的间隙足够小（目前工艺可做到 0.2μm）时，在信号电荷自感电场库仑力的推动下，就可使信号电荷由浅处流向深处，实现信号电荷转移。

CCD 器件的每一单元（每一像素）称为一位，有 256 位、1024 位、2160 位等线阵 CCD 可供使用。CCD 一位中含有的 MOS 电容个数即为 CCD 的相数，通常有二相、三相、四相等几种结构，它们施加的时钟脉冲也分为二相、三相、四相。二相脉冲的两路脉冲相位相差 180°；三相及四相脉冲的相位差分别为 120°、90°。当这种时序脉冲加到 CCD 驱动电路上循环时，将实现信号电荷的定向转移及耦合。图 2-80 为二相线阵 CCD（TCD1206）驱动波形，Φ_1、Φ_2 相位差 180°。图 2-81 为 CCD 相邻两像单元的电荷转移过程，每一单元含 MOS 电容 2 个。

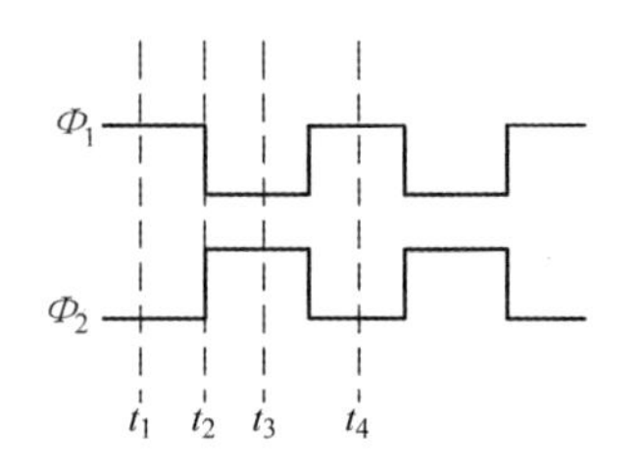

图 2-80　CCD 二相驱动波形（Φ_1、Φ_2 相位差 180°）

CCD 电荷转移工作过程如下：

1）当 $t=t_1$ 时，Φ_1 电极处于高电平，而 Φ_2 电极处于低电平。由于 Φ_1 电极上栅压大于开启电压，故在 Φ_1 下形成势阱，假设此时光敏二极管接收光照，它每一位（每一像元）的电荷都从对应的 Φ_1 电极下放入势阱。

2）当 $t=t_2$ 时，Φ_1 电极上栅压小于 Φ_2 电极上栅压，故 Φ_1 电极下势阱变浅，Φ_2 电极下势阱变深，电荷更多流向 Φ_2 电极下。（由于势阱的不对称性，“左浅右深”，电荷只能朝右转移）

3）当 $t=t_3$ 时，Φ_2 电极处于高电平，而 Φ_1 电极处于低电平，故电荷聚集到 Φ_2 电极下，实现了电荷从 Φ_1 电极下到 Φ_2 电极下的转移。

4）同理可知，当 $t=t_4$ 时，电荷包从上一位的 Φ_1 电极下转移到下一位的 Φ_1 电极下。

因此，时钟脉冲经过一个周期，电荷包在 CCD 上移动一位。

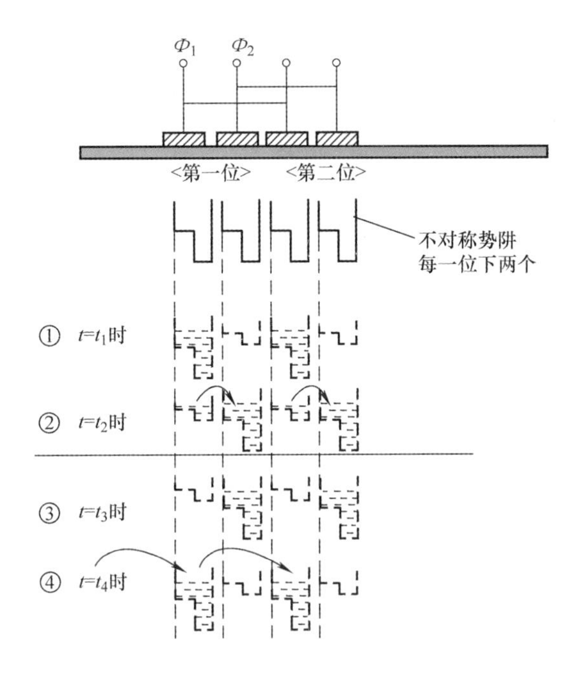

图 2-81 CCD 单元电荷转移过程

2.5.1.3 CCD 的电荷读出

CCD 的信号电荷读出方法有两种：输出二极管电流法和浮置栅 MOS 放大器电压法。

输出二极管电流法是在线列阵末端衬底上扩散形成输出二极管，如图 2-82 所示。当二极管加反向偏置电压时，在 PN 结区产生耗尽层。当信号电荷通过输出栅 OG 转移到二极管耗尽区时，将作为二极管的少数载流子而形成反向电流输出。输出电流的大小与信息电荷大小成正比，并通过负载电阻 R_L 变为信号电压输出。

图 2-83 是一种浮置栅 MOS 放大器读取信息电荷的方法。MOS 放大器实际是一个源极跟随器，其栅极由浮置扩散结收集到的信号电荷控制，所以源极输出随信号电荷变化。

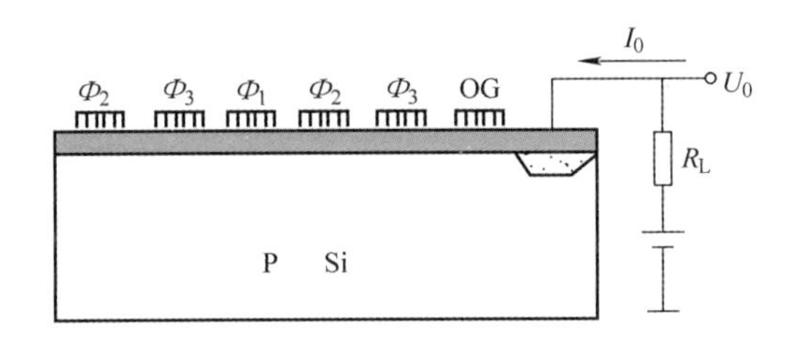

图 2-82 输出二极管电流法

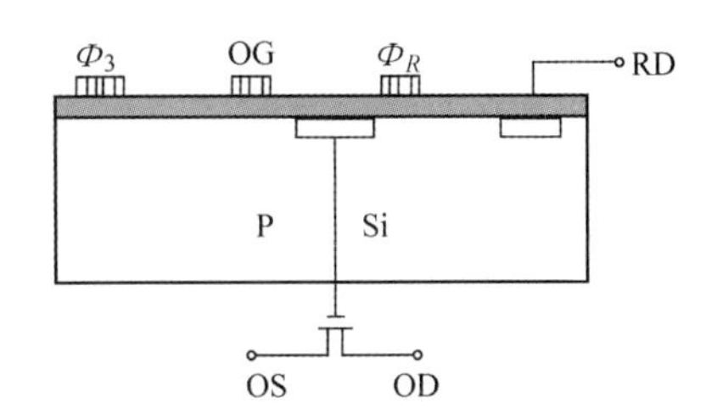

图 2-83 浮置栅 MOS 放大器电压法

为了接收下一个“电荷包”的到来，必须将浮置栅的电压恢复到初始状态，故在 MOS 输出管栅极上加一个 MOS 复位管。在复位管栅极上加复位脉冲，使复位管开启，将信号电荷抽走，使浮置扩散结复位。

图 2-84 为输出级原理电路，由于采用硅栅工艺制作浮置栅输出管，可使栅极等效电容

C 很小。如果电荷包的电荷为 Q，A 点等效电容为 C，输出电压为 U_0，A 点的电位变化 $\Delta U = -\dfrac{Q}{C}$，因而可以得到比较大的输出信号，起到放大器的作用，称为浮置栅 MOS 放大器电压法。

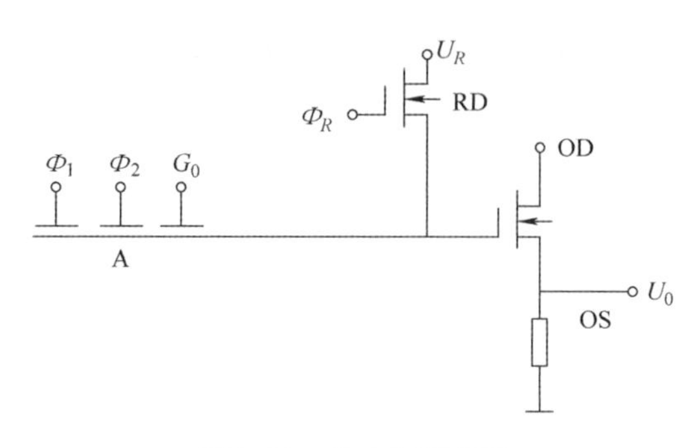

图 2-84　输出级原理图

2.5.1.4　CCD 摄像原理

下面以线列 CCD 为例说明一下 CCD 的摄像原理。图 2-85 是 CCD 线列图像器件的内部电路图。

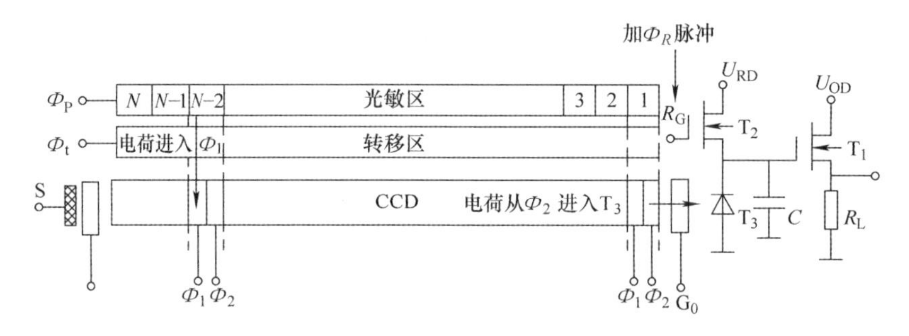

图 2-85　CCD 摄像电路图

CCD 线列图像器件由光敏区、转移栅、CCD 移位寄存器、电荷注入电路、信号读出电路等几个部分组成。CCD 摄像过程可归纳为如图 2-86 所示的五个环节。

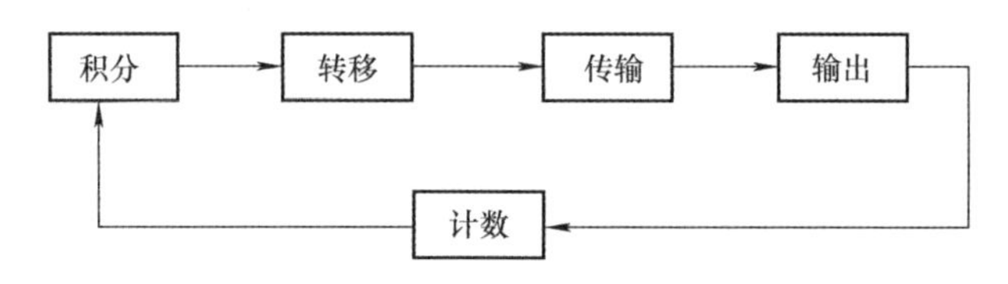

图 2-86　CCD 摄像过程

各个环节分述如下：

1）积分。在有效积分时间里，光栅 Φ_P 处于高电平，在每个光敏单元下形成势阱，光生电子被积累到势阱中，形成一个电信号“图像”。

2）转移。就是将 N 个光信号电荷包并行转移到所对应的各位 CCD 中，Φ_t 处于高电平。

3）传输。N 个信号电荷在二相脉冲 Φ_1、Φ_2 驱动下依次沿 CCD 串行输出。

4）计数。计数器用来记录驱动周期的个数。通常计数器预置值定为 $N+m$，m 为过驱动次数。

2.5.2　CMOS 图像传感器

金属氧化物半导体（Complementary Metal－Oxide Semiconductor，CMOS）图像传感器最早出现于 20 世纪 60 年代末，它是一种用 CMOS 工艺制造方法将光敏器件、放大器、A－D 转换器、存储器、数字信号处理器和计算机接口电路集成在同一硅片上的图像传感器元件。

CMOS 图像传感器与 CCD 图像传感器的研究几乎是同时起步，但由于受当时工艺制造水平的限制，CMOS 图像传感器图像质量差、分辨率低、噪声大、光照灵敏度不够，因而发展缓慢。随着集成电路设计技术和工艺制造水平的提高，现在可以找到办法克服 CMOS 图像传感器存在的一些缺点，而且 CMOS 图像传感器的一些优点如功耗低、整合度高、成本低等，是 CCD 图像传感器无法比拟的，因而 CMOS 图像传感器逐渐成为研究的热点。图 2-87 为 CMOS 芯片的实物图。

图 2-87　CMOS 芯片实物图

根据像素的不同结构，CMOS 图像传感器可以分为无源像素被动式传感器（Passive Pixel Sensor，PPS）和有源像素主动式传感器（Active Pixel Sensor，APS）。根据光生电荷产生方式的不同，APS 又分为光敏二极管型、光栅型和对数响应型。

图 2-88 为 CMOS 图像传感器芯片的结构，其工作原理如下：

外界光照射像素感光阵列，在光电效应作用下，像素感光单元内产生相应电荷。行选择逻辑单元根据需要，选通相应的行像素单元。行像素单元内的图像信号通过各自所在列的信号总线传输到对应的模拟信号处理器以及 A－D 转换器，转换成数字图像信号由存储器进行存储。其中的行选择逻辑单元可以对像素阵列进行逐行扫描也可隔行扫描。行选择逻辑单元与列选择逻辑单元配合使用可以实现图像的窗口提取功能。模拟信号处理器的主要功能是对信号进行放大处理，并且提高信噪比。

2.5.2.1　无源像素被动式传感器

无源像素被动式传感器 PPS 出现得最早，结构简单，其具有填充系数高、寻址简单、量子效率高等优点，但它读出噪声大、灵敏度低。PPS 结构原理如图 2-89 所示，每一个像素单元包含一个开关管 TX 和一个光敏二极管，光敏二极管中产生的电荷数量与光信号强弱成一定比例关系，当开关管 TX 选通时，光敏二极管因光照产生电荷，这些电荷被送到列线下端的积分放大器，由积分放大器将该信号转化为电压输出。

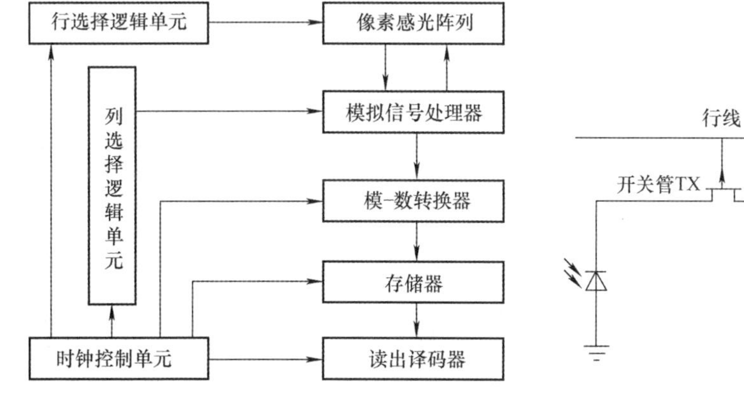

图 2-88　CMOS 图像传感器芯片的结构图

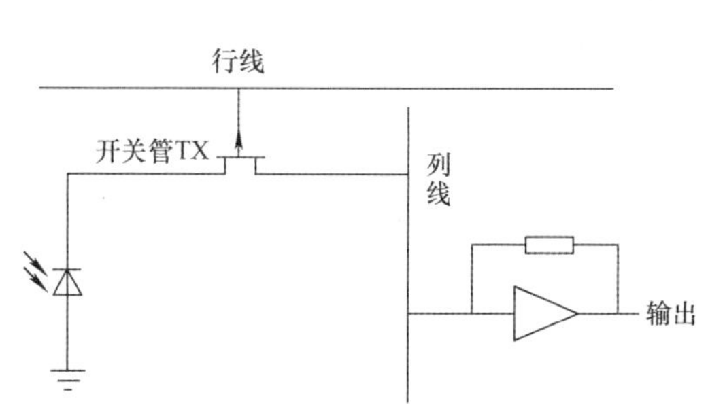

图 2-89　PPS 结构原理图

无源像素被动式传感器的缺点是固定图案噪声大和图像信号的信噪比低；固定图案噪声

大是由各像素单元的模拟开关的压降差异引起的，图像信号的信噪比低是由选址模拟开关的暗电流噪声带来的，这种结构已逐渐被淘汰。

2.5.2.2 有源像素主动式传感器

有源像素主动式传感器 APS 的像素单元基本电路如图 2-90 所示。场效应晶体管 V_1 作为光敏二极管的负载，其栅极接在复位信号线上。当复位信号出现时，V_1 导通，光敏二极管被瞬时复位。当复位信号消失后，V_1 截止，光敏二极管开始积分光信号。场效应晶体管 V_2 是源极跟随放大器，它将光敏二极管的高阻输出信号进行电流放大。场效应晶体管 V_3 用作选址模拟开关，当选通脉冲信号有效时，V_3 导通，使得被放大的光电信号输送到列总线上。

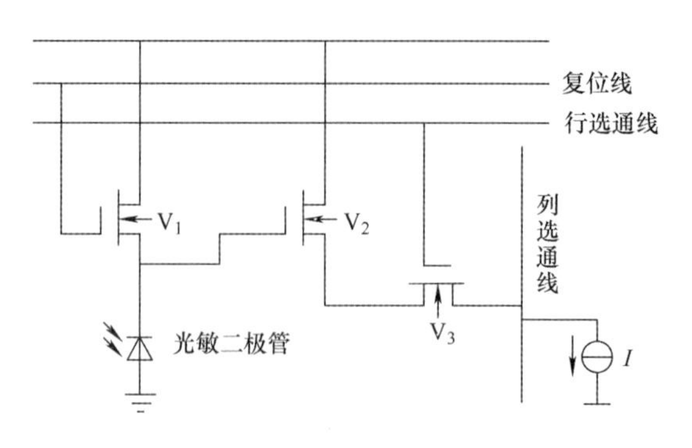

图 2-90 APS 的像素单元基本电路

2.5.2.3 CMOS 图像传感器与 CCD 图像传感器比较

1. 结构

在结构上，CCD 和 CMOS 的最大不同是 ADC（数模转换器）的位置和数量。CCD 图像传感器每曝光一次，在快门关闭后就进行像素转移处理，将每一行中每一个像素的电荷信号依序传入“缓冲器”中，由底端的线路引导输出至 CCD 边缘的放大器进行放大，再串联 ADC 输出；而在 CMOS 的设计上每个像素旁边都直接连着 ADC，电荷信号直接放大并转换成数字信号。造成这种差异的原因在于 CCD 的特殊工艺可保证数据在传送时不会失真，因此各个像素的数据可汇聚至边缘后再进行放大处理；而 CMOS 的工艺使得数据在传送距离较长时会产生噪声，因此，必须先放大，再整合各个像素的数据。

2. 技术

CCD 存储的电荷信息，需在同步信号控制下一位一位地实施转移后读取，电荷信息转移和读取输出需要有时钟控制电路和三组不同的电源相配合，整个电路较为复杂而且速度较慢。而 CMOS 传感器经光电转换后直接产生电流（或电压）信号，信号读取十分简单，还能同时处理各单元的图像信息，速度也比 CCD 快很多。CCD 制作技术起步早，技术成熟，采用 PN 结或二氧化硅（SiO_2）隔离层隔离噪声，成像质量相对 CMOS 有一定优势。由于 CMOS 集成度高，各光电传感元件、电路之间距离很近，相互之间的光、电、磁干扰较严重，噪声对图像质量影响很大，使 CMOS 图像传感器在很长一段时间内无法投入使用。近几年，随着 CMOS 电路消噪技术的不断发展，CMOS 的性能已经与 CCD 相差无几。

3. 感光度

由于 CMOS 每个像素由四个晶体管与一个光敏二极管构成，还包含了放大器与数－模转换电路，过多的额外设备缩小了单一像素感光区域的表面积，因此相同像素下，同样的尺寸，CMOS 的感光度会低于 CCD。

4. 分辨率

由于 CMOS 传感器的每个像素都比 CCD 传感器复杂，其像素尺寸很难达到 CCD 传感器的水平，因此，当比较相同尺寸的 CCD 与 CMOS 时，CCD 传感器的分辨率通常会优于

CMOS 传感器。

5. 噪点

由于 CMOS 每个光敏二极管都需搭配一个放大器，如果以百万像素计，那么就需要百万个放大器，而放大器属于模拟电路，很难让每个放大器所得到的结果保持一致，因此与只有一个放大器放在芯片边缘的 CCD 传感器相比，CMOS 传感器的噪点就会增加很多，影响图像品质。

6. 耗电量

CMOS 传感器的图像采集方式为主动式，光敏二极管所产生的电荷直接由旁边的电晶体放大输出；而 CCD 传感器为被动式采集，必须外加电压让每个像素中的电荷移动至传输通道。而这外加电压通常需要 12～18V，因此 CCD 还必须有更精密的电源线路设计和耐压强度，高驱动电压使 CCD 的耗电量远高于 CMOS。CMOS 的耗电量仅为 CCD 的 1/10～1/8。

7. 成本

由于 CMOS 传感器采用一般半导体电路最常用的 CMOS 工艺，可以轻易地将周边电路（如 AGC、CDS、Timing generator 或 DSP 等）集成到传感器芯片中，因此可以节省外围芯片的成本；而 CCD 采用电荷传递的方式传送数据，只要其中一个像素不能运行，就会导致一整排的数据不能传送，因此控制 CCD 传感器的成品率比 CMOS 传感器困难许多，即使有经验的厂商也很难在产品问世的半年内突破 50% 的水平，因此，CCD 传感器的制造成本高于 CMOS 传感器。

综上所述，CCD 传感器在灵敏度、分辨率、噪声控制等方面都优于 CMOS 传感器，而 CMOS 传感器则具有低成本、低功耗、以及高整合度的特点。不过，随着 CCD 与 CMOS 传感器技术的进步，两者的差异有逐渐缩小的态势。CMOS 传感器作为一种新生的半导体器件，以其自身的特点表现出了极大的优势和潜力，这种潜力将在不久的将来进一步得到发挥。

2.5.2.4　固态图像传感器的应用设计

前面已提及图像传感器的应用范围极其广泛，如应用在飞行姿态测量、无人驾驶飞机以及智能汽车循迹等方面。本节将使用固态图像传感器在智能车设计中的具体应用案例举例说明图像传感器的设计应用。

在智能车控制系统中，完全使驾驶员从繁杂的驾驶工作中分离出来，要求智能车本身能够对路径进行识别，这就需要使用固态图像传感器作为车的“眼睛”，CCD 图像传感器和 COMS 图像传感器均可实现这个功能。根据智能车控制模型设计基于巡线控制为主要目的，采用 30 万像素的 CMOS 图像传感器的 OV7620 就可以实现（见图 2-91）。

由于 OV7620 图像传感器采样为 30 帧/s，像素同步时间约为 75ns，单片机对像素同步信号的采样比较困难，因此采用修改传感器内部 SCCB（串行成像控制总线）寄存器的方法以降低采集信号的频率，即可使用单片机对图像信号进行准确提取。图像信号采集算法流程图如图 2-92 所示。

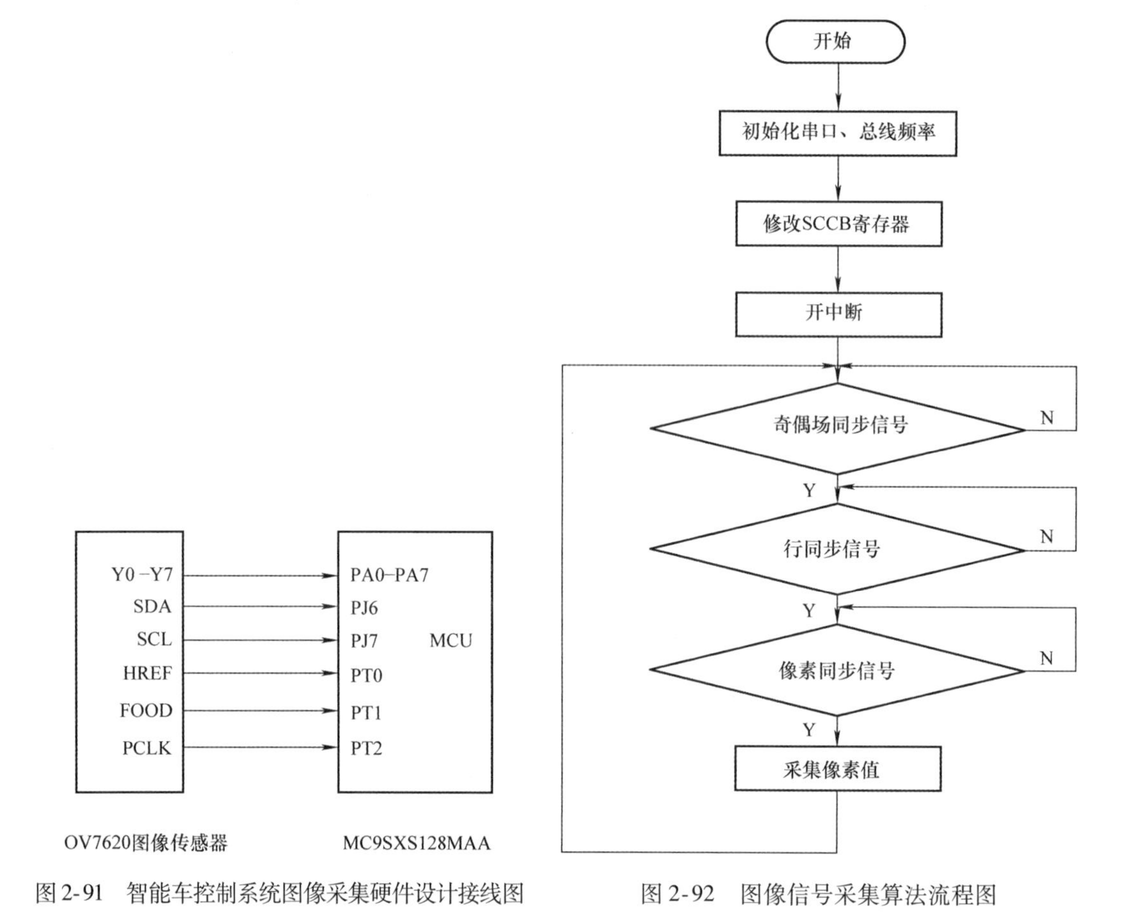

图 2-91　智能车控制系统图像采集硬件设计接线图

图 2-92　图像信号采集算法流程图

2.6　半导体集成传感器

半导体集成传感器就是利用半导体材料的各种物理、化学和生物学特性，把敏感元件和半导体电路集成在一起制成的器件。敏感元件是直接感受被测量（一般为非电量）并输出与被测量成确定关系的其他量（一般为电量）的元件。敏感元件的作用是把非电量转换成电量，而集成电路的作用是对检测出的电信号进行处理和控制。半导体集成传感器不仅能检测某种非电量，而且还能直接对所测得的信息进行处理或对敏感元件工作条件进行某种控制，这样不但可以提高传感器的性能，而且还能使传感器多功能化和智能化。

半导体集成传感器的优点是灵敏度高、响应速度快、体积小、重量轻、便于集成化、智能化，能使检测转换一体化；缺点是多感性、选择性差，在极限状态下（例如高温）不能使用。半导体集成传感器的主要应用领域为工业自动化、遥测、工业机器人、家用电器、环境污染监测、医疗保健、医药工程和生物工程等。

半导体集成传感器的种类繁多，根据检测对象，可分为物理传感器（检测对象为光、温度、磁、压力和湿度等）、化学传感器（检测对象为气体分子、离子和有机分子等）、生物传感器（检测对象为生物化学物质）三大类。由于半导体集成传感器种类较多，下面将重点介绍半导体集成温度传感器 DSB1820 和 AD590。

2.6.1　半导体集成数字温度传感器 DSB1820 的原理及应用

数字温度传感器 DSB1820 是由 DALLAS 半导体公司生产的单线智能温度传感器，属于新一代适配微处理器的智能温度传感器，可广泛用于工业、民用、军事等领域的温度测量及控制仪器、测控系统和大型设备中。它具有体积小、接口方便、传输距离远等特点。

2.6.1.1　DSB1820 引脚结构及性能特点

DSB1820 的内部主要由四部分组成：64 位光刻 ROM、温度传感器、非挥发的温度报警触发器 TH 和 TL、高速暂存器。DSB1820 的实物及封装图如图 2-93 所示，内部结构如图 2-94所示。

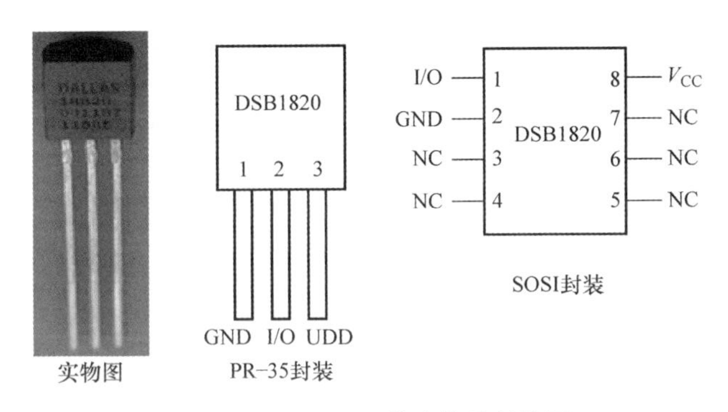

图 2-93　DSB1820 的实物及封装图

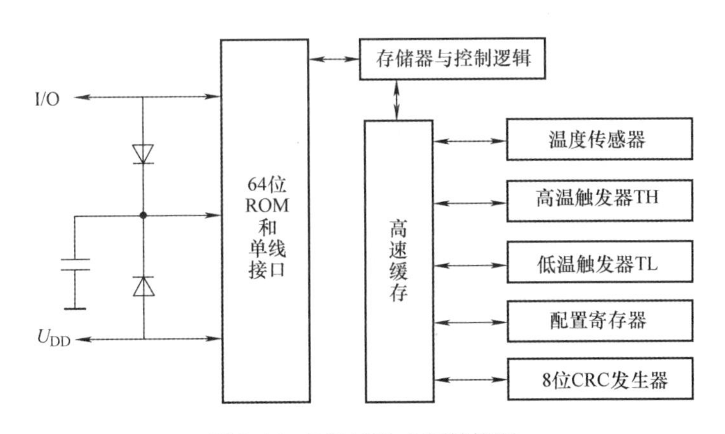

图 2-94　DSB1820 内部结构图

DSB1820 的主要性能特点：①采用单总线专用技术，既可通过串行口，也可通过其他 I/O 口与微型计算机连接，无须经过其他变换电路，直接输出被测温度值（9 位二进制数，含符号位）。②测温范围为 -55 ~ 125℃，测量分辨率为 0.0625℃。③内含 64 位经过激光修正的只读存储器 ROM。④适配各种单片机或系统机。⑤用户可分别设定各路温度的上、下限。⑥内含寄生电源。

2.6.1.2　DSB1820 的工作原理

DSB1820 的测温原理如图 2-95 所示。图中低温度系数振荡器的振荡频率受温度影响很小，用于产生固定频率的脉冲信号送给计数器1。高温度系数振荡器在随温度变化时，其振荡率明显改变，所产生的信号作为计数器2的脉冲输入。计数器1和温度寄存器被预置一个在－55℃所对应的基数值。计数器1对低温度系数振荡器产生的脉冲信号进行减法计数，当计数器1的预置值减到0时，温度寄存器的值将加1，计数器1的预置将重新被装入，计数器1重新开始对低温度系数振荡器产生的脉冲信号进行计数，如此循环直到计数器2计数到0时，停止温度寄存器值的累加，此时温度寄存器中的数值即为所测温度。图2-95中的斜率累加器用于补偿和修正测温过程中的非线性误差，其输出用于修正计数器1的预置值。

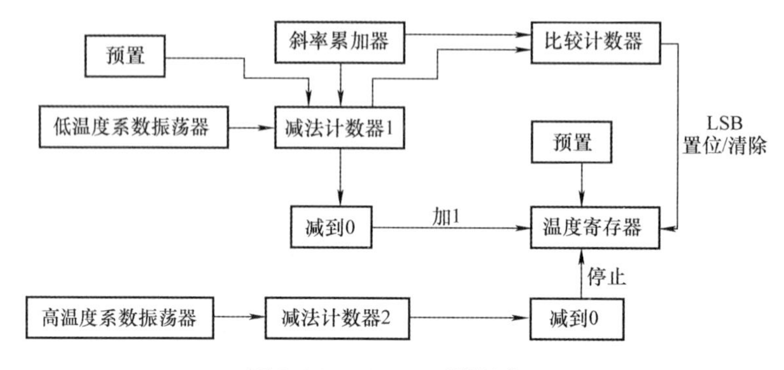

图2-95　DSB1820测温原理

2.6.1.3　DSB1820存储器

（1）光刻ROM　其64位序列号是出厂前被光刻好的，它可以看作该DSB1820的地址序列码。64位光刻ROM的排列是：开始8位是产品类型的编号，接着是每个器件的唯一的序号，共有48位，最后8位是前56位的CRC（循环冗余校验）码。光刻ROM的作用是使每一个DSB1820都各不相同，这样就可以实现一根总线上接多个DSB1820的目的。

（2）高速暂存寄存器　高速暂存寄存器由9个字节组成，其分配见表2-4。当温度转换命令发布后，经转换所得的温度值以二字节补码形式存放在高速暂存寄存器的第0和第1个字节。单片机可通过单线接口读到该数据，读取时低位在前，高位在后，数据格式见表2-4。对应的温度计算：当符号位S=0时，直接将二进制位转换为十进制；当S=1时，先将补码变为原码，再计算十进制值（注意：低字节转化为原码时加1，高字节转化为原码时不加1）。第9个字节是循环冗余检验字节。

表2-4　DSB1820暂存寄存器

寄存器内容	字节地址
温度值低位（LS Byte）	0
温度值高位（MS Byte）	1
高温度值（TH）	2
低温度值（LH）	3
配置寄存器	4
保留	5
保留	6
保留	7
CRC值	8

（3）配置寄存器 该字节各位的意义见表2-5。

表2-5 配置寄存器的结构

TM	R1	R0	1	1	1	1	1

低五位一直都是“1”，TM是测试模式位，用于设置DSB1820在工作模式还是在测试模式。在DSB1820出厂时该位被设置为0，用户不要改动。R1和R0用来设置分辨率，温度分辨率设置见表2-6。（DSB1820出厂时被设置为12位）

表2-6 温度分辨率配置

R1	R0	分辨率配置/位	温度最大转换时间/ms
0	0	9	93.75
0	1	10	187.5
1	0	11	375
1	1	12	750

（4）DSB1820中的温度传感器 可完成对温度的测量，以12位转化为例：提供16位符号扩展的二进制补码读数形式，以0.0625℃/LSB形式表达，其中S为符号位。DSB1820温度值格式见表2-7。

表2-7 DSB1820温度值格式

格式	bit7	bit6	bit5	bit4	bit3	bit2	bit1	bit0
LSB	2^3	2^2	2^1	2^0	2^{-1}	2^{-2}	2^{-3}	2^{-4}
MSB	bit15	bit14	bit13	bit12	bit11	bit10	bit9	bit8
	S	S	S	S	S	2^6	2^5	2^4

表2-7是12位转化后得到的12位数据，存储在DSB1820的高速暂存寄存器的两个8bit的RAM中，二进制中的前面5位是符号位，如果测得的温度大于0，这5位为0，只要将测到的数值乘于0.0625即可得到实际温度。如果温度小于0，这5位为1，测到的数值需要取反加1再乘以0.0625即可得到实际温度。

2.6.1.4 DSB1820的ROM指令

根据DSB1820的通信协议，主机（单片机）控制DSB1820完成温度转换必须经过三个步骤：每一次读写之前都要对DSB1820实施复位操作，复位成功后发送一条ROM指令，最后发送RAM指令，这样才能对DSB1820实施预定的操作。复位要求主CPU将数据线拉低，时间为500μs，然后释放，当DSB1820收到信号后等待16～60μs，后发出60～240μs的存在低脉冲，主CPU收到此信号表示复位成功。DSB1820的ROM命令见表2-8。

表2-8 DSB1820的ROM命令

指令	代码	功能
Read ROM	33H	读温度传感器ROM中64位地址编码；该命令只在总线上存在单只DSB1820时才能使用该命令
Match ROM	55H	这是一条匹配ROM命令，后跟64位ROM序列，让总线控制器在多点总线上定位一只特定的DSB1820

（续）

指令	代码	功能
Skip ROM	0CCH	该命令允许总线控制器不用提供64位ROM编码就使用存储器操作命令，在单点总线情况下，可以节省时间
Search ROM	0F0H	用于确定挂接在同一总线上DSB1820的个数和识别64位ROM地址
Alarm Search	0ECH	在最近一次测温后，只有温度超过设定值的上限或下限，DSB1820才会响应该命令
Write Scratchpad	4EH	命令向DSB1820的暂存器TH和TL中写入上、下限温度数据命令，可在任何时刻发出复位命令中止写入
Read Scratchpad	0BEH	读取暂存器内容，从第1字节开始，直到第9字节（CRC）读完
Copy Scratchpad	48H	将RAM中第3、4字节的内容复制到EEPROM中，复制结束，则DSB1820将在总线上输出1
Convert T	44H	启动DSB1820进行温度转换，结果存入RAM中；温度转换完成输出1
Recall EE	0B8H	该命令将报警触发器里的值复制回暂存器
Read Power Supply	084H	读DSB1820的供电模式：0表示寄生电源；1表示外部电源

2.6.1.5 DSB1820与单片机的接口电路

DSB1820可以采用两种方式供电：一种是采用寄生电源供电，如图2-96所示，此时VDD和GND端都接地；另一种是采用外部电源供电，如图2-97所示，此时DSB1820的第一引脚接地，第二引脚作为信号线，第三引脚接电源。

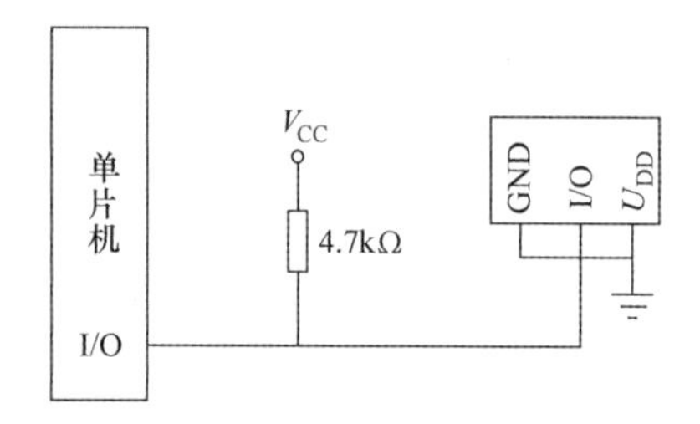

图2-96 DSB1820寄生电源供电电路

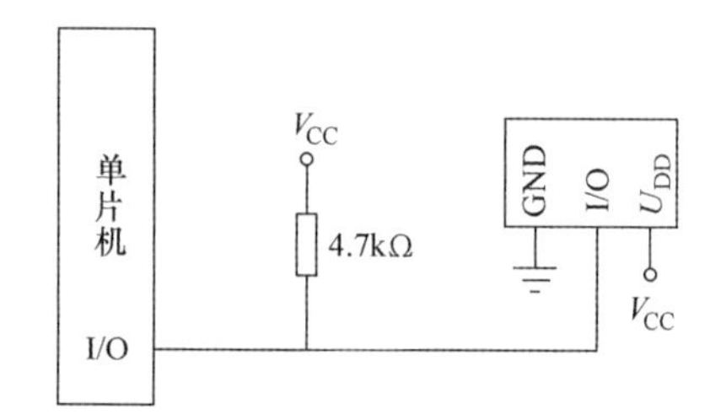

图2-97 DSB1820外部电源供电电路

单片机端口接单线总线，为保证在有效的DSB1820时钟周期内提供足够的电流，也可以采用一个MOSFET管来完成对总线的上拉。

2.6.1.6 基于AT89S51单片机与DSB1820的测温实例

图2-98是一个关于DSB1820数字温度传感器的测温实例，图中单片机采用+5V直流电压供电，振荡器为11.0592MHz，DSB1820采用外部电源供电方式。

2.6.2 数字温度传感器AD590

AD590是美国AD公司利用PN结正向电流与温度的关系制成的温度传感器。AD590是电流型温度传感器，通过对电流的测量可以得到相应的温度值，在被测温度一定时，相当于一个恒流源，其具有良好的线性度、测量精度较高，并具有能消除电源波动的特性，即使电源在5 ~15V之间变化，其输出电流也只在1μA以下做微小变化。

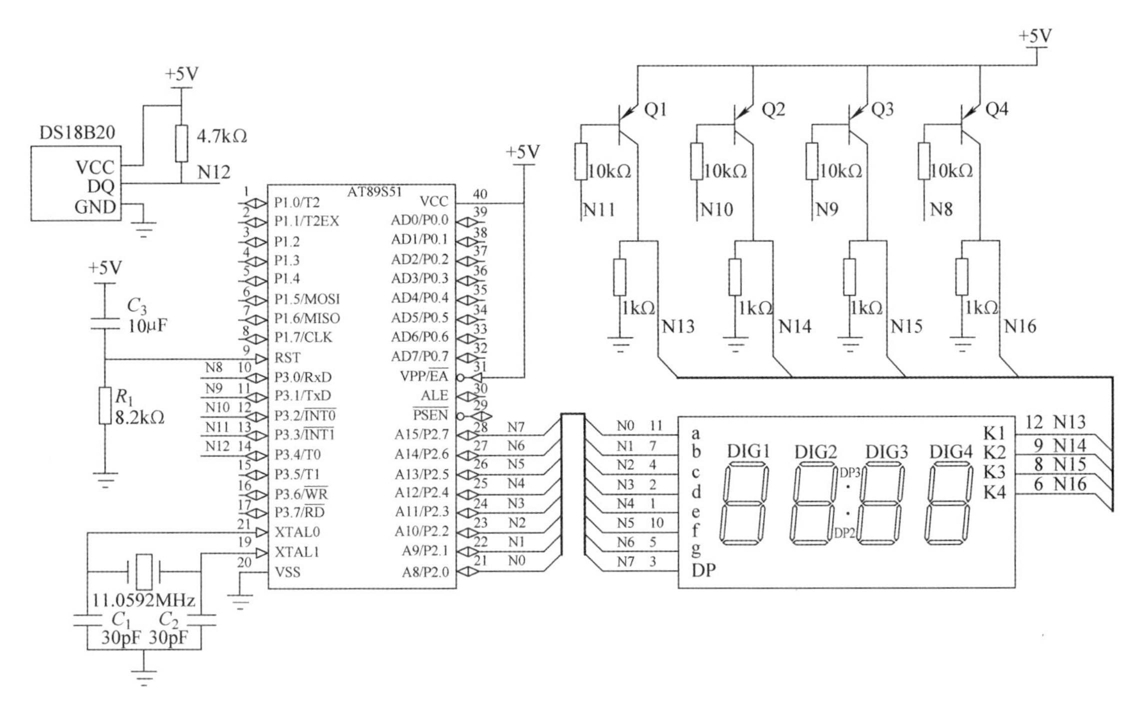

图 2-98　基于 AT89S51 单片机与 DSB1820 的测温电路

2.6.2.1　AD590 的主要功能特性

AD590 的实物图如图 2-99 所示，封装图如图 2-100 所示。AD590 的外形与小功率晶体管相仿，共有 3 个引脚，其中 2 个为正极、负极，另外一引脚接管壳，使用时，可以将其接地，起到屏蔽作用。

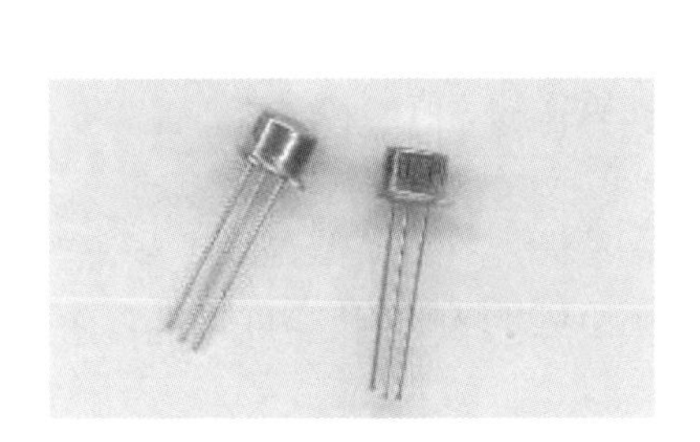

图 2-99　AD590 实物图

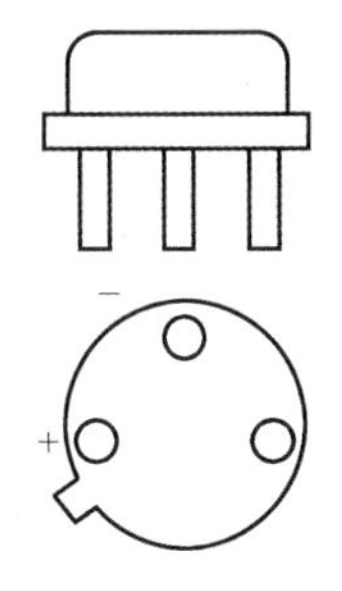

图 2-100　AD590 封装图

AD590 的主要特性参数如下：

1）流过器件的电流（mA）等于器件所处环境的热力学温度（开尔文）度数，即 $\frac{I_r}{T}=$ 1mA/K

式中　I_r——流过器件 AD590 的电流，单位为 mA；

T——热力学温度，单位为 K。

2）AD590 的测温范围为 $-55 \sim 150$℃。

3）AD590 的电源电压范围为 $4 \sim 30$V。任一电源的电压可在 $4 \sim 6$V 范围内变化，电流 I_r

变化 1mA，相当于温度变化 1K。AD590 可以承受 44V 正向电压和 20V 反向电压，因而器件反接也不会被损坏。

4）输出灵敏度为 1μA/K。

5）精度高。AD590 共有 I、J、K、L、M 五档，其中 M 档精度最高，在 −55 ~ +150℃ 范围内，非线性误差为 ±0.3℃。

2.6.2.2 AD590 的工作原理

AD590 在被测温度一定时，相当于一个恒流源，将其和 5 ~30V 的直流电源相连，并在输出端串联一个 1kΩ 的恒值电阻，则此电阻上流过的电流将和被测温度成正比，此时电阻两端将会有 1mV/K 的电压信号，其基本电路如图 2-101 所示。

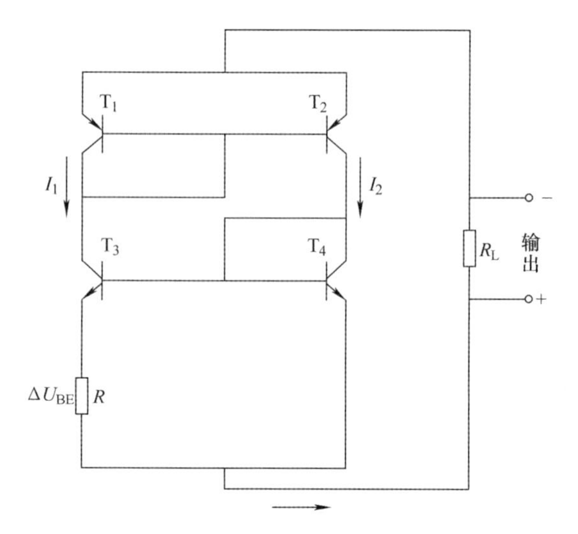

图 2-101　AD590 感温部分核心电路

图 2-101 是利用 ΔU_{BE} 特性的集成 PN 结传感器感温部分核心电路。其中 T_1、T_2 起恒流作用，可用于使左右两支路的集电极电流 I_1 和 I_2 相等；T_3、T_4 是感温用的晶体管，其材质和工艺完全相同，但 T_3 实质上是由 n 个晶体管并联而成，因而其结面积是 T_4 的 n 倍。T_3 和 T_4 的发射结电压 U_{BE3} 和 U_{BE4} 经反极性串联后加在电阻 R 上，所以 R 上端电压为 ΔU_{BE}。因此，电流 I_1 为

$$I_1 = \Delta U_{BE}/R = (KT/q)(\ln n)/R$$

对于 AD590，$n=8$，这样，电路的总电流将与热力学温度成正比，将此电流引至负载电阻 R_L 上便可得到与温度 T 成正比的输出电压。由于利用了恒流特性，所以输出信号不受电源电压和导线电阻的影响。图 2-101 中的电阻 R 是在硅板上形成的薄膜电阻，该电阻已用激光修正了其电阻值，因而在基准温度下可得到 1μA/K 的 I 值。

2.6.2.3 AD590 的应用电路

AD590 测量热力学温度、摄氏温度、两点温度差、多点最低温度、多点平均温度的具体电路，广泛应用于不同的温度控制场合。由于 AD590 精度高、价格低、不需辅助电源、线性好，常用于测温和热电偶的冷端补偿。

1. AD590 的基本应用电路

图 2-102 是 AD590 用于测量热力学温度的基本应用电路。因为流过 AD590 的电流与热力学温度成正比，当电阻 R_1 和电位器 R_2 的电阻之和为 1kΩ 时，输出电压 U_O 随温度的变化为 1mV/K。但由于 AD590 的增益有偏差，电阻也有误差，因此应对电路进行调整。调整的方法为：把 AD590 放于冰水混合物中，调整电位器 R_2，使 $U_O=273.2\text{mV}$。或在室温下（25℃）条件下调整电位器，使 $U_O=(273.2+25)\text{mV}=298.2\text{mV}$。但这样调整只可保证在 0℃或 25℃附近有较高精度。

2. AD590 的摄氏温度测量电路

如图 2-103 所示，电位器 R_2 用于调整零点，R_4 用于调整运放 LF355 的增益。调整方法如下：在 0℃时调整 R_2，使输出 $U_O=0$，然后在 100℃时调整 R_4 使 $U_O=100\text{mV}$。如此反复

调整多次，直至在0℃时，$U_O=0\text{mV}$，100℃时 $U_O=100\text{mV}$ 为止。最后在室温下进行校验。例如，若室温为25℃，那么 U_O 应为25mV。冰水混合物是0℃环境，沸水为100℃环境。

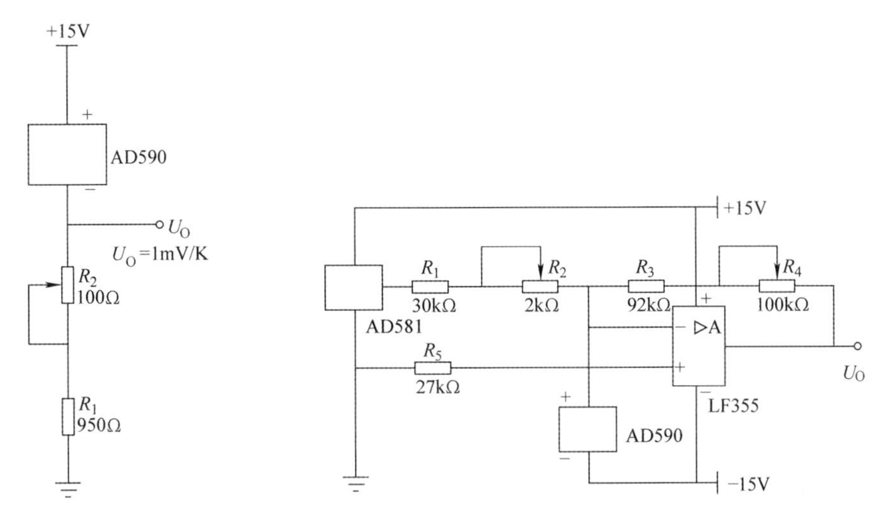

图2-102 AD590基本应用电路　　图2-103 AD590的摄氏温度测量电路

要使图2-103中的输出为200mV/℃，可通过增大反馈电阻（图中反馈电阻由 R_3 与电位器 R_4 串联而成）来实现。另外，测量华氏温度（符号为℉）时，因华氏温度等于热力学温度减去255.4再乘以9/5，故若要求输出为1mV/℉，则调整反馈电阻约为180kΩ，使得温度为0℃时，$U_O=17.8\text{mV}$；温度为100℃时，$U_O=197.8\text{mV}$。AD581是高精度集成稳压器，输入电压最大为40V，输出为10V。

3. AD590的温差测量电路及其应用

图2-104是利用两个AD590测量两点温度差的电路。在反馈电阻为100kΩ的情况下，设1#和2# AD590处的温度分别为 t_1℃和 t_2℃，则输出电压为 $(t_1-t_2)\times 100\text{mV/℃}$。图中电位器 R_1 用于调零。电位器 R_4 用于调整运放LF355的增益。

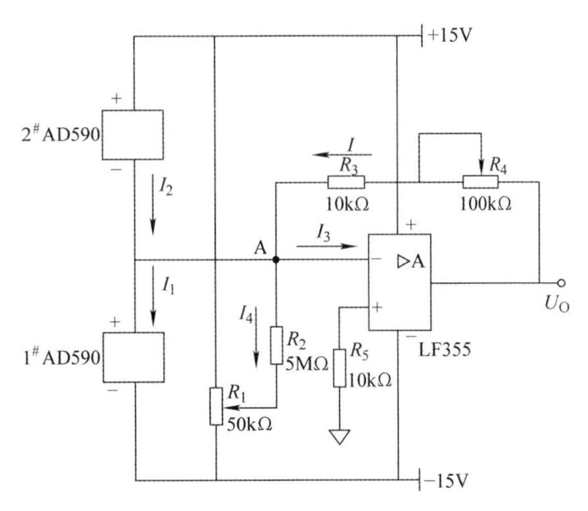

图2-104 温差测量电路及其应用

由基尔霍夫电流定律，得

$$I+I_2=I_1+I_3+I_4 \tag{2-115}$$

由运算放大器的特性知

$$I_3=0 \tag{2-116}$$

$$U_A=0 \tag{2-117}$$

调节调零电位器 R_1 使

$$I_4=0 \tag{2-118}$$

由式（2-115）、式（2-116）、式（2-118）可得

$$I = I_1 - I_2$$

设 $R_4 = 90\text{k}\Omega$

则有

$$\begin{aligned} U_0 &= I(R_3 + R_4) \\ &= (I_1 - I_2)(R_3 + R_4) \\ &= (t_1 - t_2) \times 100\text{mV/℃} \end{aligned} \tag{2-119}$$

式中 $(t_1 - t_2)$ 为温度差，单位为℃。

由式（2-119）知，改变 $(R_3 + R_4)$ 的值可以改变 U_0 的大小。

2.6.2.4 AD590 测量温度电路实例

AD590 产生的电流与热力学温度成正比，它可接收的工作电压为 4 ~ 30V，检测的温度范围为 -55 ~150℃，它有非常好的线性输出性能，温度每增加 1℃，其电流增加 1μA。AD590 温度与电流的关系见表 2-9。

表 2-9 AD590 温度与电流的关系

摄氏温度/℃	AD590 电流/μA	流经 10kΩ 电阻的电压/V
-55	218.2	2.182
0	273.2	2.732
10	283.2	2.832
20	293.2	2.932
30	303.2	3.032
40	313.2	3.132
50	323.2	3.232
60	333.2	3.332
100	373.2	3.732
150	423.2	4.232

图 2-105 是利用 AD590 温度传感器完成温度测量的电路，把转换的温度值的模拟量送入 ADC0809 的其中一个通道进行 A - D 转换，将转换的结果进行温度值变换之后送入数码管显示。

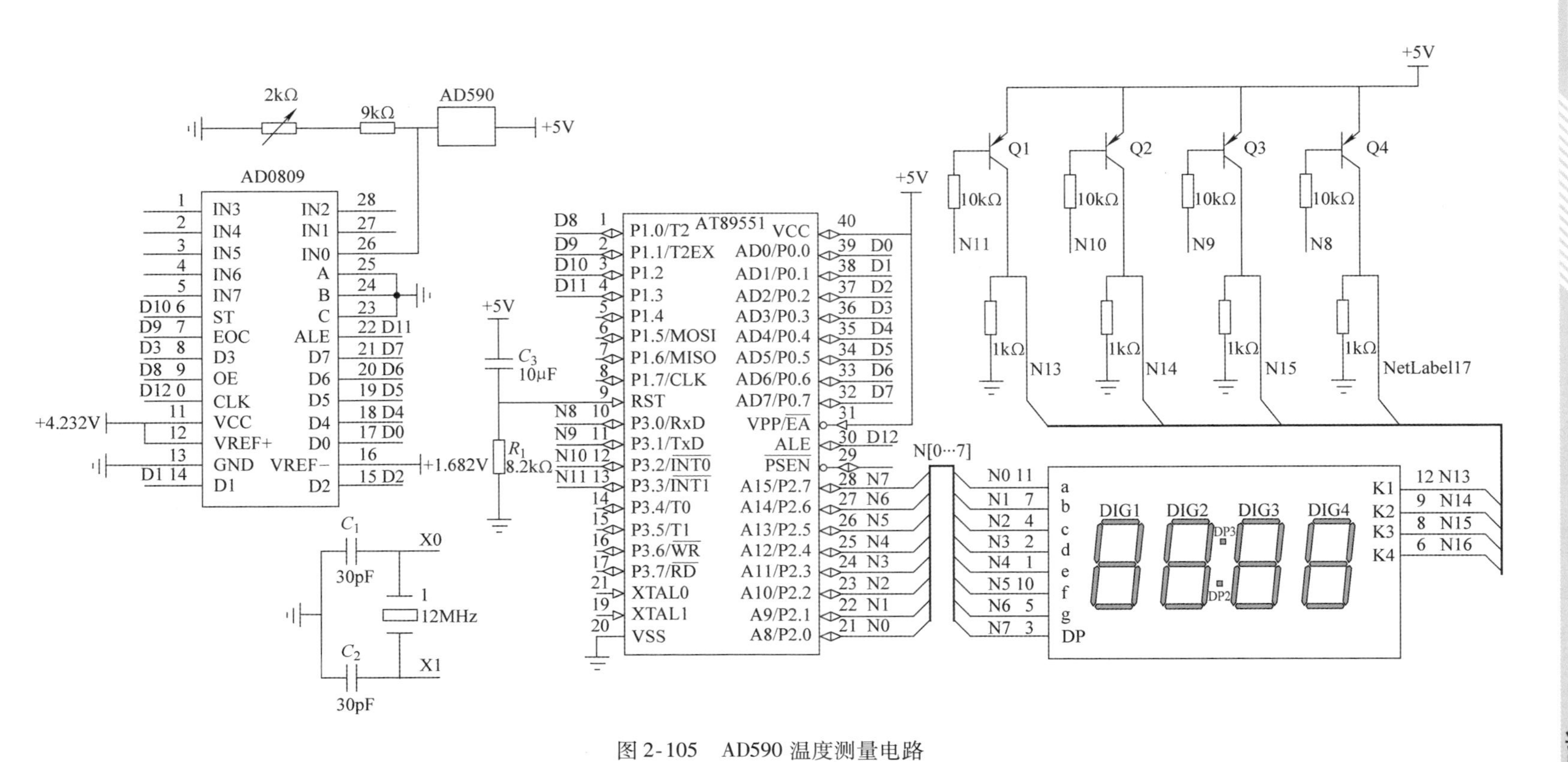

图2-105　AD590温度测量电路

2.7 化学、生物传感器

化学或生物传感器作为信息变换的手段之一，是一类最常用的测定器件或装置。它能感应化学或生物量，并按一定规律将其转换成可用信号（包括电信号、光信号等）进行输出，一般由两部分组成：其一是生化分子识别元件（感受器），由对生化分子具有识别能力的敏感材料（如由电活性物质、半导体材料等构成的化学敏感膜和由酶、微生物、DNA 等形成的生物敏感膜）组成；其二是信号转换器（转换器），主要是由电化学或光学检测元件（如电流、电位测量电极，离子敏场效应晶体管，压电晶体等）组成。

生化传感器经历了一段较长的发展历程，最早的化学传感器可以追溯到 100 多年前的 H 离子选择性电极，而生物传感器也可以追溯到 20 世纪 60 年代英国人 Clark 发明的酶电极。近年来，随着各种新材料、新原理和新技术的不断发展，特别是微电子机械系统（Micro Electro Mechanical System ，MEMS）技术和生物芯片技术的出现，目前的生化传感器已经不局限于原来的狭义范围，而扩展为以微型化、集成化、智能化和芯片化为特征的生化微系统。

下面分别详细地介绍化学传感器和生物传感器的各种知识。

2.7.1 化学传感器

化学传感器是对化学物质敏感而且能将其量转化成电学信号的器件，用于检测及测量特定的某种或多种化学物质，比如：血液中的氧和二氧化碳。它常常基于化学反应中产生的电化学现象及根据化学反应中产生的各种信息来设计各种精密而灵敏的探测装置，因此化学传感器必须具有对待测化学物质的形状或分子结构选择性俘获的功能和将俘获的化学量有效转换为电信号的功能。

按检测对象的不同，又可将化学传感器分为气体传感器、湿度传感器、离子传感器等。气体传感器的传感元件多为氧化物半导体。湿度传感器是测定气体中水气含量的传感器。离子传感器是对离子具有选择响应的离子选择性电极，它基于对离子选择性响应的膜产生的膜电位来加以检测。

按照信号转换技术的不同，可将化学传感器分为电化学传感器、光化学传感器、质量化学传感器和热化学传感器。

化学传感器在矿产资源的探测、气象观测和遥测、工业自动化、医学上远距离诊断和实时监测、农业上生鲜保存和鱼群探测、防盗、安全报警和节能等方面都有重要的应用。接下来，我们以离子电极为例来讲解化学传感器的基本原理及应用。稍后再向大家介绍极谱分析法的相关知识。

2.7.1.1 离子电极

离子传感器是对离子具有选择响应的离子选择性电极，它是一种用特殊敏感薄膜制作的，对溶液中特定离子具有选择响应的电极。一个典型的例子就是 pH 玻璃电极，它对 H^+ 具有选择性响应，这类电极的电极电位与特定离子的活度的对数呈线性关系。

离子选择性电极通常由电极管、内参比电极、内参比液和敏感膜四个部分构成。因为敏感膜是在被测溶液和内参比溶液之间，所以在两个相界面上进行离子交换和扩散作用，达到平衡时便产生恒定的相界电位。此时膜内和膜外两个相界电位之差就是膜电位，而膜电位的大小与膜内外的离子活度有关。

在介绍具体的离子电极之前，我们要介绍一些有关离子电极的基本知识。

1）电极。根据电极所起的作用不同，可将之分为三类。一是参比电极，指在测量电极电位时用作基准电位的电极。在使用中，常用银/氯化银电极和甘汞电极作为参比电极。它是电极电位不随测定溶液和浓度变化而变化的电极。二是指示电极，指根据电极电位的大小能指示出溶液中物质含量的电极。离子选择性电极和一些用金属或非金属构成的电极属于此类电极。三是工作电极和辅助电极。有些物质的测定，需要在电极上加一定的电压使其电解，为构成电学回路，需要取两个电极同时插入电解池中，其中一个电极是根据其电解电流的大小测定物质含量的，称为工作电极，而另一个电极就叫辅助电极。

2）能特斯方程。对于氧化还原体系而言，电极的电位与其相应离子活度的关系可以用能斯特（Nernst）方程表示：

$$\phi_{M^{n+}/M}=\phi^{\theta}_{M^{n+}/M}+\frac{RT}{nF}\ln\alpha_{M^{n+}} \tag{2-120}$$

式中 $\phi^{\theta}_{M^{n+}/M}$——标准电极电位，单位为V；

R——摩尔气体常数，值为8.314J·（mol·K）$^{-1}$；

F——法拉第常数，值为96500C·mol^{-1}；

T——热力学温度，单位为K；

n——电极反应时转移电子数。

25℃时，能斯特方程可近似地简化为

$$\begin{aligned}\phi_{M^{n+}/M}&=\phi^{\theta}_{M^{n+}/M}+\frac{0.0592}{n}\lg\alpha_{M^{n+}}\\&=K\pm\frac{0.0592}{n_i}\cdot\lg\alpha_i\end{aligned} \tag{2-121}$$

当膜电极作正极时，对阳离子有响应时，取“+”，否则取“-”。

3）直接电位分析法定量依据。离子电极能定量测定被测溶液中离子的活度，其基本原理的依据是直接电位分析法。当加入参比电极时，离子电极和参比电极之间满足下列关系：

$$E=\phi_{cb}-\phi_{M^{n+}/M}=\phi_{cb}-\phi^{\theta}_{M^{n+}/M}-\frac{0.0592}{n}\lg\alpha_{M^{n+}}=K'-0.0592\text{pH}_{外} \tag{2-122}$$

式中的 ϕ_{cb} 指的是参比电极的电位，它在一定温度下是常数，只要测量出电池电动势，就可以求出待测离子 M^{n+} 的活度，这就是直接电位法的定量依据。

下面以pH玻璃电极为例具体说明离子电极的工作原理。玻璃电极是由固态玻璃薄膜构成的电极，而玻璃膜是由图2-106所示的几个薄层构成。

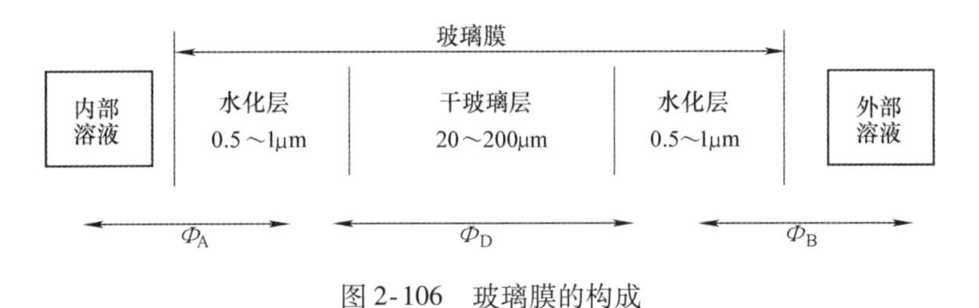

图2-106 玻璃膜的构成

其中 Φ_A 为内部溶液与水化层界面的相界电位；Φ_D 为玻璃膜扩散电位；Φ_B 为外部溶液与水化层界面的相界电位。玻璃膜电位 $\Phi_{膜}$ 等于 Φ_A、Φ_D 和 Φ_B 三部分电位之和。对指定的玻璃，Φ_D 是个常数。由于内部溶液离子活度已知，故 Φ_A 电位也是个常数。因此玻璃膜的电位取决于 Φ_B，而 $\Phi_B = f(aH^+)$，aH^+ 为 H^+ 的活度。在膜内溶液中插入 Ag/AgCl 参比电极，便可组成一个测定 H^+ 浓度的玻璃电极，即 pH 玻璃电极。pH 玻璃电极的电位式为

$$\phi_{玻璃} = \phi_{AgCl/Ag} + \phi_{膜} = \phi_{AgCl/Ag} + K' - 0.0592\text{pH}_{液} = K_{玻} - 0.0592\text{pH}_{液} \tag{2-123}$$

式中　$K_{玻}$ 等于 $\phi_{AgCl/Ag} + K'$。测定出 $\phi_{玻璃}$ 则可得出溶液的 pH 值。

实验室常用的球形玻璃电极如图 2-107 所示，医用的玻璃电极有毛细管型、导管型和微电极型。

对于玻璃电极的特性大致可以从以下几方面进行讨论：

1）pH 玻璃电极的氢功能。即玻璃电极的电极电位与溶液 pH 之间与能特斯方程符合的程度。有两个指标衡量其符合程度：一是在一定温度下所测得的电极电位是否与氢离子活度 aH + 的对数呈线性关系；二是其斜率是否为 2.303RT/F。如图 2-108 所示的 pH 玻璃电极在 pH = 2 ~ 10 的范围内具有能特斯响应，可以看出在溶液 pH 值偏高时输出电位偏低，此时产生的误差称为碱误差；在溶液 pH 值 <1 时，电极功能也降低，而且平衡时间延长，此时产生的误差称为酸误差。

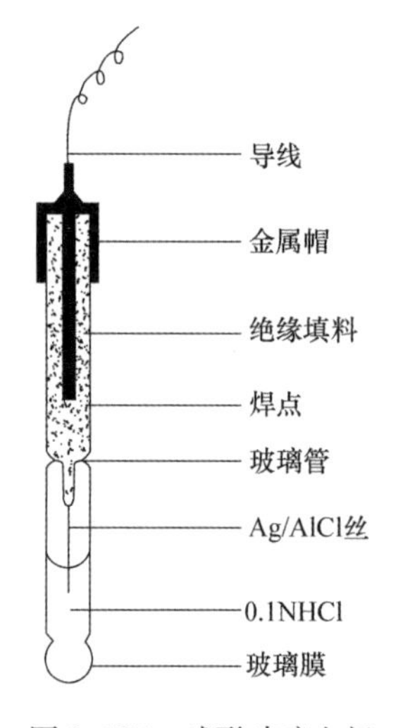

图 2-107　球形玻璃电极

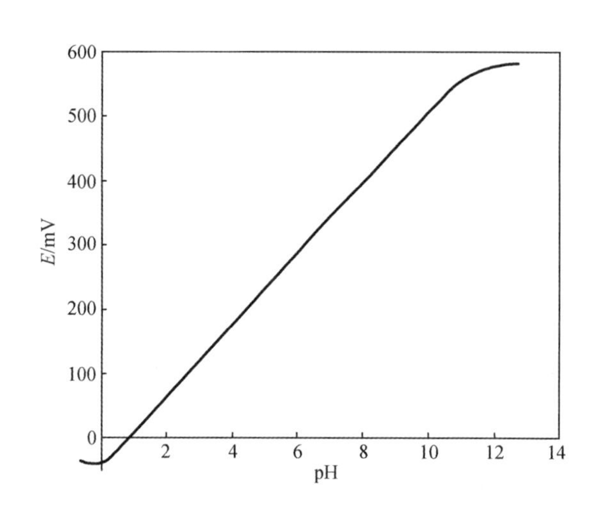

图 2-108　pH 玻璃电极的氢功能示意图

2）不对称电位。在敏感玻璃膜两侧放入组分和浓度相同的溶液，在两侧溶液中各插入一支性能相同的参比电极，两个电极之间的电位差理应为零，但实际上常常存在一个电位差，此电位差就称为不对成电位，其数值一般在几个毫伏到 20mV 之间。其原因在于玻璃膜内外表面性质不同造成的。为了克服不对称电位所引起的误差，一般用测量电路加以调整。

3）玻璃电极电阻。包括玻璃膜内阻和电极绝缘电阻，而玻璃膜内阻与玻璃组分、膜厚、膜面积、表面性质以及温度有关。一般只能在 5 ~ 60℃ 使用。

玻璃电极的测量电路一般有如下要求：由于玻璃电极阻抗很高，因此要求电位测量电路阻抗高、电流小。常采用由场效应晶体管和高阻变容器组成的调制放大器电路。如图 2-109 所示为由离子电极和参比电极组成电池的等效电路图。

E_x 为被测电池的电动势；R_x 为被测电池的内阻，并与等效电容 C_x 并联；R_i 为测量电路输入阻抗。在该阻抗上的电位差 U_a 为

$$U_a = \frac{R_i}{R_i + R_x} E_x \tag{2-124}$$

当 $R_i >> R_x$ 时，$U_a \approx E_x$。但实际测量时，存在测量误差，测量的相对误差 N 为

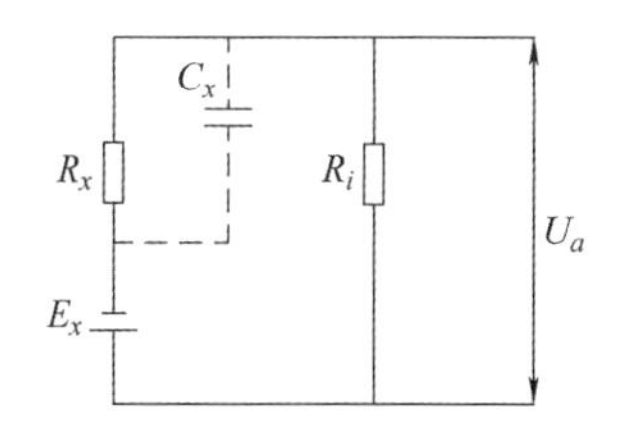

图 2-109　玻璃电极测量电路的等效电路

$$N = \frac{E_x - U_a}{E_x} = \frac{1}{1 + R_i/R_x} \tag{2-125}$$

当 $R_i/R_x = 10^3$ 时，$N = 0.1\%$，故要求 R_i 大于 R_x 一般不得小于 10^3 倍。

2.7.1.2　极谱法

极谱法是根据测量特殊形式电解过程中的电流—电位（电势）或电流—时间曲线来进行分析的方法，是电化学分析的一个重要分支。而特殊的电解形式：一是指在电解过程中采用特殊的电极，即电解池用一个小面积的极化电极作为工作电极，一个大面积的去极化电极作为参比电极。二是指具有特殊的电解条件：稀浓度、小电流、静止。

极谱法在 1922 年由捷克学者海洛夫斯基（Heyrovsky）首先提出，开创了这一电化学分析的分支。1959 年，海洛夫斯基因发明和发展了极谱法而获得诺贝尔化学奖。

极谱法有很多分类方法，根据电解过程的不同，极谱法相应地分为两大类：控制电位的极谱法和控制电流的极谱法。根据电极电位改变方式的不同，控制电位的极谱法又可分为直流极谱法、交流极谱法、方波极谱法、脉冲极谱法、单扫描极谱法等。根据电流信号的不同，控制电流的极谱法又可分为计时电位法、示波极谱法等。

2.7.2　生物传感器

在生物圈中，存在数以千万计的物质，它们影响着生物学过程的各个方面，对这些物质进行快速自动分析，是科学家们梦寐以求的目标。20 世纪 70 年代以来，生物医学工程迅猛发展，作为检测生物体内化学成分的各种生物传感器不断出现。60 年代中期首先利用酶的催化作用和它的催化专一性开发了酶传感器，并进入了实用阶段。70 年代又研制出微生物传感器、免疫传感器等。在过去的 20 多年中，生物学与物理学、化学融为一体，产生了新一代的装置——生物传感器，一个典型的多学科交叉产物导致了分析生物学技术的一场革命。目前，生物传感器的概念得到公认，作为传感器的一个分支，它从化学传感器中独立出来。

2.7.2.1　生物学反应

生物传感器的基本原理就是利用生物反应，而生物反应实际上包括了生理生化、新陈代谢、遗传变异等一切形式的生命活动。生物传感器的任务是如何将生物反应与传感器技术恰当地结合起来。下面以酶反应、微生物反应和免疫学反应为例来说明生物学反应。

1）酶反应。酶在生命活动中起着极为重要的作用，它们参加新陈代谢过程中的所有生化反应，并以极高的速度和明显的方向性维持生命的代谢活动，包括生长、发育、繁殖与运动。酶催化的化学形式主要包括共价催化和酸碱催化。在共价催化中，酶与底物形成反应活性很高的共价中间物，这个中间物很容易变成转变态，故反应的活化能大大降低，底物可以

越过较低的“能阀”形成产物。酸碱催化广义的概念是指质子供体及质子受体的催化，发生在细胞内的许多反应都是酸碱催化的。酶催化效率高，其催化一般在温和条件下进行，极端的环境条件（如高温、酸碱）会使酶失活。在酶传感器中，酶催化特定底物发生反应，从而产生一种新的可供测量的物质，用能把这种物质的量转变为电信号的装置和固定化的酶相耦合，即称为酶传感器。

2）微生物反应。微生物反应过程是利用生长微生物进行生物化学反应的过程，即微生物反应是将微生物作为生物催化剂进行的反应。微生物反应与酶反应有几个共同点：同属生化反应，都在温和条件下进行；凡是酶能催化的反应，微生物也可以催化；催化速度接近，反应动力学模式近似。微生物反应又有其特殊性：微生物细胞的膜系统为酶反应提供了天然的适宜环境，细胞可以在相当长的时间内保持一定的催化活性；在多底物反应时，微生物显然比单纯酶更适宜作催化剂，细胞本身能提供酶反应所需的各种辅酶和辅基。微生物传感器是指用微生物作为分子识别元件制成的传感器，在不损坏微生物机能情况下，可将微生物用固定化技术固定在载体上就可制作出微生物敏感膜，而采用的载体一般是多孔醋酸纤维膜和胶原膜。与酶传感器相比具有价格便宜、性能稳定的优点，但其响应时间较长（数分钟），选择性较差。目前微生物传感器已成功地应用于发酵工业和环境检测中，例如测定江水及废水污染程度，在医学中可测量血清中微量氨基酸，有效地诊断尿毒症和糖尿病等。

3）免疫学反应。用现代的观点来讲，生物体具有一种“生理防御、自身稳定与免疫监视”的功能叫“免疫”。免疫是生物体的一种生理功能，生物体依靠这种功能识别“自己”和“非己”成分，从而破坏和排斥进入生物体的抗原物质或生物体本身所产生的损伤细胞和肿瘤细胞等，以维持生物体的健康。与测定抗原抗体反应有关的传感器称为免疫传感器。抗原抗体在结合前后可导致多种信号的改变，如在重量、光学、热学及电化学等方面。

2.7.2.2 生物传感器

生物传感器（Biosensor）是一种对生物物质敏感并能将其浓度转换为电信号进行检测的仪器，是由固定化的生物敏感材料作识别元件（包括酶、抗体、抗原、微生物、细胞、组织及核酸等生物活性物质）、适当的理化转能器（如氧电极、光敏感、场效应晶体管、压电晶体等）及信号放大装置构成的分析工具或系统。生物传感器具有接收器与转换器的功能。生物传感器的传感原理如图 2-110 表示。待测物质经扩散作用进入固定生物敏感膜层，经分子识别，发生生物学反应，产生的物理、化学信息继而被相应的化学或物理换能器转变成可定量、可传输、可处理的电信号，再经二次仪表放大并输出，便可知道待测物浓度。

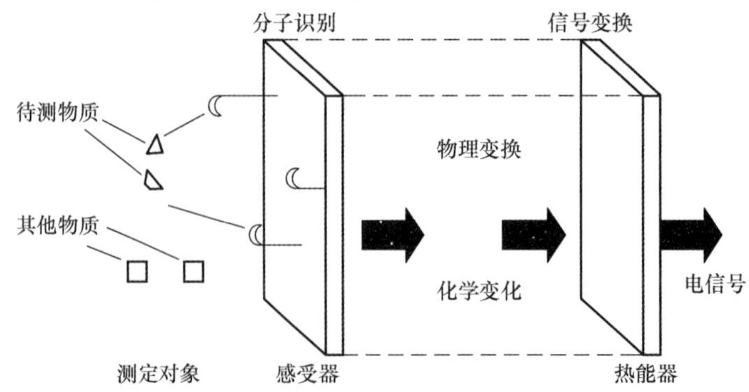

图 2-110 生物传感器的基本结构

2.7.2.3　组成结构及功能

1. 生物传感器的组成

生物传感器由分子识别部分（敏感元件）和转换部分（换能器）构成。

分子识别部分被用于识别被测目标，是可以引起某种物理变化或化学变化的主要功能元件。分子识别部分是生物传感器选择性测定的基础。转换部分把生物活性表达的信号转换为电信号的是物理或化学换能器（传感器）。

各种生物传感器有以下共同的结构：包括一种或数种相关生物活性材料（生物膜）及能把生物活性表达的信号转换为电信号的物理或化学换能器（传感器），二者组合在一起，用现代微电子和自动化仪表技术进行生物信号的再加工，构成各种可以使用的生物传感器分析装置、仪器和系统。

生物传感器的分类和命名方法较多且不尽统一。根据生物活性物质的类别，生物传感器可以分为酶传感器、免疫传感器、细胞及细胞器传感器、组织传感器和微生物传感器等；根据生物传感器的信号转换器的种类，生物传感器可分为电化学生物传感器、半导体生物传感器、热学型生物传感器、光学型生物传感器、声学型生物传感器等；根据传感器输出信号的产生方式，生物传感器可分为生物亲和型生物传感器、代谢型生物传感器和催化型生物传感器；根据检测对象的多少，生物传感器可分为以单一化学物质为测量对象的单功能型和同时检测微量多种化学物质的多功能型生物传感器。

2. 生物传感器的功能

感受：提取出动植物发挥感知作用的生物材料，包括：生物组织、微生物、细胞器、酶、抗体、抗原、核酸及 DNA 等。实现生物材料或类生物材料的批量生产，反复利用，降低检测的难度和成本。

观察：将生物材料感受到的持续、有规律的信息转换为人们可以理解的信息。

反应：将信息通过光学、压电、电化学、温度和电磁等方式展示给人们，为人们的决策提供依据。

下面以酶传感器为例来说明生物传感器的基本原理。

酶传感器是由酶敏感膜和电化学器件构成的，利用酶的特性可以制造出高灵敏度、选择性好的传感器。应该指出，酶传感器中酶敏感膜使用的酶是从各种微生物中通过复杂工序精炼出来的，因此其造价很高，性能也不太稳定。酶的催化反应可表示为

$$S\frac{E}{T}\rightarrow\sum_{i=1}^{n}P_i \tag{2-126}$$

式中　S——待测物质；

E——酶；

T——反应温度，单位为℃；

P_i——第 i 个产物。

酶的催化作用是在一定条件下使底物分解，故酶的催化作用实际上是加速底物的分解速度。按输出信号的不同，酶传感器有两种形式：一是电流型酶传感器，根据与酶催化反应有关物质的电极反应所得到的电流，来确定反应物的浓度，通常都用氧电极、H_2O_2电极等；二是电位型酶传感器，通过电化学传感器件测量敏感膜电位来确定与催化反应有关的各种物质浓度，电位型一般用 NH^{2+} 电极、CO_2电极、H_2 电极等，即以离子作为检测方式。

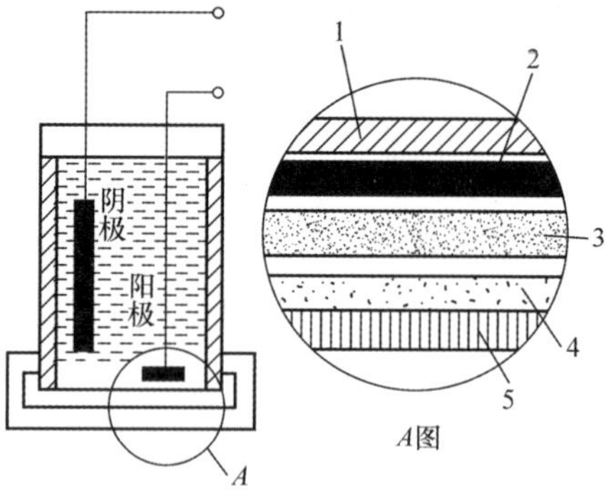

下面以葡萄糖酶传感器为例说明其工作原理与检测过程。葡萄糖酶传感器的敏感膜是葡萄糖氧化酶，它固定在聚乙烯酰胺凝胶上，其电化学器件为Pt阳电极和Pb阴电极，中间溶液为强碱溶液，并在阳电极表面覆盖一层透氧气的聚四氟乙烯膜，形成封闭式氧电极（如图2-111所示）。它避免了电极与被测液直接接触，防止了电极毒化。在实际应用时，葡萄糖酶传感器安放在被测葡萄糖溶液中。由于酶的催化作用会产生过氧化氢（H_2O_2），其反应式为

$$\text{GOD 葡萄糖} + HO_2 + O_2 \rightarrow \text{葡萄糖酸} + H_2O_2 \tag{2-127}$$

式中，GOD为葡萄糖氧化物。

图2-111　葡萄糖酶传感器

1—Pt阳极　2—聚四氟乙烯膜　3—固相酶膜　4—半透膜多孔层　5—半透膜致密层

在反应过程中，以葡萄糖氧化酶作为催化剂。在式（2-127）中，葡萄糖氧化时产生H_2O_2，它们通过选择性透气膜，在Pt电极上氧化，产生阳极电流，葡萄糖含量与电流成正比，这样就测量出了葡萄糖溶液的浓度。例如，在Pt阳极上加0.6V的电压，则H_2O_2在Pt电极上产生的氧化电流为

$$H_2O_2 \rightarrow O_2 + 2H^+ + 2e \tag{2-128}$$

式中　e——所形成电流的电子。

第 3 章　信号调理及数据处理

传感器的作用就是根据规定的被测量的大小，定量提供有用的电输出信号的部件，即传感器是把声光、电、热、温度、压力、气体等物理、化学量转换成电信号的变换器。不同类型的传感器输出信号的形式不同，有些是数字量输出，有些是模拟量输出。设计者经常需要根据检测系统要求达到的性能指标、使用场合等因素选择合适的传感器，再根据传感器的电气特性及接口方式等因素设计传感器的接口电路。典型的检测系统框图如图 3-1 所示，这些传感器接口电路可能是电桥电路、阻抗匹配电路、放大电路、滤波电路、信号转换电路或其他电路。在典型检测系统中，其输入输出可能是模拟信号或数字信号。如果是模拟信号，通常需要将传感器输出的微弱电压信号进行放大、滤波等处理将其转换成 A－D 转换器能够采集的电压和带宽范围。有时候也将滤波之后的输出电压信号经过 $V-F$ 变换电路转换成脉冲信号，再通过计数器计数，实现数据采集。当传感器距离处理器单元距离较远时，通常需要 $V-I$ 转换电路将其转换成电流信号传输以提高抗干扰能力，在处理器端进行 $I-V$ 转换提供给 A－D 转换器。也有许多传感器具有数字总线接口（串行或并行），可以直接和处理器接口实现数据的采集。在环境恶劣的场合，通常需要通过光电或电磁隔离器件实现信号的隔离

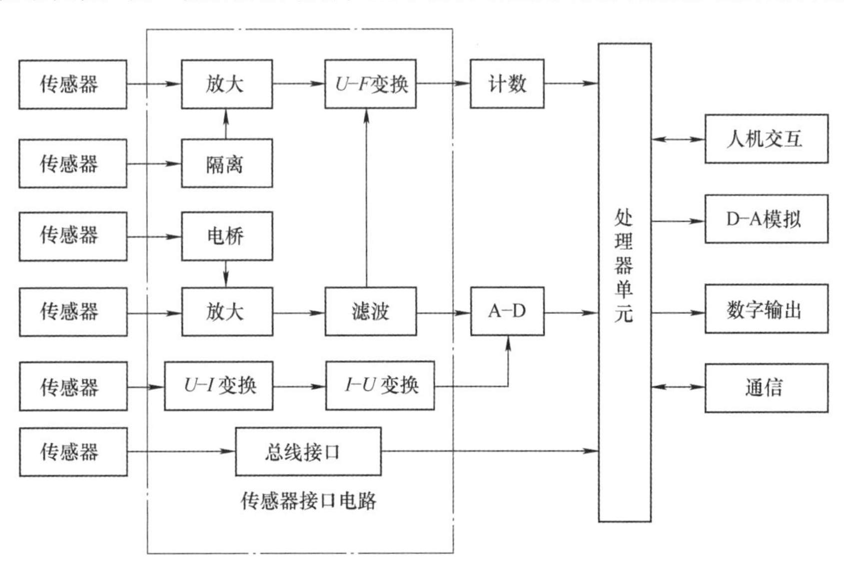

图 3-1　典型检测系统框图

采集。总之，检测系统的设计需要考虑使用场合、参数指标、性价比等多种因素才能完成。

本章从实用的角度出发，介绍一些常用传感器接口电路、数据采集及相关抗干扰技术。

3.1 电桥电路

电桥电路在电学中是一种基本的电路。利用电桥平衡原理构成的电测仪器，不仅可以测电阻，也可以测电容、电感，并可通过这些物理量的测量来间接测量非电学量，例如温度、压力等，因此电桥电路在自动化仪表和自动控制中有着广泛的应用。

如图3-2所示为一典型的测量电桥电路。图中 $\dot{U}_s$ 为供桥电源，可为直流电源或交流电源。Z_1、Z_2、Z_3、Z_4 为电阻、电容或电感等元件的电抗，称为电桥的四个桥臂，$\dot{U}_o$ 为测量电桥输出电压。

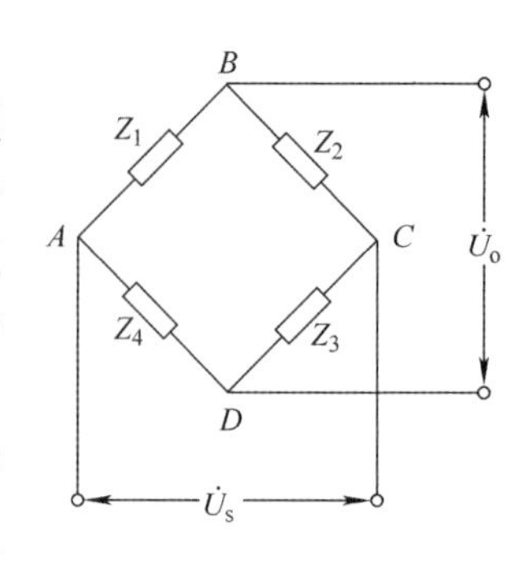

图3-2 测量电桥

测量电桥具有以下几个特点：

1）能把被测信号的电阻、电容、电感等电抗参数的变化转换成电压或电流的变化，从而便于信号的放大和处理。

2）当被测电抗参数变化为零时，可以通过调节电桥的某些桥臂，使电桥处于平衡状态，输出为零，以消除系统的静态成分（若为直流电桥，则指直流成分），使微弱的有效信号不会被淹没在相对较大的静态成分之中。

3）电桥电路的输出与电桥的电抗之间存在非线性关系。当非线性严重时，需加以校正。一般可通过增加电桥的工作桥臂来降低非线性误差，如采用对称差动式传感器结构组成差动半桥或全桥来实现非线性误差的补偿，提高电桥输出的灵敏度。

从不同的角度出发，电桥有不同的分类方法。按电桥的工作状态来分，可分为平衡电桥和非平衡电桥两类；按供给电桥电源的类型分类，电桥可分为直流电桥和交流电桥；按电桥的工作桥臂个数分类，电桥可分为单臂电桥、双臂电桥和差动电桥。下面介绍几种常用电桥的工作原理。

3.1.1 直流电桥

直流电桥是一种精密的电阻测量仪器，具有重要的应用价值。按电桥的测量方式可分为平衡电桥和非平衡电桥。平衡电桥是把待测电阻与标准电阻进行比较，通过调节电桥平衡，从而测得待测电阻值，如惠斯通电桥、开尔文电桥。它们只能用于测量具有相对稳定状态的物理量，而在实际工程和科学实验中，很多物理量是连续变化的，只能采用非平衡电桥才能测量。非平衡电桥的基本原理是通过桥式电路来测量电阻，根据电桥输出的不平衡电压，再进行运算处理，从而得到引起电阻变化的其他物理量，如温度、压力及形变等。

1. 平衡电桥

（1）惠斯通电桥　惠斯通电桥是单臂电桥，是四臂皆为电阻的直流电桥。1833年，S. H. 克里斯蒂在研究导体性质时首先提出这一桥路，以后由惠斯通加以完善。主要用于测量从约 10Ω 到几 kΩ 的中值电阻。其原理如图 3-3 所示。电阻 R_1、R_2、R_3、R_4 构成一电桥，A、C 两端供一直流桥压 U_S，B、D 之间有一检流计 G，当平衡时，G 无电流流过，BD 两点为等电位，可以得到

$$U_{BD}=U_{BC}-U_{DC}=\frac{R_2}{R_1+R_2}U_S-\frac{R_3}{R_3+R_4}U_S=\frac{R_2R_4-R_1R_3}{(R_1+R_2)(R_3+R_4)}U_S \tag{3-1}$$

由上式可见 $R_1R_3=R_2R_4$ 是电桥平衡的条件。由此可求出：$R_x=(R_1/R_2)R_3$。

（2）开尔文电桥

开尔文电桥是双臂直流电桥。在惠斯通中，由于电桥未知臂的内引线与被测电阻的连接导线及端钮的接触电阻的影响，使惠斯通电桥测量小电阻时准确度难以提高。而开尔文电桥能较好地解决测量小电阻时线路灵敏度、引线、接触电阻所带来的测量误差问题，而且属于一次平衡测量，读数直观、方便，如图 3-4 所示为开尔文电桥原理图。从图中可看出，而开尔文电桥是在惠斯通电桥的基础上，增设了电阻 R_1、R'_3 构成另一臂，被测电阻 R_x 和标准电阻 R_n 均采用四端接法，C_1、C'_1 两个电流端，接电源回路，从而将这两端的引线电阻、接触电阻折合到电源回路的其他串联电阻中，P_1、P_2、P'_1、P'_2 是电压端，通常接测量用的高电阻回路或电流为零的补偿回路，使它们的引线电阻和接触电阻对测量的影响大为减小。C_2、C'_2 两个电流端的附加电阻和连线电阻总和为 r，只要适当调整 R_1、R_2、R_3、R'_3 的阻值，就可以消除 r 对测量结果的影响。当电桥平衡时，得到以下三个回路方程：

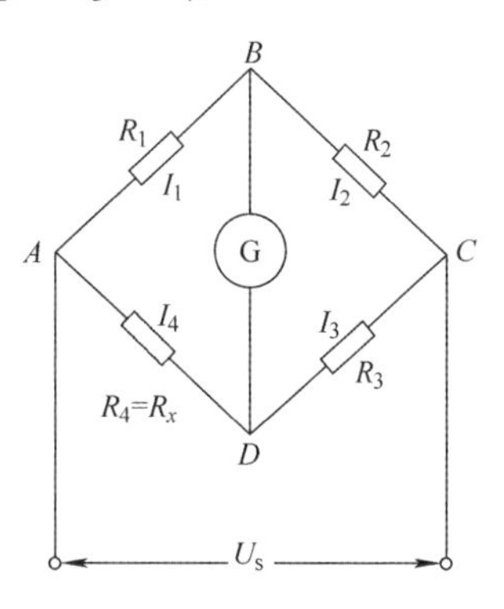

图 3-3　惠斯通电桥

$$\begin{cases} I_1R_3=I_3R_x+I_2R'_3 \\ I_1R_2=I_2R_1+I_3R_n \\ I_2(R_1+R'_3)=(I_3-I_2)r \end{cases} \tag{3-2}$$

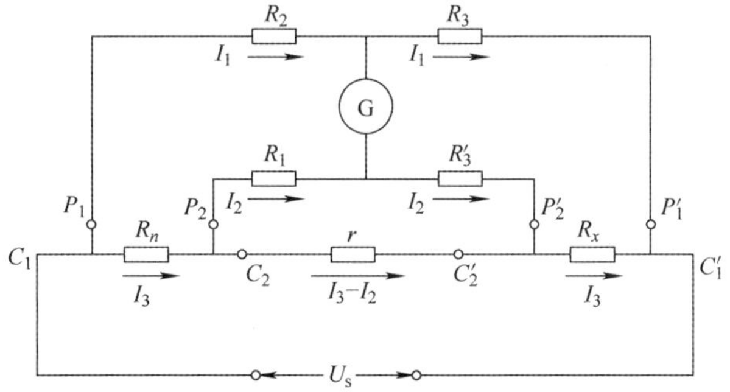

图 3-4　开尔文（双）电桥

从而求得

$$R_x=\frac{R_3}{R_2}R_n+\frac{rR_1}{R_1+R_3+r}\left(\frac{R_3}{R_2}-\frac{R'_3}{R_1}\right) \tag{3-3}$$

如果满足$\frac{R_3}{R_2}=\frac{R'_3}{R_1}$，则开尔文电桥的平衡条件为$R_x-\frac{R_3}{R_2}R_n$。

通常R_n为低值标准电阻，R_x为被测低值电阻。开尔文电桥在测量小阻值电阻（通常小于1Ω）时具有相当高的准确度。

2. 非平衡电桥

非平衡电桥原理如图3-5所示，B、D之间为一负载电阻R_g，当负载电阻$R_g\to\infty$，即电桥输出处于开路状态时，$I_g=0$，仅有电压输出，由式（3-1）可得，输出电压U_o

$$U_o=\frac{R_2R_4-R_1R_3}{(R_1+R_4)(R_2+R_3)}U_s \tag{3-4}$$

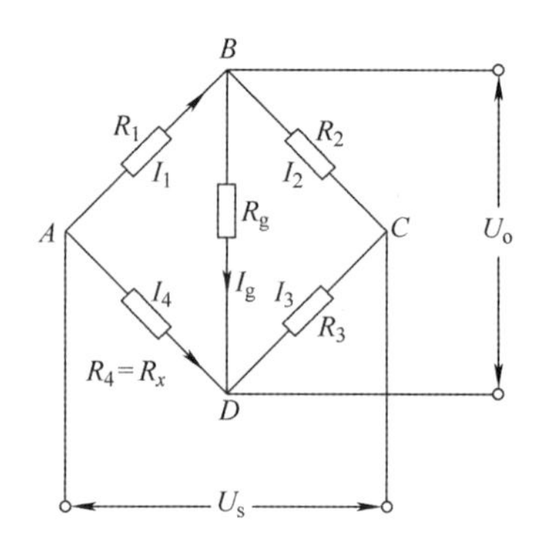

图3-5 非平衡电桥

当满足条件$R_1R_3=R_2R_4$时，电桥输出$U_o=0$，即电桥处于平衡状态。为了测量的准确性，在测量的起始点，电桥必须调至平衡，称为预调平衡。若R_1、R_2、R_3固定，R_4为待测电阻$R_4=R_x$，则当$R_4\to R_4+\Delta R$时，因电桥不平衡而产生的电压输出为

$$U_o=\frac{R_2R_4+R_2\Delta R-R_1R_3}{(R_1+R_4)(R_2+R_3)+\Delta R(R_2+R_3)}U_s \tag{3-5}$$

其中输出电压有以下几种情况：

1）等臂电桥，当$R_1=R_2=R_3=R_4=R$时

$$U_o=\frac{R\Delta R}{4R^2+2R\Delta R}U_s=\frac{U_s}{4}\frac{\Delta R}{R}\frac{1}{1+\frac{1}{2}\frac{\Delta R}{R}} \tag{3-6}$$

2）卧式电桥，当$R_1=R_4=R$、$R_2=R_3=R'$，且$R\neq R'$时

$$U_o=\frac{U_s}{4}\frac{\Delta R}{R}\frac{1}{1+\frac{1}{2}\frac{\Delta R}{R}} \tag{3-7}$$

3）立式电桥，当$R_1=R_2=R'$、$R_3=R_4=R$，且$R\neq R'$时

$$U_o=U_s\frac{RR'}{(R+R')^2}\frac{\Delta R}{R}\frac{1}{1+\frac{1}{2}\frac{\Delta R}{R'}} \tag{3-8}$$

可见等臂电桥、卧式电桥输出电压比立式电桥高，灵敏度也高，但立式电桥测量范围大，可以通过选择R、R'来扩大测量范围，R、R'差距越大，测量范围也越大。

3. 直流电桥灵敏度及非线性误差

下面以应变力测量中的直流电桥为例，介绍其灵敏度、非线性误差的基本概念及提高灵敏度和改善非线性的方法。如图3-6所示，设R_4为工作应变片，由于应变R_4变化ΔR_4。R_1、R_2、R_3为固定电阻，U_o为输出电压。并设负载电阻$R_g=\infty$，初始状态电桥平衡，即$R_1R_3=R_2R_4$时输出电压$U_o=0$。当应变片工作时，其电阻变化很小，电桥相应输出电压也很小，要

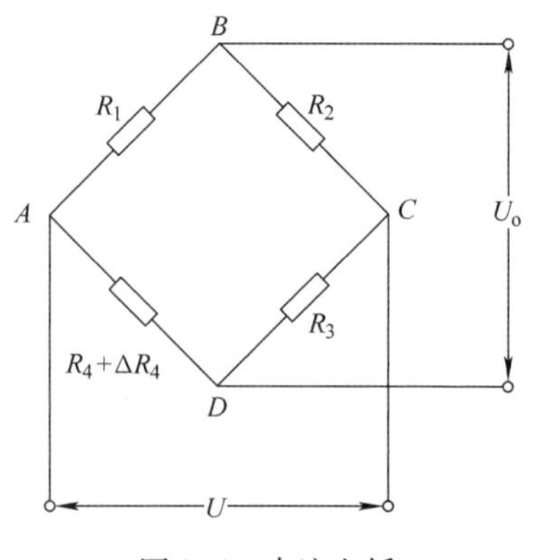

图3-6 直流电桥

进行 ADC 数据采集或者推动记录仪工作，须将输出电压放大，为此必须了解 $\Delta R/R$ 与电桥输出电压的关系。

当 $R_4 \to R_4 + \Delta R_4$时，由式（3-5）得电桥输出电压为

$$U_o = \frac{\dfrac{R_2 \Delta R_4}{R_3 R_4}}{\left(1 + \dfrac{R_1}{R_4} + \dfrac{\Delta R_4}{R_4}\right)\left(1 + \dfrac{R_2}{R_3}\right)} U \tag{3-9}$$

设桥臂比 $n = R_1/R_4$，利用电桥平衡条件 $R_1 R_3 = R_2 R_4$代入式（3-9），由于 $\Delta R_4 << R_4$，于是省去分母中的 $\Delta R_4/R_4$，可得

$$U_o = \frac{n}{(1+n)^2} \frac{\Delta R_4}{R_4} U \tag{3-10}$$

电桥灵敏度定义：$S_n = \dfrac{U_o}{\Delta R/R}$，可得单臂工作应变片的电桥电压灵敏度为

$$S_n = \frac{n}{(1+n)^2} U \tag{3-11}$$

从式（3-11）可以得到，单臂工作应变片的电桥电压灵敏度与电桥电源电压成正比，同时与桥臂比 R_1/R_4有关。U 值的选择受应变片功耗的限制。U 值确定后，取 $\mathrm{d}S_n/\mathrm{d}n = 0$，则有

$1 - n^2/(1+n)^4 = 0$，即 $n = 1$ 时，电桥灵敏度最大值为 $S_n = U/4$。由式（3-9）和式(3-10)可得非线性误差

$$e_\varphi = \frac{U_o - U'_o}{U_o} = \frac{\Delta R_4/R_4}{1 + n + \Delta R_4/R_4} \tag{3-12}$$

如果 $n = 1$，则 $e_\varphi = \dfrac{\Delta R_4/2R_4}{1 + \Delta R_4/2R_4}$，将分母 $1 + \Delta R_4/2R_4$按幂级数展开$\dfrac{1}{1 \pm x} = 1 \mp x \mp x^2 \mp x^3 \mp \cdots$，取一阶近似，有

$$e_\varphi = \frac{\Delta R_4}{2R_4} \tag{3-13}$$

可见，非线性误差 e_φ 与 $\Delta R_4/2R_4$成正比，有时能达到客观的程度。为了减小和克服非线性误差，常采用差动电桥。

如图 3-7a 所示，试件上安装两个工作应变片，一片受拉，一片受压，然后接入电桥相邻臂，跨在电源两端。电桥输出电压为

$$U_o = \left(\frac{R_2}{R_1 + R_2} - \frac{R_3 - \Delta R_3}{R_3 - \Delta R_3 + R_4 + \Delta R_4}\right) U \tag{3-14}$$

设初始时 $R_1 = R_2 = R_3 = R_4$，$\Delta R_3 = \Delta R_4$，则

$$U_o = \frac{U}{2} \frac{\Delta R_4}{R_4} \tag{3-15}$$

可见输出电压 U_o与 $\Delta R/R$ 成严格的线性关系，没有非线性误差，而且电桥灵敏度 $S_n = U_o/(\Delta R_4/R_4) = U/2$，与单臂工作电桥相比，提高了 1 倍，还具有温度补偿作用。为了提高电桥灵敏度或进行温度补偿，在电桥臂中往往安置多个应变片，如图 3-7b 所示为四臂电桥结构，可得电桥输出电压为 $U_o = U\Delta R_1/R_1$，电压灵敏度为 $S_n = U$，可见电压灵敏度为单臂情况下的 4 倍。利用电桥的特性不仅可以提高灵敏度，还可以抑制干扰信号，因为当电桥的

各臂或相邻两臂同时有某一个增量时，对电桥的输出没有影响。

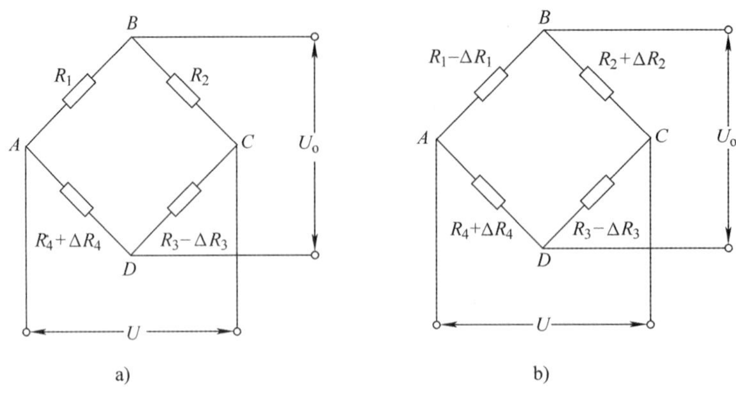

图 3-7　差动电桥

4. 直流电桥使用时的注意事项

直流电桥虽然具有电路简单、传感器至测量仪表的连线导线的分布参数影响小、能抑制干扰等有优点，使用时仍需注意如下事项。

1）直流电桥桥压的稳定性和纹波对电桥输出影响大。一般电桥的输出电压比较微弱，需要接差分放大电路进行放大。桥压的变化量和纹波也将被放大，直接影响到最终测量的结果，造成比较大的误差。由于其具有电压稳定性差、温度系数大、噪声电压大等缺点，因此，一般不采用开关电源和直流稳压电源做电桥的桥压。而采用基准电压芯片，如 MAXIM 公司的 MAX873、MAX875、MAX876，ADI 公司的 ADR420、ADR421、ADR423、ADR425，MOTOROLA 公司的 MC1403 等。下面以 MC1403 为例介绍其特点和应用。

MC1403 是一种高精度、低温度漂移、采用激光修正的能隙基准源。所谓能隙是指硅半导体材料在热力学温度 $T=0K$ 时的禁带宽度（能带间隙），其电压值记为 U_{GO}，$U_{GO}=1.205V$，输入电压范围为 4.5 ~ 40V，输出电压的典型值为 2.5V，温度系数为 $10\times10^{-6}/℃$。MC1403 基准电压源的内部电路很复杂，但应用很简单，只需外接少量元件。图 3-8 是它的一般应用。图中 R_P 为精密电位器，用于精确调节输出的基准电压值，C 为消噪电容。MC1403 的输入/输出特性见表 3-1。由表中数据可知，U_i 从 10V 降低到 4.5V 时，U_o 变化 0.0001V，变化率仅为 0.0018%。

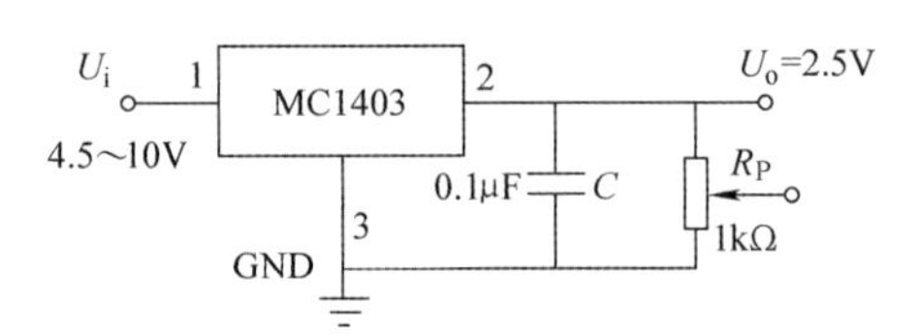

图 3-8　MC1403 的典型应用

表 3-1　MC1403 的输入/输出特性

U_i/V	10	9	8	7	6	5	4.5
U_o/V	2.5028	2.5028	2.5028	2.5028	2.5028	2.5028	2.5027

图 3-8 的电路输出电压稳定在 2.5V，若要获得高于 2.5V 的基准电压源，可采用图 3-9 所示的电路。图中 ICL7605 为斩波自稳零式精密运算放大器，R_f 为反馈电阻，R_i 是反相输入电阻，$R_i=R_f=20k\Omega$。输出电压 U_o 为

$$U_o=2.5\times\left(1+\frac{R_f}{R_i}\right)=5V$$

当直流电桥上的阻值较小时，基准电压放大器的输出电流较小，不能满足桥压的功率需求。要求直流电桥桥压能够提供较大的电流输出，只要对电路进行简单的改进即可。如图 3-10 所示，该电路通过多加一个晶体管和电容实现扩流，U_o 输出电流主要由 12V 电源供给。

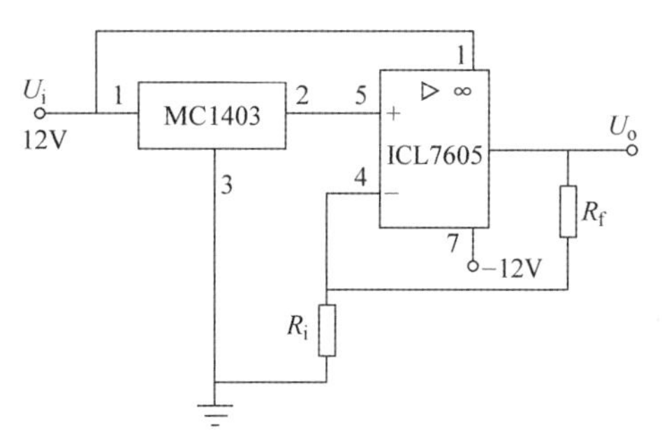

图 3-9　提高输出基准电压的电路

2）直流电桥电阻的选择。如图 3-6 所示，电桥平衡条件为 $R_1R_3=R_2R_4$，固定电阻 R_1、R_2、R_3 的精度和稳定性对电桥输出的精度和线性度有较大的影响。实际选用时一般选用精度高和温度漂移低的精密电阻，且要匹配。另外，要使得电桥电阻在桥压下的耗散功率远小于其额定功率，以减小温度对电桥电路的影响。

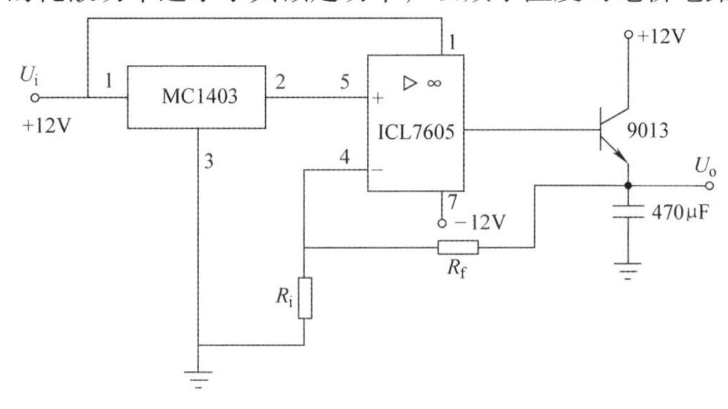

图 3-10　提高输出电流的电路

3）直流电桥输出电阻大。直流电桥的输出电阻比较大，一般在几百欧到几十千欧之间，输出电压小，后级需要接阻抗匹配放大电路，以提高检测的精度和抗干扰能力。具体内容后续章节将详细介绍。

3.1.2　交流电桥

交流电桥是由电阻、电容或电感等元件组成的桥式电路，交流电桥不但可以测交流电阻、电感、电容，还可以测量材料的介电常数，电容器的介质损耗，绕组间的互感系数和耦合系数，磁性材料的磁导率和液体的电导率。由于交流电桥的平衡还与电桥交流电源的频率有关，所以交流电桥还可以做成各种滤波网络或者用于测量交流电频率。因此，交流电桥在电工测量、无线电仪器设备以及自动控制电路中应用广泛。

交流电桥的结构形式与直流电桥相同，所不同的是其供电电压为交流电，桥臂各元件不是纯电阻而是标准电容、电感或 LRC 的组合。

Z_1、Z_2、Z_3、Z_4 为复阻抗，输出的开路电压为 $\dot{U}_o$，根据交流电分析法（与直流电桥类似），可得平衡条件。

设

$$Z_i=R_i+\mathrm{j}X_i=|Z_i|e^{\mathrm{j}\varphi}$$

式中　R_i、X_i——各桥臂电阻和电抗；$|Z_i|$、φ_i——各桥臂复阻抗的模和辐角。

因此，交流电桥的平衡条件必须同时满足

$$|Z_1Z_3|=|Z_2Z_4|,\ \varphi_1+\varphi_3=\varphi_2+\varphi_4 \tag{3-16}$$

由此可得如下结论：

1）要使交流电桥平衡，必须同时使相对桥臂阻抗的模乘积相等，相对桥臂辐角之和相等。

2）若有三桥臂的模和辐角已知，则可以由平衡条件求出第四桥臂的模和辐角。

为使问题简化，在配置桥臂时，可只允许有两个复数臂。若两复数臂相邻，则必须是同性臂（即同是容抗或感抗），并且其联结方式也相同（即同时串联或并联），若两复数臂相对，则必须是异性臂，其联结方式也相异。

交流电桥的四个桥臂，要按一定的原则配以不同性质的阻抗，才有可能达到平衡。从理论上讲，满足平衡条件的桥臂类型可以有许多种，但实际上常用的类型并不多，原因如下：

1）桥臂尽量不采用标准电感，由于制造工艺上的原因，标准电容的准确度要高于标准电感，并且标准电容不易受外磁场的影响。所以常用的交流电桥，不论是测电感和测电容，除了被测桥臂之外，其他三个桥臂都采用电容和电阻。

2）尽量使平衡条件与电源频率无关，这样才能发挥电桥的优点，使被测量只决定于桥臂参数，而不受电源的电压或频率的影响。有些形式的桥路的平衡条件与频率有关，这样，电源的频率不同将直接影响测量的准确性。

3）在调节电桥平衡的过程中需要反复调节，才能使辐角关系和辐模关系同时得到满足。通常将电桥趋于平衡的快慢程度称为交流电桥的收敛性。收敛性越好，电桥趋向平衡越快；收敛性差，则电桥不易平衡或者说平衡过程时间很长，需要测量的时间也很长。电桥的收敛性取决于桥臂阻抗的性质以及调节参数的选择。所以收敛性差的电桥，由于平衡比较困难也不常用。

如图 3-11 所示为电容电桥，图 3-12 所示为电感电桥。具体工作原理请参考相关文献，

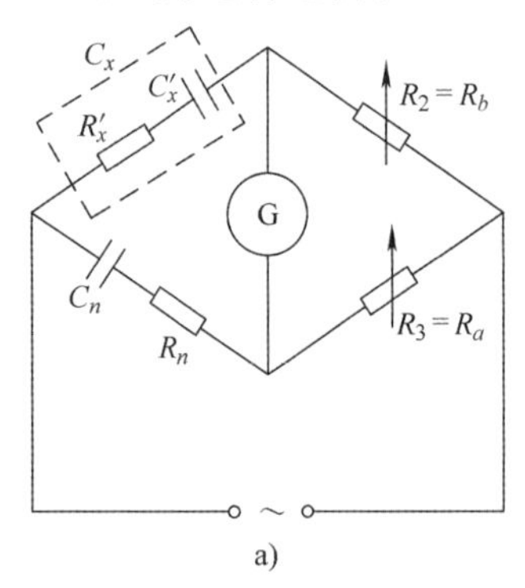

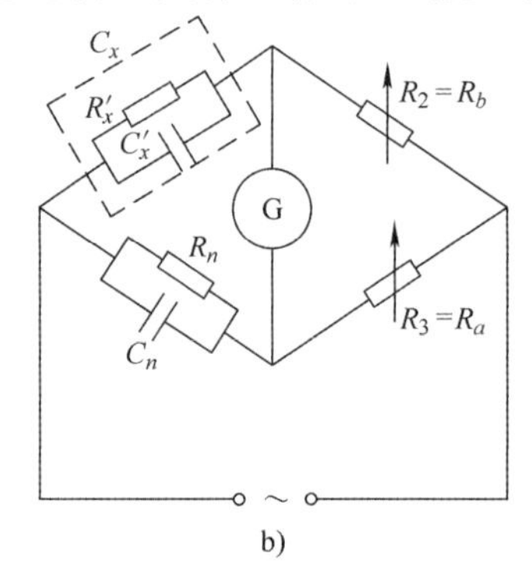

图 3-11　电容电桥

a）串联电阻式电容电桥　b）并联电阻式电容电桥

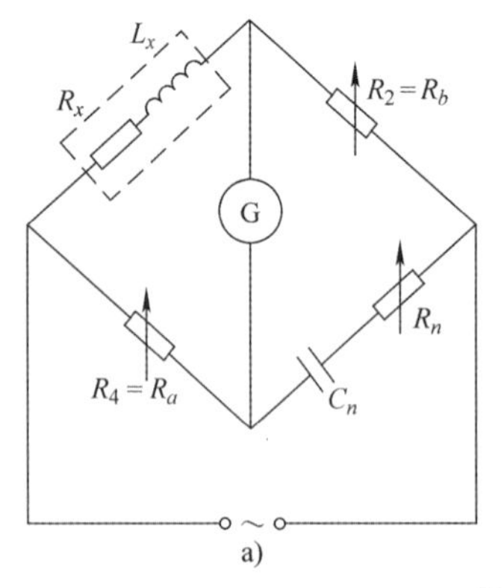

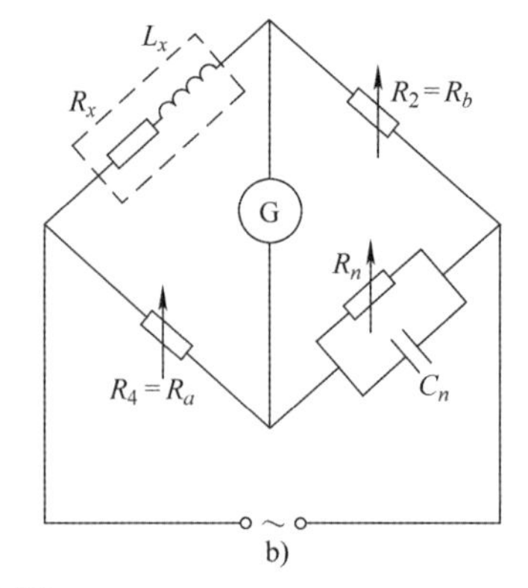

图 3-12　电感电桥

a）测量高 Q 值电感的电桥　b）测量低 Q 值电感的电桥

本书不做详细介绍。

3.2　放大电路

本节主要讨论在设计放大电路时应考虑的基本问题，并讨论一些常用放大电路。

经由传感器或敏感元件转换输出的信号一般非常微弱，经电桥等电路变换后的信号亦难以直接用来显示、记录、控制或进行 A－D 转换。为此，测量电路中常设有模拟放大环节（一般为线性放大环节）。该环节主要由集成运算放大器构成的不同特性的放大电路完成。

3.2.1　对放大电路的要求

在检测系统中，放大电路的输入信号一般是由传感器输出的。传感器的输出阻抗大、信号微弱，还常伴有较高的共模电压。因此，一般对放大电路有如下要求：

1）输入阻抗应远大于传感器输出阻抗。否则，放大电路的负载效应会使所测电压产生偏差。尤其是在传感器输出阻抗非定值的测量场合下，更易产生误差。

2）抗共模电压干扰能力。共模电压的来源有：传感器输出本身带有的（如电桥的输入电压，霍尔元件的输出电压等）、传感器受到的共模干扰（如传感器的接地点和放大器的接地点不等电位，或由于条件限制，传感器和放大器之间距离较远而引入的电气干扰等）。为了得到较强的抗共模干扰能力，除所选用的放大器要具有高的共模抑制比（CMRR）外，在设计各种放大电路时应采取专门的措施。

3）在预定的频带宽度内有稳定准确的增益、良好的线性，低漂移、低噪声、高电源抑制比（PSRR），以保证要求的信噪比。

下面对放大器的主要技术指标进行叙述，在检测系统具体设计时，要充分考虑这些指标。

1. 输入阻抗

输入阻抗（Input Impedance）分为差模（Differential－Mode）输入阻抗和共模（Common－Mode）输入阻抗。

差模输入阻抗定义为，运算放大器工作在线性区时，两输入端的电压变化量与对应的输入端电流变化量的比值。差模输入阻抗包括输入电阻和输入电容，在低频时仅指输入电阻。

共模输入阻抗定义为，运算放大器工作在同一输入信号时（即运放两输入端输入同一个信号），共模输入电压的变化量与对应的输入电流变化量之比。共模输入阻抗包括输入电阻和输入电容，在低频时仅指共模电阻。

例如，TI 公司精密、低功耗仪表放大器 INA128 的差模输入阻抗为 $10^{10} \parallel 2(\Omega \parallel \text{pF})$，共模输入阻抗为$10^{11} \parallel 9(\Omega \parallel \text{pF})$；Analog Devices 公司的仪表放大器 AD620 的差模输入阻抗和共模输入阻抗都为$10^{10} \parallel 2(\Omega \parallel \text{pF})$；Maxim 公司的低失调电压运算放大器 OP07 的差模输入电阻为 60MΩ，共模输入电阻为 200GΩ，斩波稳零放大器 ICL7650 的输入电阻为 100GΩ。可见，不同类型的放大器其输入阻抗是不同的，应根据应用时的具体要求选择合适的放大器。

在传感器与放大器的接口电路中，由于传感器输出电阻一般比较大，输出电压比较微弱，因此在与放大器接口时应选择其输入电阻大的放大器。如图3-13所示，为传感器与放大器接口模型，图中 $\dot{U}_o$ 为传感器的输出电压，R_o 为传感器的输出电阻，R_i 为测量放大电路的输入电阻，$\dot{U}_i$ 为放大器的输入电压。由分压原理可得

$$\dot{U}_i = \frac{R_i}{R_o + R_i}\dot{U}_o \qquad (3\text{-}17)$$

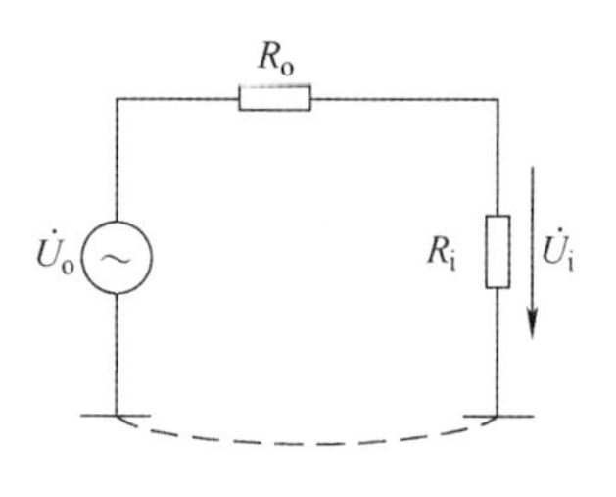

图3-13　传感器与放大器接口模型

要使 $\dot{U}_i \approx \dot{U}_o$，则必须让 $R_i >> R_o$。如果 R_i 不够大，$\dot{U}_o$ 将偏离理论值，误差和非线性增大。但输入阻抗 R_i 非常高时，将会引入更多的干扰。例如，外磁场在传输线上产生的感应电流 $\dot{i}_f$ 非常微小，由于 $\dot{U}_f = \dot{i}_f R_i$，当 R_i 很大时，$\dot{U}_f$ 的影响就不能忽略了。i_f 正比于干扰磁通，缩短连接导线和利用双绞线等方法减小连接导线包围的磁通面积，是解决上述矛盾的常用方法。

2. 输入偏置电流 I_B

输入偏置电流（Input Bias Current）是指集成运算放大器输出电压为零时，两个输入端静态电流的平均值，即 $I_B = (I_{BN} + I_{BP})/2$。从使用角度来看，偏置电流越小，由信号源内阻变化引起的输出电压变化也越小，它是放大器重要的技术指标。输入偏置电流对进行高阻信号放大、积分电路等对输入阻抗有要求的地方有较大的影响。输入偏置电流与制造工艺有一定关系，其中双极型工艺的输入偏置电流一般为10nA～1μA。对于双极型运放，该值离散性很大，但几乎不受温度影响；而对于MOS型运放，该值是栅极漏电流，值很小，但受温度影响较大。

例如，放大器OP07的输入偏置电流的典型值为±1nA；Analog Devices公司的OP1177输入偏置电流的典型值为0.5nA，仪表放大器AD620的输入偏置电流的典型值为0.5nA；INA128输入偏置电流的典型值为±2nA；ICL7650输入偏置电流的典型值仅为4pA。以上参数均在25℃温度环境下测试得到。

3. 输入失调电压和输入失调电压的温漂

输入失调电压（Input Offset Voltage）定义为集成运放输出端电压为零时，两个输入端之间所加的补偿电压。输入失调电压实际上反映了运放内部的电路对称性，对称性越好，输入失调电压越小。输入失调电压是运放的一个十分重要的指标，特别在精密运放或直流放大时。输入失调电压与制造工艺有一定关系，其中双极型工艺的输入失调电压在±(1～10)mV之间；采用场效应晶体管作输入级的，输入失调电压会更大一些。对于精密运放，输入失调电压一般在1mV以下。输入失调电压越小，直流放大时中间零点偏移越小，越容易处理。

输入失调电压的温度漂移（Input Offset Voltage Drift）又叫温度系数，定义为在给定的温度范围内，输入失调电压的变化与温度变化的比值。这个参数实际是输入失调电压的补充，便于计算在给定的工作范围内，放大电路由于温度变化造成的漂移大小。一般运放的输入失调电压温漂在±(10～20)μV/℃，精密运放的输入失调电压温漂小于±1μV/℃。

例如，放大器OP07的输入失调电压典型值为60μV，输入失调电压温漂为0.3μV/℃；OP1177的输入失调电压典型值为15μV，输入失调电压温漂为0.2μV/℃；AD620的输入失调电压典型值为30μV，输入失调电压温漂为0.3μV/℃；INA128的输入失调电压典型值为±10μV，输入失调电压温漂为±0.2μV/℃；ICL7650的输入失调电压典型值为±1μV，输

入失调电压温漂为 ±0.01μV/℃。

4. 输入失调电流和输入失调电流漂移

输入失调电流（Input Offset Current）定义为当运放的输出直流电压为零时，其两输入端偏置电流的差值，即 $I_{IO}=|I_{BP}-I_{BN}|$。由于信号源内阻的存在，I_{IO}会引起一个输入电压，破坏放大器的平衡，使放大器的输出电压不为零。所以，希望 I_{IO}越小越好。它反映了运放内部的电路对称性，一般约为 1nA～0.1μA。输入失调电流是运放的一个十分重要的指标，特别在精密运放或直流放大时。输入失调电流大约是输入偏置电流的 1/100～1/10。输入失调电流对于小信号精密放大或直流放大有重要影响，特别是运放外部采用较大的电阻（例如 10kΩ 或更大）时，输入失调电流对精度的影响可能超过输入失调电压对精度的影响。输入失调电流越小，直流放大时中间零点偏移越小，越容易处理。

输入失调电流将随温度变化而改变，这种现象称为输入失调电流漂移。同样，这个参数实际是输入失调电流的补充，便于计算在给定的工作范围内，放大电路由于温度变化造成的漂移大小。

例如，放大器 OP07 的输入失调电流典型值为 1.2nA，输入失调电流漂移为 8pA/℃；OP1177 的输入失调电流典型值为 0.2nA；AD620 的输入失调电流典型值为 0.3nA，输入失调电流漂移为 8pA/℃；

5. 噪声

在微弱信号测量领域中，噪声（Noise）是个不可回避的问题。很多小信号的设计，低噪声是决定设计成败的关键因素，因此，对于电路的低噪声分析和计算是电路设计者们重点考虑的内容。在电路中，运算放大器的输入偏置电流和输入失调电压等都能够引起失调误差，这些可看作是直流噪声，通过调整电路结构或通过补偿，可以解决此类噪声。然而，还有其他形式的噪声，特别是交流噪声，除非采取适当降噪措施，否则会显著降低电路的性能。根据噪声源的不同，可以将交流噪声分为外部噪声（或称干扰噪声）和内部噪声（或称固有噪声）。干扰噪声是由电路和外界之间，甚至是电路自身的不同部分之间相互作用产生的，是周期的、间隙的或完全随机的。在电路设计时，这类噪声可以采用滤波、去耦、隔离、静电磁屏蔽、重新定位元件和引脚、消除接地回路和采用低噪声供电电源进行预防，是能够被有效地减小和消除的噪声。然而，尽管能够设法消除全部的干扰噪声，但是电路中仍会呈现固有噪声。固有噪声是随机的，是由电路器件本身的固有性质决定的，很难被消除。例如电阻中电子的热骚动，电阻中每个振动的电子都会形成一个极小的电流，累积后就形成净电流和由此产生净电压。因此在电路的低噪声设计时，应该充分考虑其固有噪声，通过对电子器件噪声源的分析和合理的计算，选择合适电路器件，抑制固有噪声的影响。

众所周知，很多电子电路中都离不开运算放大器、电阻和电容等，这些有源器件和无源器件中有多种噪声分布。在设计低噪声电路时，就必须熟悉各种噪声源，以及引起噪声的电路运行参数。电路的噪声来源是复杂的，一个电阻，一个焊盘甚至是一点焊锡都能够产生噪声。产生这些噪声的原因很多，可以是电阻器本体热噪声，可以是不同材质的金属相连产生热电势，也可以是器件相互之间的电磁干扰等。因此，要熟悉电路噪声产生的原理，分析噪声来源，进行预防消除。

电路中的电子器件的固有噪声由不同的噪声源产生，这些噪声源是三种噪声谱的组合。分别是平带噪声、$1/f$ 噪声或 $1/f^2$ 噪声。

（1）平带噪声　在产生这三种常见噪声谱的机制中，最常见的是平带（Flat Band）噪声，也称白噪声，因为噪声功率是均匀地分配在整个频谱范围内，就像白光均匀分布在可见光谱范围内一样。平带噪声源产生散粒噪声（或称肖特基噪声）和热噪声（也称约翰逊噪声）。虽然这两种噪声的频谱是难以区分的，但作为电路工作条件的函数，散粒噪声和热噪声的来源则是不同的。

散粒噪声是由电子通过一个势垒时量子的离散性造成的，它通常与二极管和双极晶体管有关。散粒噪声电流的计算公式为

$$I_n = \sqrt{2qI_{\mathrm{D}}\Delta f} \tag{3-18}$$

式中　I_n——散粒噪声电流，单位为A；

q——电子电荷（1.6×10^{-19}C）；

I_{D}——正向结电流；

Δf——测量带宽。

从式（3-18）中可以看出，散粒噪声电流与结电流的二次方根成正比，与测量带宽有关，而与温度无关，因此散粒噪声是高频噪声的主要成分，如将散粒噪声电流乘以动态结阻抗，就可以把散粒噪声表达为噪声电压。散粒噪声普遍存在于电子器件中，例如二次电子倍增噪声、栅极诱导噪声、分配噪声、PN结和扩散电流造成的再结合噪声都是散粒噪声。

热噪声则是由器件内的载流子随机运动产生的，因为载流子的运动是热激发的。电阻的热电压E_n可表示为

$$E_n = \sqrt{4kTR\Delta f} \tag{3-19}$$

式中　k——玻耳兹曼常数，$k=1.38\times10^{-23}$J/K；

T——电阻器的热力学温度，单位为K；

R——电阻器的电阻，单位为Ω；

Δf——噪声测量系统的频宽，单位为Hz。

热噪声在时域内呈高斯振幅分布，而且均匀分布在整个频段内。热噪声具备宽阔的频谱，并且其来源普遍存在，从而使它在许多系统中占据主导地位，压倒了其他各类噪声。在有源器件和无源元件中都可以观察到热噪声，例如电阻器件，如果两个电阻串并联，其热噪声亦与电阻的串并联相同。

（2）闪烁（$1/f$）噪声　闪烁噪声出现在所有有源器件中，与直流偏置电流有关。闪烁噪声电流可表示为

$$I_n = \sqrt{m\frac{I^a}{f^b}\Delta f} \tag{3-20}$$

式中　m——与器件有关的因子；

I——直流电流；

a——数值为0.5～2的常数；

b——数值为0.8～1.2的常数。

这一噪声与频率成反比，因此一般被称为$1/f$噪声。一个器件的$1/f$噪声超过其热噪声的频率是$1/f$转角频率。转角频率是工作条件（特别是温度和偏置电流）和制造工艺的函数。在典型的工作条件下，精密双极工艺制造的器件的$1/f$转角频率最低：约为1～10Hz。

用高频双极工艺制造的器件，其转角频率常常为 1～10kHz。闪烁噪声是低频噪声的主要原因，频率越低，噪声越大。

（3）$1/f^2$ 噪声 $1/f^2$ 噪声又称爆玉米噪声（Popcorn Frequency）、突发噪声。突发噪声的均方根幅度与电流成正比，并保持平稳不变，直到在转角频率点才以 $1/f^2$ 的速率下降。在同一器件内，不同的突发噪声机制可能表现出不同的转角频率。突发噪声叠加在闪烁噪声上时，会使闪烁噪声原本平直的频谱斜率产生一些突起。闪烁噪声和突发噪声都不会产生高斯振幅分布，因此很难根据一组测量值来可靠地推断噪声趋向。

（4）减小噪声的措施 减小测量放大电路噪声的措施主要包括：

1）选择具有低噪声电压和低噪声电流的放大器；例如：OP1177 低噪声放大器的噪声电压峰－峰值在 0.1～10Hz 时为 0.4μV，电压噪声密度和电流噪声密度在 1kHz 时，分别为 7.9nV/$\sqrt{\text{Hz}}$和 0.2pA/$\sqrt{\text{Hz}}$。

2）保持运放外围电阻足够小，以使电流噪声和热噪声与电压噪声相比可以忽略。

3）把噪声增益带宽严格限制在要求的最小值上。

4）合理选择放大器的外围器件，如电阻、电容等。

5）合理设计电路及 PCB 布线。

关于低噪声放大电路的详细分析和设计，请参考《低噪声运算放大电路设计》一文。

6. 电源抑制比和共模抑制比

电源抑制比（Power Supply Rejection Ratio，PSRR）分为交流电源抑制比（ACPSRR）和直流电源抑制比（DCPSRR）。前者反映放大器对电源电压交流纹波的抑制能力；后者反映了电源电压变化时，例如降低了 3%，放大器抑制其对输出信号影响的能力。

在检测系统中根据噪声对放大电路干扰模式的不同可分为差模干扰和共模干扰。差模干扰又称为常模干扰、串态干扰，它是作用于信号两极间的干扰电压，其模型如图 3-14 所示。V_x 为信号源，R_s 为信号源内阻，R_i 为系统输入电阻，E_{dm}为等效差模干扰电压，I_{dm}为等效差模电流，Z_{dm}为干扰源等效阻抗。当 Z_{dm}较小时，采用与 V_x 电压串联模型；当 Z_{dm}较大时采用与 V_x 电流并联模型。

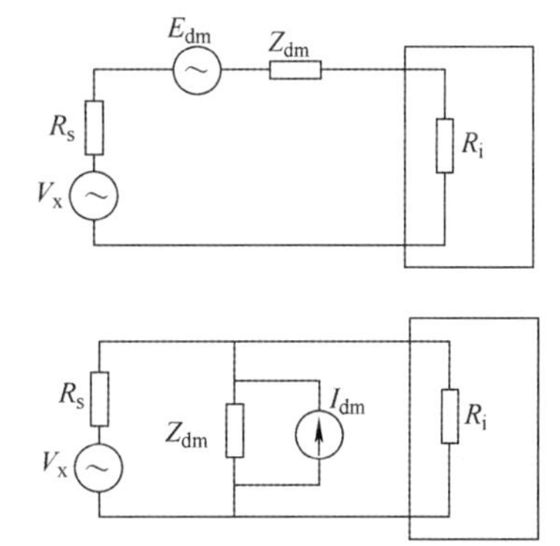

图 3-14 差模干扰模型

差模干扰的主要来源是由空间电磁场在信号间的耦合感应及由不平衡电路转换共模干扰所形成的电压，这种电压直接叠加在信号上，将影响测量精度。差模干扰在两根信号线之间传输，属于对称性干扰。消除差模干扰的方法是在电路中增加一个偏置电阻，并采用双绞线。例如，在热电偶测温系统中，不正确的连接方式导致交变磁场穿过闭合回路，形成差模干扰，如图 3-15a 所示。采用双绞线连接，如图 3-15b 所示，相邻两端产生的感生电动势大小相等、方向相反，相互“抵消”。

共模干扰又称为同相干扰、共态干扰。主要由电网串入、地电位差及空间电磁辐射在信号线上感应的共态（同方向）电压叠加所形成，其模型如图 3-16 所示。V_x 为信号源，R_s 为信号源内阻，R_i 为系统输入电阻，E_{cm}为等效共模干扰电压，Z_1、Z_2 为测量系统上下两

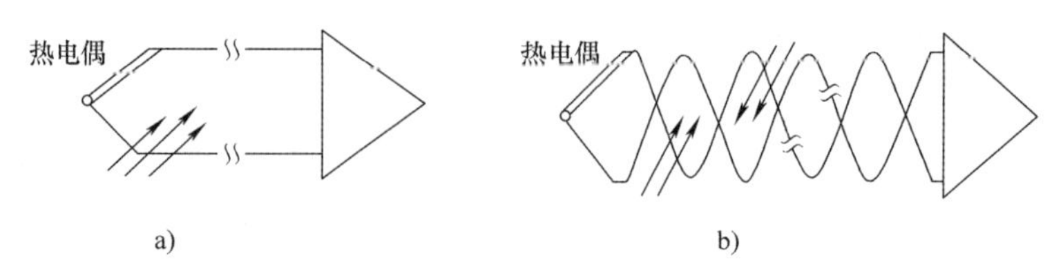

图 3-15 热电偶测量连接线路
a）不正确连接 b）正确连接

个输入端的等效传输阻抗，Z_{cm1}、Z_{cm2}为干扰源等效阻抗，Z_{s1}、Z_{s2}为测量系统上下两个输入端的对地漏电阻抗，可见，当输入回路上下两个输入端（支路）完全对称时，E_{cm}对测量结果没有影响。

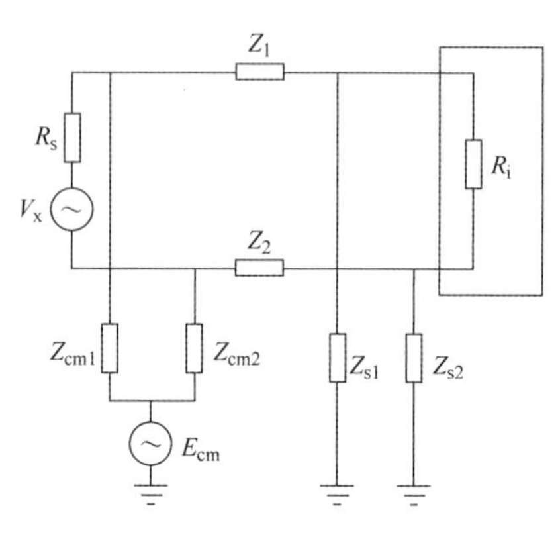

图 3-16 共模干扰模型

通过上面的分析可知，共模信号只有转换成差模形态后才能对测量结果产生影响。共模抑制比（Common－Mode Rejection Ratio，CMRR）是用来衡量放大器抑制共模干扰能力的指标，下面对其定义进行叙述。

如果测量系统两个差分输入端同时输入一个共模信号 V_{ci}，在输出端得到一个输出 V_{co}。因为输入 V_{ci}只有转换成差模信号时才能够获得输出，假设 V_{ci}有一部分转换成了差模输入 V_{di}，因此，CMRR 的定义是：CMRR 是评价测量系统输入端抑制共模信号转换成差模信号能力的指标。用公式表示为

$$\mathrm{CMRR}=\frac{V_{ci}}{V_{di}} \tag{3-21}$$

V_{co}就是 V_{ci}转换成 V_{di}后在测量系统中产生的输出。若测量系统的差模增益为 A_d，V_{co}可以表示为

$$V_{co}=V_{di}A_d \tag{3-22}$$

代入式（3-21）后得

$$\mathrm{CMRR}=\frac{V_{ci}A_d}{V_{co}} \tag{3-23}$$

若将 $A_c=V_{co}/V_{ci}$定义为系统的共模增益，则有

$$\mathrm{CMRR}=\frac{A_d}{A_c} \tag{3-24}$$

式（3-24）就是 CMRR 在“数学”上最简单的定义：CMRR 是放大器的差模增益 A_d 与共模增益 A_c 之比。

放大电路或放大器的 CMRR 多用对数表示，即

$$\mathrm{CMRR_1(dB)}=20\log_{10}\frac{V_{ci}}{V_{di}} \tag{3-25}$$

或

$$\mathrm{CMRR_1(dB)}=20\log_{10}\frac{A_d}{A_c} \tag{3-26}$$

从上式可以看出，放大器的 CMRR 与差模增益 A_d 有关。由于 A_d × 带宽 = GBW（单位增益带宽）为常数，随着频率（带宽）的增加，A_d 下降，CMRR 也随之下降。此外，放大器内部的杂散电容和电感在高频时的阻抗会发生变化引起对称性下降，也会影响 CMRR 的指标。

共模干扰产生的原因很多，在不同情况下，占主导地位的可能是不同的因素。在浮地信号、光电信号以及生物电信号中，不可避免地存在着很大的共模成分，能否对这类信号进行放大，提高放大电路的共模抑制比将是至关重要的。例如有 100mV 的共模干扰作用到一个 CMRR 为 80dB 的放大电路上，则等效输入差模误差为 10μV。暂不考虑其他因素，单从共模抑制能力的角度上看，该放大器不能用来放大 μV 级的差模信号。同样情况下，若将放大器 CMRR 提高到 120dB，则等效在两个输入端之间的差模误差仅为 0.1μV，具有这样的共模抑制能力，就能放大处理 μV 级的微弱信号了。

仪器放大器具有很高的共模抑制比，到目前为止，在需要高共模抑制比的场合是非仪器放大器莫属的。如何正确选取元件参数才能发挥该电路结构高共模抑制比的特点，是仪器放大器设计的关键。同时，电路连接要适当，以充分发挥仪器放大器高共模抑制比的作用。关于仪器放大器的共模抑制比的计算和分析，将在后面章节介绍。

7. 非线性误差

非线性误差（Nonlinearity Error）是指放大电路实际输出输入关系曲线与理想直线的偏差。非线性误差是器件内部缺陷造成的，无法通过外部补偿措施予以消除。非线性误差通常用满量程的百分比表示，精密测量放大器的非线性误差典型值为 0.01%，某些特殊放大器的非线性误差可以达 0.0001%。在检测系统设计时要根据具体指标要求选择放大器，例如，在数据采集系统中 ADC 的分辨率为 12 位，LSB 为 V_{FSR} 的 1/4096（≈0.024%），测量放大器应该选用非线性误差小于 0.5LSB（0.012%）的产品。

8. 带宽

评价放大器带宽（Bandwidth）的指标有小信号带宽（Small Signal Bandwidth，SSBW）、大信号带宽（Large Signal Bandwidth，LSBW）和增益带宽（Gain Bandwidth，GBW）。SSBW 是指当放大器的输入为小信号时（如 0.2V 峰 - 峰值），随着信号频率的增加，当放大器的增益下降到 3dB 时，此时的频率为 SSBW，也就是通常的 3dB 带宽。LSBW 是放大器的输入为大信号（通常为 2V 峰 - 峰值）时测量的，LSBW 指标在视频放大器等应用中显得较为重要。但是在数据采集系统中，更加关注的是 SSBW。GBW 又称为单位增益带宽（Unity - Gain BW），是放大器一个很重要的指标，定义为运放的闭环增益为 1 倍条件下，将一个频率可变恒幅正弦小信号输入到运放的输入端，随着输入信号频率不断变大，输出信号增益将不断减小，当运放的输出端测得闭环电压增益下降 3dB 时，所对应信号频率乘以闭环放大倍数1，所得的增益带宽积。每种型号的放大器，其GBW指标在设计及制造过程中就被确定了。对于电压反馈型放大器，其增益和频率的乘积（Gain Bandwidth Product）是常数，数值上等于GBW。某些厂商（如NS）在产品手册中给出的放大器带宽指标往往是Gain Bandwidth Product，如果放大器工作时的闭环增益为G_{CL}，则3dB带宽SSBW由下式计算：

$$SSBW = GBW/G_{CL} \tag{3-27}$$

9. 摆率和建立时间

在单位时间内，放大器所允许的输出最大电压变化率称为电压摆率（Slew Rate）简称压摆率或摆率，单位为V/μs或V/ns。它反映的是一个放大器在速度方面的指标，表示运放对信号变化速度的适应能力，是衡量运放在大幅度信号作用时工作速度的参数。当输入信号变化斜率的绝对值小于转换速率（SR）时，输出电压才按线性规律变化。信号幅值越大、频率越高，要求运放的SR也越大。一般来说，压摆率越高的运放，其工作电流越大，功耗也越大，压摆率是高速运放的重要指标。一般运放的SR小于10V/μs，高速运放的SR大于10V/μs。

建立时间（Settling Time）是指放大器处于零输入状态时，从放大器的输入端施加一个阶跃信号开始，到放大器的输出与最终的稳定值相差小于某个范围（如0.01%、0.1%、1%）时所花费的时间。建立时间显然与阶跃信号的幅度和允许的误差范围有关，也与放大器运行时的闭环增益有关。

10. 电源电压

目前，有些放大器是双电源供电的，例如OP1177供电电压范围为±(2.5~15)V，AD620供电电压范围为±(2.3~18)V。有些放大器是单电源供电的，例如MAXIM公司的MAX4470/ MAX4471/ MAX4472供电电压范围为1.8~5.5V，TI公司的程控放大器PGA112/ PGA113/ PGA116/ PGA117供电电压范围为2.2~5.5V。有些放大器既可以单电源供电，也可以双电源供电，例如通用放大器LM324的单电源供电范围为3~32V，双电源供电范围为±(1.5~16)V；

需要注意的是，现代放大器经常需要在5V或者更低的单电源环境下工作，因此，放大器轨到轨（Rail-to-Rail）的能力日益受到重视。在输入端，“Rail-to-Rail”是指输入信号可以达到甚至允许稍微超过一点电源电压；在输出端，大部分放大器的“Rail-to-Rail”特性是指输出电压只能在模拟地和电源电压-100mV范围内。

3.2.2 桥式放大电路

应变电阻式、电感式、电容式传感器广泛采用电桥测量电路，即把传感器当作一个电路元件接入测量电桥中，再与运算放大器结合，就构成了电桥放大器。按电桥的结构形式不同，有通用电桥放大器、传感器反馈式电桥放大器和电桥反馈式放大器。

1. 通用电桥放大器

通用电桥放大器的原理电路如图3-17所示。图中左边是应变电阻式单臂传感器电桥，传感器工作臂的应变电阻为$R(1+\delta)$，其中$\delta=\Delta R/R$为相对应变量；右边是由集成运算放大器构成的差动放大电路。

为求输出电压 u_o 与相对应变量 δ 之间的关系，可根据基尔霍夫定理列出节点 a、b 的电流方程式。

由 a 点 $\sum I=0$ 得

$$\frac{U_s-u_a}{R}-\frac{u_a}{R}+\frac{u_o-u_a}{R_f}=0 \tag{3-28}$$

由 b 点 $\sum I=0$ 得

$$\frac{U_s-u_b}{R}-\frac{u_b}{R(1+\delta)}-\frac{u_b}{R_f}=0 \tag{3-29}$$

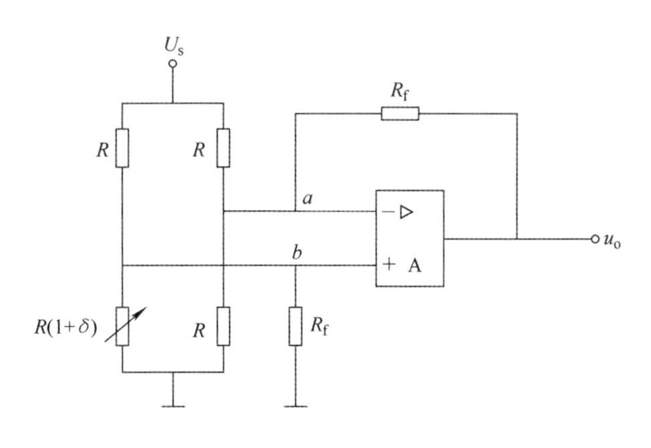

图 3-17　通用电桥放大器

再由运放“虚短”概念：$u_a=u_b$，可推出

$$u_o=U_s\frac{R_f}{R}\frac{\delta}{(1+\delta)\left(1+\frac{R}{R_f}\right)+1} \tag{3-30}$$

通常取 $R_f\gg R$，且 $\delta=\Delta R/R\ll1$，因而上式可改写为

$$u_o=\frac{U_s}{2R}\frac{R_f}{R}\Delta R \tag{3-31}$$

该电路简单，输出电压线性较好，灵敏度高，但测量精度不高。

2. 传感器反馈式电桥放大器

若把传感器构成的可变电阻 $R(1+\delta)$ 当作集成运算放大器的负反馈器件，接入到放大电路中，就构成传感器反馈式电桥放大器，如图 3-18 所示。

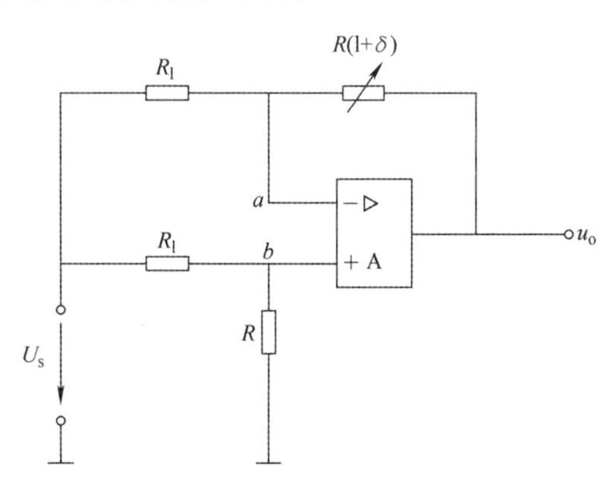

图 3-18　传感器反馈式电桥放大器

根据运算放大器“虚短”概念有

$$u_a=u_b=\frac{R}{R+R_1}U_s \tag{3-32}$$

再由运算放大器“虚开”概念得

$$\frac{u_a-U_s}{R_1}=\frac{u_o-u_a}{R(1+\delta)} \tag{3-33}$$

可求出输出电压 u_o 与传感器相对应变量 δ 之间的关系为

$$u_o=-U_s\frac{R}{R+R_1}\delta \tag{3-34}$$

该电路结构简单，输出电压线性好，但灵敏度低，即电路放大倍数小，通常需进行二次放大。

3. 电桥反馈式放大器

若将整个传感器电桥当作集成运算放大器的负反馈器件，则构成电桥反馈式放大器，如图 3-19 所示。

因为 $i_1=i_2=0$，故

$$u_o=\left(1+\frac{R_2}{R_1}\right)u_e \tag{3-35}$$

又因为 $i_1=0$ 和 $u_a=0$，故

$$\begin{cases} u_c=\dfrac{1}{2}U_s & (3\text{-}36)\\ u_d=-\dfrac{1}{2}U_s & (3\text{-}37)\end{cases}$$

考虑到 $i_2=0$，有

$$\frac{u_c-u_e}{R}=\frac{u_e-u_d}{R(1+\delta)} \tag{3-38}$$

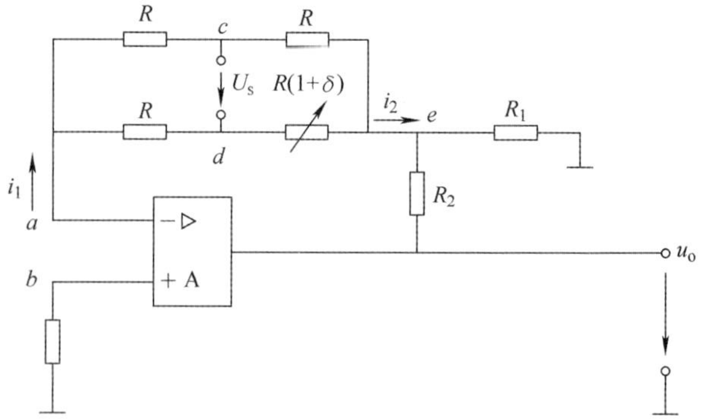

图 3-19　电桥反馈式放大器

综合上述式子，可得出输出电压 u_o 与传感器相对应变量 δ 之间的关系为

$$u_o=\frac{U_s}{4}\frac{R_1+R_2}{R_1}\frac{\delta}{1+\delta/2}=\frac{U_s}{4}\left(1+\frac{R_2}{R_1}\right)\frac{1-\delta/2}{1-(\delta/2)^2}\delta \tag{3-39}$$

考虑到 δ 很小，忽略 δ 的二次项，可得出 u_o 的近似表达式为

$$u_o=\frac{U_s}{4}\left(1+\frac{R_2}{R_1}\right)\left(1-\frac{\delta}{2}\right)\delta \tag{3-40}$$

从电桥反馈式放大器的输出电压表达式和原理图不难看出，电桥反馈式放大器有如下特点：

1）电压放大倍数与桥臂电阻无关，因此对桥臂电阻要求不高，便于电路调试。

2）输出电压 u_o 与相对应变量 δ 之间呈非线性关系，但灵敏度较高。

3）由于运放采用单端输入方式，故对共模电压无抑制能力。

4）需要不接地的供桥电源 U_s。

4. 实用例子

Analog Devices 公司的精密、低噪声、低输入失调电路放大器 OP1177 的热电阻单臂桥式放大电路如图 3-20 所示。OP1177 的输入失调电流最大为 2nA，最大失调电压为 60μV，电压噪声密度为 $8\text{nV}/\sqrt{\text{Hz}}$，CMRR（共模抑制比）、PSRR（电源抑制比）大于 120dB，双电源供电，适合于热电阻桥式放大电路。基准电压采用 Analog Devices 公司的 ADR421 低噪声电压基准芯片，其输出为 2.5V，其噪声峰 - 峰值为 1.75μV，温度系数为 $3\times10^{-6}/℃$，输出电流最大 10mA。若热电阻采用 PT1000，即其在 0℃ 的阻值为 1000Ω，桥式固定电阻为 1kΩ，R_f 取 20kΩ，则由式（3-28）可得

$$U_{OUT}=2.5\times20\times\delta/(2\times1000)\text{mV}=2.5\delta\text{mV}$$

若要求测温范围为 0～80℃，则根据 PT1000 的分度表可知，最大输出电压为 $U_{OUT}=2.5\times309\text{mV}=772.5\text{mV}$，温度每变化 1℃，电压输出变化 ΔU 约为 7.5mV。为了满足 ADC 采样（假定 ADC 参考电压为 3.3V），该桥式放大电路需要接下一级放大电路，放大倍数 4 倍即可。

3.2.3　高输入阻抗放大器

如 3.2.1 节所述，当传感器输出电阻较大，尤其是在其输出电阻不为定值时，要求后级

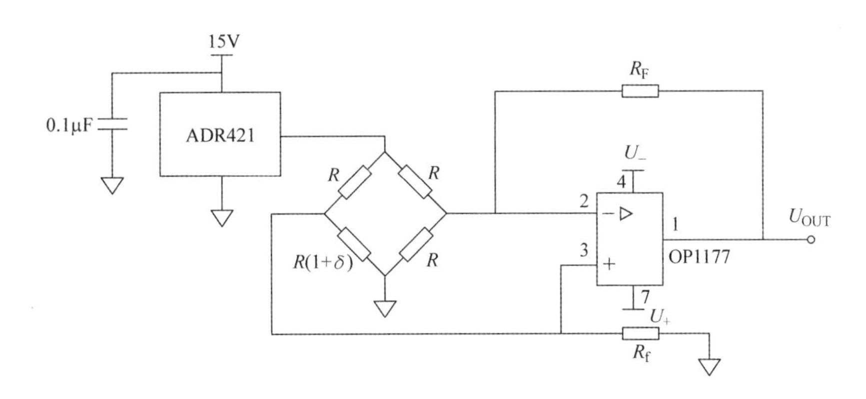

图 3-20　单臂桥式放大电路

放大电路输入阻抗大，以减少测量误差。本节介绍几种常用的高输入阻抗放大电路。

1. 反馈式反相放大电路

图 3-21 是由两个通用运算放大器组成的反馈式反相放大器原理图。其中，A_1是主放大器，A_2是提供自举反馈的辅助放大器。

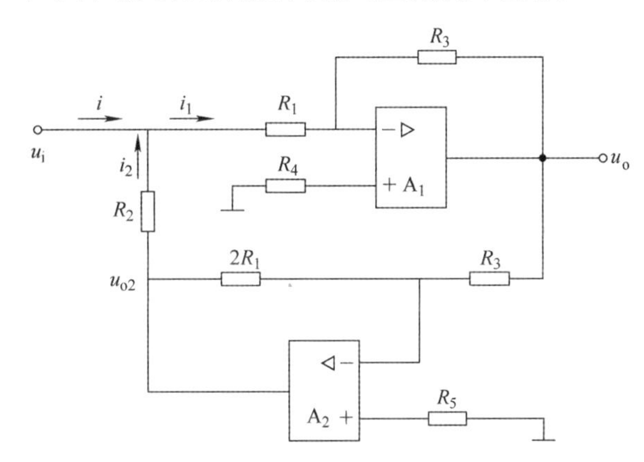

图 3-21　反馈式反相放大电路

电路的电压放大倍数完全由运算放大器 A_1组成的反相放大器决定，即

$$u_o = -\frac{R_3}{R_1}u_i \tag{3-41}$$

辅助运算放大器 A_2 的作用是提供一个电流 i_2 供给 A_1，使输入回路电流 i 下降，从而增大输入电阻。输入电阻可根据 $R_i = u_i/i$ 求取。

$$u_{o2} = -\frac{2R_1}{R_3}u_o = 2u_i \tag{3-42}$$

$$i = i_1 - i_2 = \frac{u_i}{R_1} - \frac{u_{o2} - u_i}{R_2} = \frac{R_2 - R_1}{R_1 R_2}u_i \tag{3-43}$$

$$R_i = \frac{u_i}{i} = \frac{R_2 R_1}{R_2 - R_1} \tag{3-44}$$

当 $R_2 \approx R_1$ 时，输入电阻 $R_i \to \infty$，输入电流 $i \to 0$，$i_1 \approx i_2$，即 A_1的输入电流完全由 A_2提供。这样，反馈式反相放大器可获得很高的输入阻抗。但是值得注意的是，在这种电路中，R_2 一定要略大于 R_1，不能小于或等于 R_1，否则将使电路产生自激。反馈式反相放大电路的电压增益并不很高，要提高输出电压，必须增大 R_3 或减小 R_1。而 R_1 减小会使输入阻抗 R_i 变小，因此增大电压增益必须增大 A_1 的反馈电阻 R_3。但 R_3 太大会增大漂移，降低精度。因此，该电路适用于电压增益不是很高的场合。

2. 同相串联差动放大电路

图 3-22 为同相串联差动放大电路，它由两个同相放大器串联组成。差动信号从两个放

大器的同相端送入，从而可以获得很高的输入阻抗。

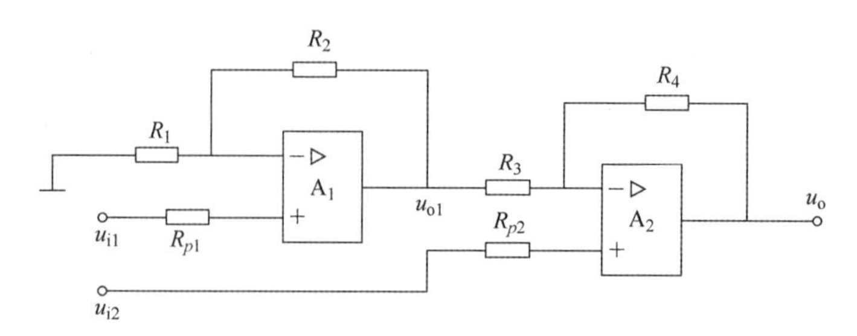

图 3-22　同相串联差动放大电路

由图可得

$$u_{o1}=\left(1+\frac{R_2}{R_1}\right)u_{i1} \tag{3-45}$$

由叠加定理，可求出输出电压 u_o 为

$$u_o=\left(1+\frac{R_4}{R_3}\right)u_{i2}-\frac{R_4}{R_3}\left(1+\frac{R_2}{R_1}\right)u_{i1} \tag{3-46}$$

对于差动放大器，差模信号 $u_{id}=u_{i2}-u_{i1}$，共模信号 $u_{ic}=(u_{i1}+u_{i2})/2$，由此可得 $u_{i1}=u_{ic}-u_{id}/2$，$u_{i2}=u_{ic}+u_{id}/2$，代入式（3-46）可得

$$u_o=\left(1-\frac{R_2R_4}{R_1R_3}\right)u_{ic}+\frac{1}{2}\left(1+\frac{2R_4}{R_3}+\frac{R_2R_4}{R_1R_3}\right)u_{id} \tag{3-47}$$

上式第一项为共模输出电压，要抑制共模信号，此项值必须为零，即要求 $R_2R_4=R_1R_3$，此时差模输出电压为

$$u_{od}=\left(1+\frac{R_4}{R_3}\right)u_{id}=\left(1+\frac{R_4}{R_3}\right)(u_{i2}-u_{i1}) \tag{3-48}$$

可见，同相串联差动放大电路输出电压与输入电压差成正比。需要注意的是，该电路的优点是当 $R_1=R_4$ 和 $R_2=R_3$ 时，该电路的输入阻抗高且平衡，允许信号源有不平衡输出阻抗。此外，它的输入偏置电流通过双运放同相输入端所需电流设定，其典型值非常低。该电路的缺点是不能以单位增益工作，当电路增益降低时，共模电压输入范围降低；当共模电压为交流信号时，由于放大器 A_1 产生的相移（延迟）将导致其输出端 u_{o1} 的电压略微滞后于直接施加在 u_{i2} 的共模电压。即使 u_{i1} 和 u_{i2} 两个电压的幅值都为理想值，两者之间的相位差将在 u_{i1} 与 u_{i2} 之间产生瞬时偏差，从而导致共模抑制比的降低。

3. 仪表放大器电路

仪表放大器又称测量放大器（Instrumentation Amplifiers），其具有高输入阻抗、高共模抑制比、高增益、高稳定性和优良的动态性能等特点，应用非常广泛。除了数据采集和测量仪器领域外，在通信、生物医学工程、电子对抗和电子侦察、电子安防、自动控制、高保真视听（AV）设备等领域都发挥着重要的作用。其电路如图 3-23 所示。图中 A_1、A_2、R_1、R_2、R_G 构成第一级差分放大电路；A_3、R_4、R_5、R_6、R_7 构成第二级减法电路。

（1）电压增益的计算　设加在运放 A_1 同相端的输入电压为 u_1，加在运放 A_2 同相端的输入电压为 u_2，若 A_1、A_2、A_3 都是理想运放，则 $u_1=u_3$、$u_2=u_4$，有

$$i_G=\frac{u_3-u_4}{R_G}=\frac{u_1-u_2}{R_G} \tag{3-49}$$

$$u_5=u_3+i_GR_1=u_1+\frac{u_1-u_2}{R_G}R_1 \tag{3-50}$$

$$u_6=u_4-i_GR_2=u_2-\frac{u_1-u_2}{R_G}R_2 \tag{3-51}$$

因此，测量放大器第一级的电压增益为

$$A_{d1}=\frac{u_5-u_6}{u_1-u_2}=1+\frac{R_1+R_2}{R_G} \tag{3-52}$$

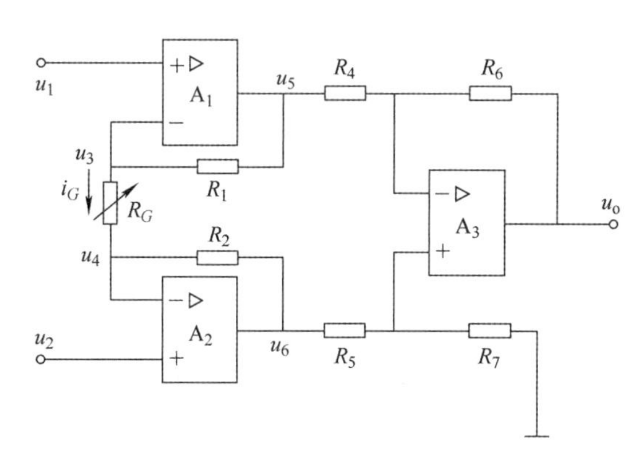

图 3-23　仪表放大器电路

对第二级减法电路，由电压叠加定理，可得电压输出为

$$u_o=\frac{R_4+R_6}{R_4}\frac{R_7}{R_5+R_7}u_6-\frac{R_6}{R_4}u_5 \tag{3-53}$$

若取 $R_1=R_2$，$R_4=R_5$，$R_6=R_7$，则整个放大电路的电压增益为

$$A_d=-\left(1+\frac{2R_1}{R_G}\right)\frac{R_6}{R_4} \tag{3-54}$$

由此可见，调整 R_G 的阻值和 R_6/R_4 的比值，可以改变放大电路的增益。

（2）共模抑制比的计算　为了分析方便，记集成运放 A_1、A_2、A_3 的共模抑制比为 $CMRR_1$、$CMRR_2$、$CMRR_3$。第一级放大器的共模抑制比为 $CMRR_Ⅰ$、第二级放大器的共模抑制比为 $CMRR_Ⅱ$，仪表放大器的共模抑制比为 CMRR。

1）$CMRR_Ⅱ$ 的计算。第二级减法电路共模抑制比受 $CMRR_3$ 以及外部电阻 R_4、R_5、R_6、R_7 的匹配精度这两个因素的制约。先设 $CMRR_3=\infty$，集成运放的其他参数也认为是理想值，仅由电阻失配引起的第二级共模抑制比记为 $CMMR_R$。由式（3-53）可得第二级放大器的共模增益为

$$A_{c2}=\left(\frac{R_4+R_6}{R_4}\frac{R_7}{R_5+R_7}\right)-\left(\frac{R_6}{R_4}\right) \tag{3-55}$$

第二级放大器的差模增益为

$$A_{d2}=-\frac{1}{2}\left[\left(\frac{R_4+R_6}{R_4}\frac{R_7}{R_5+R_7}\right)+\left(\frac{R_6}{R_4}\right)\right] \tag{3-56}$$

当电阻匹配时，$R_4=R_5=R_m$，$R_6=R_7=R_n$，$A_{c2}=0$，由定义可知 $CMMR_R=\infty$，考虑到电阻误差，$A_{c2}\neq0$，$CMMR_R\neq\infty$。将各个电阻误差按其中最大误差 δ 取值，即 $R_4=R_5=R_m(1\pm\delta)$，$R_6=R_7=R_n(1\pm\delta)$，并且在最坏的组合情况下，经数学运算，可得 A_{c2m} 的最大可能值为

$$A_{c2m}=4\delta/(1+1/A_{d2}) \tag{3-57}$$

所以，由电阻失配可得共模抑制比从无穷大最大可能降至

$$CMMR_R=A_{d2}/A_{c2m}=\frac{1+|A_{d2}|}{4\delta} \tag{3-58}$$

可见，由于第二级放大器的差模放大倍数受到仪表放大器放大倍数的限制，外围电阻的误差会严重影响第二级共模抑制比的提高。例如，若 δ 在 0.01% 数量级，$|A_{d2}|=1$ 时，

$CMMR_R$ 只能到 74dB 左右。由于 $CMMR_R$ 与 $CMRR_3$ 对 $CMRR_{Ⅱ}$ 的作用相当于并联关系（该结论可参考相关文献，这里不给出推导过程），第二级放大器的共模抑制比 $CMRR_{Ⅱ}$ 可由下式给出：

$$CMRR_{Ⅱ}=\frac{CMRR_R\times CMRR_3}{CMRR_R+CMRR_3} \tag{3-59}$$

可见，要使 $CMRR_{Ⅱ}\approx CMRR_R$，则要求外部电阻匹配良好，且 $CMRR_3$ 越大越好。如当 $CMRR_3$ 大于 110dB 时，$CMRR_{Ⅱ}\approx CMRR_R$。

2）$CMRR_{Ⅰ}$ 的计算。设第一级输入的共模信号为 e_{CM}，即 $u_1=u_2=e_{CM}$，那么根据电压叠加定理，有

$$u_5=u_3(1+R_1/R_G)-u_4R_1/R_G \tag{3-60}$$

$$u_6=u_4(1+R_2/R_G)-u_3R_2/R_G \tag{3-61}$$

由运放的差模和共模输入、输出关系，有

$$u_5=A_{ud1}(e_{CM}-u_3)+\frac{1}{2}A_{uc1}(e_{CM}+u_3) \tag{3-62}$$

$$u_6=A_{ud2}(e_{CM}-u_4)+\frac{1}{2}A_{uc2}(e_{CM}+u_4) \tag{3-63}$$

式中　A_{ud1}、A_{uc1}——A_1 的差模和共模增益；

A_{ud2}、A_{uc2}——A_2 的差模和共模增益，且 $A_{ud1}>>1$、$A_{ud2}>>1$。可以得到

$$u_3\approx e_{CM}(1+1/CMRR_1) \tag{3-64}$$

$$u_4\approx e_{CM}(1+1/CMRR_2) \tag{3-65}$$

于是

$$u_5=e_{CM}[\alpha_1(1+R_1/R_G)-\alpha_2R_1/R_G] \tag{3-66}$$

$$u_6=e_{CM}[\alpha_2(1+R_2/R_G)-\alpha_1R_2/R_G] \tag{3-67}$$

式中，$\alpha_i=(CMRR_i+1)/CMRR_i$，而 $CMRR_i$ 指第 i 个运放的共模抑制比。因为这种改变不是由失调电压引起的，所以产生的差模信号将直接作用于输出级，有

$$u_5-u_6=-e_{CM}A_{d1}(\alpha_2-\alpha_1) \tag{3-68}$$

式中，$A_{d1}=(R_1+R_2+R_G)/R_G$，为第一级放大电路的差模增益。因此，可得

$$CMRR_{Ⅰ}=\frac{CMRR_1\times CMRR_2}{CMRR_1-CMRR_2} \tag{3-69}$$

由上式可知，第一级放大电路的共模抑制比与外围电阻无关；使 $CMRR_1$ 与 $CMRR_2$ 的值越接近，第一级放大电路的共模抑制比就越大。需要注意的是若 R_G 中点接地，则要求 R_1 与 R_2 匹配，否则会对第一级放大电路的共模抑制比有影响。

3）CMRR 的计算。仪表放大器的共模抑制比 CMRR 由组成它的两级放大器的共模抑制比决定。由叠加定理，总共模误差输出 u_{oc} 为两级共模误差输出之和，可得

$$u_{oc}=\frac{e_{CM}}{CMRR_{Ⅰ}}\times A_{d1}\times A_{d2}+\frac{e_{CM}}{CMRR_{Ⅱ}}\times A_{d2} \tag{3-70}$$

式中，$A_{d1}\times A_{d2}=A_d$ 为仪表放大器的差模放大倍数，$u_{oc}/e_{CM}=A_c$ 为仪表放大器的共模放大倍数，可得仪表放大器的共模抑制比 CMRR 为

$$\mathrm{CMRR}=\frac{A_d}{A_c}=\frac{1}{\dfrac{1}{\mathrm{CMRR}_{\mathrm{I}}}+\dfrac{1}{A_{d1}\times\mathrm{CMRR}_{\mathrm{II}}}}=\mathrm{CMRR}_{\mathrm{I}}\,/\!/\,(A_{d1}\times\mathrm{CMRR}_{\mathrm{II}}) \tag{3-71}$$

因此，若 $\mathrm{CMRR}_{\mathrm{I}}>>A_{d1}\times\mathrm{CMRR}_{\mathrm{II}}$，得 $\mathrm{CMRR}\approx A_{d1}\times\mathrm{CMRR}_{\mathrm{II}}$。

综上所述，要使仪表放大器有较高的 CMRR 以及使它发挥高共模抑制比的作用，第一级共模抑制比的匹配与第二级外围电阻的匹配是重要因素。另外，若 R_G 中点接地，则要求 R_1 与 R_2 匹配，否则会对第一级放大电路的共模抑制比有影响。

4）单片（Monolithic）仪表放大器芯片。在仪表放大器实际应用电路中，第一级运放共模抑制比的不匹配、电阻的误差及温漂会造成增益的不准确及共模抑制比的降低。目前，有许多 IC 厂家推出了单片仪表放大器芯片。所有元件和电路都封装在一个芯片中，所有元件（尤其是内部的晶体管）的工作环境一致。在外界温度发生变化的过程中，不会因为各个元件的温度不一致而导致放大器的特性劣化。随着 IC 电路制造工艺的进步，集成仪表放大器内部各元件的一致性、对称性和匹配度也得到提高。例如，目前高精度仪表放大器的内部普遍采用激光修正（Laser－Trimmed）技术，使每个电阻的阻值更加精确。为了提高对称性，甚至在引脚布局上都做了精心的考虑，尽可能消除分布参数的影响。

常用的仪表放大器芯片有 TI 公司的 INA128/INA129/INA333、ADI 公司的第二代（AD62x 系列）与第三代（AD822x 系列）及 MAXIM 公司的 MAX4208 等。图 3-24 为 ADI 公司芯片 AD620、AD8221 和 AD8222 引脚封装图。表 3-2 为 ADI 公司最新一代仪表放大器性能一览表。

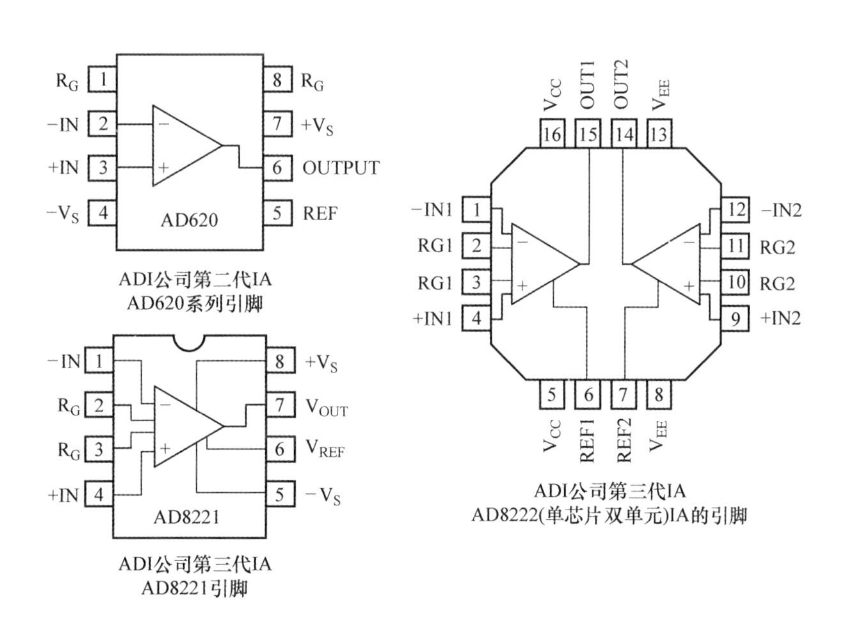

图 3-24　AD620、AD8221 和 AD8222 引脚封装图

表 3-2　ADI 公司最新一代仪表放大器性能一览表

产品型号	特点	电源电流（典型值）/mA	-3dB 带宽（典型值）（$G=10$）/kHz	CMRR $G=10$（dB）（最小值）	输入失调电压（最大值）/μV	失调电压漂移（最大值）/（μV/℃）	RTI 噪声/（nV/$\sqrt{\text{Hz}}$）（$G=10$）	输入偏置电流（最大值）/nA
AD8221	精密，高带宽	0.9	560	100	60	0.4	11（最大值）	1.5
AD620	通用	0.9	800	95	125	1	16（最大值）	2
AD8225	精密增益=5	1.1	900	83	150	0.3	45（典型值）	1.2
AD622	低成本	0.9	800	86	125	1	14（典型值）	5
AD621	精密增益	0.9	800	93	250	2.5	17（最大值）	2
AD623	低成本，S. S.	0.375	800	90	200	2	35（典型值）	25
AD627	微功耗，S. S.	0.06	80	100	250	3	42（典型值）	10

下面以 AD620 芯片为例，介绍其性能和典型应用。

多年来，AD620 已经成为工业标准的高性能、低成本的仪表放大器。AD620 是一种完整的单片仪表放大器，提供 8 引脚 DIP 和 SOIC 两种封装。用户使用一只外部电阻器可以设置 1～1000 任何要求的增益。按照设计要求，增益 10 和 100 需要的电阻值是标准的 1% 金属膜电阻值。AD620 的原理图如图 3-25 所示，它是传统 AD524 仪表放大器的第二代产品，并且包含一个改进的传统三运放电路。经过激光微调的片内薄膜电阻器 R_1 和 R_2，允许用户仅使用一只外部电阻器便可将增益精确设置到 100，最大误差在 ±0.3% 之内。单片结构和激光晶圆微调允许电路元器件精密匹配和跟踪。

由 Q_1 和 Q_2 构成的前置放大器级提供附加的增益前端。通过 $Q_1-A_1-R_1$ 环路和 $Q_2-A_2-R_2$ 环路反馈使通过输入器件 Q_1 和 Q_2 的集电极电流保持恒定，由此使输入电压加在外部增益设置电阻器 R_G 的两端。这就产生了一个从输入到 A_1/A_2 输出的差分增益 G，$G=(R_1+R_2)/R_G+1$。减法器 A_3 消除了任何共模信号，并产生一个相对于 REF 引脚电位的单端输出。

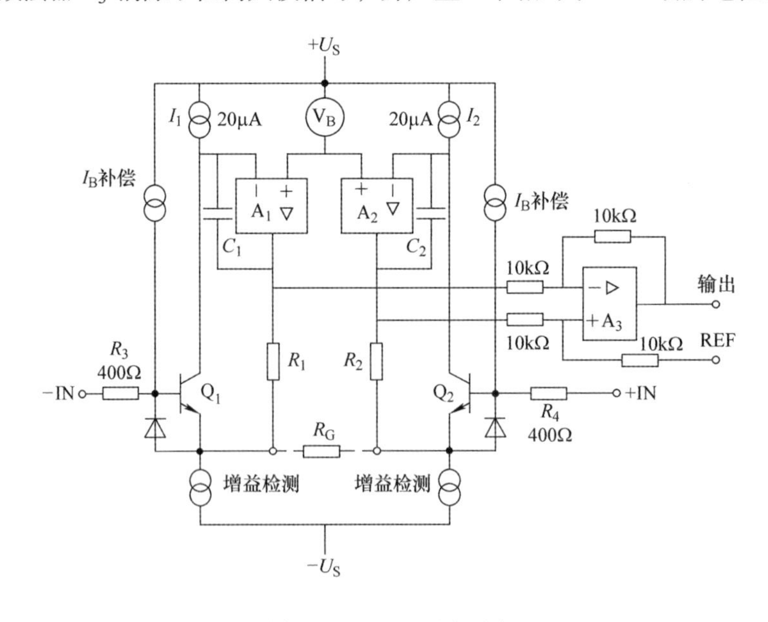

图 3-25　AD620 原理图

R_G的值还决定前置放大器级的跨导。为了提供增益而减小 R_G时，前置放大器级的跨导逐渐增加到相应输入晶体管的跨导值，有三个主要优点：第一，随着设置增益的增加，开环增益也随着增加，从而降低增益相对误差。第二，增益带宽乘积（由 C_1，C_2 和前置放大器跨导决定的）随着设置的增益一起增加，因而优化了放大器的频率响应。图 3-26a 示出 AD620 的闭环增益与频率的关系。AD620 还在宽频率范围内具有优良的 CMRR，如图 3-26b 所示。第三，输入电压噪声减小到 $9\text{nV}/\sqrt{\text{Hz}}$，主要是由输入器件的集电极电流和基极电阻决定的，内部增益电阻器 R_1 和 R_2 的阻值已经调整到 24.7kΩ，从而允许只利用一只外部电阻器便可精确地设置增益。选择 24.7kΩ 是便于使用标准 1% 电阻器设置最常用的增益。增益公式为

$$G=\frac{49.4\text{k}\Omega}{R_G}+1 \tag{3-72}$$

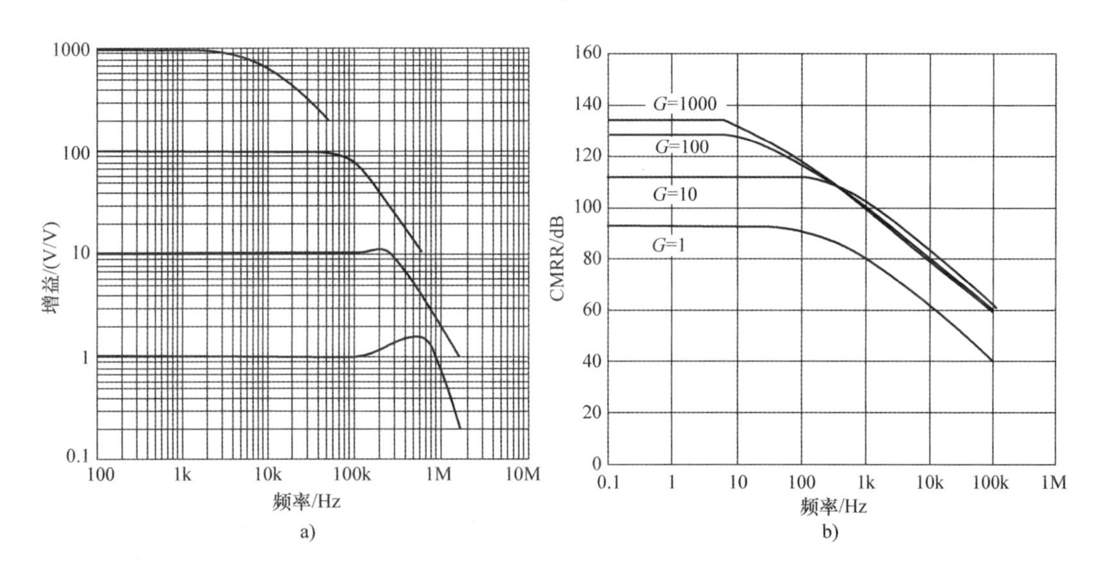

图 3-26　AD620 的闭环增益、共模抑制比与频率的关系

a）闭环增益与频率的关系　b）共模抑制比与频率的关系

5）使用单片集成仪表放大器应注意的事项。

① 单电源和双电源。仪表放大器供电的传统方法是采用双极性电源，其具有允许正负输入摆幅和输出摆幅的优点。由于实际应用需求不同，有些系统只能提供单电源，这时可以选择轨到轨单电源仪表放大器，其输出电压摆幅接近电源电压。

② 电源旁路、解耦。电源解耦是一个经常被工程师忽视的重要细节。通常，旁路电容器（典型值为 0.1μF）连接在每个 IC 的电源引脚和地之间。尽管这种做法在通常情况下适合，但是在实际应用中可能无效，甚至产生比没有旁路电容器更坏的瞬态电压。因此考虑电路中的电流在何处产生，从何处返回和通过什么路径返回是很重要的问题。一旦确定，应当在地周围和其他信号路径周围旁路这些电流。

③ 输入回路的设计。使用仪表放大器电路最常见的应用问题是缺乏为仪表放大器输入偏置电流提供一个直流返回路径。这通常发生在当仪表放大器的输入是容性耦合时。如图 3-27 所示电路。这里输入偏置电流快速对电容 C_1 和 C_2 充电直到仪表放大器的输出达到电

源电压或地电位。

解决上述问题的方法是在每个输入端和地之间添加一个高阻值电阻 R_1、R_2，如图 3-28 所示。输入偏置电流可以自由流入地并且不会像以前那样产生大输入失调。R_1 和 R_2 的实际值通常为 1MΩ（或小于 1MΩ）。电阻值的选择是在失调误差和电容值之间取折中。输入电阻越大，由于输入失调电流引起的输入失调电压越大。失调电压漂移也会增加。当 R_1 和 R_2 选用较低的电阻值时，C_1 和 C_2 必须使用很高的输入电容值以提供相同的 -3dB 转折频率 $1/(2\pi R_1 C_1)$，这里 $R_1 = R_2$，并且 $C_1 = C_2$。除非交流耦合电容器的输入端出现大的直流电压，否则应当使用非极性电容器。因此，为了保持器件的尺寸和成本尽可能小，C_1 和 C_2 应为 0.1 μF 或更小。输入耦合电容器的额定工作电压需要足够高，以避免因任何可能发生的高输入瞬态电压而造成的击穿。

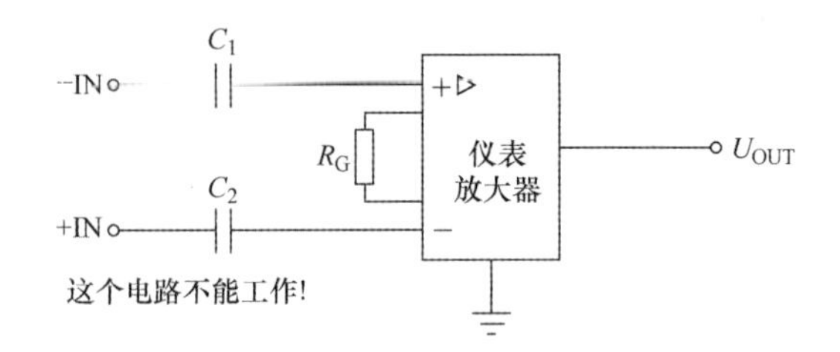

图 3-27　缺乏输入偏置电流返回路径的交流耦合仪表放大器电路

由于 $I_{B1}R_1 - I_{B2}R_2 = \Delta U_{OS}$，$R_1$ 和 R_2 之间的任何不匹配都将引起输入失调电流 $I_B = I_{B1} - I_{B2}$，都将产生输入失调电压误差。由于输入偏置电流值非常宽，因此 ADI 公司制定的指导性原则是保持输入失调电流 I_B 与总输入电阻的乘积小于 10mV。

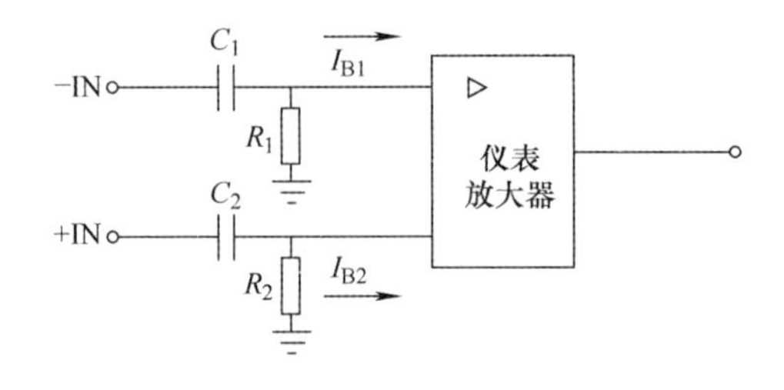

图 3-28　每个输入端和地之间的高阻值电阻提供一个有效的直流返回路径

④ 同轴电缆的阻抗匹配与驱动屏蔽。当信号的频率超过几百 kHz 时，就需要对传输信号的同轴电缆进行阻抗匹配，以防止阻抗不匹配引起的近端或远端反射干扰。一般传输小信号的同轴电缆的阻抗是 50Ω 或 75Ω 系列，电缆的阻抗匹配只需要简单地在电缆的内芯导线与外屏蔽层之间接 50Ω 或 75Ω 的电阻。

仪表放大器的两个差分输入端需要使用两根同轴电缆，如图 3-29a 所示。虽然同轴电缆可以保护传输信号的芯线不受外界电磁场的干扰，但电缆的芯线与屏蔽层之间不可避免地存在分布电阻和电容，其等效电路如图 3-29b 所示。共模干扰信号经过电缆后，由于分布电阻和电容的不同，共模干扰信号将转换成差模信号。

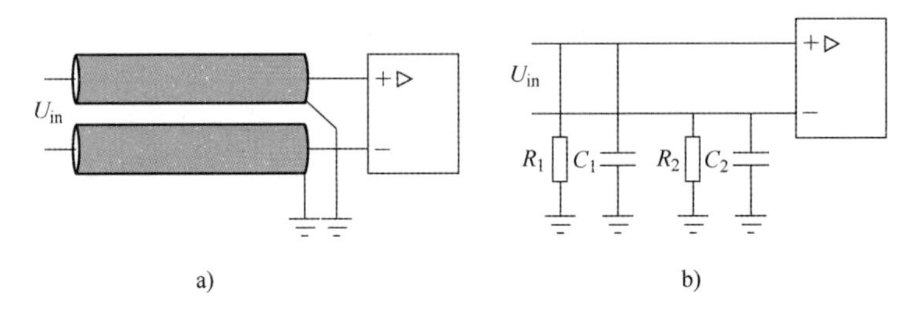

图 3-29　同轴电缆信号传输及等效电路

为了避免屏蔽电缆的分布电容和电阻带来的不利影响，可以采用驱动屏蔽电缆技术：将芯线传输的信号通过电压跟随器 1∶1 放大后接同轴电缆的屏蔽层（屏蔽层相当于接到一个低内阻的电压源上），由于屏蔽电缆芯线上的电压与屏蔽层上的电压相等，屏蔽电缆分布电阻和分布电容两端等电位，从而起到对共模干扰信号的抑制作用。如图 3-30 所示为 AD620 差分屏蔽驱动电路，共模信号从 R_G 两端引出，经 AD648 运放接到信号电缆的内屏蔽层上。

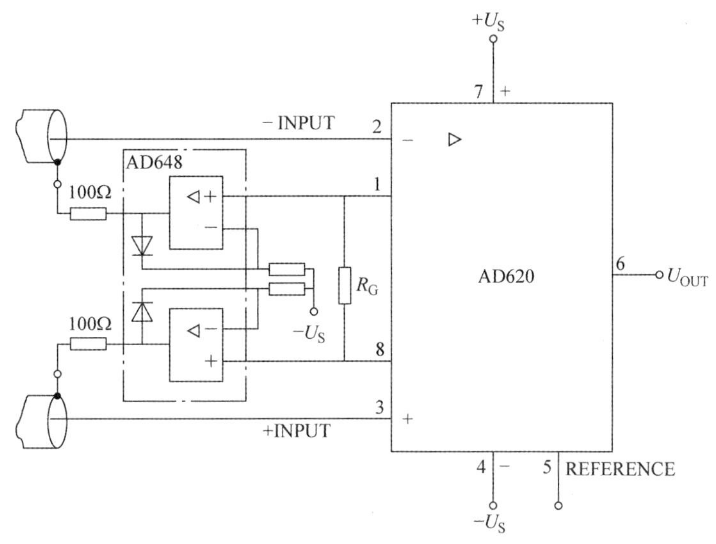

图 3-30　差分屏蔽驱动电路

由于接地是实现静电屏蔽的有效手段，为此可在几根电缆外层再增加一层屏蔽层，外屏蔽层接地。这就是所谓的双层屏蔽等电位传输技术。

⑤ 输入保护。作为数据采集系统的接口放大器，经常遇到输入过载，即输入信号超过了在特定增益下最大幅度范围，甚至超过了电源电压。在三运放仪表放大器结构中，差模信号加载到 R_G 两端。如果增益较大，R_G 则较小，可能无法承受过载电流，通常的做法是在输入端串接限流电阻。如图 3-31 所示为 AD620 系列仪表放大器内部的输入电路，两个 400Ω 的电阻为限流电阻。需要注意的是在输入端加限流电阻起到保护作用的同时也会增加电路的噪声。比如，在常温下 1kΩ 电阻器的热噪声大约是 $4\mathrm{nV}/\sqrt{\mathrm{Hz}}$，与低噪声仪表放大器噪声水平在同一数量级上，因此，在低噪声仪表放大器输入端要慎用高阻值电阻。我们在实际设计电路时，要在提供的保护作用和增加的噪声之间进行权衡。

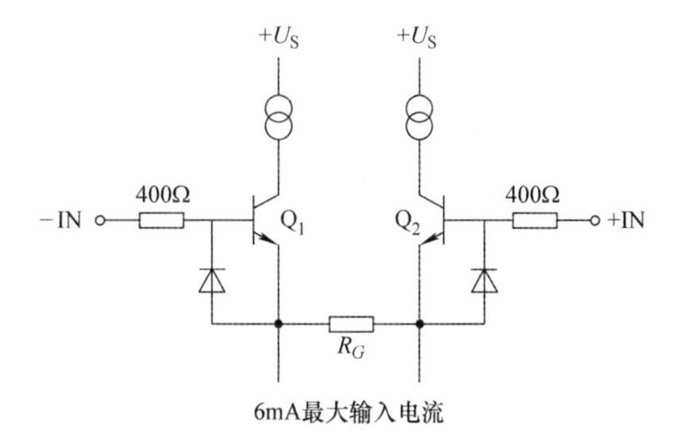

图 3-31　AD620 系列仪表放大器输入电路

对于绝大多数应用，限流电阻器是唯一能够对静电释放（ESD）和较长时间输入瞬态过载提供充分保护的方案。但在一些特殊应用中（例如电子除颤器，它利用短脉宽、高电压）经常需要用外部钳位二极管做器件的输入保护，如图 3-32 所示。由于使用了大电流二极管，所以增加了输入保护，它允许使用阻值降低许多的输入保护电阻器，从而也减小了电路噪声。但是，大多数普通二极管（肖特基二极管和硅二极管等）都具有很高的泄漏电流，会在仪表放大器的输出端产生很大的失调误差。因此，图 3-32 中 $VD_1 \sim VD_4$ 应选用泄漏电流小的肖特基二极管，如国际整流器公司的 SD101 系列产品，这些器件具有 200nA 最大泄漏电流和400mW典型功耗。

⑥ R_G 对增益误差的影响。集成仪表放大器的内部电阻经过激光修正后，精度可以满足芯片总体技术指标，上下对称的结构以及封装在一个芯片内部，也无须担心电阻的温度系数问题。但是对于外部用于设置的 R_G 来说，其精度、容差、温度系数，甚至 R_G 的布局和空间位置都有可能造成增益误差。对于 R_G 的选用和PCB布局有如下建议：

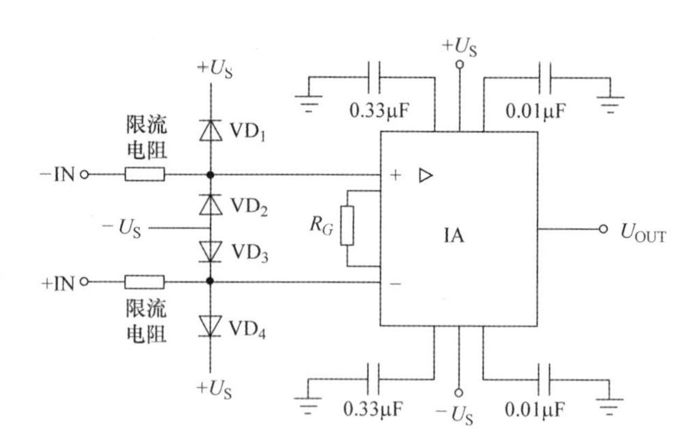

图3-32　使用限流电阻和钳位二极管做输入保护

■ 尽可能选用固定增益的集成仪表放大器。必须使用外部 R_G 时，为保证增益精度，建议选用镍铬系电阻合金或锰铜镍绕行电阻，或者选用类似美国RCD COMPONENTS公司的HP系列精密电阻。

■ 在进行PCB设计时，为防止 R_G 两个连接点的温度不同而导致热电偶效应，R_G 的布放位置和姿态要考虑实际电路的温度梯度分布和冷却气流的方向等问题。

⑦ 减少输入射频干扰（RFI）。在实际应用时，必须处理仪表放大器不断增加的射频干扰（RFI），尤其是在信号传输线路长及信号强度低的场合。对于20kHz以上的射频信号，仪表放大器没有共模抑制能力。很强的RF信号侵入后，会被仪表放大器的输入级整流，表现为直流失调误差。一旦被整流，其输出端的低通滤波不能去除这个误差。如果RFI是断续性的，还会导致无法检测的测量误差。

抑制RFI的最好方法是在仪表放大器之前加差分输入低通滤波器，其主要作用是尽可能去除输入端的RFI，不破坏输入交流信号的对称和平衡，在测量带宽内维持输入高阻。RFI滤波器的一般结构如图3-33所示，图中阻容元件的参数是根据AD8220～AD8222的噪声和宽带指标设计的。

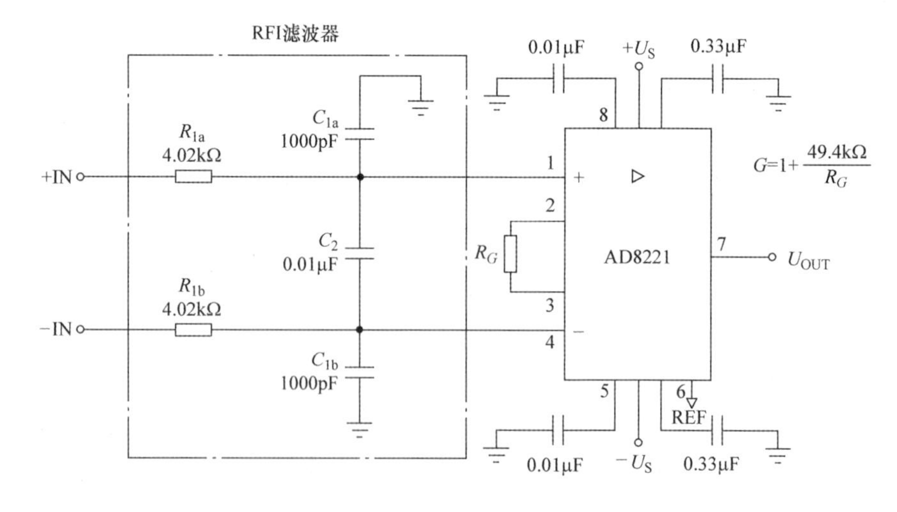

图3-33　用于防止RFI整流误差的低通滤波器电路

因为 C_{1a}/R_{1a} 和 C_{1b}/R_{1b} 时间常数的任何不匹配都会使电桥不平衡并且降低高频共模抑制，所以为保证对称性，应有 $R_{1a}=R_{1b}=R_1$，$C_{1a}=C_{1b}=C_1$。图 3-33 中 C_2 跨接电桥输入端可以有效地减小由于不匹配造成的交流共模抑制比误差。例如，如果 C_2 比 C_{1a}（或 C_{1b}）大 10 倍，那么它能将由于 C_{1a}/C_{1b} 不匹配造成的交流共模抑制比误差降低 20 倍。注意，该滤波器不影响直流共模抑制比。下面对该电路的差模信号和共模信号的带宽进行计算。

对于差模信号，$R=R_{1a}+R_{1b}=2R_1$；C 为 C_{1a} 与 C_{1b} 串联后再与 C_2 并联，$C=C_2+C_1/2$。因此，对于差分信号的带宽为 $BW_d=\dfrac{1}{2\pi R_1(2C_2+C_1)}$。

对于共模信号，C_2 不起作用，共模信号相当于通过两个并联的低通滤波器，$R=R_1/2$，$C=2C_1$。因此，对于共模信号的带宽为 $BW_c=\dfrac{1}{2\pi R_1 C_1}$。

由于 C_1 远小于（$2C_2+C_1$），因此共模带宽远大于差模带宽，实际应用时 R 和 C 值应根据仪表放大器的具体指标选取。

另外，采用高频扼流圈也是消除 RFI 的有效方法，其电路如图 3-34 所示。共模扼流圈提供了一种使用最少元器件减小 RFI 的简单的方法，并且提供了一个更宽的信号通带，但这种方法的有效性依赖于所使用的具体共模扼流圈的质量，因此应该选用内部匹配优良的扼流圈。

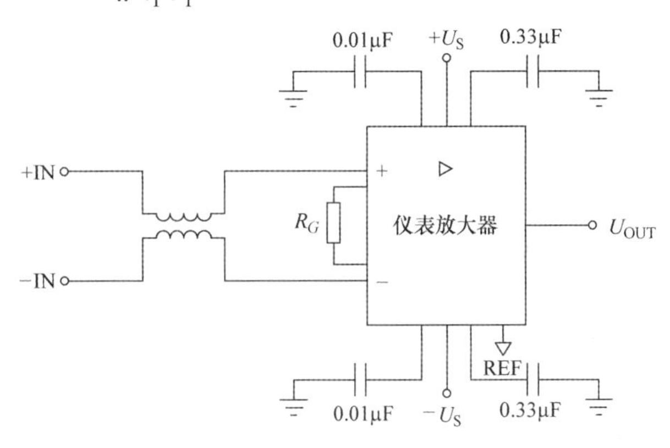

图 3-34　采用高频扼流圈的 RFI 抑制电路

3.2.4　隔离放大器

隔离放大器能在输入信号与输出信号之间保持电气隔离的同时，实现输出电压与输入电压的线性传输，广泛应用于高共模电压环境下的小信号测量场合，如医疗仪器、工业控制、汽车电子、电力电子等领域。对被测对象与数据采集系统予以隔离，不仅可以提高共模抑制比，同时保护电子仪器设备和人身安全。隔离放大器在隔离、放大的过程中要保证输出失真、线性度、精度、带宽、共模抑制比、隔离耐压等参数达到实际应用要求。隔离放大器按耦合方式的不同，可分为变压器耦合、光电耦合和电容耦合。

采用变压器耦合的隔离放大器有：BURR－BROWN 公司（简称 BB 公司）的 ISO 212、3656 等，Analog Devices 公司（简称 AD 公司）的 AD202、AD203、AD204、AD210 及 AD215 等。

采用电容耦合的隔离放大器有：BB 公司的 ISO102、ISO103、ISO106、ISO107、ISO113、ISO120、ISO121、ISO122 及 ISO175 等。

采用光电耦合的隔离放大器有：BB 公司的 ISO100、ISO130、3650 及 ISO3652 等，惠普公司（简称 HP 公司）的 HCPL7800/7800A/7800B 等。

表 3-3 列出了各种隔离放大器的基本参数。下面介绍几种具有代表性的隔离放大器。

表 3-3　不同耦合方式的典型隔离放大器的基本特性

型号	隔离电压/V	直流共模抑制比/dB	60Hz 交流共模抑制比/dB	增益/(V/V)	线性度(%)	宽带/kHz	耦合方式	内置 DC/DC
ISO 100	705	146	108	可变	0.07	60	光电	无
ISO 120	1500	160	115	1	0.01	60	电容	无
ISO 121	3500	160	115	1	0.01	60	电容	无
ISO 122	1500	160	140	1	0.02	50	电容	无
ISO 124	1500		140	1	0.005	50	电容	无
ISO 175	1500	160	115	可变	0.052	50	电容	无
ISO 103	1500	160	130	1	0.025	20	电容	二端隔离
ISO 107	2500	160	100	1	0.025	20	电容	二端隔离
ISO 113	1500	160	130	1	0.02	20	电容	二端隔离
3650 3652	2000	140	120	可变	0.02	15	光电	无
3656	3500	160	125	可变	0.05	30	变压器	三端隔离
AD202	750	130	110	1	0.025	2	变压器	二端隔离
AD204	750	130	110	1	0.025	5	变压器	二端隔离
AD210	2500	120	120	1	0.012	20	变压器	三端隔离
AD215	1500	100	120	1	0.005	120	变压器	二端隔离
HCPL 7800	3750	76	/	8	0.004	100	光电	无
HCPL 7850	/	69	/	8	0.1	100	光电	无

1. 变压器耦合隔离放大器 AD202/AD204

AD202/AD204 是一种变压器耦合、微型封装的精密隔离放大器。它通过片内变压器耦合，对信号的输入和输出进行电气隔离。片内的直流电压变换电路能为输入级、外部传感器和信号处理电路提供 ±7.5V/2mA 的隔离电源，从而优化了外围电路的设计，提高了芯片的性价比。AD202 和 AD204 的内部结构基本相同，仅在某些电气参数和供电方式上略有不同。AD202 是由 +15V 直流电源直接供电，AD204 是由外部时钟源供电。AD202/AD204 具有精度高、功耗低、共模性能好、体积小和价格低等特点。因此该芯片被广泛应用于多通道数据采集系统、电流短路测量、电动机控制、信号处理与隔离及低漂移输入放大器等方面。

(1) 主要性能指标

① 低功耗：35mW（AD204）

② 高精度：最大非线性失真 ±0.025%

③ 高共模抑制比：130dB（$G=100\mathrm{V/V}$）

④ 带宽：5kHz（AD204）

⑤ 隔离电压：±2000V

⑥ 输入电压范围：±5V，输入电阻 $10^{12}\Omega$

⑦ 输出电压范围：±5V，输出电阻：3kΩ

⑧ 振荡频率 25kHz

⑨ 典型工作电压：+15V，工作电流 5mA

⑩ 工作温度：-40～85℃

（2）工作原理　AD202/AD204 的功能框图如图 3-35 所示。从图中可看出，该芯片由放大器、调制器、解调器、整流和滤波、电源变换器等组成。当工作时，+15V 电源连到电输入引脚 31，使片内（AD202）振荡器工作，从而产生频率为 25kHz 的载波信号，通过变压器耦合，经整流和滤波，在隔离输出部分形成电流为 2mA 的 ±7.5V 隔离电压。该电压除供给片内电源外，还可作为外围电路（如传感器、浮地信号调节、前置放大器）的电源。AD204 电源是从 33 引脚用输入时钟提供。在输入电路中，片内独立放大器能够作为 AD202/AD204 输入信号的缓冲或放大。放大后的信号经调制器调制后把该信号变换成载波信号经变压器送入同步解调器，以便在输出端重现输入信号。由于解调信号要经三阶滤波器滤波，从而使得输出信号中的噪声和纹波达到最小，为后级应用电路提供良好的激励源。

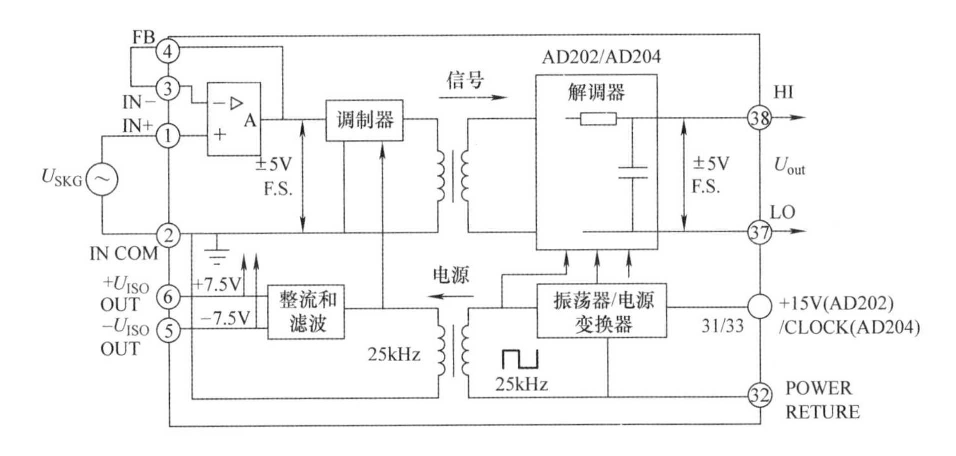

图 3-35　AD202/AD204 功能框图

（3）应用实例　如图 3-36 所示，该电路能把 4～20mA 输入电流变换为隔离的 0～10V 输出电压。4～20mA 输入电流通过 250Ω 的电阻加到 AD202 或 AD204 片内输入放大器的同相端后，在隔离放大器的输出端便能得到与电流成比例的电压 1～5V。为了实现电平移位，必须在隔离放大器的输出低端 LO 加 -1V 参考电压，以使输出电压为 0～4V，该电压经外接同相比例放大器（741）放大后，才能获得 0～10V 输出电压，从而达到变换和隔离作用。该电路中 AD589 为两端 1.23V 参考电压芯片，其最大工作电流为 5mA，37 脚的 -1V 电压通过 1kΩ 和 237Ω 分压得到。

2. 光电耦合隔离放大器

光耦利用光敏二极管和光敏晶体管之间的“电-光-电”转换进行信号耦合，具有体积小、使用方便等特点，广泛应用于数字系统的隔离。但是光耦若用于模拟电路则面临着两个明显的障碍，一是线性度差，二是稳定性受温度的影响比较大，必须采用特殊的措施加以解决。例如 BB 公司的 3650/3652 是采用负反馈技术消除非线性的，3650 与 3652 的区别是：前者没有输入缓冲放大器。其工作原理图如图 3-37 所示。在 3650/3652 中，放大器 A_1、放光管 CR_1 和发光管 CR_3 构成负反馈回路，$I_1 = I_{IN} = U_{IN}/R_G$；发光管 CR_3 和 CR_2 特性完全一

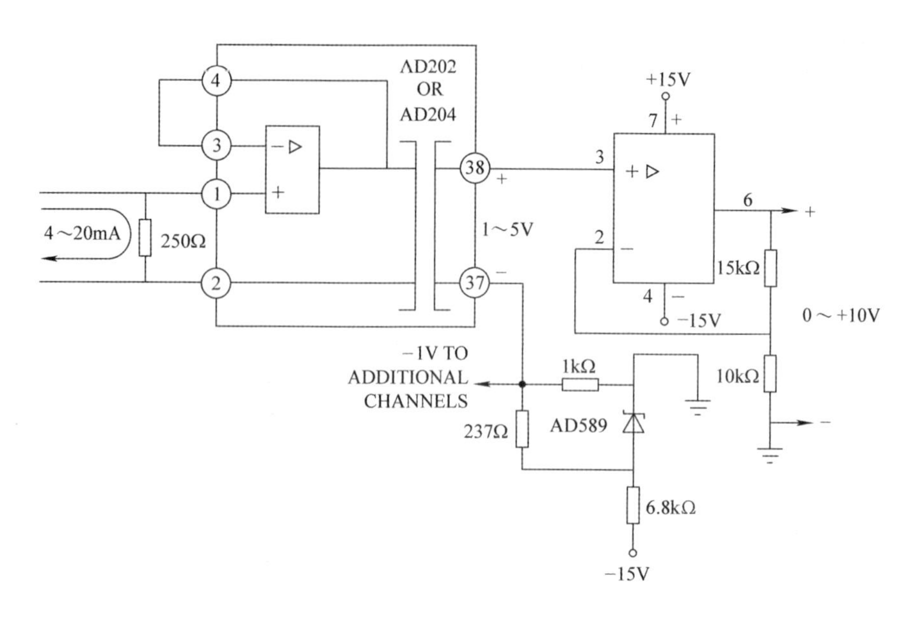

图 3-36　电流 - 电压隔离变换电路

致，从 CR_1收到的光量也相同，$\lambda_1=\lambda_2$，则 $I_2=I_1=I_{IN}$。放大器 A_2与内置电阻 R_K 构成 $I-V$ 转换器，故有：$U_{OUT}=I_2\times R_K=I_{IN}\times R_K=U_{IN}\times R_K/R_G$。

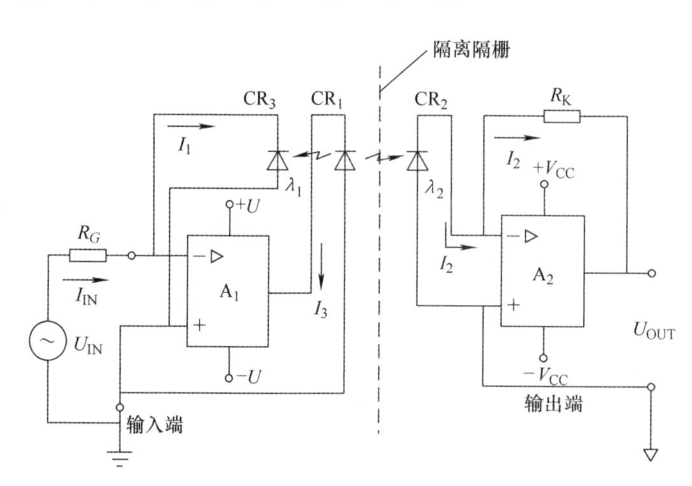

图 3-37　3650/3652 等效电路

与 3650/3652 工作原理不同，安捷伦（Agilent）公司的 HCPL - 7800 采用了比较夸张的技术，在输入端先通过 Σ - Δ 调制技术将模拟信号转换成数字信号，然后再经过光耦后，在输出端经 D - A 转换恢复模拟信号。

除了使用单芯片集成隔离放大器外，在许多使用场合，可以采用高精度线性光耦和运算放大器设计隔离放大电路。如图 3-38 所示，为采用线性光耦 HCNR200/201 和运算放大器 LM158 的 $I-V$ 隔离变换电路。该电路的输入电流 I_{LOOP}为 4 ~ 20mA，输出电压为 U_{OUT}，它们之间的关系为 $U_{OUT}=K_3R_3R_5/(R_1+R_3)$，其中，$K_3$ 为常数 1，这里不给出推导过程（可参考 HCNR200 芯片数据手册）。

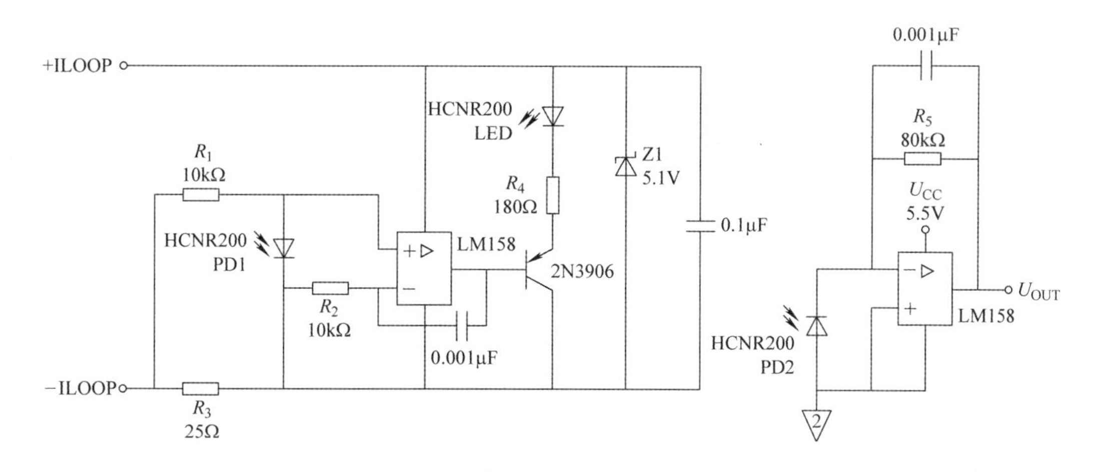

图 3-38　采用线性光耦的 $I-V$ 隔离变换电路

HCNR200/201 是美国 Agilent 公司推出的一款高精度线性光耦，具有低成本、高线性度（非线性度 <0.01%）、高稳定度、频带宽（>1MHz）、设计灵活的优点，通过外接不同分立元器件，便能实现多种光电隔离电路。它的内部结构及引脚排列如图 3-39 所示，它由一个高性能的 AlGas LED 和两个特性十分相近的光敏二极管 PD1 和 PD2 组成。输入光敏二极管 PD1 用来检测并稳定 LED 输出光的强度，它能够很好地抑制 LED 输出光的漂移，改善其线性度。输出光敏二极管 PD2 用来产生一个正比于 LED 发光强度的光电流。由于两个二极管特性相近且封装在一个集成芯片内，因此当 LED 发光时，PD1 和 PD2 接收 LED 光的数量成一定的比例，而且不受外部杂散光的干扰，所以它具有很好的增益稳定性和优良的线性度。HCNR201 的主要参数为

① 非线性度：0.01%。

② 传输增益误差：±5%。

③ 增益漂移：-65×10^{-6}/℃。

④ 宽带：DC 到大于 1MHz。

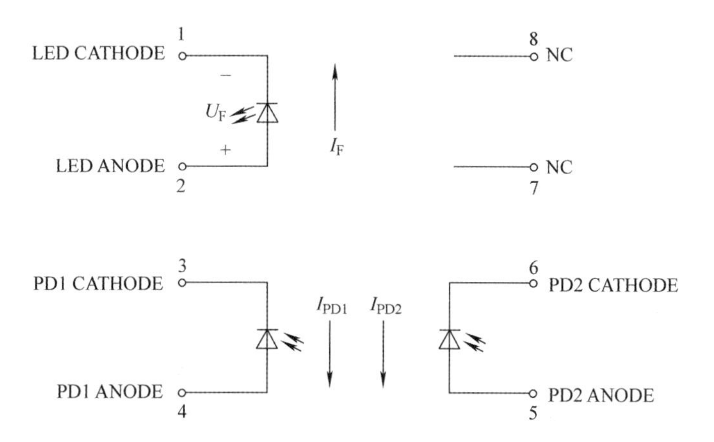

图 3-39　HCNR200/201 内部结构和引脚排列

⑤ 耐压：5kVrms/min。

⑥ 温度范围：-40～85℃。

⑦ 最大输入电流：40mA。

在应用 HCNR201 构成隔离放大器时，首先应当用一个运算放大器构成一个负反馈放大器，然后利用 PD1 检测 LED 的光输出量，并自动调整通过 LED 的电流，以补偿 LED 光输出的变化及任何其他原因引起的非线性，因此该反馈放大器主要用于稳定 LED 的光输出并使其线性化。另外，还需要一个运算放大器进行电流与电压之间的转换，以将输出光敏二极管 PD2 输出的稳定的、线性变化的电流转换成电压信号并输出。.

3. 电容耦合隔离放大器

电容耦合隔离放大器的原理是将输入信号调制后经隔离电容耦合到输出电路解调，得到与输出信号呈线性关系的输出信号。可见，电容耦合隔离放大器的原理与变压器耦合隔离放大器的原理相近，只是前者的电容可以被集成在半导体器件中，因此体积小、成本低。如图 3-40 所示，为 BB 公司 ISO124 电容耦合隔离放大器 DIP16 封装引脚图和其内部原理图。

该芯片的主要参数如下：

① 隔离电压：1500Vrms。

② 隔离抑制比：140dB（在 60Hz 时）。

③ 非线性：最大 0.01%。

④ 双极性输出电压范围：±10V。

⑤ 电源电压：±4.5V 到 ±18V。

⑥ 固定增益：$G=1$。

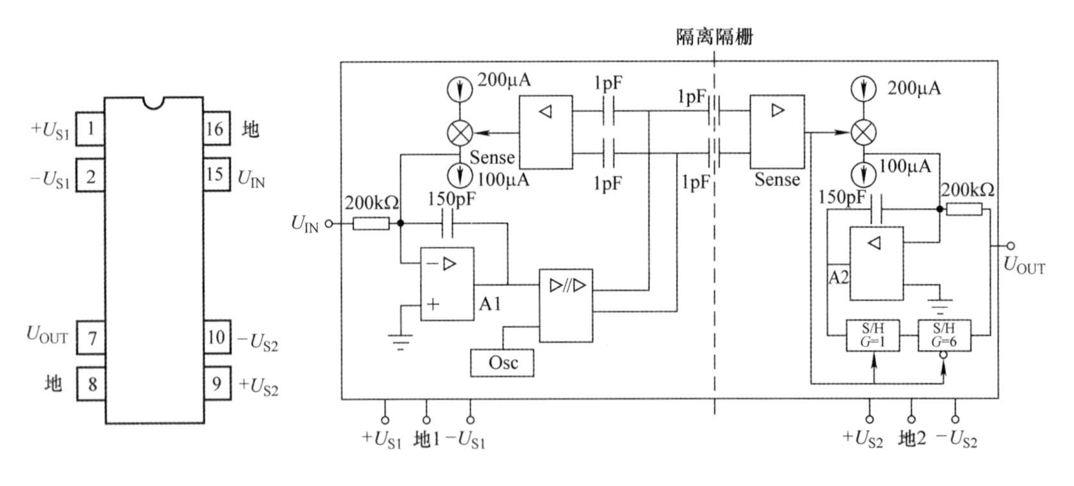

图 3-40　ISO124 引脚图和其内部原理图

3.2.5　可编程序增益放大器

在数据采集系统设计时，经常遇到被测信号（如传感器输出信号）电压值变化范围比较大的场合，如从 mV 级甚至 μV 到 V 级。为了提高测量精度，减小相对误差，提高量化信噪比，需要在被测信号输出电压在不同范围时能自动换档，改变放大倍数，使测量误差均匀分布在一定的范围内。这时，需要设计可编程序增益放大器（Programming Gain Amplifier,

简称 PGA）。放大器的增益调整和设置方法很多，这里介绍几种常见的实现方法。

1. 反相可编程序增益放大器

如图 3-41 所示，为反相可编程序增益放大电路，切换开关 $SW_1 \sim SW_n$，用于选择不同的输入电阻或反馈电阻来改变电路的增益。该类电路的优点是既可以对输入的小信号进行放大，也可以对输入的大信号进行衰减，因此电路的动态适应范围很大。

但是，由于切换开关与输入电阻或反馈电阻串联，开关的导通电阻将影响放大器的增益，尤其是在温度变化较大的场合，模拟开关的导通电阻不为定值。比较好的方法是切换开关选用继电器，因为继电器的导通电阻接近零，对放大器增益的影响很小。需要注意的是继电器具有开关动作延迟大（一般有数十毫秒），体积大、功耗大等缺点。另外，该电路输入信号源的输出电阻会影响放大器增益的精度。

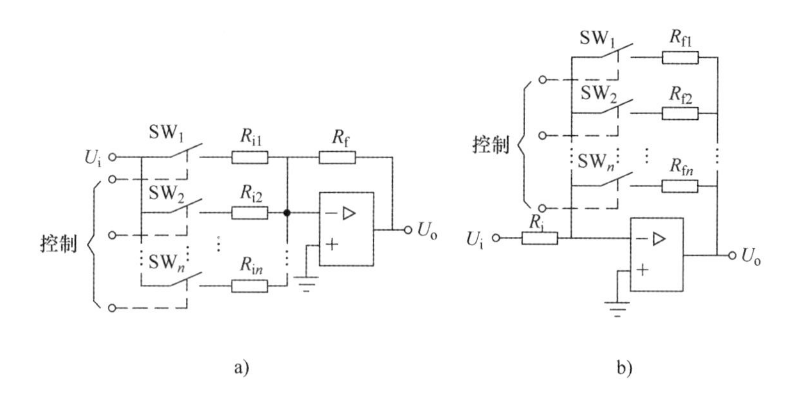

图 3-41　反相可编程序增益放大电路

2. 同相可编程序增益放大器

如图 3-42 所示，为同相可编程序增益放大电路，在图 3-41a 中，由于运算放大器的输入阻抗很高，尤其对于场效应输入型运算放大器，输入阻抗可达 $10^{12}\Omega$，因而开关的导通电阻对放大器增益的影响可以忽略不计。在图 3-41b 中，利用运算放大器的高开环增益特性和负反馈，开关的导通电阻对增益的影响基本上可以消除。该类电路的优点是开关导通电阻对

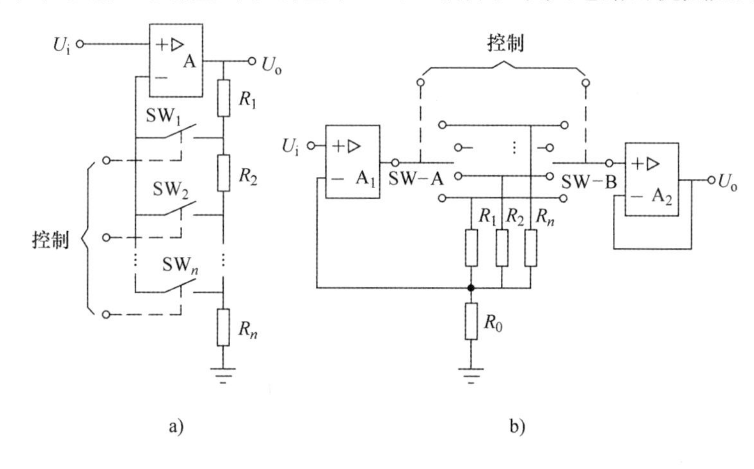

图 3-42　同相可编程序增益放大电路

电路的增益影响小，因此特别适用于采用模拟电子开关控制的场合。电路的不足之处是放大器增益不能小于1，因此不能对输入信号进行衰减，比较好的方法是在前级加入无源衰减网络。

3. 集成可编程序增益放大器

集成可编程序增益放大器因其性能好、体积小、使用方便等优点等得到广泛的应用。常用的芯片有ADI公司的AD526、AD600、AD602、AD603、AD604及AD8260等，NS公司的LH0084C、LM8100A等，Microchip公司的MCP6S21、MCP6S22、MCP6S26、MCP6S28及MCP6S93等，TI公司的PGA103、PGA202、PGA203、PGA204、PGA205、PGA112、PGA113、PGA116及PGA117等。下面简要介绍PGA204芯片的性能指标、工作原理和应用。

PGA204芯片有双列直插DIP-16和表贴SOL-16两种，如图3-43所示，为PGA204的结构框图。其结构与前面讲的仪表放大器非常类似，调节增益的电阻R_G被数字化反馈网络所替代，该反馈网络的阻值可以通过A_1和A_2引脚控制，其不同的电平（TTL或CMOS兼容）组合使R_G为四个不同的值，从而产生1、10、100、1000四个固定增益。该芯片内部有输入过电压保护电路，±40V的电压输入不至于使芯片损坏。

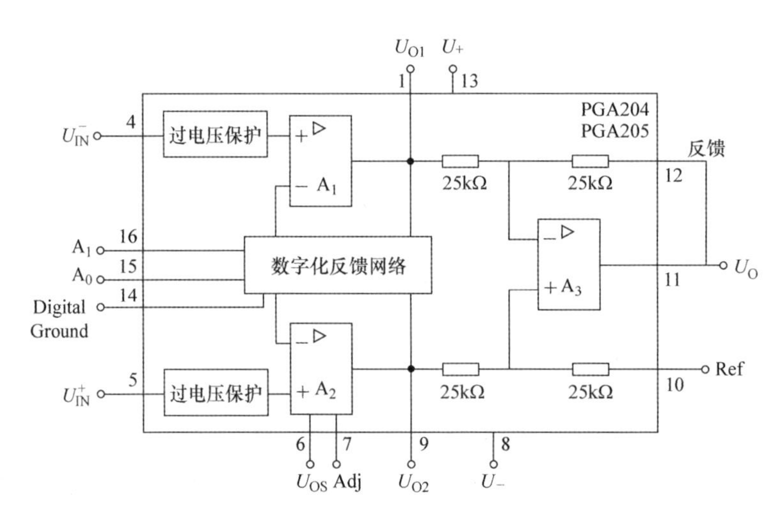

图3-43　PGA204的结构框图

该芯片的主要参数指标如下：

① 数字可编程序增益：G=1，10，100，1000V/V。

② 低失调电压：最大50μV。

③ 低失调电压漂移：0.25μV/℃。

④ 低输入偏置电流：最大2nA。

⑤ 低静态电流：典型5.2mA。

⑥ 输入阻抗：$10^{10}\Omega \parallel 6pF$。

⑦ 共模抑制比：99dB（$G=1$）、114dB（$G=10$）、123dB（$G=100$或1000）。

⑧ -3dB带宽：1MHz（$G=1$）、80kHz（$G=10$）、10kHz（$G=100$）、1kHz（$G=1000$）。

⑨ 电源电压：典型 ±15V。

如图 3-44 所示，采用 Intersil 公司的 4 通道差分输入模拟开关 HI－509 和 PGA204 构成的 4 通道差分输入可编程序增益放大器。74HC574 译码器输出用来选择通道和增益，其输入可接 MCU、FPGA、MPU 等译码逻辑电路，实现通道和量程的自动切换。

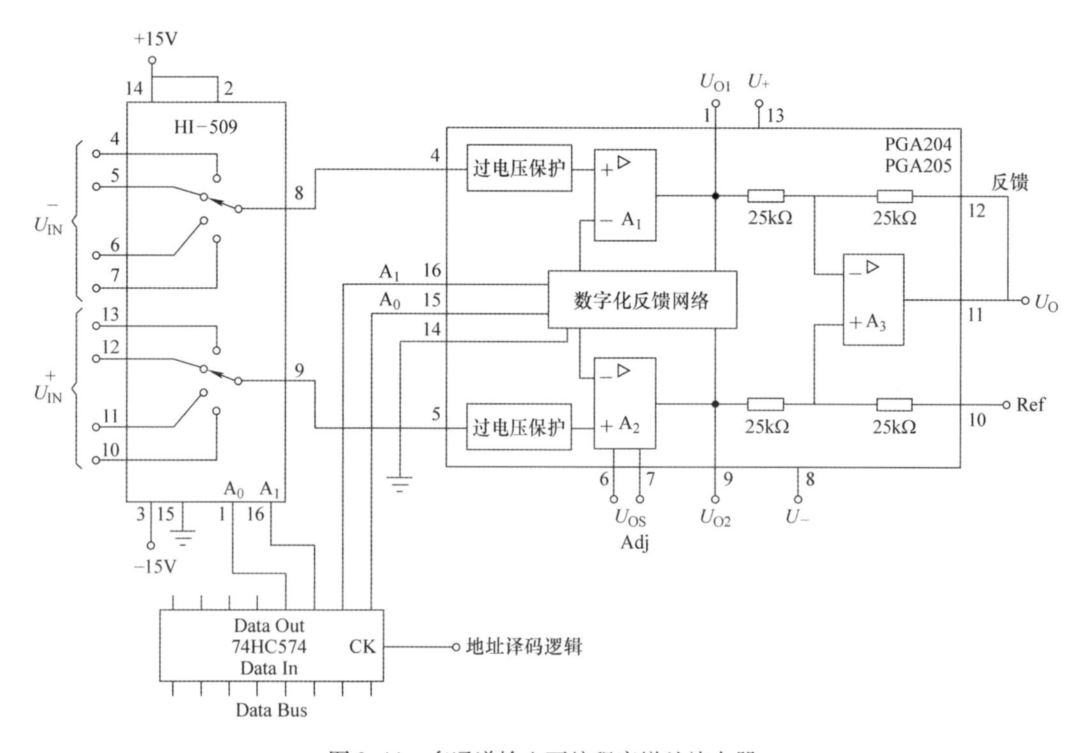

图 3-44 多通道输入可编程序增益放大器

3.2.6 电荷放大器

电荷放大器是一种能将输入的电荷量成比例转换成输出电压的放大电路。它和压电式传感器配合可进行加速度、力和其他非电量的测量。压电式传感器具有内阻高、输出信号微弱的特点，这就要求前置放大器具有高输入阻抗，以减少电荷泄漏而引入测量误差。前置放大器的主要作用是完成微弱信号的放大和阻抗变换（将传感器的高内阻转换为低阻输出）。压电式传感器的前置放大电路有电荷放大器和电压放大器两种。电荷放大器与电压放大器相比，其主要优点是传感器与放大器之间的连接电缆长度对测量精度影响甚小，因而，在输入电缆长度改变时不需要对测量系统重新标定或计算，这在经常需要换用不同长度输入电缆或远距离测量时更为适用。

一般实用的电荷放大器主要由电荷变换电路、适调放大电路、滤波电路、功率放大电路及过载保护电路等构成。本文主要讨论电荷变换电路（$Q-U$ 转换电路）。

***Q－U* 转换电路的基本原理**

如图 3-45 所示，为 $Q-U$ 转换电路模型，压电式传感器可以等效为一个自身电容 C_a 和电荷源 q 的并联电路，而电荷变换单元实际上是一个具有深度容性负反馈的高增益运算放大

器。设传感器的短路电流 $i = \mathrm{d}q/\mathrm{d}t$，则输出电压为

$$u_o = -\frac{1}{C_f}\int i\mathrm{d}t = -\frac{q}{C_f} \tag{3-73}$$

上述模型忽略了许多实际因素，下面就实际的$Q-U$转换电路分别做交、直流特性分析。

考虑实际因素时，电荷变换单元的低频交流等效电路如图3-46所示，图中 C_a、R_a 为传感器等效电容和漏电阻，C_c、R_c 为连接电缆的分布电容和绝缘电阻，C_i、C_f 为放大器的输入电容和反馈电容，r_{id}、r_o 和 R_f 分别为放大器的差模输入电阻、输出电阻和直流反馈电阻。A 为放大器开环电压增益。根据电路理论，放大器的等效输入电阻和电容为

$$R = R_a // R_c // r_{id} // \frac{R_f}{1+A} \tag{3-74}$$

$$C = C_a + C_c + C_i + (1+A)C_f \tag{3-75}$$

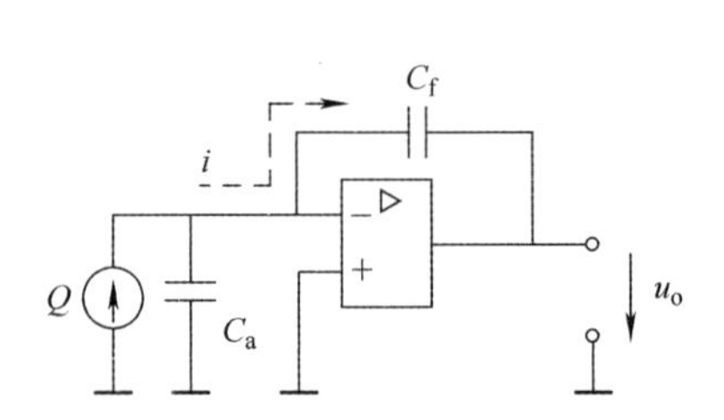

图3-45　$Q-U$ 转换电路模型

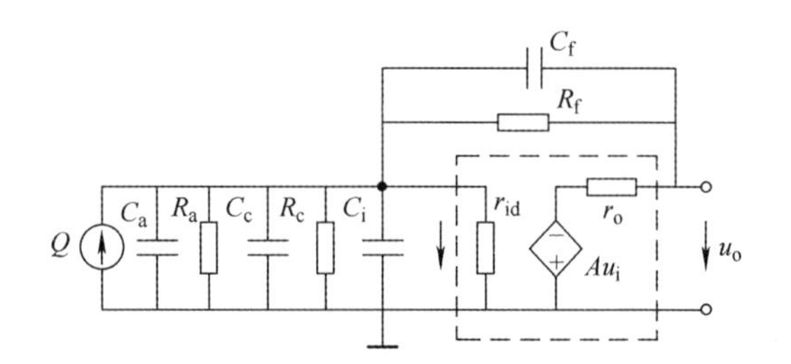

图3-46　$Q-U$ 变换低频交流等效电路

其中，$R_f/(1+A)$ 和 $(1+A)C_f$ 分别为 Miller 补偿的电阻和电容。于是在电荷 $\dot{Q}$ 激励下并忽略 r_o，放大器输出电压为

$$\dot{U}_o = -A\dot{U}_i = -A\frac{\dot{Q}/C}{(1/\mathrm{j}\omega C)+R}R = -A\frac{\mathrm{j}\omega R}{\mathrm{j}\omega RC+1}\dot{Q} \tag{3-76}$$

式中，一般 $A \gg 1$（约为$10^4 \sim 10^6$），若满足 $R_a//R_c//r_{id} > > R_f/(1+A)$ 且 $(1+A)C_f \gg C_a + C_c + C_i$，有 $R \approx R_f/(1+A)$ 及 $C \approx (1+A)C_f$，则式（3-76）可近似为

$$\dot{U}_o \approx -\frac{\mathrm{j}\omega AR_f/(1+A)}{\mathrm{j}\omega R_f C_f+1}\dot{Q} \approx -\frac{\mathrm{j}\omega R_f}{\mathrm{j}\omega R_f C_f+1}\dot{Q} \tag{3-77}$$

或者有近似频率特性：

$$\frac{U_o(\mathrm{j}\omega)}{Q(\mathrm{j}\omega)} \approx -\frac{\mathrm{j}\omega R_f}{\mathrm{j}\omega R_f C_f+1} \tag{3-78}$$

可见，只要 A 足够大，C_a、C_c 及 C_i 对转换电路电压输出的影响可以忽略不计，即压电式传感器等效电容、漏电阻及连接电缆的长短将不影响或极少影响 $Q-U$ 转换电路输出。

当 $\omega R_f C_f \gg 1$ 时，$U_o \approx -\dfrac{Q}{C_f}$，此时输出电压与 A 也无关，取决于 Q 和 C_f。

当 $\omega R_f C_f = 1$ 时，$|U_o(\mathrm{j}\omega)| = \dfrac{\omega R_f Q}{\sqrt{\omega^2 R_f^2 C_f^2 + 1}} = \dfrac{Q}{\sqrt{2}C_f}$，输出电压下降到原来的 $1/\sqrt{2}$，即 $-3\mathrm{dB}$下限截止频率为

$$f_{\mathrm{L}}=\frac{1}{2\pi R_{\mathrm{f}}C_{\mathrm{f}}} \tag{3-79}$$

可见，下限截止频率由反馈电阻和电容决定，反馈电阻和电容越大，下限截止频率就越低。反馈电容决定了输出电压的范围，所以为保证低的下限截止频率，要采用高反馈电阻。在实际应用时，为了减小线路寄生电容的影响，C_{f} 数值下限约为 100pF，若要实现 $f_{\mathrm{L}} \leqslant 10^{-3}\mathrm{Hz}$，则 $R_{\mathrm{f}} \geqslant 1.6\times10^{12}\Omega$。

现在讨论 $Q-U$ 变换的直流特性。根据运算放大器的低频等效电路，可得 $Q-U$ 变换的直流等效电路如图 3-47 所示，其中 A_{oc} 为运算放大器的共模增益；A_{od} 为运算放大器的差模增益；U_{id}、U_{os} 分别为运算放大器的差模输入电压和输入失调电压；I_{os}、I_{B} 分别为运算放大器的输入失调电流和输入偏置电流；ρ 为共模抑制比；U_{cm} 为共模输入电压；R_{p} 为平衡电阻。当忽略 r_{o} 时，可得

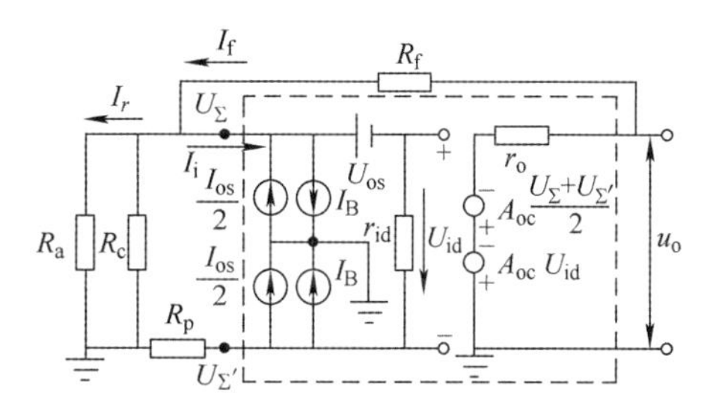

图 3-47 $Q-U$ 变换的直流等效电路

$$\begin{cases} u_{\mathrm{o}}=-A_{\mathrm{od}}U_{\mathrm{id}}-A_{\mathrm{oc}}\dfrac{U_\Sigma+U'_\Sigma}{2}=-A_{\mathrm{od}}\left(U_{\mathrm{id}}-\dfrac{U_{\mathrm{cm}}}{\rho}\right) \\ I_r=\dfrac{U_{\mathrm{id}}+U_{\mathrm{os}}}{R_{\mathrm{a}}//R_{\mathrm{c}}+R_{\mathrm{p}}}=I_{\mathrm{f}}-I_{\mathrm{i}}=\dfrac{u_{\mathrm{o}}-(U_{\mathrm{id}}+U_{\mathrm{os}})}{R_{\mathrm{f}}+R_{\mathrm{p}}} \\ I_{\mathrm{i}}=\dfrac{U_{\mathrm{id}}}{r_{\mathrm{id}}}+I_{\mathrm{B}}-\dfrac{I_{\mathrm{os}}}{2} \end{cases}$$

解方程组有

$$u_{\mathrm{o}}\left(1-\frac{R_{\mathrm{f}}+2R_{\mathrm{p}}+R_{\mathrm{a}}//R_{\mathrm{c}}}{A_{\mathrm{od}}(R_{\mathrm{p}}+R_{\mathrm{a}}//R_{\mathrm{c}})}-\frac{R_{\mathrm{f}}+R_{\mathrm{p}}}{A_{\mathrm{od}}r_{\mathrm{id}}}\right)=\left(\frac{R_{\mathrm{f}}+R_{\mathrm{p}}}{R_{\mathrm{p}}+R_{\mathrm{a}}//R_{\mathrm{c}}}+1\right)U_{\mathrm{os}}+\left(I_{\mathrm{B}}-\frac{I_{\mathrm{os}}}{2}\right)(R_{\mathrm{f}}+R_{\mathrm{p}})-\frac{U_{\mathrm{cm}}}{\rho}\left(\frac{R_{\mathrm{f}}+2R_{\mathrm{p}}+R_{\mathrm{a}}//R_{\mathrm{c}}}{R_{\mathrm{p}}+R_{\mathrm{a}}//R_{\mathrm{c}}}-\frac{R_{\mathrm{f}}+R_{\mathrm{p}}}{r_{\mathrm{id}}}\right)$$

若满足条件 $A_{\mathrm{od}}\gg1$，$\rho\gg1$，$R_{\mathrm{a}}//R_{\mathrm{c}}\gg R_{\mathrm{f}}$，$r_{\mathrm{id}}\gg R_{\mathrm{f}}+R_{\mathrm{p}}$，$r_{\mathrm{id}}\gg r_{\mathrm{f}}/A_{\mathrm{od}}$时，上式可简化为

$$u_{\mathrm{o}}=U_{\mathrm{os}}+\left(I_{\mathrm{B}}-\frac{I_{\mathrm{os}}}{2}\right)(R_{\mathrm{f}}+R_{\mathrm{p}}) \tag{3-80}$$

由式（3-80）可看出，$Q-U$ 转换电路的输出漂移量与输入失调电压、输入偏置电流、输入失调电流有关。由于 R_{f} 阻值在 TΩ 数量级上，极小的偏置电流会引入相当大的电压分量，使测量电路产生显著的静态误差。为了减小此误差，要求运放输入偏置电流在 pA 数量级以下。至于输入失调电压 U_{os} 可做静态补偿使之等效为零。

3.2.7 零漂移放大器

零漂移放大器采用自动零（Auto－Zeroing）补偿技术，通过在运放工作过程中对放大器的失调和漂移进行测量，并对放大器的偏置进行动态补偿，使其输入失调电压控制在 μV 以内，失调电压温漂达到 nV/℃，零漂移放大器被广泛地应用在对失调和温漂有严格要求的场合。比如，模拟积分器、地震前兆信号采集系统、生物医学电子设备等。下面以 Maxim

公司的ICL7650自稳零集成放大器为例，介绍其性能、结构和工作原理。

ICL7650是利用动态校零技术和CMOS工艺制作的斩波稳零式高精度运放，它具有输入偏置电流小、失调小、增益高、共模抑制能力强、响应快、漂移低、性能稳定及价格低廉等优点，被广泛地应用于热电偶、电阻应变电桥、电荷传感器等测量微弱信号的前置放大器中进行数据采集。其主要性能指标：

① 输入失调电压：1μV。

② 失调电压的温度漂移：10nV/℃。

③ 输入失调电流：0.5pA。

④ 输入偏置电流：10pA。

⑤ 共模抑制比CMRR和电源抑制比PSRR：均为130dB（典型值）。

⑥ 输入电阻：$10^{12}\Omega$。

⑦ 单位增益带宽GBW：2MHz。

⑧ 工作电压范围：4.5～16V。

ICL7650芯片封装有多种，如8脚SO、DIP、TO－99和14脚SO、DIP等。如图3-48所示，是最为常用的14脚封装图。其中，14脚为选择内、外时钟的控制端；13脚为外部时钟输入端。在使用外部时钟时，14脚接电源负端，在13脚接外部时钟信号；14脚开路或接电源正端时，使用内部时钟。12脚为内部时钟输出引脚，可给其他电路提供时钟；8脚为两个外接电容的公共端；9脚为输出钳位端，使用时可将9脚与反相输入端4脚短接，若输出电压达到电源电压时，钳位电路工作；1脚和2脚外接记忆电容；4脚、5脚和10脚分别为放大器的反相输入端、同相输入端和输出端。11脚和7脚为正负电源输入端。

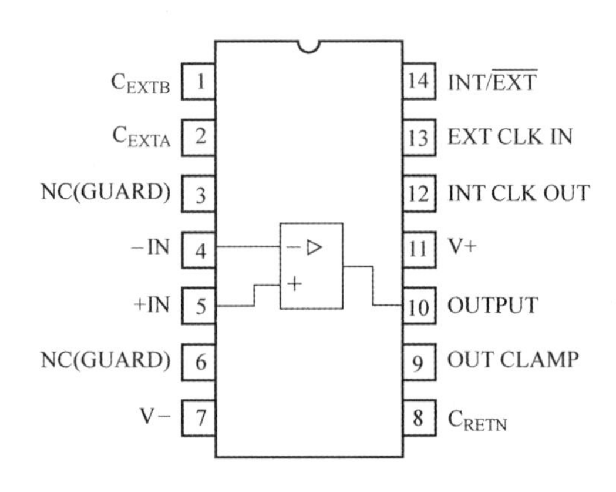

图3-48 ICL7650 14脚封装图

如图3-49所示，为ICL7650的工作原理示意图。图中，MAIN是主放大器，NULL是调零放大器。电路通过电子开关的转换实现动态调零，其过程分为两个阶段：第一阶段是在内部时钟（OSC）的上半周期，MAIN放大器处于放大状态，NULL放大器同相输入端和反相输入端短接，输出反馈到外部电容C_{EXTA}上，C_{EXTA}记录了消除失调电压的补偿电压。第二阶段是在内部时钟的下半周期，MAIN放大器和NULL放大器都工作在放大状态，因为第一阶段NULL放大器已经进行了补偿，可以认为是无失调放大，MAIN放大器和NULL放大器输出差值就是失调误差，该失调误差记录在外部电容C_{EXTB}上，反馈的结果是MAIN放大器也消除了失调误差。

需要注意的是，这种采用内部电子开关（斩波方式）工作的稳零放大器，虽然在很大程度上提升了性能，但其奇数谐波如1、3、5、7次谐波，受开关频率的影响会有飞翅产生，对信号产生干扰。为了解决这一问题，许多公司采取了不同的办法来解决，如TI公司推出的INA333零漂移仪表放大器，采用了同步陷波滤波器技术，用开关电容代替原来简单的开关。近年来许多厂商推出了单片集成零漂移放大器，典型的产品有：

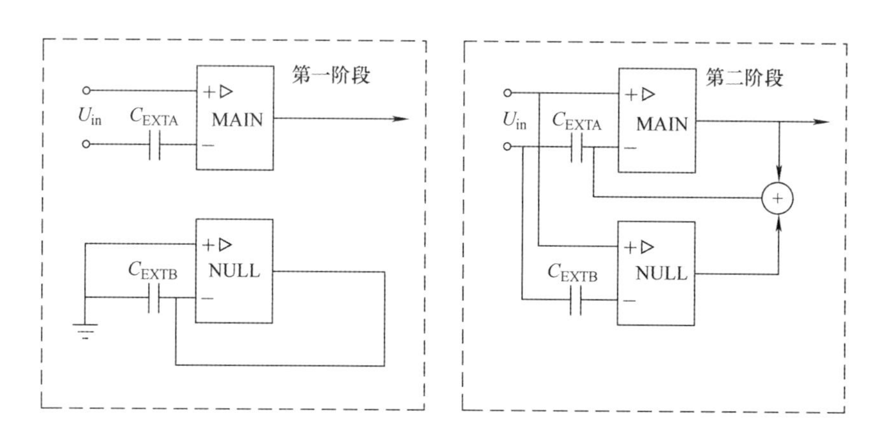

图 3-49　ICL7650 的工作原理示意图

ADI 公司：AD8230、AD8231、AD8553（单电源供电）、AD8555（程序控制增益）、AD8556（带 RFI 滤波）、AD8293（带输出滤波）等。

Linear（凌特）公司：LTC1100、LTC2053、LTC6800 等。

Maxim 公司：MAX4208（可调增益）、MAX4209（程序控制增益）等。

TI 公司：INA333（低功耗）、OPA333、PGA280 等。

如图 3-50 所示为由 ICL7650 组成的积分器，图中 C_1 为积分电容，在积分器中起着重要的作用，应选用聚苯乙烯精密电容器。C_2、C_3 为外部记忆电容，记忆电容的优劣会直接影响运放自动稳零的精度，必须选用高阻抗、瓷介质、聚苯乙烯材料的优质电容。ICL7650 同相端接调零电阻网络。T 为积分清零按钮。OP07 组成的反相放大器用来提高积分器输出的负载能力。

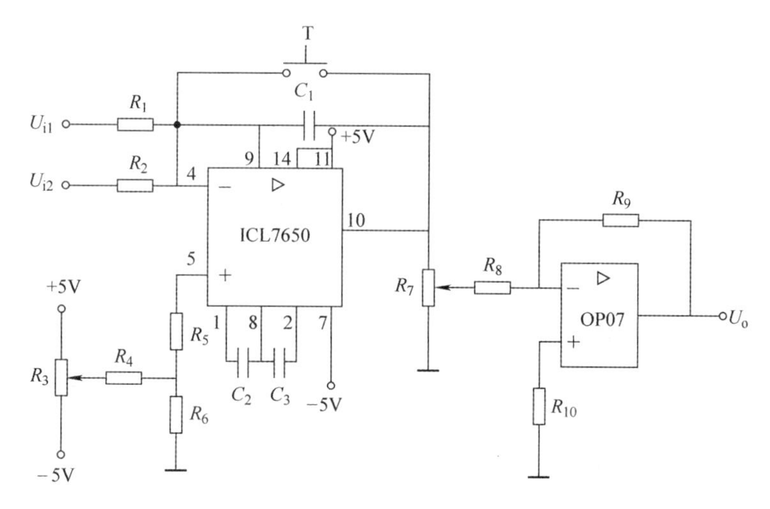

图 3-50　由 ICL7650 组成的积分器

3.3　滤波电路

由于测量环境的电磁干扰以及测量系统自身的影响，由传感器检测到的电信号，往往会含有多种频率成分的噪声信号，这些噪声信号影响了对有用信号的提取，严重时，这种噪声信号会淹没待提取的输入信号，使测量系统无法获取被测信号。在这种情况下，需要采取滤波措施，抑制不需要的噪声信号，提高系统的信噪比。

3.3.1 滤波器概述

滤波器是一种选频装置，它只允许特定频率成分的信号顺利通过，而其余频率成分的信号会受到很大衰减。

1. 滤波器的分类

滤波器的种类很多，从不同的角度，有不同的分类方法。

1）按处理信号的性质，可分为模拟滤波器和数字滤波器。

2）按照滤波原理，可分为反射式滤波器和吸收式滤波器。

3）按照工作条件，可分为无源滤波器和有源滤波器。

4）按照频率特性，可分为低通滤波器、高通滤波器、带通滤波器和带阻滤波器。

5）按照使用场合，可分为电源滤波器、信号滤波器、控制线滤波器、防电磁脉冲滤波器、防电磁信息泄漏专用滤波器、印制电路板专用微型滤波器等。

在通常情况下是将滤波器按其频率特性来分类，即分为低通滤波器、高通滤波器、带通滤波器和带阻滤波器。图 3-51 表示了这 4 种滤波器的幅频特性。图 3-51a 是低通滤波器，它可以使信号中低于f_2的频率成分几乎不受衰减地通过，而高于f_2的频率成分受到极大地衰减；图 3-51b 为高通滤波器，与低通滤波器相反，它使信号中高于f_1的频率成分几乎不受衰减地通过，而低于f_1的频率成分将受到极大地衰减；图 3-51c 表示带通滤波器，它使在f_1 ~ f_2的频率成分几乎不受衰减地通过，而其他成分受到衰减；图 3-51d 表示带阻滤波器，与带通滤波器相反，它使信号中高于f_1和低于f_2的频率成分受到衰减，其余频率成分几乎不受衰减地通过。

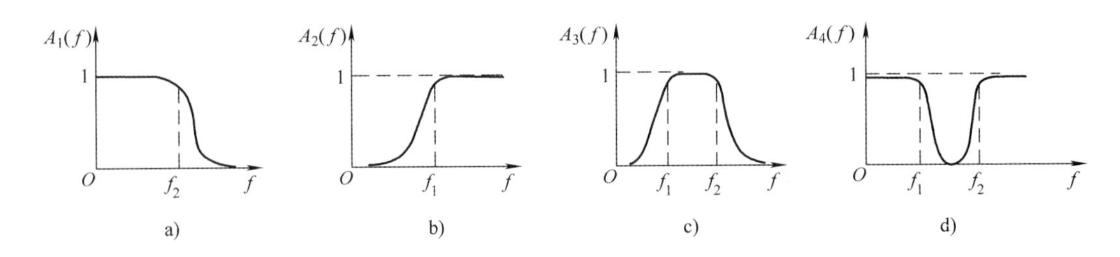

图 3-51 滤波器的幅频特性

a）低通滤波器 b）高通滤波器 c）带通滤波器 d）带阻滤波器

2. 理想滤波器与实际滤波器

（1）理想滤波器。理想滤波器是一个理想化的模型，是一种物理不可实现的系统。对它的研究，有助于理解滤波器的传输特性，并且由此导出的一些结论，可作为实际滤波器传输特性分析的基础。

理想滤波器是指能使通带内信号的幅值和相位都不失真，阻带内的频率成分都衰减为零的滤波器。因此，理想滤波器具有矩形幅频特性和线性相频特性，如图 3-52 所示。理想滤波器上的响应函数为

$$H_{(f)} = A_0 e^{-j2\pi f\tau_0} \tag{3-81}$$

其幅频特性为

$$A(f) = A_0 = 常数 \quad (-f_c < f < f_c) \tag{3-82}$$

相频特性为

$$\varphi_{(f)} = -2\pi f\tau_0 \tag{3-83}$$

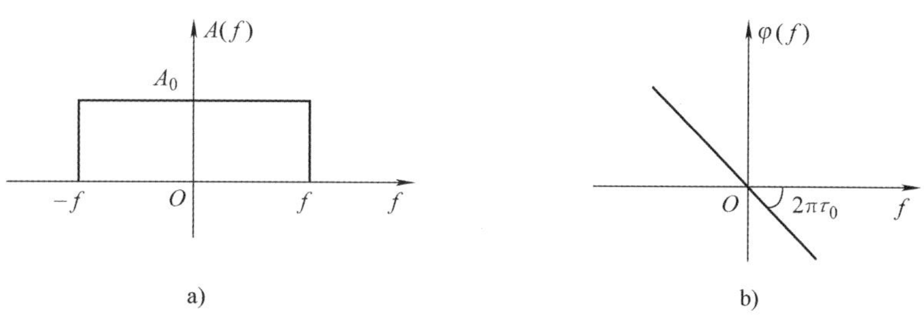

图 3-52　理想低通滤波器的幅频特性和相频特性

a）幅频特性　b）相频特性

显然，理想滤波器在通频带内满足不失真传递的条件，通带与阻带之间没有过渡带。这种理想滤波器可以使信号中特定的频率成分通过，而无任何失真；而其他频率成分被完全衰减。因此，理想滤波器的选频效果最佳。

（2）实际滤波器。如图 3-53 所示为实际滤波器的幅频特性，对于实际滤波器，由于它的特性曲线没有明显的转折点，通频带中幅频特性也不是常数。因此，需要用更多的参数来描述实际滤波器的性能，主要参数有纹波幅度 d、截止频率 f_c、带宽 B、品质因数 Q、倍频程选择性 W 以及滤波器因数 λ 等。

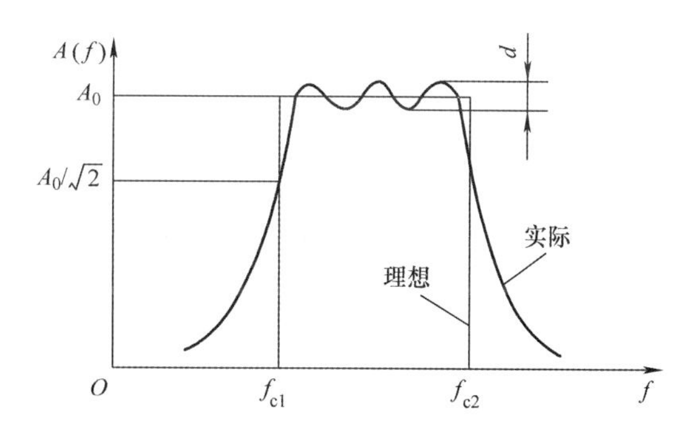

图 3-53　实际滤波器的幅频特性

1）纹波幅度 d。在一定频率范围内，实际滤波器的幅频特性可能呈波纹变化。其波动幅度 d 与幅频特性的平均值 A_0 相比，越小越好，一般应远小于 3dB。

2）截止频率 f_c。幅频特性值等于 $0.707A_0$ 所对应的频率称为滤波器的截止频率。以 A_0 为参考值，$0.707A_0$ 对应于 −3dB 点，即相对于 A_0 衰减 3dB。若以信号的幅值二次方表示信号功率，则所对应的点正好是半功率点。

3）带宽 B。上下两截止频率之间的频率范围称为滤波器带宽或 −3dB 带宽，单位为 Hz。带宽决定着滤波器分离信号中相邻频率成分的能力，即频率分辨力。

4）品质因数 Q 值。在电工学中，通常用 Q 代表谐振回路的品质因数。在二阶振荡环节中，Q 值相当于谐振点的幅值增益系数，$Q = 1/2\xi$（ξ——阻尼率）。对于带通滤波器，通常把中心频率 f_0（$f_0 = \sqrt{f_{c1}f_{c2}}$）和带宽 B 之比称为滤波器的品质因数 Q。例如一个中心频率为 500Hz 的滤波器，若其中 −3dB 带宽为 10Hz，则称其 Q 值为 50。Q 值越大，表明滤波器频率分辨力越高。

5）倍频程选择性 W。在两截止频率外侧，实际滤波器有一个过渡带，这个过渡带的幅频曲线倾斜程度表明了幅频特性衰减的快慢，它决定着滤波器对带宽外频率成分衰阻的能力。通常用倍频程选择性来表征。所谓倍频程选择性，是指在上截止频率f_{c1}与$2f_{c1}$之间，或者在下截止频率f_{c2}与$f_{c2}/2$之间幅频特性的衰减值，即频率变化一个倍频程时的衰减量。

$$W=-20\lg\frac{A(2f_{c1})}{A(f_{c1})}\quad 或\quad W=-20\lg\frac{A(f_{c2}/2)}{A(f_{c2})}$$

倍频程衰减量以 dB/oct 表示（octave，倍频程）。显然，衰减越快（即 W 值越大），滤波器的选择性越好。对于远离截止频率的衰减率也可用 10 频程衰减数表示，即 dB/10oct。

6）滤波器因数 λ。滤波器选择性的另一种表示方法，就是用滤波器幅频特性的 -60dB 带宽与 -3dB 带宽的比值来表示，即

$$\lambda=\frac{B_{-60\mathrm{dB}}}{B_{-3\mathrm{dB}}}\tag{3-84}$$

理想滤波器 $\lambda=1$，通常使用的滤波器 $\lambda=1\sim5$。有些滤波器因器件影响（如电容漏阻等），阻带衰减倍数达不到 -60dB，则以标明的衰减倍数（如 -40dB 或 -30dB）带宽与 -3dB带宽之比来表示其选择性。

3.3.2 典型有源滤波器

有源滤波电路是用有源器件与 RC 网络组成的滤波电路。主要有以下几类。

1. 有源低通滤波器（LPF）

最基本的低通滤波电路是如图 3-54a 所示的无源 RC 网络，它的输入输出频率特性是

$$\dot{A}_0=\frac{\dot{U}_O}{\dot{U}_I}=\frac{1}{1+\mathrm{j}\dfrac{\omega}{\omega_0}}\tag{3-85}$$

式中　ω_0——中心角频率，$\omega_0=1/RC$。

为了提高增益和带负载能力，可以将滤波电路接到运算放大器的同相输入端，如图 3-54b所示，或作为反馈支路接到反相输入端，如图 3-54c 所示。

在图 3-54b 电路中：

$$\dot{A}_u=\frac{\dot{U}_O}{\dot{U}_I}=\frac{A_u}{1+\mathrm{j}\dfrac{\omega}{\omega_0}}\tag{3-86}$$

式中　ω_0——中心角频率，$\omega_0=1/RC$ 且 $A_u=1+\dfrac{R_f}{R_1}$。

在图 3-54c 电路中：

$$\dot{A}_u=\frac{\dot{U}_O}{\dot{U}_I}=\frac{A_u}{1+\mathrm{j}\dfrac{\omega}{\omega_0}}\tag{3-87}$$

式中　ω_0——中心角频率，$\omega_0=1/R_fC$ 且 $A_u=-\dfrac{R_f}{R_1}$。

比较式（3-85）、式（3-86）、式（3-87）可知它们属于同一种形式，图 3-55 是归一化以后的对数幅频特性曲线。当 $\omega=\omega_0$ 时，增益下降为 3dB。$f_0=\dfrac{\omega_0}{2\pi}$称为截止频率。

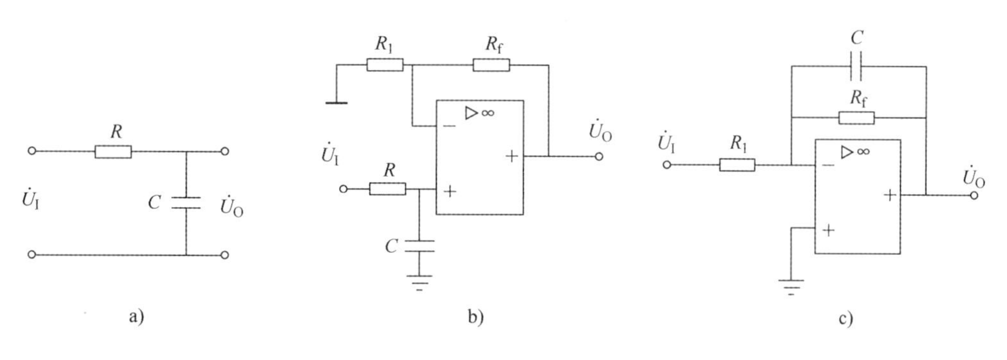

图3-54　基本低通滤波电路

a）RC无源网络　b）接同相输入端　c）接反相输入端

一阶滤波电路的缺点是当 $\omega \geqslant \omega_0$ 时，幅频特性衰减得太慢，以每十倍频程 -20dB 的速度下降，与理想的幅频特性相比相差甚远。为此可在一阶滤波电路的基础上，再加一级 RC 网路，组成二阶低通滤波电路，如图3-56a所示。

为分析方便，令两组滤波电路的电阻值相等、电容值相等，可得

$$\dot{A}_u = \frac{\dot{U}_O}{\dot{U}_I} = \frac{A_u}{1 - \left(\frac{\omega}{\omega_0}\right)^2 + j3\frac{\omega}{\omega_0}} \tag{3-88}$$

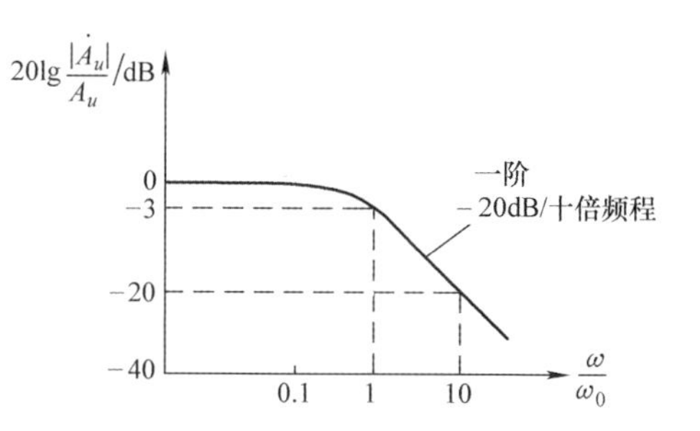

图3-55　归一化后的对数幅频特性曲线

式中　ω_0——中心角频率，$\omega_0 = \frac{1}{RC}$且 $A_u = 1 + \frac{R_f}{R_1}$。

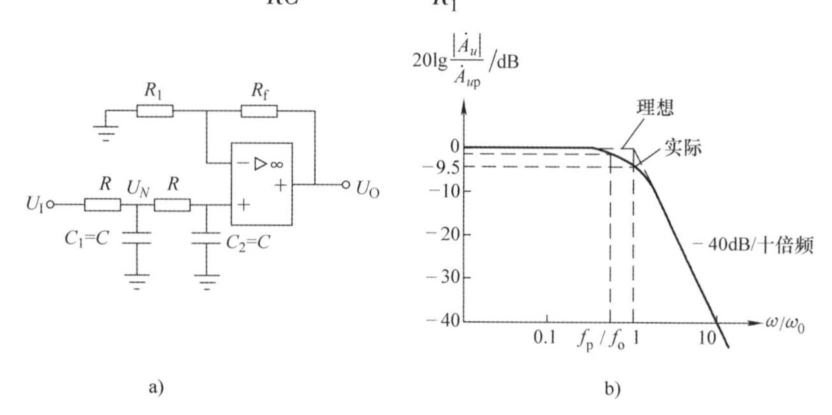

图3-56　简单的二阶低通有源滤波器

a）电路原理图　b）幅频特性

由上式可知，二阶低通滤波器的幅频特性在 $\omega \geqslant \omega_0$ 时，以每十倍频程 -40dB 的速度下降，衰减速度快，其幅频特性更接近于理性特性。但在 $\omega = \omega_0$ 时，幅值应下降3dB，但实际却下降了9.5dB。为了克服在截止频率附近的通频带幅值下降过多的缺点，通常采用了将第一级电容 C 的接地端改接到输出端的方式，如图3-57a所示。

经推导可得滤波电路频率特性为

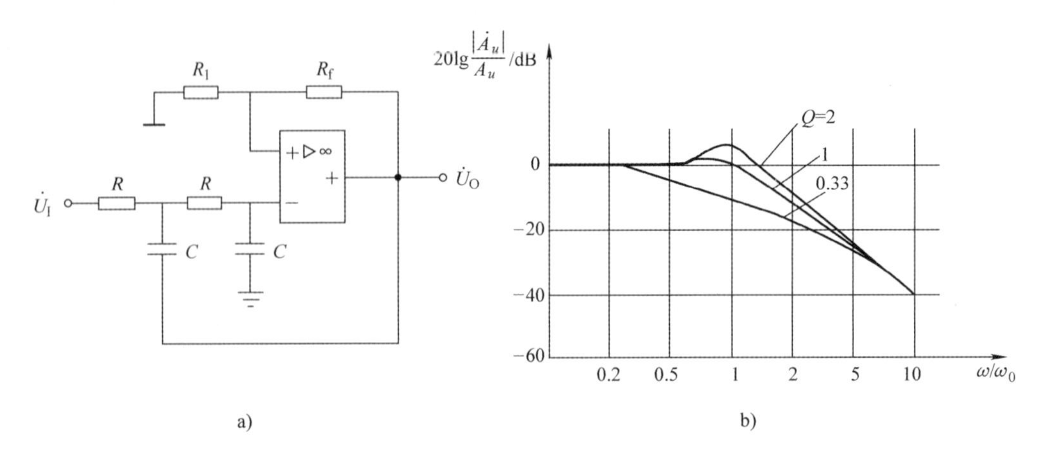

a)　　　　b)

图 3-57　典型二阶低通有源滤波器

a）电路原理图　b）幅频特性

$$\dot{A}_u = \frac{\dot{U}_O}{\dot{U}_I} = \frac{A_u}{1-\left(\frac{\omega}{\omega_0}\right)^2 + \mathrm{j}\,\frac{1}{Q}\,\frac{\omega}{\omega_0}} \tag{3-89}$$

式中　ω_0——中心角频率，$\omega_0=\frac{1}{RC}$且 $A_u=1+\frac{R_f}{R_1}$，$Q=\frac{1}{3-A_u}$。

类似谐振回路的品质因数，Q 越大，$\omega=\omega_0$ 时 $|\dot{A}_u|$值也越大，$1/Q$ 统称为阻尼系数。由式（3-89）可知，当 $Q=1$ 时，在 $\omega=\omega_0$时 $|\dot{A}|=A_u$。即维持通频带的增益，滤波效果比前者好。图 3-57b 表示出了 Q 对对数幅频特性的影响。应当指出，$A_u=3$ 时，Q 将趋于无穷大，电路将产生自激振荡，因此 R_f必须小于 $2R_1$，且要求元器件性能稳定。

进一步改善滤波性能可将上述几个典型二阶电路串接起来，上述二阶有源滤波器可看作组成有源低通滤波器的基本单元。

2. 有源高通滤波器（HPF）

只要将低通滤波电路中起滤波作用的电阻、电容互换，即可变成高通滤波电路。如图 3-58a 所示的典型二阶有源高通滤波电路。

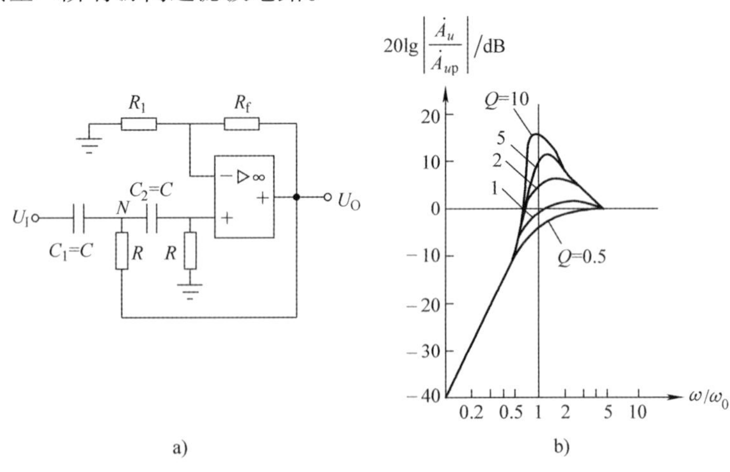

a)　　　　b)

图 3-58　典型二阶高通有源滤波器

a）电路原理图　b）幅频特性

经推导，图 3-58a 所示电路的输入输出关系为

$$\dot{A}_u = \frac{\dot{U}_O}{\dot{U}_I} = \frac{\left(j\frac{\omega}{\omega_0}\right)^2 A_u}{1-\left(\frac{\omega}{\omega_0}\right)^2 + j\frac{1}{Q}\frac{\omega}{\omega_0}} \tag{3-90}$$

式中 A_u、ω_0 和 Q 的意义与式（3-89）相同，图 3-58b 为其幅频特性。

3. 有源带通滤波器（BPK）

如图 3-59 所示，带通滤波电路的作用是只允许某一段频带内的信号通过，而比通频带下限低和比上限频率高的信号被阻断。常用于从许多信号（包括干扰、噪声）中获取所需要的有用信号，因此希望带通滤波器的通频带窄而稳定。

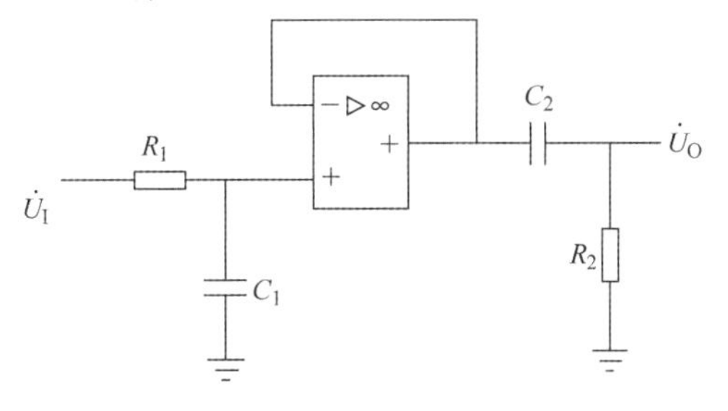

图 3-59　基本的带通滤波电路

图中的集成放大器是用来隔离低通和高通滤波电路的，由此可得该电路输入输出关系为

$$\dot{A}_u = \frac{\dot{U}_O}{\dot{U}_I} = \frac{j\frac{\omega}{\omega_0}A_u}{1-\left(\frac{\omega}{\omega_0}\right)^2 + j\frac{1}{Q}\frac{\omega}{\omega_0}} \tag{3-91}$$

式中　A_u——电压增益，$A_u = \left(1+\frac{R_f}{R_1}\right)\frac{1}{R\omega_0 C}$；

ω_0——中心角频率，$\omega_0 = \sqrt{\frac{1}{R_2 C^2}\left(\frac{1}{R}+\frac{1}{R_3}\right)}$；

Q——品质因数，$Q = \frac{\omega_0}{B}$，代表频率选择性能；

B——频带宽，$B = \frac{1}{C}\left(\frac{1}{R}+\frac{2}{R_2}+\frac{R_f}{R_1 R_3}\right)$。

这种电路的优点是改变 R_f 和 R_1 的比例就可以改变频带宽而不影响中心频率。

如果进一步提高选择性，可以由典型电路图 3-60 为基本单元，组成多级串联。

带通滤波器的带宽越窄，选择性越好，也就是电路的品质因数 Q 值越高 $\left(Q = \frac{f_0}{BW}\right)$，高 Q 值的滤波器有大的输出电压；反之，低 Q 值的滤波器带宽较宽，有较小的输出电压。

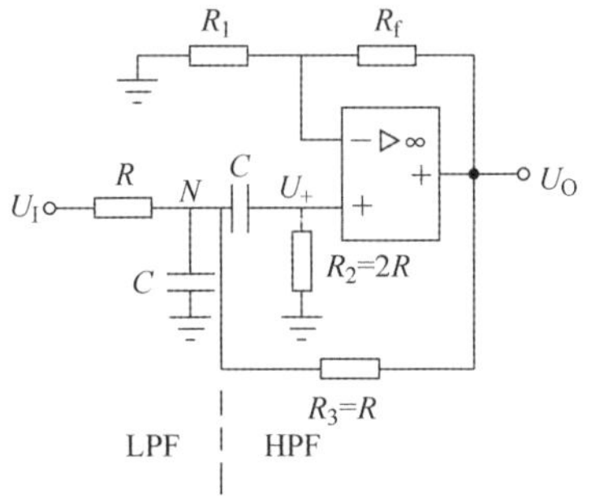

图 3-60　典型带通滤波电路

我们所熟悉的 RC 桥式振荡电路其实就是一个选择性很好的有源带通滤波器。该电路在满足 $R_1 = R_2 = R$，$C_1 = C_2 = C$ 的条件下，Q 值与中心频率 f_0 分别为

$$Q = \frac{1}{3 - A_{uf}}$$

$$f_0 = \frac{1}{2\pi\sqrt{C_1 C_2 R_1 R_2}} = \frac{1}{2\pi RC}$$

式中　A_{uf}——二阶带通滤波器的通带增益，$A_{uf}=1+\frac{R_f}{R_1}$。

另外，也可以用一个低通滤波器和一个高通滤波器串联起来组成一个带通滤波器，用该方法构成的带通滤波器通带较宽，截止频率易于调整，多用作测量信号噪声比的音频带通滤波器。如图3-61所示的带通滤波器，频率范围为300～3000Hz，整个通带增益为8dB，非常适合语音放大。

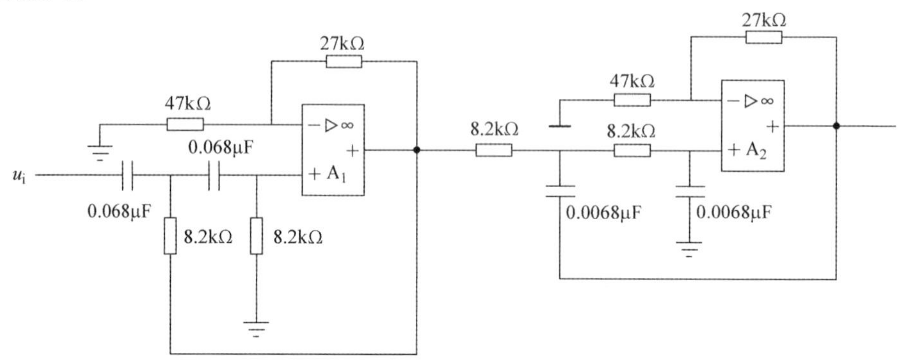

图3-61　低通和高通滤波器组成的带通滤波器

4. 有源带阻滤波器（BEF）

这种电路的性能和带通滤波器相反，即在规定的频带内，信号不能通过（或受到很大的衰减），而在其余频率范围内，信号则能顺利通过。经常用在抗干扰的设备中。

比较常用的带阻滤波电路如图3-62所示。

它的输入输出关系为

$$\dot{A}_u=\frac{\dot{U}_O}{\dot{U}_I}=\frac{A_u\left[1+\left(j\frac{\omega}{\omega_0}\right)^2\right]}{1-\left(\frac{\omega}{\omega_0}\right)^2+j\frac{1}{Q}\frac{\omega}{\omega_0}} \tag{3-92}$$

式中　ω_0——中心角频率，$\omega_0=\frac{1}{RC}$且$A_u=1+\frac{R_f}{R_1}$、$Q=\frac{1}{2(2-A_u)}$。

不同Q值时的幅频特性如图3-63所示。

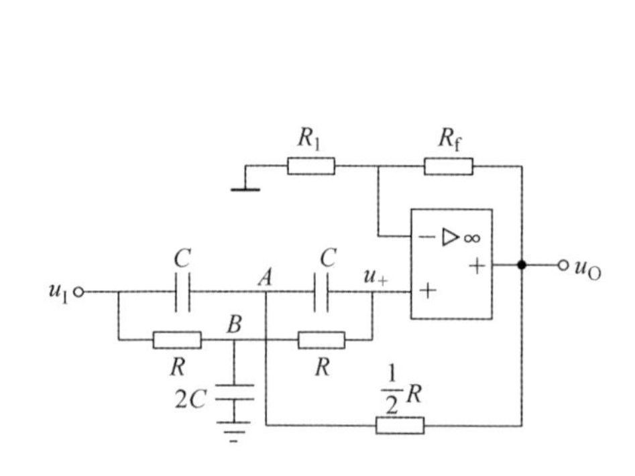

图3-62　常用有源带阻滤波器

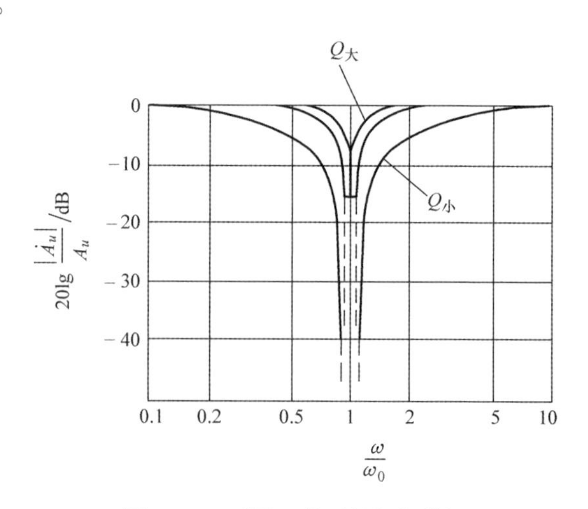

图3-63　不同Q值时的幅频特性

3.4　信号转换电路

在检测与控制系统和一般电子装置中，模拟信号经处理后，经常需要进行某种变换，以便于信号的传输、处理等操作，常见的变换有 C/F 转换、R/F 转换、F/V 转换、V/I 转换、V/F 转换等。本节将对部分常见的信号转换电路进行介绍。

3.4.1　C/F 转换和 R/F 转换电路

图 3-64 是一个由 555 定时器组成的典型的频率转换电路，即能用作 C/F 放大器，也能用作 R/F 放大器。这里把两个转换电路合在一起介绍。

图 3-64 是由 555 定时器组成的多谐振荡器，多谐振荡器是能产生矩形波的一种自激振荡器电路，由于矩形波中除基波外还含有丰富的高次谐波，故称为多谐振荡器。R_1、R_2 和 C 是外接定时元件，电路中将高电平触发端（6 引脚）和低电平触发端（2 引脚）并接后接到 R_2 和 C 的连接处，将放电端（7 引脚）接到 R_1、R_2 的连接处。

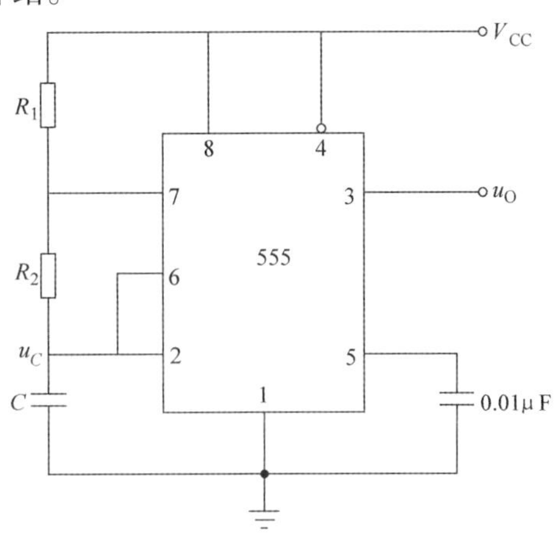

图 3-64　555 定时器组成的多谐振荡器

由于接通电源瞬间，电容 C 来不及充电，电容器两端电压 u_C 为低电平，小于$\frac{1}{3}V_{CC}$，故高电平触发端与低电平触发端均为低电平，输出 u_o 为高电平，555 定时器内的放电管 V_T 截止（7 引脚相当于断开）。这时，电源经 R_1、R_2 对电容 C 充电，使电压 u_C 按指数规律上升，当 u_C 上升到$\frac{2}{3}V_{CC}$时，输出 u_O 为低电平，放电管 V_T 导通。把 u_C 从$\frac{1}{3}V_{CC}$上升到$\frac{2}{3}V_{CC}$这段时间内电路的状态称为第一暂稳态，其维持时间 T_{PH}的长短与电容的充电时间有关。充电时间常数 $T_{充}=(R_1+R_2)C$。

由于放电管 V_T 导通，电容 C 通过电阻 R_2 和放电管放电，电路进入第二暂稳态。其维持时间 T_{PL}的长短与电容的放电时间有关，放电时间常数 $T_{放}=R_2C$。随着 C 的放电，u_C 下降，当 u_C 下降到$\frac{1}{3}V_{CC}$时，输出 u_o 为高电平，放电管 V_T 截止，V_{CC}再次对电容 C 充电，电路又翻转到第一暂稳态。

不难理解，接通电源后，电路就在两个暂稳态之间来回翻转，则输出为矩形波。电路一旦起振后，u_C 电压总是在（1/3～2/3）V_{CC}之间变化。图 3-65 所示为工作波形。

根据 u_o 的波形图可以确定振荡周期为

$$T=T_{PH}+T_{PL} \tag{3-93}$$

T_{PH}对应充电时间

$$T_{PH}=C(R_1+R_2)\ln 2 \tag{3-94}$$

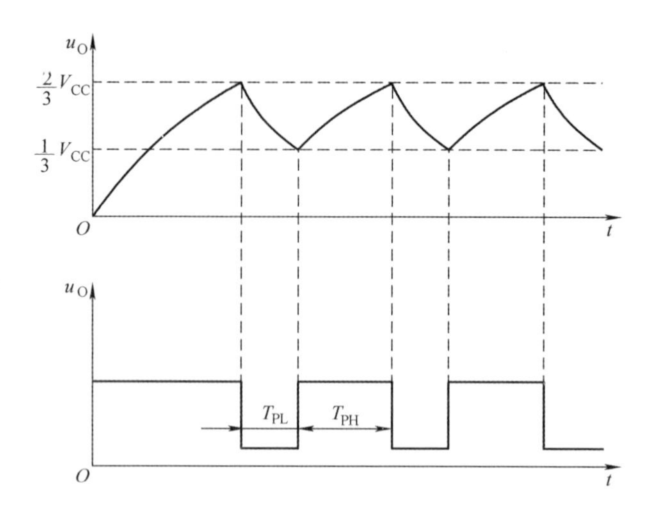

图 3-65　555 定时器输出波形

T_{PL}对应放电时间

$$T_{PL}=CR_2\ln 2 \tag{3-95}$$

输出 u_O 波形的振荡周期为

$$T=C(R_1+2R_2)\ln 2 \tag{3-96}$$

由此可知频率为

$$f=\frac{1}{T}=\frac{1}{C(R_1+2R_2)\ln 2} \tag{3-97}$$

由式（3-94）可知，输出波形的频率只与电容 C 和电阻 R_1、R_2 有关。如果把电路用作 C/F 转换电路时，只需要使用固定阻值 R_1 和 R_2，把电容换成需转换的电容，这样输出信号 u_O 的频率就只与电容有关，而且频率与电容呈线性变化。同理，如果把电路用作 R/F 转换电路时，只需使用固定值的电容 C，在 R_1 和 R_2 中任选一个换成待转换的电阻，这样输出信号 u_O 的频率只与该待测电阻有关。

3.4.2　V/F 和 F/V 转换电路

V/F（电压 - 频率）转换电路主要用于信号隔离和远距离传输，因为在工业现场或较大装置的计算机测量控制系统中，由于各功能模块接地点的电位不同，它对系统内的各部分电路，尤其是对模拟电路的正常工作有着很大的影响。所以，测量现场的某些信号或控制设备往往要求相应地进行隔离，以保护主机正常工作，完成各项控制功能 ，同时模拟信号在传输过程中容易受到各种噪声干扰。而被测电压量经过 V/F 转换后的频率信号具有较强的抗干扰能力，不受电磁场影响，同时频率量可以很方便地调制成射频信号或光脉冲信号，实现无线或光纤传输，这些优点决定 V/F 转换电路特别适合一些快速而又远距离的测量中。而 F/V 电路可以理解为 F/V 的逆过程，在信号处理时频率信号在许多时候需要被转换为电平信号才能实现 A - D 转换被系统采集，所以信号采集处理时需要用到 F/V 电路。

在市场上有很多集成芯片都可以实现 V/F 和 F/V 转换的功能，如 AD 公司的 AD650、AD652，NS 公司的 LM331、LM231 等。下面以 LM331 为例介绍 V/F 和 F/V 转换电路的相关知识。LM331 是美国 NS 公司生产的性价比较高的一款电压 - 频率转换集成芯片。其动态范围宽，可达到100dB；线性度好，最大非线性失真小于0.01%，工作频率低至0.1Hz时尚有较好的线性。变换精度高，数字分辨率可达到12位；外接电路简单，只需要接入几个外部元件就可以方便构成V/F或F/V等变换电路，并且容易保证变换精度。

LM331内部电路组成如图3-66所示。

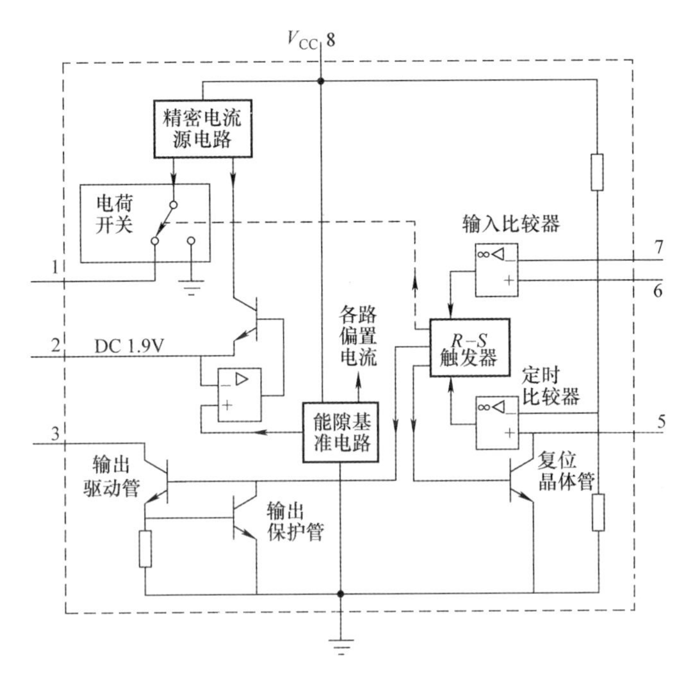

图3-66　LM331内部电路结构图

（1）U－F转换电路

如图3-67是LM331组成的电压－频率转换电路。

在图3-67中，外接电阻 R_t、电容 C_t 和定时比较器、复零晶体管、$R-S$ 触发器等构成单稳态定时电路。当输入端 V_i 输入一正电压时，输入比较器输出高电平，使 $R-S$ 触发器置位，输出高电平，输出驱动管导通，输出端 f_o 为逻辑低电平。同时，电流开关打向右边，电流源 I_R 对电容 C_L 充电。此时由于复位晶体管截止，电源 V_{CC} 也通过电阻 R_t 对电容 C_t 充电。当电容 C_t 两端充电电压大于 V_{CC} 的2/3时，定时比较器输出一高电平，使 $R-S$ 触发器复位，输出低电平，输出驱动管截止，输出端 f_o 为逻辑高电平，同时，复位晶体管导通，电容 C_t 通过复位晶体管迅速放电；电流开关打向左边，电容 C_L 对电阻 R_L 放电。当电容 C_L 放电电压等于输入电压 U_i 时，输入比较器再次输出高电平，使 $R-S$ 触发器置位，如此反复循环，构成自激振荡。

设电容 C_L 的充电时间为 t_1，放电时间为 t_2，则根据电容 C_L 上电荷平衡的原理，有

$$\left(I_R - \frac{U_L}{R_L}\right)t_1 = \frac{t_2 U_L}{R_L} \tag{3-98}$$

从式（3-98）可得

$$f_o = \frac{1}{t_1 + t_2} = \frac{U_L}{R_L I_R t_1} \tag{3-99}$$

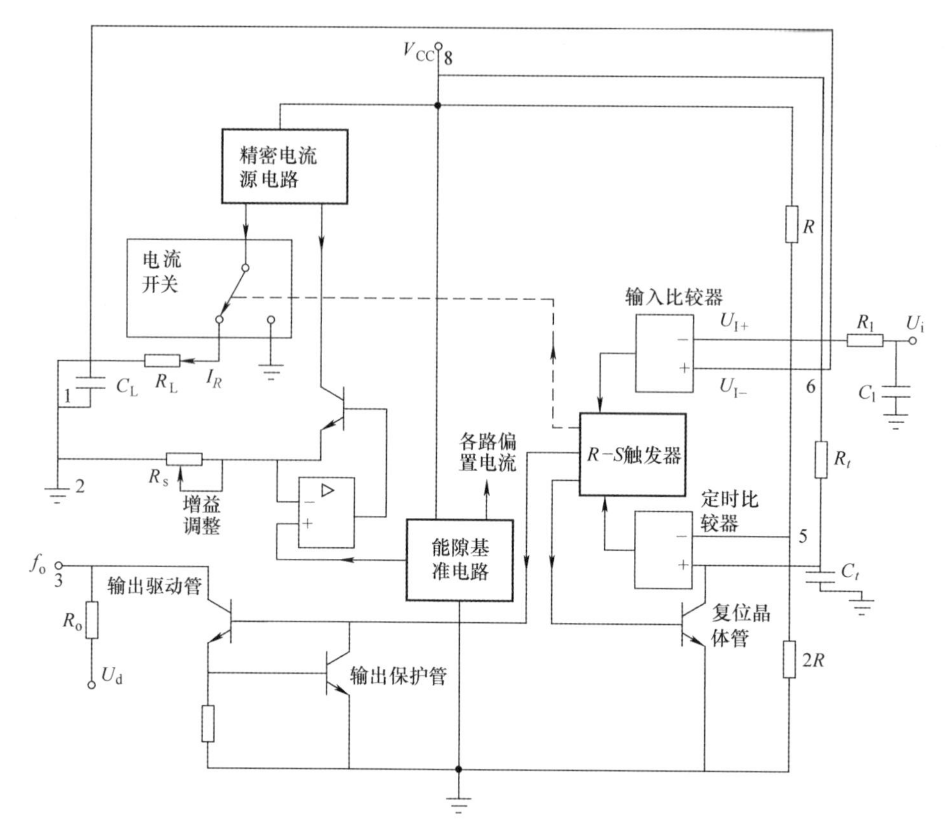

图 3-67　LM331 电压 - 频率转换电路

实际上，该电路的 U_L在很少的范围内（大约 10mV ）波动，因此，可认为 $U_L=U_i$，故上式可以表示为

$$f_o=\frac{U_i}{R_L I_R t_1} \tag{3-100}$$

可见，输出脉冲频率 f_o 与输入电压 V_i 成正比，从而实现了电压 - 频率转换。式中 I_R 由内部基准电压源供给的 1.90V 参考电压和外接电阻 R_s决定，$I_R=1.90/R_s$，改变 R_s 的值，可调节电路的转换增益，t_1 由定时元件 R_t 和 C_t 决定。其关系是

$$t_1=1.1R_tC_t \tag{3-101}$$

典型值 $R_t=6.8\text{k}\Omega$，$C_t=0.01\mu\text{F}$，$t_1=7.5\mu\text{s}$。

由 $f_o=U_i/(R_L I_R t)$ 可知，电阻 R_s、R_L、R_t和电容 C_t直接影响转换结果f_o，因此对元件的精度要有一定的要求，可根据转换精度适当选择。电容 C_L 对转换结果虽然没有直接的影响。但应选择漏电流小的电容器。电阻 R_1 和电容 C_1 组成低通滤波器，可减少输入电压中的干扰脉冲，有利于提高转换精度。

(2) F/V 转换电路

同样利用 LM331 可以组建频率 - 电压转换电路，如图 3-68 所示。

输入频率f_{in}经过 C_2、R_4组成的微分电路加到输入比较器的反相输入端，输入比较器的同相端经过 R_2、R_4 分压而加约 $2/3V_{CC}$的直流电压，反相输入端经电阻 R_4加有 V_{CC}的电压，

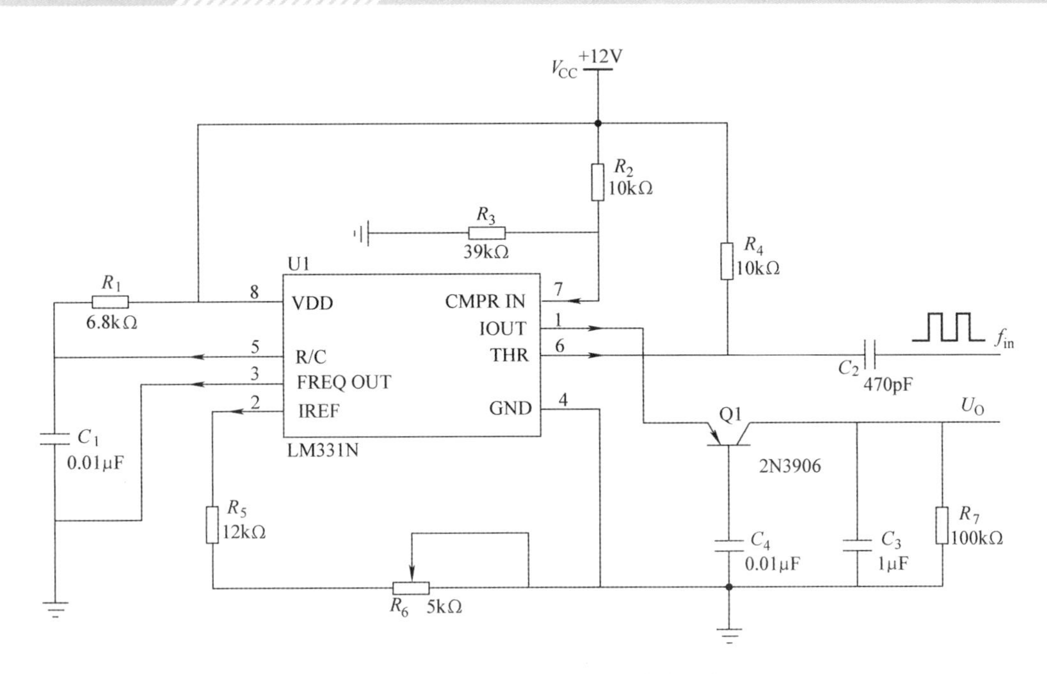

图 3-68　LM331 频率－电压转换电路

当输入的脉冲下降沿到来时，经微分电路 C_2、R_4 产生一负尖脉冲叠加到反相输入端的 V_{CC} 上。当负尖脉冲大于 $V_{CC}/3$ 时，输入比较器输出高电平使触发器置位，此时 LM331 内的电流开关打向右边，电流源 I_R 对 C_1 进行充电，同时因复位晶体管截止而使电源 V_{CC} 通过电阻 R_1 对 C_1 充电，当电容 C_1 两端电压达到 $2/3V_{CC}$ 时，定时比较器输出高电平使触发器复位。此时 LM331 内的电流开关打向左边，电容 C_3 通过电阻 R_7 放电，同时复位晶体管导通，定时电容 C_1 迅速放电。完成一次充放电过程。

电容 C_3 的充电时间由定时电路 R_1、C_1 决定，充电电流由 I_R 决定。输入脉冲的频率越高电容 C_3 上积累的电荷就越多。输出电压就越高，实现了频率－电压的变换，因此有

$$U_O = f_{in}\frac{R_7}{R_5 + R_6} \times 1.9 \times 1.1 R_1 C_1 \tag{3-102}$$

其中，电容 C_2 的选择不宜太小，要保证输入脉冲经微分后有足够的幅度来触发输入比较器，但电容 C_2 小有利于提高转换电路的抗干扰能力。电阻 R_1 和电容 C_1 组成低通滤波器。电容 C_1 大些，输出电压 U_O 的纹波会小些，电容 C_1 小，当输入脉冲频率变化时，输出响应会快些。这些因素在实际运用时要综合考虑。

3.4.3　V/I 转换电路

在大多数情况下传感器在很恶劣嘈杂的环境中工作，测量仪器远离传感器，实际上需要的传输线很长，电压传输易受电磁干扰，且传输线的分布电阻会产生电压压降；而电流对噪声并不敏感，若以电流信号进行传输，则不易受传输线长度的影响。并且电流信号极易测量。

V/I 转换电路有很多，既可以使用芯片实现 V/I 转换，也可以使用一种简单的转换电路实现。

这里以 TI 公司的 XTR111 为例，介绍如何使用芯片实现 V/I 转换。

XTR111 是一款高精度电压－电流转换器，支持标准 0～20mA、4～20mA 及 5～25mA 模拟电流输出。XTR111 提高了输出误差检测与输出禁用能力，还能提供高达 36mA 的电流。XTR111 精度为 0.015%，且成本低廉，适用于电流触发型传感器，并可用作压控电流源。图 3-69 所示为由 XTR111 组成的一个典型 V/I 转换电路。

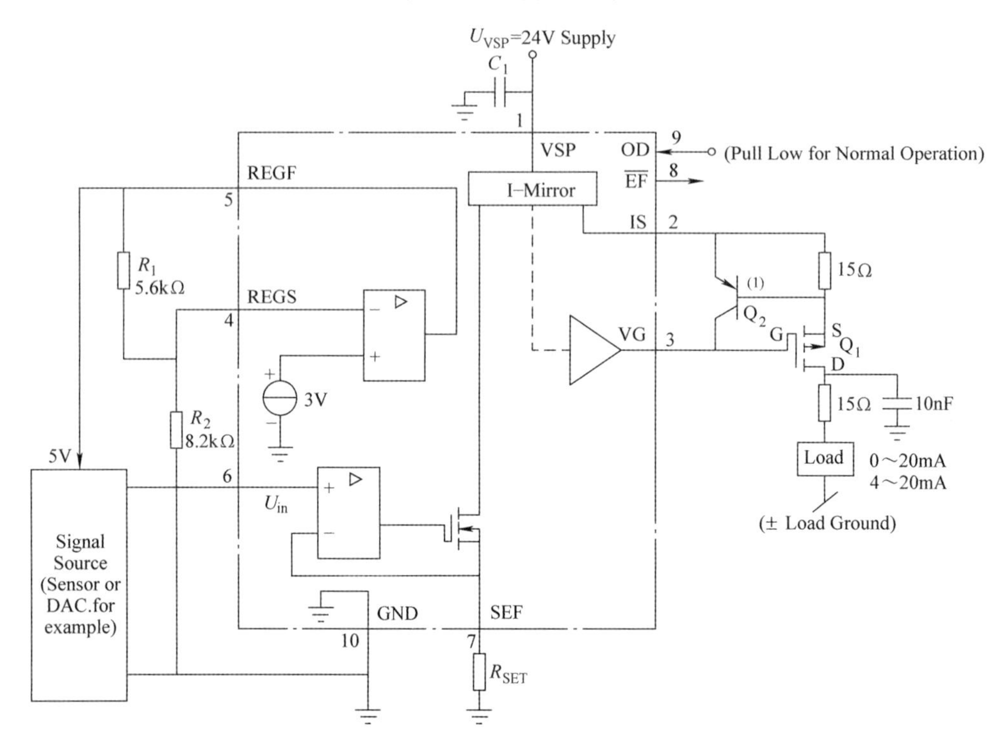

图 3-69　XTR111 组成的 V/I 转换电路

输出电流为

$$I_{out} = 10\,\frac{U_{in}}{R_{SET}} \tag{3-103}$$

由此可见，可以调节 R_{SET}的大小来调节 V/I 转换的大小，并且电压和电流之间呈线性关系。

在进行电压－电流转换的电路中，也可以采用一种十分简单的电路，如图 3-70 所示。

因为 A_2、A_3 为电压跟随器，由图 3-70 可知

$$\frac{U_-}{R_4} = \frac{U_1}{R_4 + R_5} \tag{3-104}$$

$$\frac{U_i - U_2}{R_1 + R_2} = \frac{U_i - U_+}{R_2} \tag{3-105}$$

运算放大器在理想情况下有

$$U_+ = U_- \tag{3-106}$$

所以有

$$U_1 - U_2 = \frac{1}{3}U_i \tag{3-107}$$

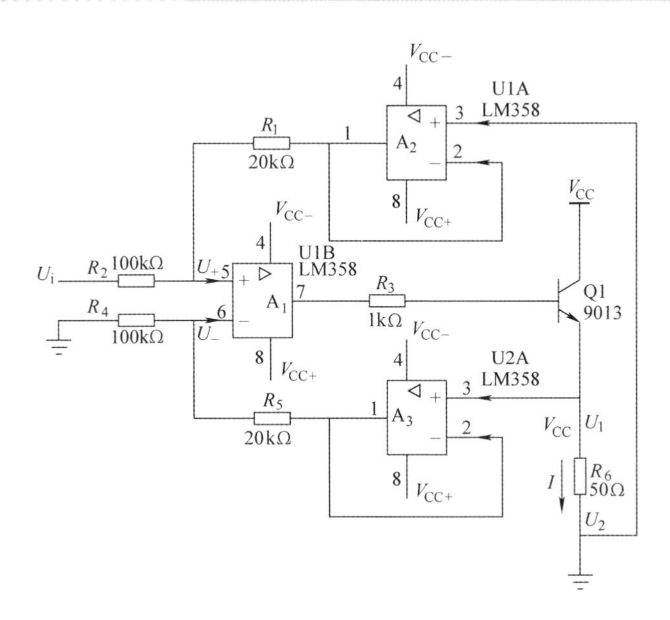

图 3-70　V/I 转换电路

因此

$$I = \frac{U_i}{5R_6} = \frac{U_i}{250} \tag{3-108}$$

若 U_i 输入为 1 ~5V，则输出为 4 ~20mA。

3.5　计算机软件处理（误差修正技术）

随着计算机技术的发展及在检测领域的广泛应用，许多原来靠硬件电路难以实现的信号处理方法，有可能通过软件测量的方法而得以解决。如在检测系统的误差处理、非线性特性的校正、漂移及抗干扰处理等方面，通过采用数字滤波等计算机软件处理方法，达到了修正误差、改善测量精度、消除噪声、提高测控系统抗干扰能力的目的。

3.5.1　数字滤波技术

检测系统在现场使用时，会受到大量干扰源的干扰，这些干扰虽然不能损坏硬件设备，但常常会影响整个测量系统的正常工作。为了提高测量的正确性和可靠性，经常采用数字滤波方法来消除信号中混入的无用成分，减小随机误差。

所谓数字滤波，是在检测系统中通过一定的计算机程序对被采样的信号进行平滑加工，以提高有用信号、消除或减少各种干扰和噪声，从而保证测量的高精度、高可靠性和高稳定性。

采用数字滤波来克服随机误差，具有如下优点：

1）不需要增加任何硬设备，只要在计算机程序进入数据处理和测量算法之前，加入一段数字滤波程序即可。它可根据需要选择不同的滤波方法或改变滤波参数，使用灵活、方便；所以系统的可靠性高，且没有阻抗匹配问题。

2）数字滤波器可以被多个信号通道共用，而不像模拟滤波那样每个通道都设置滤波器，可以使多个输入通道共用一个软件“滤波器”，从而降低硬件成本。

3）只要适当改变软件“滤波器”的滤波程序或运算参数，就能方便地改变滤波特性，这对于低频信号、脉冲干扰、随机噪声特别有效。

4）可以对频率很低的干扰进行滤波，而不像模拟滤波那样受电容量的限制。

一般的干扰或噪声为随机的，其幅值和频率可能在很宽的范围内，需要采取不同的滤波方法。下面介绍一些常用的数字滤波算法。

3.5.1.1　程序判断滤波

程序判断滤波又称限幅滤波，当采样信号由于随机干扰、误差检测或传感器不稳定而引起的测量信号严重失真时，采用程序判断滤波，是一种非常有效的方法。程序判断滤波方法是根据生产经验，比较相邻的两个采样值 y_n 和 y_{n-1}，并确定出两次采样输入信号可能出现的差值，若采样的差值大于了允许的最大偏差 Δy_s，则表明该输入信号有随机干扰存在，应予以剔除；若差值小于 Δy_s，则认为本次采样值有效，将本次信号作为本次采样值。其具体做法是：将第 N 次采样值 $y(N)$ 与前一次采样值 $y(N-1)$ 相减后取绝对值与两次采样的最大允许差值 Δy_s 比较来确定采样结果 y_N。

若 $|y(N)-y(N-1)|\leqslant\Delta y_s$，则取 $y_N=y(N)$

若 $|y(N)-y(N-1)|>\Delta y_s$，则取 $y_N=y(N-1)$

上述限幅滤波算法很容易用程序判断的方法来实现，故又称为程序判断法。这种方法的关键是最大偏差 Δy_s 的选择，通常使用最大变化速度和采样周期来决定的。

这种滤波主要用于慢变参数的检测，如温度、物位等，使用的关键是 Δy_s 的选取。Δy_s 取的太小，采样效率降低，会滤掉有用信号。限幅滤波算法程序流程如图 3-71 所示。

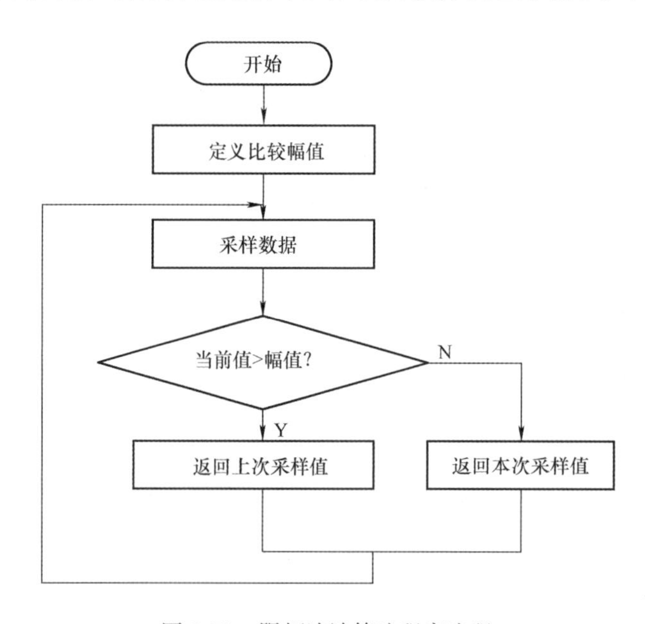

图 3-71　限幅滤波算法程序流程

限幅滤波算法程序：

```
#define A   10                    //定义限幅值
char  value;                      //定义全局变量
```

```
char  xianfu()                          //限幅滤波子程序
{
char new_value;                         //定义当前采样值
new_value = get_ad();                   //传递当前采样值
if((new_value - value > = A))           //限幅比较
return value;                           //返回上次的值
else
return new_value;                       //返回此次的值
}
```

3.5.1.2　中位值滤波

这种滤波方法是对某一个被测参数连续采样 N 次（N 为奇数），然后把 N 次采样的值从小到大（或从大到小）排队，取其中间值作为本次采样值。

此种滤波能有效克服偶然因素引起的波动或采样电路不稳定引起的误码等脉冲干扰。对于温度、液位等缓慢变化的被测参数采用此法可收到良好的滤波效果，对于快速变化的参数检测则不宜采用。N 的取值越大滤波效果越好，但会使采样时间增长。一般取 $N=5\sim11$。中位值滤波算法程序流程如图3-72所示。

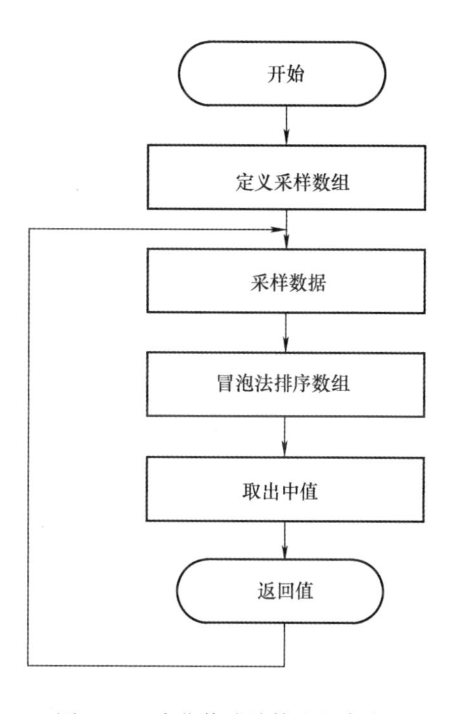

图3-72　中位值滤波算法程序流程

中位值滤波算法程序：

```
#define N 11
char zhongzhi()
{
char cai_yang[N];
char count,i,j,temp;
for(count = 0;count < N;count + + )
  {
  cai_yang[count] = get_ad();
  delay();
  }
for(j = 0;j < N - 1;j + + )
{
  for(i = 0;i < N - j;i + + )
  {
  if(caiyang[i] > caiyang[i + 1])
    {
    temp = caiyang[i];
    caiyang[i] = caiyang[i + 1]
```

```
            caiyang[i+1] = temp;
          }
        }
      }
    return value_buf[(N-1)/2];
  }
```

3.5.1.3 算术平均算法滤波

这种滤波方法是对被测量进行 N 次采样后，把 N 个采样值相加，再取其算术平均值作为本次采样值，即

$$\overline{y}(k) = \frac{1}{N}\sum_{i=1}^{N} x_i \tag{3-109}$$

式中 $\overline{y}(k)$——第 K 个采样点的 N 个采样值的算术平均值；

x_i——第 K 个采样点的第 i 次采样值；

N——每个采样点的采样次数。

这种滤波方法适用于对一般随机干扰信号进行滤波，这种信号的特点是信号本身在某一数值附近上下波动，如对压力、流量等周期性脉动参数的检测，在这种情况下仅取一个采样值显然是不准确的。N 的取值取决于信号的平滑度和灵敏度。N 的取值越大，平滑度越高，而灵敏度越低，这需两者都兼顾。一般在流量检测时取 $N=12$；压力检测时取 $N=4$，温度检测时，若干扰很小可不平均。算术平均滤波算法程序流程如图 3-73 所示。

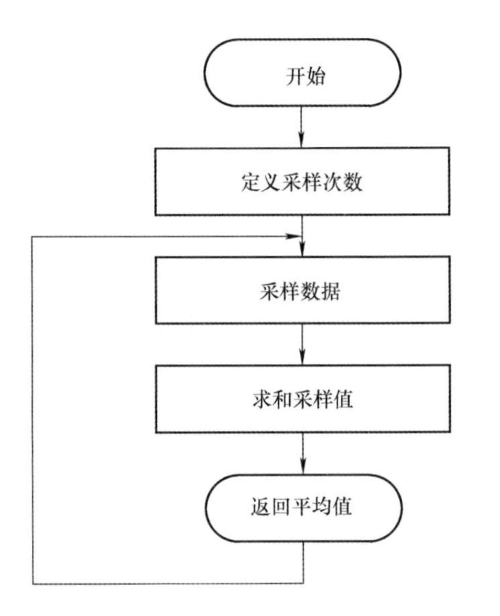

图 3-73　算术平均滤波算法程序流程

算术平均滤波算法程序：

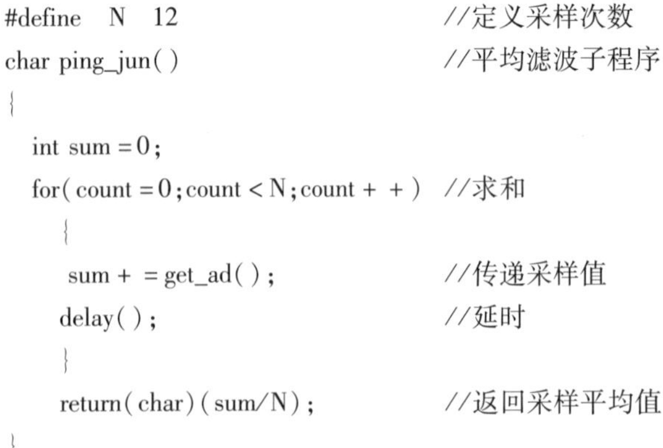

```
#define  N  12                                  //定义采样次数
char ping_jun()                                 //平均滤波子程序
{
  int sum = 0;
  for(count = 0;count < N;count + +)  //求和
    {
     sum + = get_ad();                         //传递采样值
    delay();                                    //延时
    }
    return(char)(sum/N);                        //返回采样平均值
}
```

3.5.1.4 递推平均滤波法

递推平均滤波又称滑动平均滤波。对于计算速率要求很高的实时数据系统，需要很大量运算的算术平均滤波法是无法使用的。而递推平均算法就能实现只需一次测量就能得到当前

算术平均滤波值。

递推平均算法把 N 个测量数据看成一个队列。队列的长度固定为 N，每进行一次新的测量，把测量结果放入队尾，而去掉原来队首的一个数据，这样在队列中始终有 N 个新的数据。计算滤波值时，只要把队列中的 N 个数据进行算术平均，就可以得到新的滤波值。这种滤波算法称为递推平均滤波法，其数学表达式为

$$\overline{y_n} = \frac{1}{N}\sum_{i=0}^{n-1} y_{n-i} \tag{3-110}$$

式中　$\overline{y_n}$——第 n 次采样值经滤波后的输出；

y_{n-i}——未经滤波的第 $n-i$ 次采样值；

N——递推平局项数。

递推平均算法对于周期性干扰有良好的抑制作用，平滑度较高，但灵敏度较低；对偶然出现的脉冲性干扰抑制作用差，不易消除由于脉冲干扰所引起的采样值偏差，因此它不适用于脉冲干扰比较严重的场合，而适用于高频振荡的系统。

3.5.1.5　加权平均滤波法

根据被测信号的特点，为了提高滤波的效果，将各次采样的取值取不同的比例，然后相加而得测量结果，此种方法称为加权平均法。

一个 n 次采样的加权平均值 $y(k)$ 的表达式为

$$y(k) = \sum_{i=1}^{n-1} c_i x_{n-i} \tag{3-111}$$

式中　c_0，c_1，…，c_{n-1}——各次采样值的加权系数，他们是根据具体情况而决定的，一般采样次序越靠后的权系数 c_i 越大。c_i 的取值应满足

$$\sum_{i=1}^{n-1} c_i = 1 \tag{3-112}$$

这种滤波方法，可以根据需要而突出信号的某一部分、抑制另一部分。加权平均滤波算法程序流程如图 3-74 所示。

加权平均滤波算法程序：

```
#define  N  12                                          //定义采样次数
char  quan_[N] = {1,2,3,4,5,6,7,8,9,10,11,12};          //加权系数表
char  quan_he =1 +2 +3 +4 +5 +6 +7 +8 +9 +10 +11 +12;   //加权系数和
char  jia_quan()                                        //加权滤波子函数
{
    char count;
    char cai_yang_[N];                                  //采样存储数组
    int  sum =0;
    for(count =0;count < N;count + +)
      {
        cai_yang_[count] = get_ad();                    //传递 A - D 采样后的数据
        delay();                                        //延时
      }
      for(count =0;count < N;count + +)
```

```
        sum + = cai_yang_[ count ] * quan[ count ];             //加权求和运算
        return( char) ( sum/quan_he) ;                           //返回加权值
    }
```

3.5.1.6　低通滤波

上述几种滤波的方法基本上属于静态滤波，主要适用于变化较快的参数检测，如压力、流量等。对于慢变化参数，采用在短时间内连续采样求平均值的方法，其滤波效果不够理想。对于慢变化信号的检测，通常可采用动态滤波的方法，即可采用一阶滞后的 *RC* 低通滤波，低通滤波又称一阶惯性滤波。其滤波电路如图 3-75 所示。

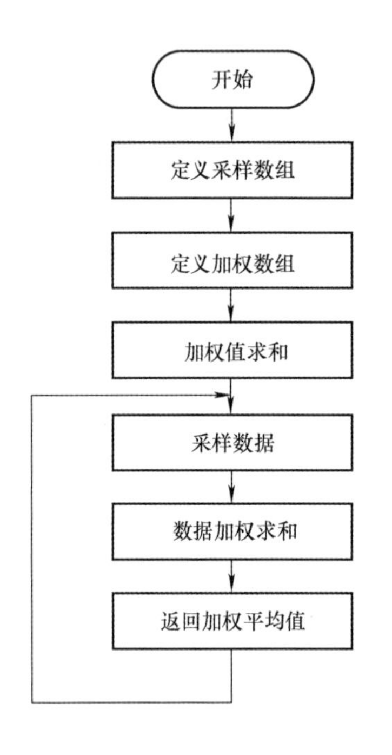

图 3-74　加权平均滤波算法程序流程图

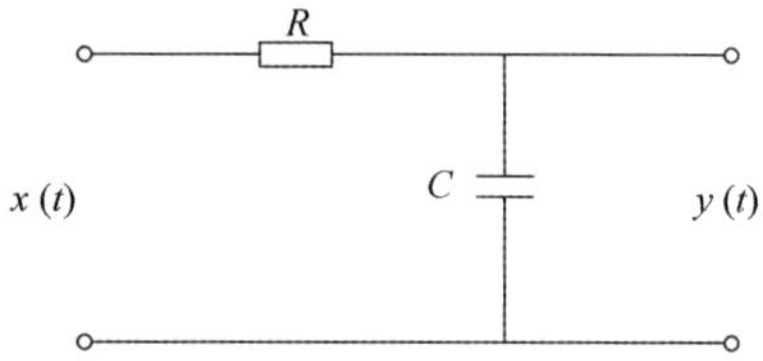

图 3-75　*RC* 低通滤波电路

设滤波器的输入电压为 $x(t)$，输出电压为 $y(t)$，它们之间的关系为

$$RC\frac{\mathrm{d}y(t)}{\mathrm{d}t}+y(t)=x(t) \tag{3-113}$$

为了进行数字处理，需对它们进行采样，其采样值为

$$y_n=y(n\Delta t)\quad R_n=x(n\Delta t) \tag{3-114}$$

式（3-114）中，Δt 为采样间隔时间，n 为采样次数，y_n、x_n 为第 n 次采样的 y、x 之值。当采样时间间隔足够小时，上式的离散表达式可近似为

$$RC\frac{y(n\Delta t)-y[(n-1)\Delta t]}{\Delta t}+y(n\Delta t)=x(n\Delta t)$$

即

$$\left(1+\frac{RC}{\Delta t}\right)y_n=x_{n1}+\frac{RC}{\Delta t}y_{n-1} \tag{3-115}$$

或

$$y_n=ax_n+by_{n-1} \tag{3-116}$$

式中　$a=\frac{1}{1+\frac{RC}{\Delta t}}$，$b=\frac{\frac{RC}{\Delta t}}{1+\frac{RC}{\Delta t}}$，且 $a+b=1$

这种滤波器的滤波特性是：当输入电压为直流时，因 $y_n=y_{n-1}$，则满足 $x_n=y_n$，其增益为1，当取 Δt 足够小时，则 $a\approx\frac{\Delta t}{RC}$，这时滤波器的截止频率为

$$f_c=\frac{1}{2\pi RC}\approx\frac{a}{2\pi\Delta t} \tag{3-117}$$

式（3-117）中，截止频率 f_c 随 a 的取值而变化，a 值越大，截止频率越高。根据滤波需要选定滤波环节的常数 RC 和采样时间间隔 Δt 后，即可确定出系数 a、b，一般取 $a=\frac{1}{2^K}$，K 为正整数。这时滤波器的截止频率也就确定了。将上述确定的数值代入计算式，当经 A－D 采样转换的被测参数，经过此种运算后可实现数字滤波。低通滤波算法程序流程如图 3-76 所示。

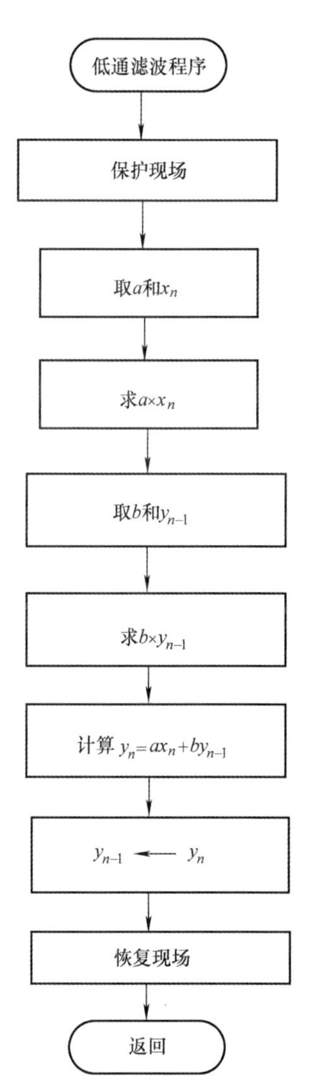

图 3-76　低通滤波算法程序流程

3.5.1.7　高通滤波

高通滤波是让高于某一频率的信号通过，而阻止低于这一频率的信号通过，参照低通滤波器的分析方法，可以得到高通滤波器输入/输出相关性的离散表达式为

$$y_n=ax_n-by_{n-1} \tag{3-118}$$

合理设计、选择滤波时的常数及采样时间间隔，编制针对式（3-118）的运算程序，即可实现高通数字滤波器的功能。

3.5.1.8　复合滤波

在实际应用中，所受到的随机扰动往往不是单一的，有时既要消除脉冲干扰，又要使数据平滑，为了增强滤波效果或特定的滤波功能，在实际应用中经常会把两种或两种以上的滤波方法结合起来使用，形成所谓的复合滤波。例如使用的比较多的中位值平均滤波（又称防脉冲干扰平均滤波法）。可消除由于脉冲干扰所引起的采样值偏差。

该种方法相当于“中位值滤波法”＋“算术平均滤波法”。连续采样 N 个数据，去掉一个最大值和一个最小值，然后计算 $N-2$ 个数据的算术平均值。N 值一般取3 ~14。中值平均滤波算法程序流程如图 3-77 所示。

中值平均滤波算法程序：

```
#define N   6                          //定义采样值
char zwpj()                            //中值平均滤波子程序
{
char cai_yang[N];                      //定义采样存储数组
char count,i,j,temp;
int  sum=0;
```

```
for(count =0;count < N;count + + )
  {
  cai_yang[count] = get_ad( );              //接收 A - D 采样后的数据
  delay( );
  }
    for(j =0;j < N - 1;j + + )             //冒泡法
  {
  for(i =0;i < N - j;i + + )
  {
  if(caiyang[i] > caiyang[i +1])
    {
    temp = caiyang[i];
     caiyang[i] = caiyang[i +1]
     caiyang[i +1] = temp;
    }
  }
  }
  for(count =1;count < N - 1;count + + )    //去掉最大、最小值
  sum + = cai_yang[count];                  //求和
  retrun(char)(sum/(N -2));                 //返回平均值
  }
```

以上所介绍的是几种使用较为普遍的克服随机干扰的数字滤波算法，各种滤波方法都有自己的特点，可以根据具体系统需要检测的参数进行合理的选择。

一般来说，对于变化较慢的参数（如温度），选择程序判断滤波及一阶惯性滤波方法较好；对于变化较快的参数，如压力、流量或脉冲参数等，可用算术平均值和加权平均滤波方法；对于要求比较高的检测系统，可选用复合滤波方法。

在算术平均滤波和加权平均滤波中，其滤波效果与所选择的采样次数 N 有关，N 越大，效果越好，但所花费的时间会增长，应当指出，采用数字滤波，要根据具体情况，经过分析试验后再采用，数字滤波方法采用不当，会造成不良的后果，乃至系统不能正常运行，这一点必须注意。

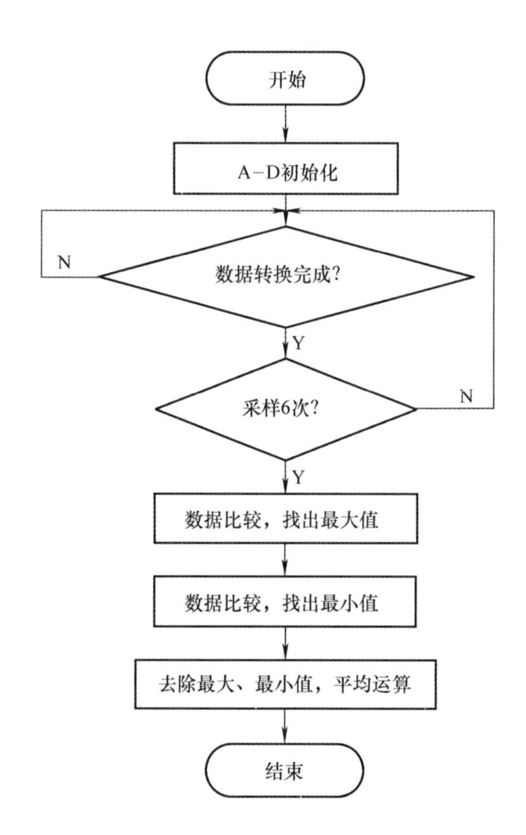

图 3-77　中值平均滤波算法程序流程

3.5.2　非线性校正

无论被测参数是电量、非电量或是其他

类型，一般都将检测系统的被测参数 x 转换成与输出信号 $y(x)$ 呈线性关系，以保证整个测量范围内灵敏系数为常数，有利于读数和分析，也便于处理测量结果。在实际应用中，线性关系无论是在测量、控制、还是显示等方面，都会带来很大的好处。但是在实际检测中，传感器的输出与被测参数间或多或少地存在着非线性关系，为了提高测量的精度，必须对这种非线性进行补偿，或称线性化处理。

3.5.2.1　非线性特性分类

在检测系统中常见的非线性特性的类型有指数函数型、反比函数型和多项式函数型三种。

（1）指数函数型　基本形式为

$$y = A\mathrm{e}^{Bx} + C \tag{3-119}$$

式中　x——输入量；

y——输出量；

A、B、C——常数。

例如，热敏电阻的输出电阻值 R_T 与输入温度 T 之间的关系就属于指数函数型。

（2）反比函数型　基本形式为

$$y = \frac{1}{x} \tag{3-120}$$

例如，变间隙式电容传感器的输出电容值 C 与极板间距 d 之间就是反比函数型。

（3）多项式函数型　基本形式为

$$y = a_0 + a_1 x + a_2 x^2 + a_3 x^3 + \cdots \tag{3-121}$$

例如，金属热电阻的输出阻值 R_T 与输入温度 T 之间、热电偶的输出热电动势 E_t 和被测温度 t 之间，以及电桥的不平衡输出和桥臂阻抗变化之间的函数关系都属于多项式函数型。

3.5.2.2　改善非线性特性的方法

改善检测器的非线性特性，即实现非线性特性的线性化的方法有很多，除了对传感器的一些元器件在设计、制造工艺上采取措施外，还要从检测系统的各个方面进行非线性补偿。

为了实现输入—输出特性是一条直线，也就是说在测量范围内灵敏度是一个常数。在采用微处理器或单片机的测控系统中，通常采用的是非线性自校正的方法，此方法分为三种：查表法、曲线拟合法和神经网络法。由于篇幅所限，以下侧重介绍查表法和曲线拟合法。

采用微处理器或单片机的测控系统框图如图 3-78 所示。无论位于系统前端的传感器及其调理电路至 A－D 转换器的输入—输出特性有多么严重的非线性（无论是前述非线性特性的哪一种），经过处理后，输出 y 与输入 x 都会呈理想直线关系。测控系统各输入/输出特性曲线如图 3-79 所示。

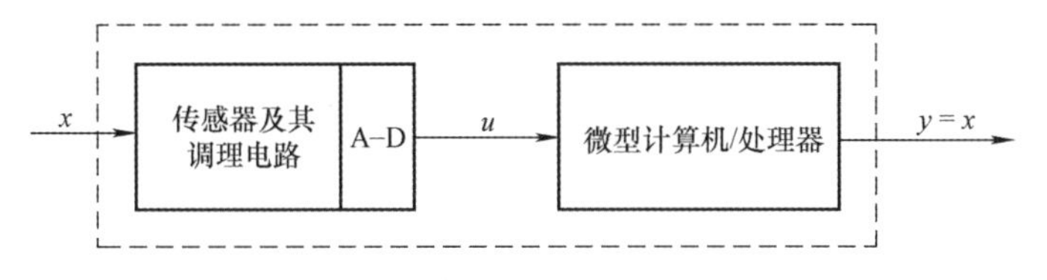

图 3-78　采用微处理器或单片机的测控系统框图

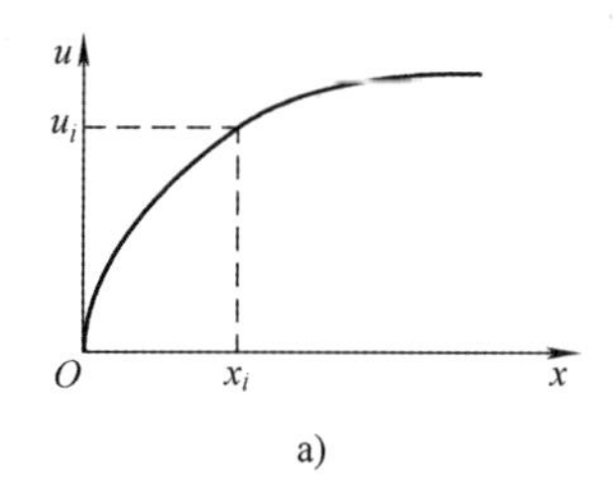

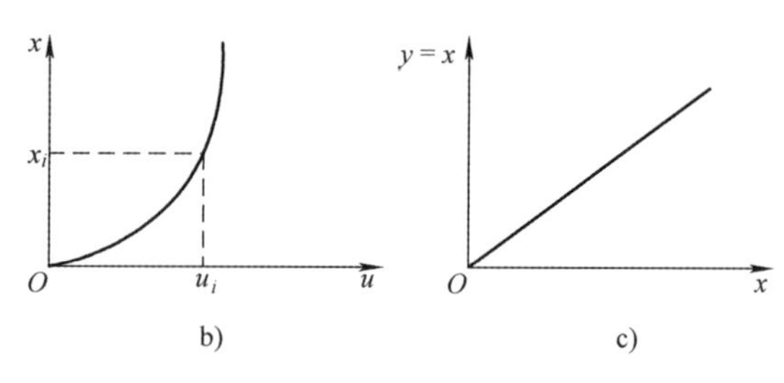

图 3-79　测控系统各输入/输出特性曲线

a）输入 x/输出 u 特性　b）反非线性特性 $u-x$　c）测控系统输入 x/输出 y 特性

1. 查表法

查表法是一种分段线性插值法。它是根据精度要求对反非线性曲线（见图 3-80）进行分段、用若干段折线逼近曲线。将折点坐标值存入数据表中，测量时首先要明确对应输入被测量 x_i的电压值 u_i是在哪一段；然后根据那段的斜率进行线性插值，即得输出值 $y_i=x_i$。

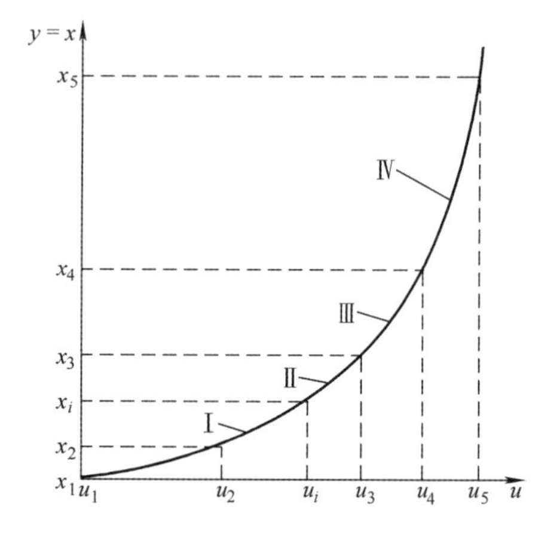

图 3-80　反非线性的折线逼近

下面以四段为例，折点坐标值为

横坐标：u_1、u_2、u_3、u_4、u_5；

纵坐标：x_1、x_2、x_3、x_4、x_5；

各线性段的输出表达式为

$$\text{第Ⅰ段：} y(\text{Ⅰ})=x(\text{Ⅰ})=x_1+\frac{x_2-x_1}{u_2-u_1}(u_i-u_1) \tag{3-122}$$

$$\text{第Ⅱ段：} y(\text{Ⅱ})=x(\text{Ⅱ})=x_2+\frac{x_3-x_2}{u_3-u_2}(u_i-u_2) \tag{3-123}$$

$$\text{第Ⅲ段：} y(\text{Ⅲ})=x(\text{Ⅲ})=x_3+\frac{x_4-x_3}{u_4-u_3}(u_i-u_3) \tag{3-124}$$

$$\text{第Ⅳ段：} y(\text{Ⅳ})=x(\text{Ⅳ})=x_4+\frac{x_5-x_4}{u_5-u_4}(u_i-u_4) \tag{3-125}$$

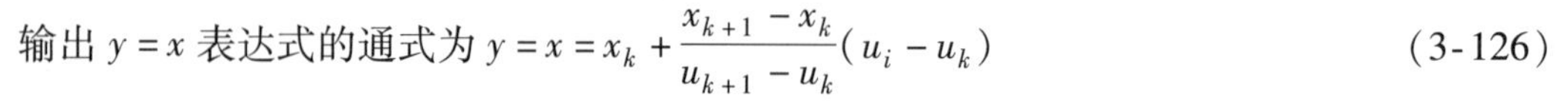

输出 $y=x$ 表达式的通式为

$$y=x=x_k+\frac{x_{k+1}-x_k}{u_{k+1}-u_k}(u_i-u_k) \tag{3-126}$$

式中　k——折点的序数，四条折线有五个折点 $k=1$，2，3，4，5。

由电压值 u_i 求取被测量工程量 x_i 的流程如图 3-81 所示。

折线与折点的确定有两种方法：Δ 近似法与截线近似法。如图 3-82 所示。不论哪种方法所确定的折线段与折点坐标值都与所要逼近的曲线之间存在误差 Δ，按照精度要求，各点误差 Δ_i 都不得超过允许的最大误差界 Δ_m，即 $\Delta_i \leqslant \Delta_m$。

1）Δ 近似法。折点处误差最大，折点在 $\pm\Delta_m$ 误差界上。折线与逼近的曲线之间的误差最大值为 Δ_m，且有正有负。

2）截线近似法。折点在曲线上且误差最小，这是利用标定值作为折点的坐标值。折线与被逼近的曲线之间的最大误差在折线段中部，应控制该误差值不大于允许的误差界 Δ_m，

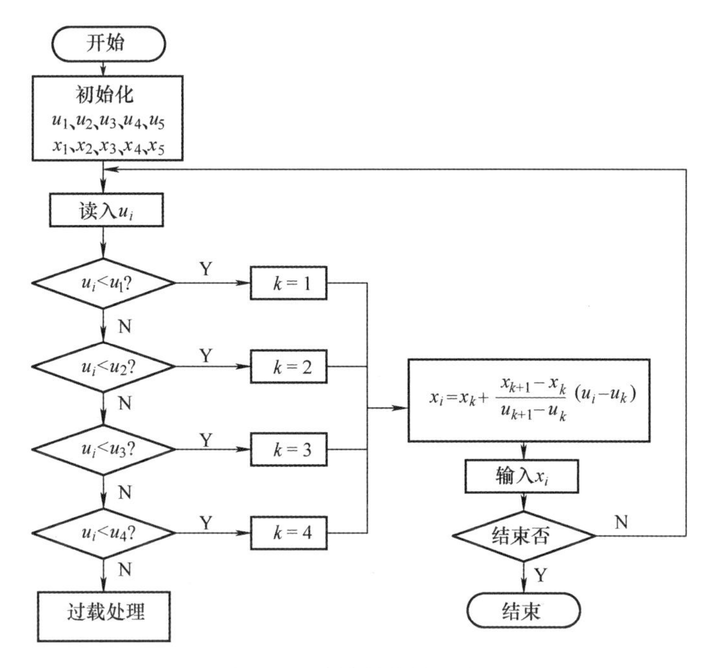

图 3-81 非线性自校正流程

各折线段的误差符号相同，或全部为正，或全部为负。

2. 曲线拟合法

这种方法是采用 n 次多项式来逼近反非线性曲。该多项式方程的各个系数由最小二乘法确定。其具体步骤如下：

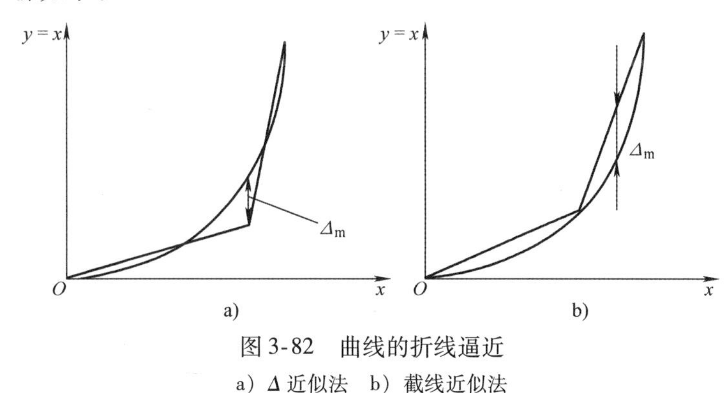

图 3-82 曲线的折线逼近

a）Δ 近似法 b）截线近似法

（1）列出逼近反非线性曲线的多项式方程

1）对传感器及其调理电路进行静态实验标定，得校准曲线。标定点的数据为

$$\begin{cases}\text{输入 } x_i: x_1, x_2, x_3, \cdots, x_N \\ \text{输出 } u_i: u_1, u_2, u_3, \cdots, u_N\end{cases} N \text{ 为标定点个数}, i=1,2,3,\cdots,N$$

2）假设反非线性拟合方程为

$$x_i(u_i)=a_0+a_1u_i+a_2u_i^2+a_3u_i^3+\cdots+a_nu_i^n \tag{3-127}$$

n 的数值由所要求的精度来定。若 $n=3$，则

$$x_i(u_i)=a_0+a_1u_i+a_2u_i^2+a_3u_i^3 \tag{3-128}$$

式中　a_0、a_1、a_2、a_3——待定常数。

3）求解待定常数 a_0、a_1、a_2、a_3

根据最小二乘法原则来确定待定常数 a_0、a_1、a_2、a_3 的基本思路是，由多项式（3-128）确定的各个 $x_i(u_i)$ 值，与各个点的标定值 x_i 之均方差应最小。即

$$\sum_{i=1}^{N}[x_i(u_i)-x_i]^2=\sum_{i=1}^{N}[(a_0+a_1u_i+a_2u_i{}^2+a_3u_i{}^3)-x_i]^2=\text{最小值}=F(a_0,a_1,a_2,a_3) \tag{3-129}$$

式（3-129）是待定常数 a_0、a_1、a_2、a_3 的函数。为了求得函数 $F(a_0,a_1,a_2,a_3)$ 为最小值时的常数 a_0、a_1、a_2、a_3，对函数求导并令它为零。即

令 $\dfrac{\partial F(a_0,a_1,a_2,a_3)}{\partial a_0}=0$，得 $\displaystyle\sum_{i=1}^{N}[(a_0+a_1u_i+a_2u_i^2+a_3u_i^3)-x_i]\times 1=0$

令 $\dfrac{\partial F(a_0,a_1,a_2,a_3)}{\partial a_1}=0$，得 $\displaystyle\sum_{i=1}^{N}[(a_0+a_1u_i+a_2u_i^2+a_3u_i^3)-x_i]\times u_i=0$

令 $\dfrac{\partial F(a_0,a_1,a_2,a_3)}{\partial a_2}=0$，得 $\displaystyle\sum_{i=1}^{N}[(a_0+a_1u_i+a_2u_i^2+a_3u_i^3)-x_i]\times u_i^2=0$

令 $\dfrac{\partial F(a_0,a_1,a_2,a_3)}{\partial a_3}=0$，得 $\displaystyle\sum_{i=1}^{N}[(a_0+a_1u_i+a_2u_i^2+a_3u_i^3)-x_i]\times u_i^3=0$

经整理后得矩阵方程组：

$$\begin{cases}\displaystyle\sum_{i=1}^{N}x_i=Na_0+a_1\sum_{i=1}^{N}u_i+a_2\sum_{i=1}^{N}u_i^2+a_3\sum_{i=1}^{N}u_i^3\\ \displaystyle\sum_{i=1}^{N}x_iu_i=a_0\sum_{i=1}^{N}u_i+a_1\sum_{i=1}^{N}u_i^2+a_2\sum_{i=1}^{N}u_i^3+a_3\sum_{i=1}^{N}u_i^4\\ \displaystyle\sum_{i=1}^{N}x_iu_i^2=a_0\sum_{i=1}^{N}u_i^2+a_1\sum_{i=1}^{N}u_i^3+a_2\sum_{i=1}^{N}u_i^4+a_3\sum_{i=1}^{N}u_i^5\\ \displaystyle\sum_{i=1}^{N}x_iu_i^3=a_0\sum_{i=1}^{N}u_i^3+a_1\sum_{i=1}^{N}u_i^4+a_2\sum_{i=1}^{N}u_i^5+a_3\sum_{i=1}^{N}u_i^6\end{cases}$$

通过求解上式矩阵方程可得待定常数 a_0、a_1、a_2、a_3，从而得到这组测量数据在最小二乘意义上的最佳拟合直线方程。

（2）将所求得的常系数 $a_0\sim a_3$ 存入内存

将已知的反非线性持性拟合方程式写成下列形式：

$$x(u)=a_3u^3+a_2u^2+a_1u^1+a_0=[(a_3u+a_2)u+a_1]u+a_0 \tag{3-130}$$

为了求取对应有电压为 u 的输入被测值 x，每次只需将采样值 u 代入式（3-130）中进行三次 $(b+a_i)u$ 的循环运算，再加上常数 a_0 即可。

这种非线性校正法的缺点在于当有噪声存在时，可能会在求解方程时遇到矩阵病态情况，而使求解受阻。为了克服这一缺点，可以采用函数链神经网络法。

3.5.3　零点漂移的处理

检测系统在保持输入信号不变时，输出信号随时间或温度的缓慢变化称为漂移。随着时

间的漂移称为时漂移，随着环境温度的漂移称为温度漂移。例如弹性元件的时效，电子元件的老化，放大电路的随温度漂移变化，热电偶电极的污染等都是产生漂移的根源。漂移能反应检测系统工作的稳定性，对于长时间工作的检测控制系统，漂移是很重要的指标。

采集传感器输出的模拟信号如温度、压力、流量、位移，转换成计算机能识别的数字信号，根据不同的需要由计算机进行相应的计算和处理，得到所需的数据。使用中发现在这些处理过程中存在零点漂移，严重影响了测量精度。采集信号的各部分电路都存在影响零点漂移的因素，而前端电路的影响尤其重要。零点漂移的根源在于环境温度变化引起电路元器件参数改变，导致输出叠加了与被测量无关的信号，这种由传感器的物理特征和环境因素而引起的零点漂移会影响系统实现更好的性能要求。在数据预处理时，需要去除零点漂移，纯硬件的方法使得系统的性价比不高，抑制效果不佳，而采用软件的方法来处理系统漂移，可以很好地消除采集数据中的零点漂移，并且其成本比用硬件的方法低，改进软件的算法可以方便实现对系统的改进。

本小节主要讲解使用软件处理采集信号中零点漂移的两种方法：基线去零点漂移和斜率去零点漂移。这两种去零点漂移的方法，在实际的采集实验中灵活运用，能很好地去除采集数据中的零点漂移。

3.5.3.1 方差、平均值法

设采样的时间周期为 T，采集到的 N 个随采样时间而变化的离散信号为 x_1 到 x_n，其中 $x(i)$ 是这 N 个离散信号中的一个。取其中的 N 个离散采样序列 $x(i), i=0,1,2,\cdots,N-1$，除去最大值 $x_{\max}$ 和最小值 $x_{\min}$ 后，把剩下的 $N-2$ 个采样值进行平均，其平均值为 μx。

在采集信号的过程中，由于采集硬件或环境的原因，总存在一定的干扰。采用上面提到的平均值法，能较为准确地定义出信号的零点。定义由这种均值法求得的在触发采集时刻之前这段时间里得到的零点，叫作第一零点 μx_1，在采集结束后得到的零点，称为第二零点 μx_2。

平均值与其原始采样信号的方差为

$$\sigma_x = \frac{1}{N-2}\sum(x(i)-\mu x)^2 \tag{3-131}$$

当方差的值大于均值 10% 时，则零点不能满足要求，必须去掉采集信号中的干扰，重新求出新的零点。正确计算零点是消除零点漂移关键的一步。

两零点之间的差分为

$$\sigma_{12} = \frac{1}{2}(\mu x_1 - \mu x_2) \tag{3-132}$$

当 σ_{12} 的值小于 $2\%\mu x$ 时，也就是第一零点与第二零点，基本上在同一水平线，此时采集系统中存在的是基线零点漂移。否则，系统中存在的是斜率零点漂移。对于绝大多数的数据采集系统都存在基线零点漂移，而斜率零点漂移则多见于积分系统，随着时间的推移，积分器的零点可能会出现随时间累加的漂移。

3.5.3.2 零点漂移的处理方法

设采样的时间周期为 T，采集的时间长为 t，触发采样的时刻为 t_1，结束采样的时刻为 t_2，总共采集到的数字信号的个数为 N。对于基线零点漂移，较容易去除，用每个离散的采样信号 $x(i)$ 扣除第一零点与第二零点的均值即可。设第一零点与第二零点的均值为

μx_{12}，则

$$\mu x_{12}=\frac{1}{2}(\mu x_1+\mu x_2) \tag{3-133}$$

去掉零点漂移后采样信号为 $y(n)$

$$y(i)=x(i)-\mu x_{12} \qquad (i=0,1,2,\cdots,N-1) \tag{3-134}$$

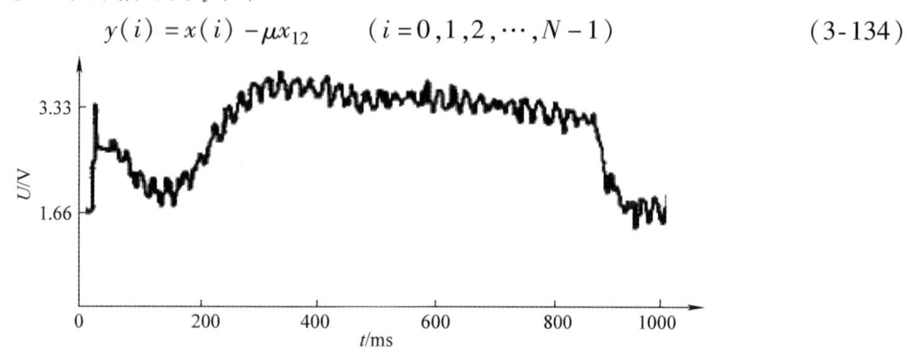

图 3-83　采集信号中存在基线零点漂移

由图 3-83 可知，存在一个约为 1.31V 的基线零点漂移，采用式（3-133）和式（3-134）可以去除基线零点漂移。

如果采集系统中存在的是斜率零点漂移，则零点漂移是随采样的时间以一定的斜率变化的。根据第一零点与第二零点，求得的斜率为 k

$$k=\frac{1}{N\times T}(\mu x_2-\mu x_1) \tag{3-135}$$

去掉零点漂移后的采样信号为 $y(n)$

$$y(i)=x(i)-(k\times T+\mu x_1) \qquad (i=0,1,2,\cdots,N-1) \tag{3-136}$$

图 3-84 是一电压的积分信号，采集数据中存在一定的斜率零点漂移，去除其零点漂移后得到的信号如图 3-85 所示。

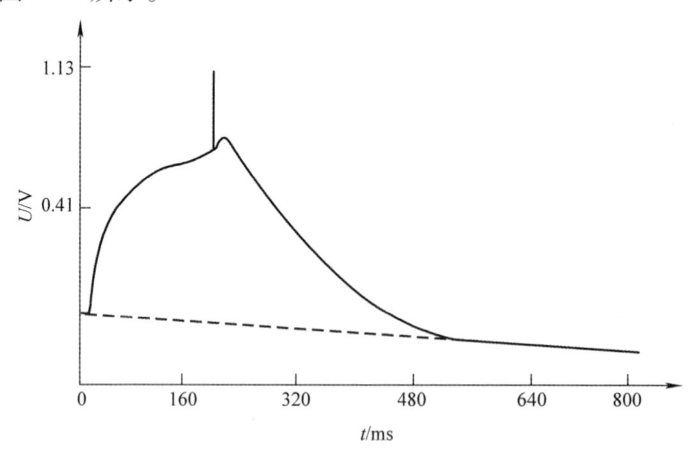

图 3-84　采样信号中存在的斜率零点漂移

3.5.3.3　软件算法设计

作为信号预处理的一部分，消除零点漂移的软件主要包含如下几个功能：

1）求 N 个采样点的平均值。

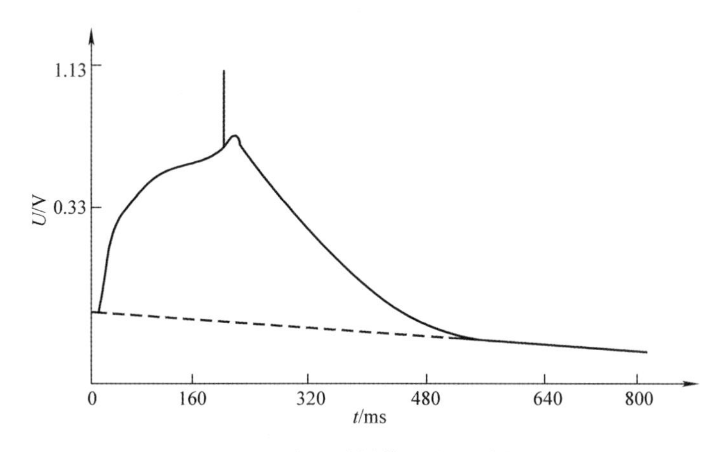

图 3-85　去除了采样信号中的零点漂移

2）计算方差和差分。

3）计算斜率 k，数字滤波器。

4）对采样信号进行扣除零点漂移处理。

功能的具体实现由前面两部分的推导公式进行，其中再求 N 个采样点的平均值来计算差分时，N 个采样点指的是没有真的采样信号到来之前和真实的采样信号已经结束这些时间段内的采样点，流程图如图 3-86 所示。软件可使用基于面向对象的 C + +语言编写，代码的复用性、功能的可扩充性与系统的可移植性较好。

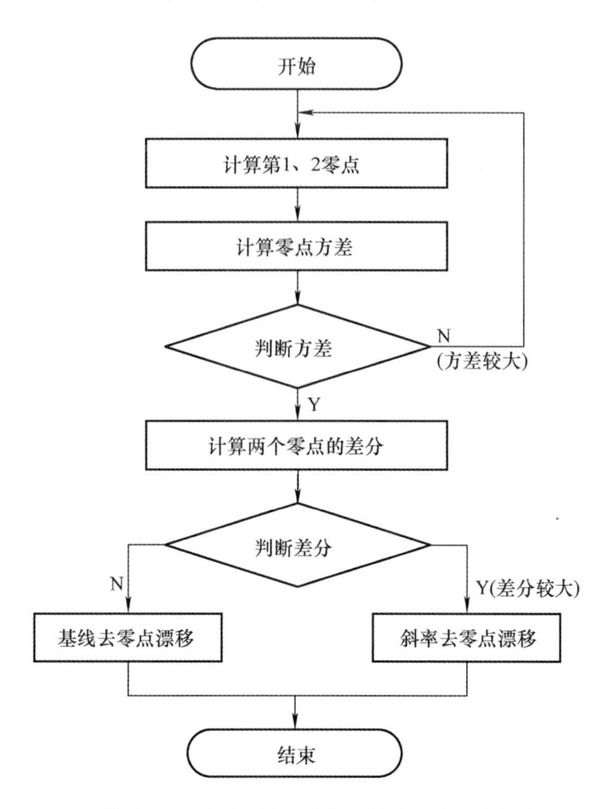

图 3-86　软件去除零点漂移算法设计流程图

第 4 章　非电量测量

4.1　温度测量

温度是表征物体冷热程度的物理量。自然界中任何物理、化学过程都与温度紧密相关。在国民经济各方面，如电力、化工、机械、冶金、农业、医学等以及人们的日常生活中，温度检测与控制都十分重要。温度测量的场合极其广泛，对温度测量的准确度有更高的要求。随着科学技术的进步，使得测温技术迅速发展，如测温范围不断拓宽、测温精度不断提高。新的测温传感器不断出现，如光纤温度传感器、微波温度传感器、超声波温度传感器、核磁共振（NQR）温度传感器等新型传感器在一些领域获得了广泛的应用。

4.1.1　测温方法

根据传感器的测温方式，温度测量的基本方法可分为接触式和非接触式两类，见表 4-1。接触式测量法是指在与被测介质直接接触的情况下，通过热传导进行温度测量的方法；非接触测温法是指在与被测介质不相接触的情况下，通过热辐射进行温度测量的方法。

表 4-1　温度测量方法

测温方式	类别	原理	典型仪表	测温范围/℃
接触式测温	膨胀类	液体、气体的热膨胀及物质的蒸气压变化	玻璃液体温度计	-50~650
			压力式温度计	-80~400
		两种金属的热膨胀差	双金属温度计	0~300
	热电类	热电效应	热电偶	-200~1800
	电阻类	固体材料的电阻随温度而变化	铂热电阻	-260~650
			铜热电阻	-50~150
			热敏电阻	-100~300
	其他电学类	半导体器件的温度效应	集成温度传感器	-50~150
		晶体的固有频率随温度而变化	石英晶体温度计	-40~250
		光纤的温度特性或作为传光介质	光纤温度传感器	-50~400
		声学特性	超声波温度计	0~1900
非接触式测温	光纤类	光纤的温度特性或作为传光介质	光纤温度传感器	350~3000
			光纤辐射温度计	400~3000
	辐射类	普朗克定律	全辐射高温计	600~2500
			光学高温计	800~3200
			比色温度计	400~2000
			红外温度计	-50~3500

4.1.2　接触式测温法

接触式测温的优点是测温精度相对较高，直观可靠，测温仪表价格较低。缺点是感温元件影响被测温度场的分布，接触不良会带来测量误差，温度太高和腐蚀性介质对感温元件的性能和寿命会产生不利影响。接触式测温仪表包括：膨胀式温度计（气体膨胀式、液体膨胀式和固体膨胀式温度计）、压力式温度计、电阻式温度计（金属热电阻温度计、半导体热敏电阻温度计）、热电式温度计（热电偶、P－N 结温度计）等。

在接触式测温法中，以热电偶和热电阻温度应用最为广泛，该方法的优点是设备和操作简单，测得的是物体的真实温度等，其缺点是动态特性差，由于要接触被测物体，所以对被测物体的温度分布有影响，且不能应用于甚高温测量。金属热电阻温度计、热电偶、半导体热敏电阻温度计均已在第 2 章详细讲述，本节主要介绍膨胀式温度计和压力式温度计。

1. 液体热膨胀式温度计

典型的液体热膨胀式温度计是水银温度计和玻璃液体温度计。

玻璃液体温度计简称玻璃温度计，是利用液体受热体积膨胀的原理测量温度的。在有刻度的细玻璃管里充入液体构成液体膨胀温度计。水银是玻璃温度计最常用的液体，其凝点为 －38.9℃，测温上限为 538℃。测量较低温度可以用其他凝点更低的有机液体，如酒精为 －62℃，甲苯为 －90℃，而戊烷则可达 －201℃。

玻璃液体温度计具有结构简单，制作容易，价格低廉，测温范围较广，安装使用方便，现场直接读数，无须能源，易破损，难以自动远传、记录测温值等特点。体温计是其在生活中的典型应用。

2. 固体膨胀式温度计

典型的固体膨胀式温度计是双金属片温度计。它利用两种不同线膨胀系数的金属结合成的双金属片作为敏感元件，在温度变化时因弯曲变形而使其一端有明显位移，借此带动指针在温度刻度盘上转动。如果带动电触头实现通断就构成了双金属温度开关。

工作原理：两种在相同温度，具有不同热膨胀系数的金属片焊在一起，一端固定，一端自由，自由端与指示系统相连接。当温度变化时（由 T_1 变化到 T_2），则金属片的曲率半径 r 也发生变化，如图 4-1 所示。曲率半径的变化会使自由端发生一定的角位移，角位移经放大机构就可以带动显示系统指示出温度值。金属片曲率半径与双金属片总厚度和两种金属的热膨胀系数的变化关系为

$$r \approx \frac{2t}{3(\alpha_A - \alpha_B)(T_2 - T_1)} \tag{4-1}$$

式中　t——双金属片的总厚度；

α_A，α_B——分别是两种金属的热膨胀系数。

可见，曲率半径与温差成反比。

双金属敏感元件的制造材料一般是高锰合金和殷钢。后者在同样温度变化幅度之下其膨胀程度仅为前者的 1/20 左右。将这两种材料轧制成叠合在一起的薄片，其中热膨胀系数大的材料为主动层，热膨胀系数小的为被动层。

将双金属条卷绕成平面螺旋形（蚊香形），内端固定，外端安装指针，就成为简单实用的室温计。将双金属条卷绕成螺旋管，一端固定，另一端带动指针轴，并用导热套管保护起

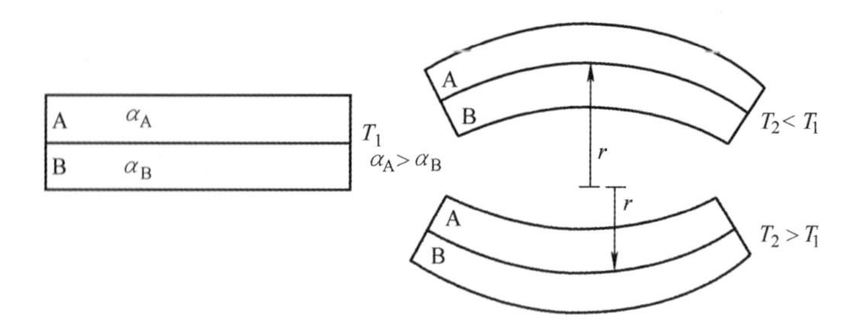

图 4-1　双金属温度计构成示意图

来，就成为工业用的双金属温度计。

双金属温度片传感器的最简单典型应用就是电熨斗的温度控制，如图 4-2 所示。温度低时电触头接触，电热丝加热；温度高时双金属片向下弯曲，电触头断开，停止加热。为了改变温度，应能调整切换值，在此采用螺钉调整弹簧片的高度，借此改变电触头间的初始压力。当触头间压力大时，必须在更高的温度下才能断开，此时电熨斗的平均温度便得到提高。

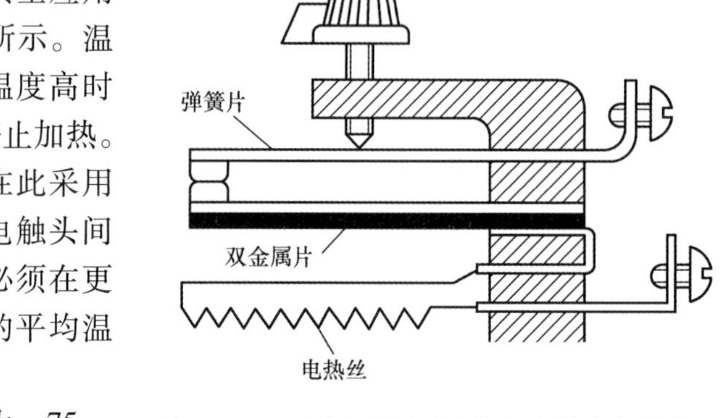

图 4-2　双金属条形敏感元件在电熨斗中的应用

普通双金属片温度计测温范围为 -75 ~ 540℃，大多数用于 0 ~ +300℃ 温度范围。抗震性好，牢固，读数方便，但精度不高（精度 0.5 ~ 1.0 级），测温范围小。

3. 压力式温度计

压力式温度计的原理也是基于物质受热膨胀的原理，但它不是靠物质受热膨胀后体积变化来指示温度，而是靠在密闭容器中压力的变化来指示温度。因此这种温度计是由测温包与压力表组成的一体化结构，只不过压力表的表盘上是温度刻度。压力式温度计如图 4-3 所示，主要由温包、毛细管和压力弹性元件（如弹簧管、波纹管等）组成。三者内腔相通，共同构成一个封闭的空间，内装工作物质，当温包受热后，工作物质膨胀，由于容积是固定的，所以压力升高，使弹簧管变形，自由端产生位移带动指针指示温度。根据工作物质的不同又分为气体、液体和蒸汽式压力温度计。气体式一般充氮气，温包体积大，线性刻度。液体式一般充二甲苯或甲醇，温包体积小，线性刻度。蒸汽式一般充有丙酮、氯甲烷、乙醚等，它是利用低沸点蒸发液体的饱和蒸汽气压随温度不同而产生变化来测温的，但其刻度是非线性的。

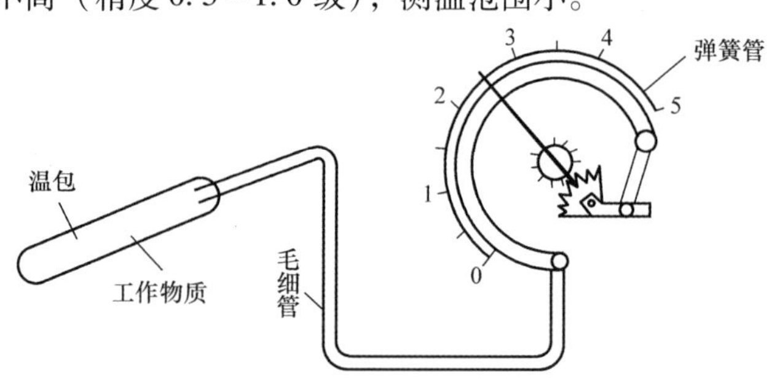

图 4-3　压力式温度计原理图

压力式温度计的测温范围为 -100 ~ 500℃，精度 1.5 ~ 2.5 级。测温距离受毛细管的限制，一般液体式20m，气体式60m。结构简单，抗震性好。

冰箱的温度控制是压力式温度计的典型应用之一。冰箱压缩机是采用间歇方式工作的，每当冰箱内温度上升到上切换值，电路接通，压缩机起动制冷。待温度下降到下切换值后，电路断开，压缩机停止运行。这种通断由压力式温度计控制，其原理如图4-4所示。

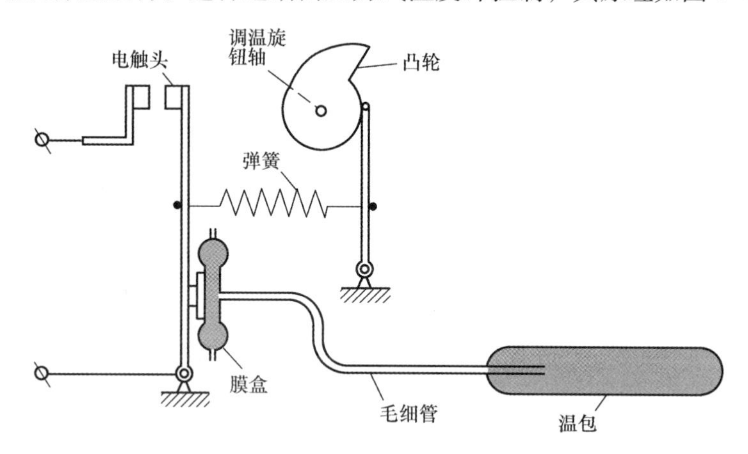

图4-4 电冰箱的温度控制

在温包、毛细管和弹性膜盒中充有制冷剂氯甲烷或氟利昂，因为其沸点较低，受热容易汽化和膨胀。通过毛细管，温包和膜盒相连，此膜盒是用特殊材料做成的，极具弹性。开始时，杠杆一端的电触头没有闭合，当温度升高时，温包内的饱和蒸汽，受热膨胀，压力增大，通过毛细管的传压，使得膜盒也胀大起来。从而推动杠杆克服弹簧的拉力产生的力矩逆时针转动，当温度达到一定程度时，触头闭合，冰箱压缩机开始工作，进行制冷。当温度降低时，饱和气体收缩，压力降低，触头断开，停止制冷。调节温度的旋钮能改变凸轮转角，从而改变电触头的接触压力，这就使其断开时所对应的温度值（即切换值）有所不同，从而使冰箱的平均温度得到调整。

4.1.3 非接触式测温法

非接触式仪表测温是通过热辐射原理来测量温度的，测温元件不需与被测介质接触，测温范围广，不受测温上限的限制，也不会破坏被测物体的温度场，反应速度一般也比较快；但受到物体的发射率、测量距离、烟尘和水汽等外界因素的影响，其测量误差较大。非接触测温法主要以辐射测温法为主。

在自然界中，一切温度高于热力学温度零度的物体都会以一定波长的电磁波向外辐射能量。辐射式测温仪表就是利用物体的辐射能量随其温度而变化的原理制成的。测量时，只需把温度计光学接收系统对准被测物体，而不必与被测物体直接接触，因此可以测量运动物体的温度和小的被测对象的温度，且不会破坏被测对象的温度场。此外，由于感温器件只接收辐射能，其温度就不必达到被测对象的实际温度，所以从理论上讲，其测温上限是不受限制的，实际上一般只用到3000℃。目前比较常用的有全辐射高温计、光学高温计、比色温度计、红外温度计和光纤辐射温度计等。本节主要介绍全辐射高温计、光学高温计和红外温度计。

1. 全辐射高温计

利用物体在全波长范围内的热辐射效应测量物体表面温度的器件称全辐射高温计。被测物体受热后发射出的热辐射能量，由感温器的光学系统聚焦在热电堆（由一组微细的热电偶串联而成）上，受热后有热电动势输出。物体在不同的表面温度下发射的热辐射能量不同，产生的热电动势也随之改变。根据热电动势的大小，由配套的显示仪表反映出被测物体的表面温度。不同物体的辐射强度在同一温度时并不相同，全辐射温度计如按某一物体的温度进行刻度，就不能用来测量其他物体的温度。所以其刻度也以黑体作为标准体，按黑体的温度来分度仪表。这时用全辐射温度计所测到的温度称为物体的辐射温度，即相当于黑体的某一个温度，再加以修正计算就可求得被测物体的真实表面温度。全辐射高温计原理示意图如图 4-5 所示。

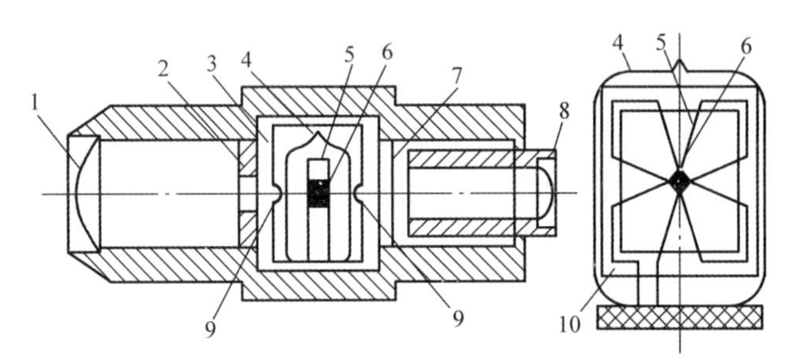

图 4-5 全辐射高温计原理示意图

1—物镜 2—补偿光栏 3—钢壳 4—玻璃泡 5—热电堆 6—铂黑片
7—吸收玻璃 8—目镜 9—小孔 10—云母片

2. 光学高温计

光学高温计是利用炽热的物体发出的光来测量温度的一种温度计。物体在高温状态下会发光，也就是具有一定的亮度，且物体的温度越高，亮度越大。所以，受热物体的亮度大小反映了物体的温度数值。但要直接测量物体的亮度是较困难的，一般都采用比较法。光学高温计是采用一已知温度的亮度（高温计灯泡灯丝的亮度）与被测物体的亮度进行比较来测量温度的。但辐射强度是随各物体的特性而不同的，所以按某一物体的温度进行刻度的光学高温计不能用来测量另一物体的温度。因此就必须按黑体的辐射强度来分度仪表。应该指出，用这样刻度的仪表测量灰体的温度时，其结果仍不是灰体的真实温度，这一温度被称为灰体的亮度温度。亮度温度再加以修正，就可以求出物体的真实温度。

光学高温计是采用亮度均衡法进行温度测量的。它是使被测物体成像于高温计灯泡的灯丝平面上，比较光学系统在一定波长（0.65μm）范围内灯丝与被测物体表面的亮度，灯丝的亮度可以通过调节滑线电阻以调整流过灯丝的电流来确定（使每一电流对应于灯丝的一定温度，因此也就对应于一定的亮度）。当灯丝的亮度与被测物体的亮度相均衡时，灯丝轮廓即隐没于被测物体的影像中，此时仪表指示的读数就是被测物体的亮度。故这种高温计又称灯丝隐灭式光学高温计。

光学高温计的测温范围一般为 800～2000℃，灵敏度高。但由于其亮度的比较是靠肉眼来实现的，不能实现自动测量，而且由于主观性误差的限制，很难进一步提高测量精度。目前已研制出了多种光电亮度高温计，用光电元件代替了肉眼，实现了自动平衡，使测量精度大大提高。光电亮度高温计的型式很多，有利用可见光谱的亮度高温计，也有用红外光谱的红外亮度高温计。隐丝光学高温计原理如图4-6所示。

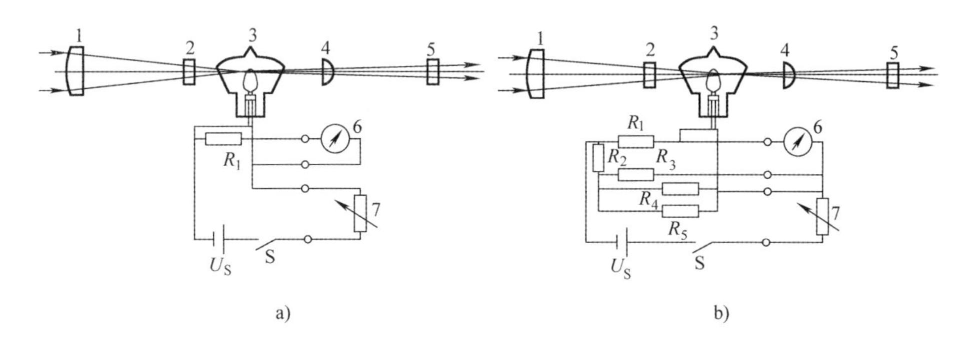

图4-6 隐丝光学高温计原理

a）电压式 b）电桥式

1—物镜（接受热源） 2—吸收玻璃 3—高温计标准灯 4—目镜

5—红色滤光片 6—测量电表 7—滑线电阻

3. 红外温度计

红外测温采用逐点分析的方式，即把物体一个局部区域的热辐射聚焦在单个探测器上，并通过已知物体的发射率，将辐射功率转化为温度。由于被检测的对象、测量范围和使用场合不同，红外测温仪的外观设计和内部结构不尽相同，但基本结构大体相似，主要包括光学系统、光电探测器、信号放大器及信号处理、显示输出等部分组成，其基本结构如图4-7所示。

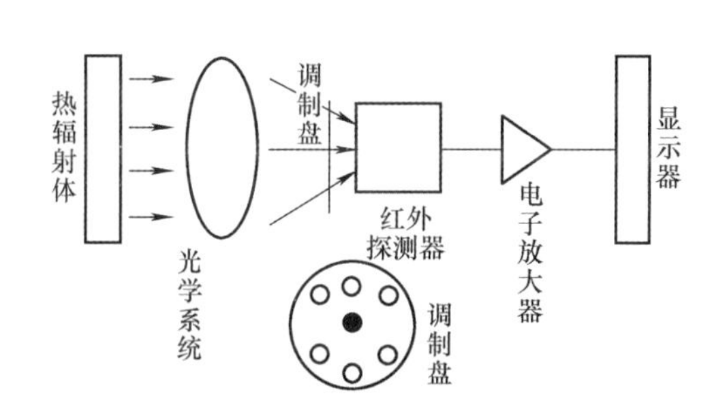

图4-7 红外测温仪光路系统

光学系统汇集其视场内的目标红外辐射能量，视场的大小由测温仪的光学零件以及位置决定。红外能量聚焦在光电探测器上并转变为相应的电信号。该信号经过放大器和信号处理电路按照仪器内部的算法和目标发射率校正后转变为被测目标的温度值。

红外测温的优点：①测温响应速度快。只要接收到目标的辐射就有信号输出，可实现快速测量自动记录，测量的速度只取决于测温仪表自身的响应时间，一般为0.5s。②灵敏度高。只要目标有微小的温度差异就能分辨出来。③测温范围宽。可在-50~3500℃的范围内测量。

目前最常用的红外检测方式仍以被动式红外检测为主。被动式红外检测除了在工业上用于设备、构件等的热点检测外，在军事上的应用如红外夜视仪、红外瞄准镜等，在医学上可应用于检查人体温度异常区域，例如2003年的SARS、2009年甲型H1N1流感疫情期间，在出入境口岸、机场、医院、码头等公共场所对发热人群进行快速排查就是一个典型的应用实例。

4.1.4 温度变送器

工业中广泛使用的温度变送器是一种仪表装置，例如DDZ-Ⅲ型仪表，它可与温度传感器如热电偶和热电阻连接，在测量时将热电动势和电阻值转化为4 ~20mA 的直流标准信号进行远传，完成从温度量到传输信号量的转换。

1. DDZ－Ⅲ型温度变送器

DDZ－Ⅲ型温度变送器有四线制和两线制之分，各类温度变送器又有三个品种：直流毫伏变送器、热电偶温度变送器和热电阻温度变送器。前一种是将输入的直流毫伏信号转换成4 ~20mA 及 DC 1 ~5V 标准信号。后两种是将热电偶和热电阻的检测信号转换成标准信号。

下面仅以四线制温度变送器为例介绍其组成原理。

热电偶温度变送器的总体结构如图4-8 所示。三种变送器在线路结构上都分为量程单元和放大单元两个部分，分别设置在两块印制线路板上，用接插件互相连接。其中放大单元是通用的，而量程单元则随品种、测量范围的不同而异。

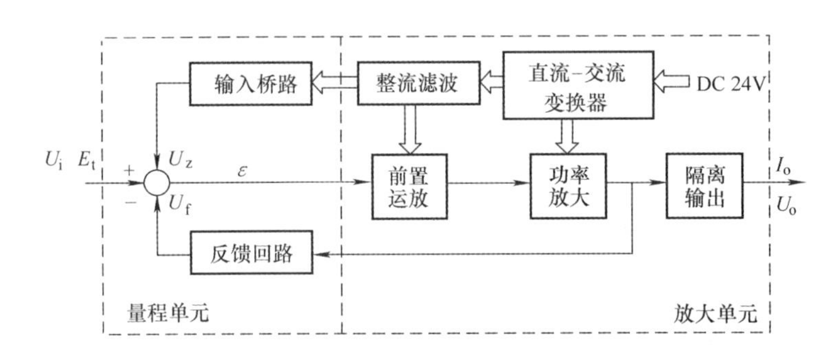

图4-8　热电偶温度变送器组成原理框图

图4-8 中空心箭头表示供电电信号回路，实线箭头表示信号回路。毫伏输入信号 U_i 或由测温元件送来的反映温度大小的输入信号 E_t 与桥路部分的输出信号 U_z 及反馈信号 U_f 相叠加，送入前置运算放大器。放大的电压信号再由功率放大器和隔离输出电路转换成 DC 4 ~20mA 及 DC 1 ~5V 标准信号输出。由于输入、输出之间具有隔离变压器，并采取了安全火花防爆措施，故具有良好的抗干扰性能，且能测量来自危险场所的直流毫伏信号或温度信号。在热电偶和热电阻温度变送器中，采用了线性化电路，从而使变送器的输出信号和被测温度呈线性关系，便于指示和记录，因此，四线制温度变送器应用较广泛。

温度变送器使用前都需要根据测量范围进行量程调整、零点调整或零点迁移，这些工作都在量程单元的输入桥路电路中完成。其中热电偶温度变送器在输入桥路中还要完成冷端温度补偿，因此要根据一定的热电偶型号选用合适的补偿电阻，当然热电偶分度号要与选用的温度变送器所标的分度号一致。热电阻的输入桥路是一个不平衡电桥，热电阻即为桥路的一个桥臂，连线时要注意三线制接法。

近年来，一体化温度变送器应用比较广泛，它是电子技术与集成电路技术的产物，是温度传感器件与变送电路在空间紧密连接的产品，其变送模块体积小，可直接安装在常规热电偶或热电阻的接线盒内，从而从现场就可输出4 ~20mA 的电流信号，提高了远距离传送的抗干扰能力，又免去了很长的热电偶补偿导线。其结构在设计上就保证了耐震、耐湿和防爆，能适应各种恶劣工况，但环境温度较高时，其测量范围和精度受到一定限制。

2. 智能温度变送器

智能温度变送器能将温度信号线性地转换成4 ~20mA 标准直流信号输出，同时可输出数字信号，且此类变送器能配接多种标准热电偶或热电阻，也可输入毫伏或电阻信号。

霍尼韦尔公司的 STT3000 变送器原理框图如图 4-9 所示。变送器由微处理器、放大器、A – D 转换器、D – A 转换器等部件组成。来自热电偶的毫伏信号（或热电阻的电阻信号）经输入处理、放大和 A – D 转换后，送入输入微处理器，分别进行线性化运算和量程变换，然后通过 D – A 转换和放大后输出 4 ~ 20mA 的标准直流信号或数字信号。

CTC 为热电偶冷端温度补偿电路，PSU 为电源部件，端子⑤、⑥的作用是：当⑤、⑥两端子连接时，故障情况下输出至上限值（21.8mA）；当⑤、⑥端子断开时，故障情况下输出至下限值。

由于变送器内存储了测温元件的特性数据，可由微处理器对元件的非线性进行校正；而且输入、输出部分采用光电隔离，因而保证了仪表的精度和运行可靠性。

这种智能温度变送器可通过现场通信器方便地完成变送器的组态、诊断和校验。组态和校验内容包括变送器编号、测温元件输入类型、输出形式、阻尼时间、零点和量程及工程单位等。

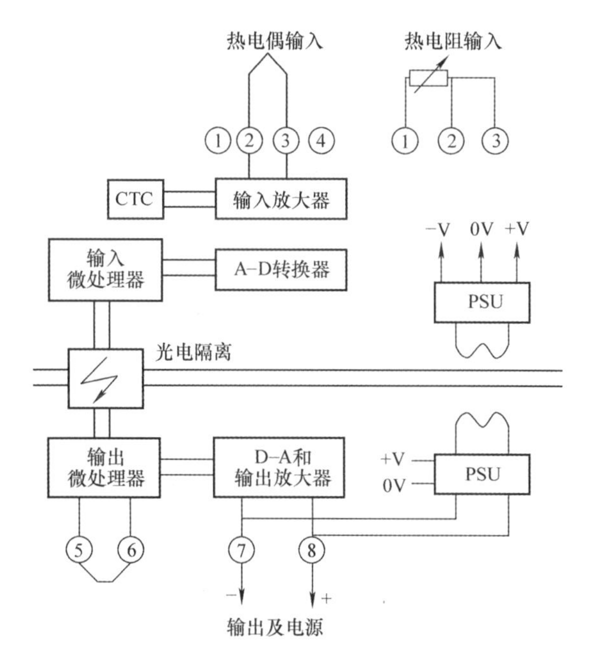

图 4-9　智能温度变送器组成原理框图

最后需要指出的是，在采用智能调节器、计算机和 PLC（可编程序控制器）等组成的温度测控系统中，这些智能调节器、计算机的温度调理模块或采集板卡、PLC 的温度输入模块一般都支持各种热电偶或热电阻的直接接入而不选用温度变送器。

4.2　物位测量

在许多生产过程中，需要对诸如锅炉内的水位，油罐、水塔、各种储液罐的液位或粮仓、煤粉仓、水泥库、化学原料库中的料位以及在高温条件下对连铸生产中的铝液、钢液、铁液包内的金属液位，高炉或竖炉的料位等进行可靠的检测和控制，以保证生产正常连续运行，确保产品质量，实现安全、高效生产。因此物位测量在现代工业生产过程中具有重要地位。

4.2.1 测量方法

物位是指开口容器或密封容器中液体介质液面的高低（液位），两种液体介质的分界面（界面）和固体粉状或颗粒物在容器中堆积的高度（料面）。物位测量仪表根据测量对象的不同，分为液位、料位、界位测量仪表三类。

目前，工业生产中常用的物位测量仪表，依据测量原理，大致可以分为以下几类。

（1）直读式　这种方法是直接用与被测容器连通的玻璃管或玻璃板显示容器中的液位高度。

直读法的一种典型仪表是玻璃液位计，其根据连通器的原理，与容器并接一支玻璃管，则管内的液面与容器内液面高度相同，在容器外读出管上的分度值，便可知容器内的液面高低。

玻璃液位计结构简单、价格便宜，一般用在温度及压力不太高、被测介质黏度不大，并与玻璃不发生黏附的场合。但其易碎，并且指示值不能远传及自动记录。

（2）静压式　不可压缩液体，其重度不变，因此液柱的高度与液柱起点处所受静压成正比，由此可通过测量液体的静压，求得液位的高度。基于这种方法的液位计有压力式、差压式和吹气式。

（3）浮力式　利用浮子高度随液位变化而改变或液体对沉浸于液体中的沉筒的浮力随液位高度变化而变化的原理工作。前者称恒浮力法，后者称变浮力法。基于这种方法的液位计有浮子式、浮筒式和磁翻转式等。

（4）电气式　将敏感元件置于被测介质中，当物位变化时，其电气性质如电阻、电容、磁场等会相应改变。根据电参量的不同，可分为电容式、电阻式和电感式 3 种，其中电感式只能测量液位。

（5）机械接触式　通过测量物位探头与物料面接触时的机械力实现物位的测量。主要有重锤式、音叉式、旋翼式等。

（6）声学式　利用超声波在介质中的传播速度及在不同相界面之间的反射特性来检测物位。它可分为气介式、液介式和固介式 3 种，其中气介式可测液位和料位；液介式可测液位和液—液相界面；固介式只能测液位。

（7）核辐射式　放射线同位素所放出的射线（如 γ 射线等）穿过被测介质时会被介质吸收而减弱，吸收程度与被测介质的物位有关。利用这种方法可实现液位和料位的非接触式检测。

（8）光学式　利用物位对光波的遮断和反射原理来测量物位，光源有激光等。

除此之外，还有微波式、热电式、称重式、磁致伸缩式、射流式等多种类型，且新原理、新品种仍在不断发展之中。常用的各种物位测量仪表的主要性能指标见表 4-2。

物位测量仪表量程的选择：一般最高液位或上限报警点为最大刻度的 90%。正常物位应处于最大刻度的 50% 左右。对腐蚀、易燃、易爆场合应选用防腐、防爆型结构的仪表。

表 4-2　物位测量仪表的性能指标

类别		适用对象	测量范围/m	允许温度/℃	允许压力/MPa	对黏性介质	对有泡沫沸腾的介质	对介质的接触状态
直读式	玻璃管式	液位	1.5	100～150	常压	不适用	不适用	接触
静压式	压力式	液位、料位	50	200	常压	法兰式适用	适　用	均可
	差压式	液位、界位	20	200	40	法兰式适用	适　用	接触
	吹气式	液位	16	200	常压	不适用	不适用	接触
浮力式	浮子式	液位	20	120	6.4	不适用	不适用	接触
	浮筒式	液位、界位	2.5	200	32	不适用	适　用	接触
	磁翻转式	料位、界位	2.2	150	6.4	不适用	适　用	接触
电气式	电阻式	液、料、界位	由安装位置定	200	1	不适用	不适用	接触
	电容式	液、料、界位	50	400	3.2	不适用	不适用	接触
	电感式	液位	20	160	16	适　用	不适用	均可
机械接触式	重锤式	液位、界位	50	500	常压	不适用	不适用	接触
	旋翼式	液位	由安装位置定	80	常压	不适用	不适用	均可
	音叉式	液位、料位	由安装位置定	150	4	不适用	不适用	均可
声学式	气介式	液位、料位	30	200	0.8	不适用	适　用	不接触
	液介式	液位、界位	10	150	0.8	适　用	不适用	不接触
	固介式	液位	50	高温	1.6	适　用	适　用	接触
其他	微波式	液位、料位	60	150	1	适　用	适　用	不接触
	称重式	液位、料位	20	常温	常压	适　用	适　用	接触
	核辐射式	液、料、界位	20	无要求	由容器定	适　用	适　用	不接触

4.2.2　静压式物位测量

静压式物位测量仪表是利用液柱或物料堆积对某定点产生压力，测量该点压力或测量该点与另一参考点的压差而间接测量物位的仪表。这类仪表共有压力式、差压式和吹气式液位计 3 种。

1. 压力式液位计

压力式液位计是基于测压仪表测量液位的原理而制成的，用来测量敞口式容器中液位高度的仪器。如图 4-10 所示，测压仪表通过取压导管与容器底部相连，由测压仪表的指示值便可知道液位高度。由于容器和压力表间只需一个法兰将管路与容器连接，故又称单法兰液位计。若需将信号远传，也可采用压力、差压变送器进行检测发送信号。

图 4-10a 所示的压力式液位计，仅适用于敞口容器以及无杂质、低黏度的液体测量。对于具有腐蚀、沉淀、易结晶或黏性等特点的被测介质，可采用 4-10b 所示的带隔离器的法兰取压方式进行测量。采用膜片、波纹管等低刚度的隔离膜将介质与填充液隔开，靠填充液传递压力。在工程上，有时加隔离器或隔离罐，选用隔离液作中间介质隔离和传递压力，常用的隔离液有水、甘油、变压器油等。

压力式液位计的精度主要受到压力表精度的限制。另外，采用法兰式连接时还要考虑隔离膜的影响。

2. 差压式液位计

压力式液位计只能用于测量敞口式或常压容器，对于有压密封容器，其底部的液体压力不但与液面高度有关，还与液面上方气相介质压力有关。为了消除被测液面上方压力的影响，经常采用差压式液位计。

差压式液位计是利用容器内的液位改变时，由液柱产生的差压也相应变化的原理而工作的。差压式液位计采用的差压变送器，其结构如图 4-11 所示。差压变送器的正压室与容器底部取压点（零液位）相连，负压室与液面以上空间相连。正压室中充满了被测液体，压力 p_1 反映了液柱高度的静压；负压管中充满了液面以上空间的气体，压力 p_2 反映了容器顶部的气体压力，显然

$$p_1 = H\rho g + p_{气} \tag{4-2}$$

$$p_2 = p_{气} \tag{4-3}$$

$$\Delta p = H\rho g + p_{气} - p_{气} = H\rho g \tag{4-4}$$

式中　$p_{气}$——液面上方气相压力；

H——液位高度；

ρ——液体介质密度；

g ——重力加速度。

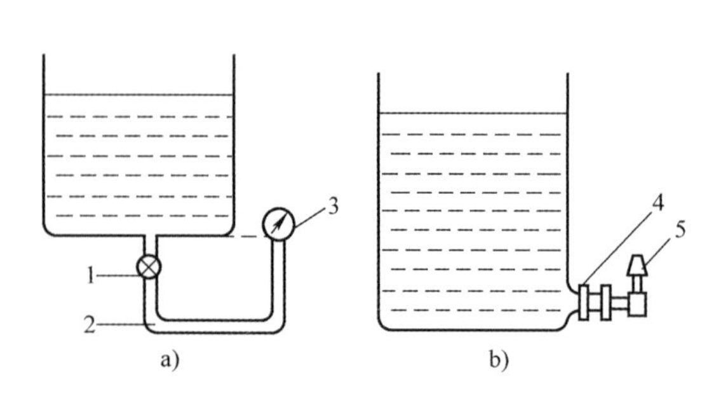

图 4-10　压力式液位计

a）压力式液位计　b）带隔离器的法兰取压式液位计

1—阀门　2—管路　3—压力表

4—带隔离器的法兰　5—压力计

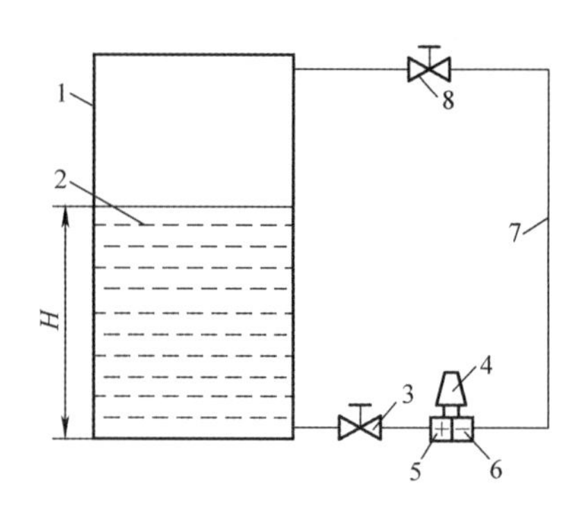

图 4-11　普通型差压式液位计原理示意图

1—容器　2—被测液体　3，8—阀门

4—差压变送器　5—差压变送器正压室

6—差压变送器负压室　7—导压管

由式（4-4）可知：差压式液位计所测压差只与液位高度成正比，而与液体上方的气相介质的压力无关。当用差压式液位计测量敞口容器液位时，只要把差压式液位计的负压室通大气即可。

利用差压变送器测量密闭容器液位时，由于现场的安装条件不同，存在零点无迁移、正迁移和负迁移三种情况。

图 4-12a 所示的液位测量方法，差压变送器的安装位置与被测液位高度的零点，即 $H=0$ 点是在同一水平面上的，且负压室引压管中无液体存在。因而 $H=0$ 时，变压器的压差 $\Delta p=0$，这是一种最简单的情况，称为“无迁移”。

但是在实际应用中，往往 H 与 Δp 之间的对应关系不那么简单。由于受安装条件的限制，变送器的安装位置通常与液位零位不在同一水平面上，有时负压室引压管中会有液体冷

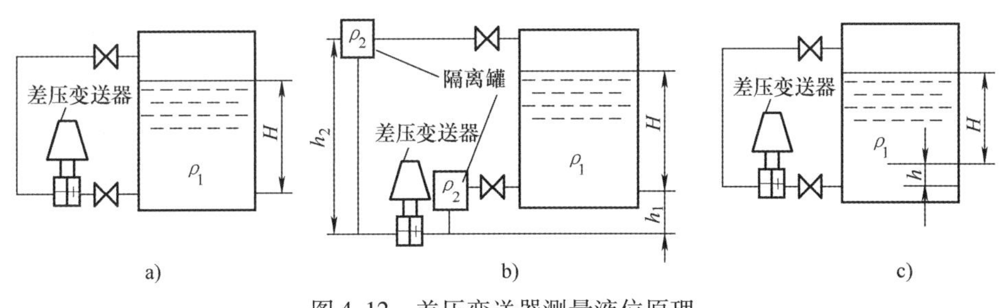

图 4-12 差压变送器测量液位原理

a）无迁移 b）负迁移 c）正迁移

凝，有时在引压管上需加装隔离罐，这都会使在液位 $H=0$ 时，差压 $\Delta p\neq 0$，其指示不为零。这就需要对变送器采取“迁移”措施，同时改变变送器的测量上、下限，使液位 $H=0$ 时，变送器输出零位信号。

如图 4-12b 所示，为防止容器内液体和气体进入变送器造成管线堵塞或腐蚀，在变送器正、负压室与取压点之间分别装有隔离罐，并充以隔离液。若被测介质的密度为 ρ_1，隔离液密度为 ρ_2（通常 $\rho_2>\rho_1$），这时，正、负压室的压力分别为

$$p_1=h_1\rho_2 g+H\rho_1 g+p_{气} \tag{4-5}$$

$$p_2=h_2\rho_2 g+p_{气} \tag{4-6}$$

正、负压室之间的压力差为

$$\Delta p=p_1-p_2=H\rho_1 g-(h_2-h_1)\rho_2 g \tag{4-7}$$

式中 $p_{气}$——液面上方气相压力；

ρ_1、ρ_2——被测液体及隔离液的密度；

h_1、h_2——最低液位及最高液位至变送器的高度。

将式（4-7）与式（4-4）相比较，当 $H=0$ 时，$\Delta p=-(h_2-h_1)\rho_2 g$ 为一负的压力值。这时需调整变送器的“零点迁移”装置，抵消掉这一固定负压差的作用，这种方法被称为“负迁移”。

在实际应用中，有时变送器位置低于液位基准面，如图 4-12c 所示，此时作用在变送器正负压室的差压为

$$\Delta p=(H+h)\rho_1 g \tag{4-8}$$

当 $H=0$ 时，$\Delta p=\rho_1 gh>0$，这时应对变送器的零点进行“正迁移”，抵消掉固定正压差 $\rho_1 gh$ 的作用。

由上分析可知，变送器的零点迁移，是同时改变其测量上下限，以抵消掉正（负）压室固定压差的作用，使液位 $H=0$ 时，变送器输出零信号值，使二次仪表指示零液位。但是没有改变其量程的大小，只是将测量范围向正、负方向进行了平移。

3. 吹气式液位计

在被测介质腐蚀性强或容易引起导压管堵塞的情况下，除了用法兰式差压变送器进行测量外，通常采用吹气式测量液位，如污水处理等行业。这时，测量仪表仍可采用普通的差压变送器或压力计，但要增加一个吹气装置，测量原理如图 4-13 所示。压缩空气经滤清器 1、减压阀 2，根据被测液位的情况将气压降到某一数值 p_1。经过节流元件（限流孔板或针阀）3 降到 p_2，再经转子流量计 4，最后压缩空气由安装在容器内的导管下端敞口处逸出。当导

管下端有微量气泡逸出时，导管内的气压几乎与液封压力相等。因此，差压变送器 5 所指示的压力数值即可反映出液位的高度。其关系式为

$$H = \frac{p}{\rho g} \tag{4-9}$$

式中 H——被测液位高度，单位为 m；

p——导管内压力，单位为 Pa；

ρ——被测介质密度，单位为 kg/m^3；

g——重力加速度，单位为 m/s^2。

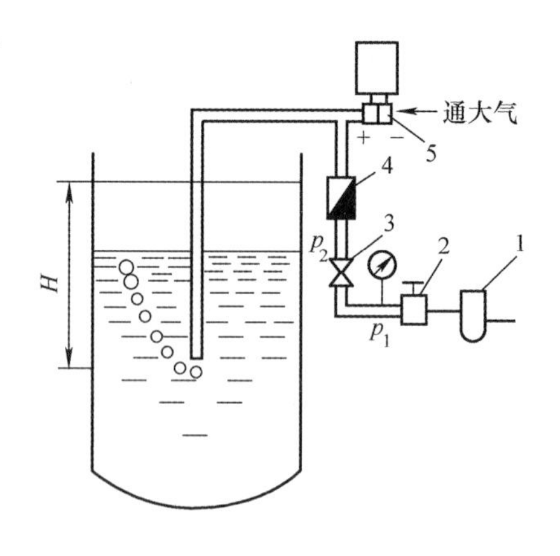

图 4-13　吹气式液位计原理
1—滤清器　2—减压阀　3—节流元件
4—转子流量计　5—差压变送器

当液位上升或下降时，液封压力随之升高或下降，致使从导管逸出的气量也要随之减少或增加。由于节流元件的稳流作用，且供气量恒定不变，则导管内压力势必随着液封压力的升降而升降。因此，差压变送器可随时指示出液位的变化。

吹气式液位计也可以用来测量密封容器的液位。如果被测液体是易燃易氧化的介质，可改用氮气、二氧化碳等惰性气体作为气源。吹气式液位计的精度比较低，主要取决于测压仪表的精度，所以只适用于静压力较低、测量精度要求不高的情况。

4.2.3　浮力式物位测量

浮力式液位计是利用测量漂浮于被测液面上的浮子位置或测量沉浸在被测液体中的浮筒所受的浮力与液面位置的关系测量液位的。将液位变化转换为机械、电气或气压信号，传送到相应仪表，进行液位指示、记录、报警、控制与调节。

浮力式液位计的结构简单、直观可靠，受外界温度、湿度、压力等因素影响较小，目前应用较普遍。其主要缺点是使用机械结构的摩擦力较大，从而影响精度。

浮力式液位计根据在工作中所受浮力的不同而分为浮子式（恒浮力式）和浮筒式（变浮力式）两种。

1. 浮子式液位计

浮子式液位计是一种恒浮力式液位计。作为检测元件的浮子漂浮于液面上，浮子随着液面的变化而上下移动，其所受浮力的大小保持一定，只要测出浮子的位移量，即可知道液位的高低。

如图 4-14 所示，液面上的浮子由绳索连接并悬挂在滑轮上。绳索的另一端有平衡重物，使浮子的重力和所受的浮力之差与平衡重物的重力相平衡，保持浮子可以随动地停留在任一液面上。当液位上升时，浮子所受的浮力增加，破坏了原有的平衡，浮子沿着导轨向上移动，直到达到新的平衡为止。通过绳索和滑轮带动指针，便指示出液位数值。若把滑轮的转角和绳索的位移，经过机械传动后转化为电量（电阻或电感等）的变

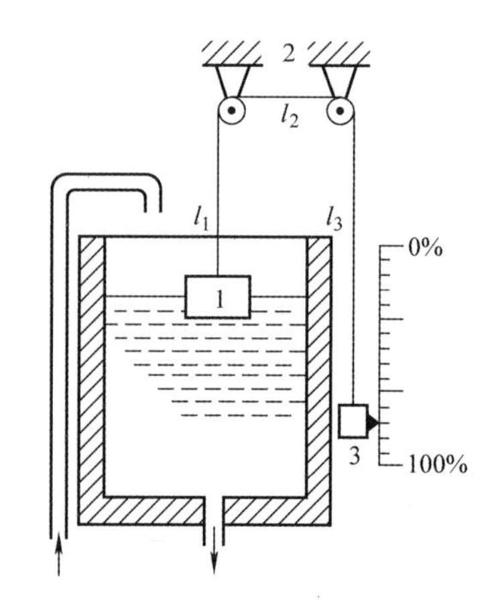

图 4-14　浮子式液位计
1—浮子　2—绳索　3—重锤

化，就可以进行液位的远传指示或记录。

与自由状态下的浮子不同，浮子式液位计中的浮子通过某种传动方式把位移传到容器外，不可能完全自由漂浮。如图 4-14 的绳索重锤传动，浮子上承受的力除重锤的重力之外，还有绳索本身的重力，以及滑轮的摩擦力等，它们随着位置和运动方向而改变，使浮子的吃水线相对于浮子上下移动，因而带来测量误差。

此外，绳索的材质也会对测量结果产生影响，比如环境温度和湿度可能引起绳索的长度改变，会使测量产生误差。理论和实践证明：摩擦阻力引起的误差最大，与运动方向有关，且无法补偿，采用大直径的浮子增大定位力，是减少摩擦阻力误差的有效途径。

浮子式液位计有多种形式。将重锤改用弹簧、钢丝绳，用薄钢可以做成结构紧凑便于读数的浮子钢带液位计。此外，将浮子制成磁浮子，根据磁性耦合原理，当浮子随着液位的升降，顺着导杆上下移动时，经磁性耦合作用驱动位于容器外侧的舌簧管吸合、断开，制成磁浮子舌簧管液位计；或者驱动磁翻板、磁翻柱翻转，以红、白两色显示于指示器上，制成磁翻板液位计。

2. 浮筒式液位计

浮筒式液位计是一种典型的变浮力式液位计，即在液面位置变化时，浸没浮筒的体积不同，其所受浮力也不同，可通过检测浮力的变化来测量液面的高度。如图 4-15 所示的液位计是用弹簧平衡浮力，用差动变压器测量浮筒位移，平衡时压缩弹簧的弹力与浮筒浮力及重力 G 平衡。

$$kx=\rho gAH-G \tag{4-10}$$

式中　k——弹簧刚度，单位为 N/m；

x——弹簧压缩量，单位为 m；

ρ——液体密度，单位为 kg/m^3；

H——浮筒浸入深度，单位为 m；

A——浮筒截面积，单位为 m^2。

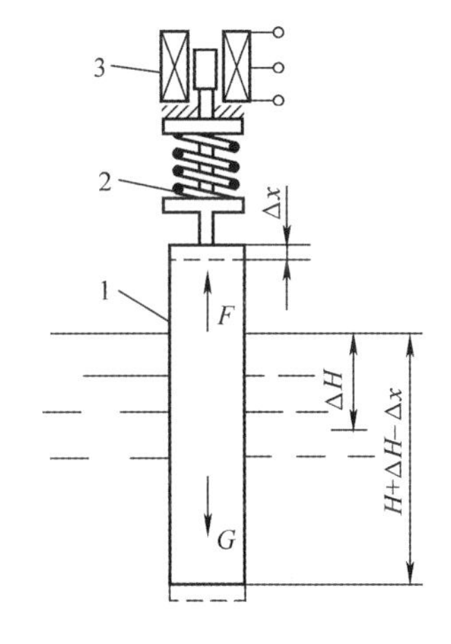

图 4-15　浮筒式液位计原理

1—浮筒　2—弹簧　3—差动变压器

当液位发生变化，如升高 ΔH 时，弹簧被压缩 Δx，此时有

$$k(x+\Delta x)=\rho gA(H+\Delta H-\Delta x)-G \tag{4-11}$$

式（4-10）与式（4-11）相减得

$$\Delta H=(1+k/\rho gA)\Delta x \tag{4-12}$$

式（4-12）表明液位高度变化与弹簧形变量成正比。弹簧形变量可用多种方法测量，既可就地指示，也可用变压器（如差动变压器）变换成电信号进行远传控制。

4.2.4　电容式物位测量

电容式物位传感器是利用被测介质面的变化引起电容变化的一种变介质型电容传感器。图 4-16a 用于测量非导电液体介质的液位，图 4-16b 用于测量非导电固体散料的料位。因为固体散料容易“滞留”，故一般不用双层电极，而用电极棒和容器壁组成内外电极。设内外电极的外径和内径分别为 d 和 D，覆盖长度为 L，空气介电常数为 ε_0，当电极间无液体或物料时，其电容为

$$C_0 = \frac{2\pi\varepsilon_0 L}{\ln\left(\frac{D}{d}\right)} \tag{4-13}$$

当内外电极间有液体或物料（其介电常数为 ε），高度为 H 时的电容变化为

$$C_x - C_0 = \frac{2\pi(\varepsilon - \varepsilon_0)}{\ln\left(\frac{D}{d}\right)}H \tag{4-14}$$

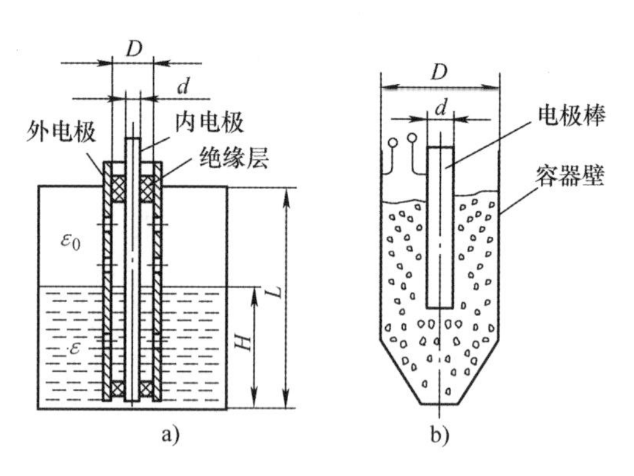

图 4-16　电容式物位传感器

当被测液体为导电体而不能作为电容的中间介质时，应采用套管式电极，即在裸电极外加一层绝缘套管作为内电极，而把导电的被测液体作为外电极，构成变面积式电容传感器。当液位发生变化时，就改变了电容器两极板的覆盖面积大小，从而改变了电容量。但是这种方式不适合于黏滞的导电液体。因为液位下降时，内电极套管外部如果黏附一层被测导电液体，就会产生虚假的液位测量值。

4.2.5　超声波物位测量

超声波物位计是利用回声测距的原理进行测量的。由于超声波可在气、液、固三种介质中传播，故超声波物位计又分为气介式、液介式和固介式。常用的是前两种，它们的几种测量原理如图 4-17 所示，图 4-17a 为液介式单探头形式、图 4-17c 为气介式单探头形式，探头起着发射和接收双重作用。图 4-17b 为液介式双探头形式，图 4-17d 为气介式双探头形式，其中一个探头起发射作用，另一个探头则起着接收作用。

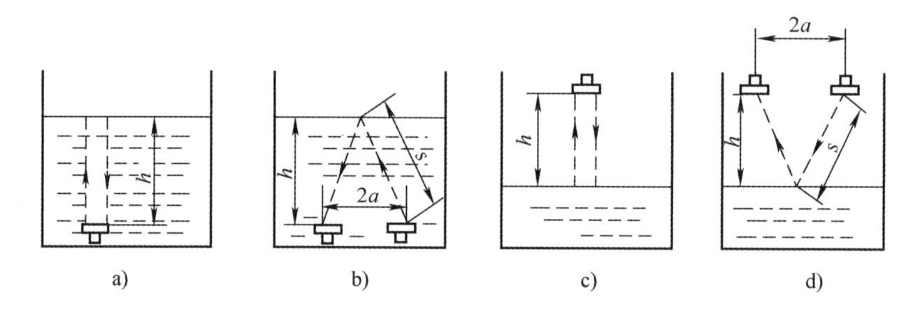

图 4-17　超声波物位计的几种测量原理

液介式的探头既可以安装在液面底部，也可以安装在容器底的外部。以图 4-17a 为例，设被测液面的高度为 h，超声波在该介质中的传播速度为 c，超声波从单探头发出到液面，经液面反射到探头位置，共需时间为 t，则 h 可以表示为

$$h = \frac{ct}{2} \tag{4-15}$$

图 4-17c 的工作原理同图 4-17a 一样。不同的地方是，图 4-17c 中的探头置于液面的上方，以空气作为介质。位移高度 h 仍然用式（4-15）表示，c 则为超声波在空气介质中的传播速度。

对于图 4-17b、d 两种双探头形式来说，由于声波经过介质的路程为 $2s$，而

$$s=\frac{ct}{2} \tag{4-16}$$

因此，被测液面高度 h 为

$$h=\sqrt{s^2-a^2} \tag{4-17}$$

式中　a—— 两探头之间的距离的一半。

由式（4-15）可知，为了准确地测量液位高度 h，应精确测定超声波在待测介质中的速度 c，在工程应用上常采用声速校正具，其具体结构如图 4-18 所示。它是在传声介质中取相距 s_0 的固定距离，在其一端安装一个探头，另一端安装一个反射板，组成测量装置。对液介式液位计而言，校正具应安装在液体介质最底处以避免水面反射声波的影响，同理对气介式液位计而言，校正具应放在容器顶端的容器中。如果超声脉冲从探头发射经 t_0 时间后返回探头，共走过 $2s_0$ 距离，则得实际声速为

$$c=\frac{2s_0}{t_0} \tag{4-18}$$

将式（4-18）代入式（4-15）中，则可得

$$h=\frac{s_0 t}{t_0} \tag{4-19}$$

从式（4-19）中可见，测量液位高 h 则变为测量时间 t、t_0。

若在测量时，声速沿高度方向是不同的，如沿高度方向被测介质密度分布不均匀或有温度梯度时，可采用图 4-19 所示的浮臂式声速校正具。该校正具的上端连接一个浮子，下端装有转轴，使校正具的反射板位置随液面变化而升降，使校正探头与测量探头发射和接收的声波所经过的液体之状态相近似，以消除由于传播速度之差异而带来的误差。

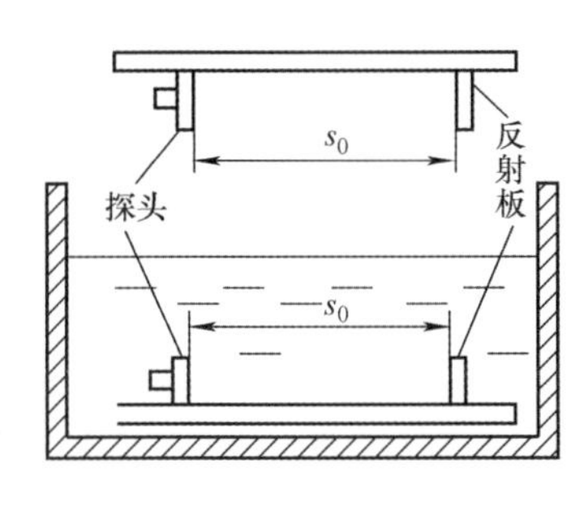

图 4-18　声速校正具

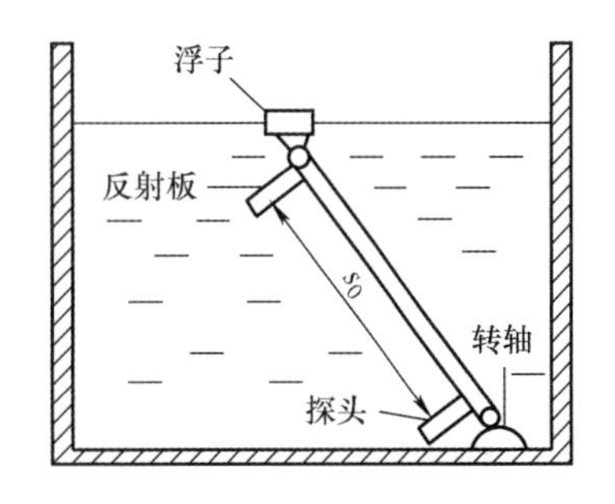

图 4-19　浮臂式声速校正具

超声波物位测量的范围可从毫米数量级到几十米以上。精度在不加校正具时为 1%，加校正具后精度为 0.1%。超声波物位测量法的优点是：可进行非接触测量，适用于有毒、有腐蚀性液位的测量，其缺点是当测量含有气泡、悬浮物的液位及被测液面有很大波浪时，使用较困难。

利用超声波反射时间差法也可检测液—液相界面位置，如图 4-20 所示。两种不同液体 A、B 的相界面在 h 处，液面高度已知为 h_1，超声波在 A、B 两液体中的传播速度分别为 v_1 和 v_2，超声波探头安装在容器底部，超声波在液体 A 中传播并被相界面反射回来的往返时间为

$$t_1 = \frac{2h}{v_1} \tag{4-20}$$

超声波在液体 A、B 中传播并被液面反射回来的往返时间为

$$t_2 = \frac{2(h_1 - h)}{v_2} + \frac{2h}{v_1} = \frac{2(h_1 - h)}{v_2} + t_1 \tag{4-21}$$

故有

$$h = h_1 - \frac{(t_2 - t_1)v_2}{2} \tag{4-22}$$

$$h = \frac{t_1 v_1}{2} \tag{4-23}$$

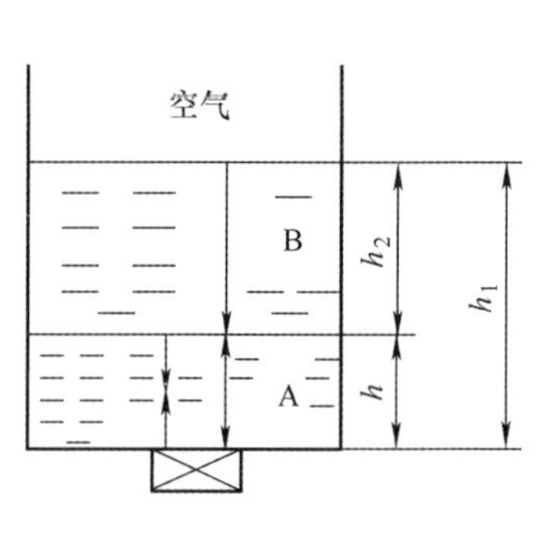

图 4-20　反射时间差法超声界面传感器的原理图

由式（4-22）、式（4-23）可知，检测出 t_1、v_1 即可求得界面位置 h，或者检测出 t_1、t_2 和 v_2 亦可求得 h。超声界面传感器的精度可达 1%，检测范围为数米时的分辨率可达 ±1mm。

4.3　流量测量

在生产过程中，流量是需要经常测量和控制的重要参数之一。流量测量技术与仪表技术是广泛应用于工业生产过程、能源计量、环境保护、交通运输、生物技术、海洋气象、江河湖泊、科学实验等领域的必不可少的技术。流量是表征流体流过管道某一截面的数量。随着科学技术的发展，人们对流量的检测精度要求越来越高，需要检测的流体品种也日益增多。检测对象也从单相流扩展为双相流、多相流。测量流量的目的是为了正确指导工艺操作、进行成本核算、保证产品质量和设备安全。因此，运用不同的物理原理和规律，制造出各类流量仪表应用于流量测量中。流量测量是生产过程自动化检测和控制的重要环节。

4.3.1　概述

1. 流量的概念

流体流过一定截面的量称为流量。流量是瞬时流量和累积流量的统称。在一段时间内流体流过一定截面的量称为累积流量，也称总量。当时间很短时，流体流过一定截面的量称为瞬时流量，在不会产生误解的情况下，瞬时流量也可简称流量。流量用体积表示时称为体积流量（用 q_v 表示，单位为 m^3/h），用质量表示时称为质量流量（用 q_m 表示，单位为 kg/h）。

由于很难保证流体在流动过程中均匀流动，严格地说只能认为在某截面上某一微小单元面积 dA 上流动是均匀的。速度为 v，此时流过此单元面积上的流体流量可写成

$$dq_v = v\mathrm{d}A \tag{4-24}$$

通过整个截面上的流量 q_v 为

$$q_v = \int_0^A v\mathrm{d}A \tag{4-25}$$

当整个截面上的流量分布是均匀时，可写成

$$q_v = vA \tag{4-26}$$

同时质量流量和体积流量的关系为

$$q_m = \rho q_v \tag{4-27}$$

式中　ρ——流体的密度。

对于连续生产过程，瞬时流量测量与生产的高产优效直接相关。

流量总量为

$$V = \int_0^t q_v \mathrm{d}t \tag{4-28}$$

$$M = \int_0^t q_m \mathrm{d}t \tag{4-29}$$

式中　V——总体积量，单位为 m^3；

M——总质量，单位为 kg。

2. 流量计分类

一般把检测流量的仪表叫流量计，把检测总量流量的仪表叫计量表。在工业生产中流量计有显示总量的作用。流量测量的方法很多，其测量原理和所采用的仪表结构形式各不相同。按流量测量原理分为如下三类。

（1）速度式流量计　主要是以流体在管道内的流动速度作为测量依据来计算流量。例如差压式流量计、转子流量计、电磁流量计、涡轮流量计、涡街流量计、超声波流量计、靶式流量计等。

（2）容积式流量计　主要以单位时间内所排出流体的固定容积数作为测量依据来计算流量。例如椭圆齿轮流量计、腰轮（罗茨）流量计、刮板流量计、活塞式流量计等。

（3）质量流量计　主要利用测量流过流体的质量为测量依据来计算流量的仪表。分为直接式和间接式（或推导式）质量流量计。前者是由仪表的检测元件直接测量出流体质量的仪表。后者是同时测出流体的体积流量、温度、压力值，再通过运算间接推导出流体的质量流量的仪表。质量流量计的优点是准确度不受流体的温度、压力、黏度等变化的影响，是一种发展中的流量测量仪表。

流量计的分类见表4-3。

表4-3　流量计的分类

类别	仪表名称	可测流体种类	适用管径/mm	测量精度（%）	主要特点
速度式流量计	差压式流量计	液、气、蒸汽	50～1000	-2～2	结构简单，标准节流装置无需实流校准，但量程比小，压力损失大
	转子流量计	液、气、蒸汽	4～150	-4～4	结构简单，测量范围宽，压力损失小，可测含腐蚀性气、液体的流量，但精度较低
	电磁流量计	导电液体	6～2000	-1.5～1.5	测量精度不受介质黏度、密度、温度、电导率等变化的影响，无压力损失，但安装复杂，安装地点不能有强磁场
	涡轮流量计	液、气	4～600	-0.5～0.5	精度高，测量范围宽，重复性好，抗干扰能力强，但对被测介质的清洁度要求较高
	涡街流量计	液、气、蒸汽	150～1000	-1～1	结构简单，精度较高，测量范围较宽，压力损失小，但在高黏度、低流速、小口径情况下应用受到限制
	超声波流量计	液	>10	-0.5～0.5	非接触测量，测量范围宽，无压力损失，可测量腐蚀性介质和非导电介质的流量，但抗干扰能力差，可靠性不高，重复性差
	靶式流量计	液、气、蒸汽	15～200	-0.5～0.5	精度高，压力损失小，重复性好，抗干扰能力强，可适用于高/低温、高压、高黏度等介质的测量

（续）

类别	仪表名称	可测流体种类	适用管径/mm	测量精度（%）	主要特点
容积式流量计	椭圆齿轮流量计	液	10～400	-0.5～0.5	精度高，测量范围宽，可用于高黏度液体的测量，但结构复杂，不适用于高、低温场所，只适用于洁净的单相流体，压力损失较大
	腰轮流量计	液、气		-0.5～0.5	
	刮板流量计	液			
质量流量计	热式质量流量计	气		-2.5～2.5	可靠性强，压力损失小，但响应速度慢
	科氏力质量流量计	液、气、蒸汽		-0.5～0.5	精度高，对各种流体适应性强，与被测介质温度、压力、密度、黏度变化无关，但压力损失较大
	冲量式质量流量计	固体粉料		-1～1	精度高，可靠性强，无零点漂移，体积小

4.3.2 容积式流量计

容积式流量计是一种很早就使用的流量测量仪表，用来测量各种液体和气体的体积流量。容积式流量计是由静止容室内壁与一个或若干个由流体流动使之旋转的元件组成计量室的流量计。旋转元件与内壁之间的泄漏量与所选定工作范围内的流量相比较可以忽略不计。元件的旋转通过机械方式或其他方法传输给指示装置以显示记录所流过的流体累积体积流量。其优点是测量精度高，被测流体黏度影响小，不要求有前后直管段等。但要求被测流体干净，不含有固体颗粒，否则应在流量计前加滤清器。容积式流量计包括椭圆齿轮流量计、腰轮流量计（又称罗茨流量计）、刮板流量计、活塞式流量计以及湿式气体流量计等。

椭圆齿轮流量计是最常见的一种容积式流量计，是一种测量流体总量（体积）的仪表，特别适合于测量黏度较大的纯净（无颗粒）液体的总量，其主要优点是精度高，但加工复杂，成本高，且齿轮容易磨损。

椭圆齿轮流量计的工作原理如图4-21所示。在仪表的测量室中安装着两个互相啮合的椭圆形齿轮，可绕轴自己转动。当被测介质流入仪表时，推动齿轮旋转。由于两个齿轮所处位置不同，分别起主、从动轮作用。在图4-21a位置时，由于p_1大于p_2，轮Ⅰ受到一个顺时针的转矩，而轮Ⅱ虽受到p_1和p_2的作用，但合力矩为0，此时轮Ⅰ将带动轮Ⅱ旋转，于是将外壳与轮Ⅰ之间标准测量室内液体排入下游。当齿轮转至图4-21b所示位置时，轮Ⅰ受顺

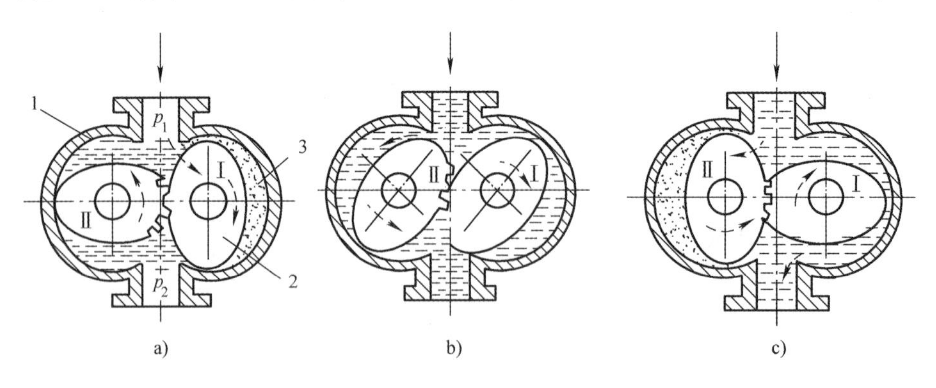

图4-21 椭圆齿轮流量计原理图

1—外壳 2—椭圆形转子（齿轮） 3—测量室

时针力矩，轮Ⅱ受逆时针力矩，两齿轮在 p_1、p_2 作用下继续转动。当齿轮转至图 4-21c 位置时，类似图 4-21a，只不过此时轮Ⅱ为主动轮，轮Ⅰ为从动轮。上游流体又被封入轮Ⅱ形成的测量室内。这样，每转一周两个齿轮共送出四个标准体积的流体（阴影部）。

椭圆齿轮的转数通过设在测量室外部的机械式齿轮减速机构及滚轮计数机构累计。为了减小密封轴的摩擦，多采用永久磁铁做成的磁联轴器传递主轴转动，既保证了良好的密封性，又减小了摩擦。

由于齿轮在一周内受力不均，其瞬时角速度也不均匀。其次，被测介质是由固定容积分成一份份地送出，因此不宜用于瞬时流量的测量，而只能根据平均转速来确定平均流量。

4.3.3　差压式流量计

差压式流量计是目前工业上使用历史最久和应用最广泛的一种流量计。

差压式流量计是根据差压原理测量流量的流量计。由节流装置（或差压流量传感器）和差压计（或差压变送器及显示仪表）组成。按结构形式可分为节流差压式流量计、弯管流量计、均速管流量计、射流流量计等几种。以节流装置为检测件的节流差压式流量计是使用最广泛的一类流量计，节流差压式流量计是依据流体通过节流装置，使部分压力能转换为动能产生差压信号的原理而工作的。

1. 测量原理

差压式流量计的测量原理基于流体的机械能相互转换的原理。在水平管道中流动的流体，具有动压能和静压能（位能相等）。在一定的条件下，这两种形式的能量可相互转换，但能量总和不变。如图 4-22 所示，稳定流动的流体沿水平方向流经管道，在管道中间垂直于轴线方向安装一个节流件——孔板，它造成流通截面积减小，显然截面Ⅰ－Ⅰ处流体未受孔板的影响，流体充满管道，管道截面积为 A_1，流体的静压力为 P'_1，平均流速为 v_1，流体的密度为 ρ_1。截面Ⅱ－Ⅱ处是流体经过孔板后流束收缩的最小截面，截面积为 A_2，压力为 P'_2，平均流速为 v_2，流体密度为 ρ_2。图 4-22 中所示的压力、流速曲线在孔板前后的变化情况，充分反映了流体的静压能、动压能的相互转换。流体在截面Ⅱ处，流束收缩到最小，流速达到最大，静压力最小，然后流束扩张，流速和压力慢慢增加，然而由于涡流区的存在，导致流体有能量损失。

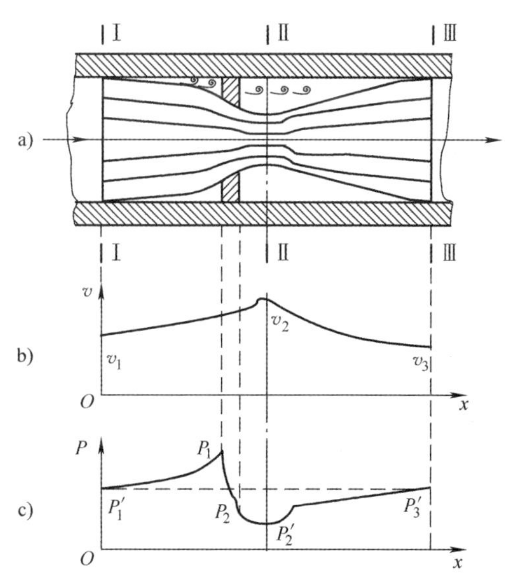

图 4-22　差压式流量计测温原理示意图

设被测流体为不可压缩的理想流体，其流经孔板时，不对外做功，与外界没有热量交换，流体本身也没有温度变化。根据伯努利方程，对截面Ⅰ－Ⅰ、Ⅱ－Ⅱ处沿管中心的流体有以下能量关系：

$$\frac{P'_1}{\rho_1}+\frac{v_1^2}{2}=\frac{P'_2}{\rho_2}+\frac{v_2^2}{2} \tag{4-30}$$

对于等温不可压缩的流体，其密度在整个过程中是不变的，即 $\rho_1=\rho_2=\rho$，所以式（4-30）可写为

$$P'_1+\frac{\rho v_1^2}{2}=P'_2+\frac{\rho v_2^2}{2} \tag{4-31}$$

式中 P'_1、v_1——截面Ⅰ－Ⅰ处的压力和速度；

P'_2、v_2——截面Ⅱ－Ⅱ处的压力和速度。

根据流体的连续性方程得

$$A_1v_1=A_2v_2 \tag{4-32}$$

$$v_1=\frac{A_2}{A_1}v_2 \tag{4-33}$$

代入式（4-31）得

$$v_2^2=\frac{2(P'_1-P'_2)}{\rho\left[1-\left(\frac{A_2}{A_1}\right)^2\right]} \tag{4-34}$$

对于截面Ⅱ－Ⅱ代入质量流量方程得

$$q_m=\rho A_2v_2=A_2\sqrt{\frac{2\rho(P'_1-P'_2)}{1-\left(\frac{A_2}{A_1}\right)^2}} \tag{4-35}$$

式（4-35）是反映质量流量 q_m 和孔板前后压差 $P'_1-P'_2$ 之间关系的理论方程式。实际上式（4-35）中 A_2 代表的流束最小收缩截面，因其位置和大小均难以确定，从而使 A_2 面上的静压力 P'_2 也难以确定，所以理论方程必须修正。为了计算和使用方便，用孔板的开孔截面 A_0 代替流束最小收缩截面 A_2，设 $A_2=\mu A_0$，式中 μ 为流束收缩系数。设孔板的开孔直径为 d，开孔直径 d 与管道直径 D 的比值为 β

$$\beta^2=\frac{A_0}{A_1} \tag{4-36}$$

则式（4-35）可改写为

$$q_m=\mu A_0\sqrt{\frac{2\rho(P'_1-P'_2)}{1-\mu^2\beta^4}} \tag{4-37}$$

在实际应用中压力差取自距孔板前后端面的固定位置处，比如是图 4-22 中的 P_1-P_2 而非 $P'_1-P'_2$，这样压力容易测量。基于上述几点理由，则式（4-37）需修正。通常将包括 μ 在内的系数合为一个无量纲数 C，C 称为流出系数。这样式（4-37）可写成

$$q_m=CA_0\sqrt{\frac{2\rho(P_1-P_2)}{1-\beta^4}}=\frac{C}{\sqrt{1-\beta^4}}A_0\sqrt{2\rho\Delta P} \tag{4-38}$$

式中 $\Delta P=P_1-P_2$。

以上推导是针对不可压缩的理想流体而得出的流量公式。对于可压缩流体（如各种气体、蒸汽）流过节流装置时，压力发生改变必然引起密度 ρ 的改变，因此对于可压缩流体，式（4-38）应引入气体膨胀系数 ε，则式（4-38）变为

$$q_m=\frac{1}{\sqrt{1-\beta^4}}C\varepsilon A_0\sqrt{2\rho_1\Delta P} \tag{4-39}$$

同理

$$q_v = \frac{1}{\sqrt{1-\beta^4}} C\varepsilon A_0 \sqrt{\frac{2\Delta P}{\rho_1}} \tag{4-40}$$

式中　C——流出系数；

ε——可膨胀性系数；

A_0——节流件开孔截面积，单位为 m^2；

ρ_1——被测流体在 I－I 处的密度，单位为 kg/m^3；

ΔP——节流装置输出的差压，单位为 Pa；

q_m——质量流量，单位为 kg/s；

q_v——体积流量，单位为 m^3/s。

式（4-39）、式（4-40）是差压式流量计的流量公式。当被测流体为液体时 $\varepsilon=1$，当被测流体为气体、蒸汽时 $\varepsilon<1$。

2. 节流装置

节流装置是装入管道以产生差压的装置，按其标准化程度可分为标准节流装置和非标准节流装置两类。标准节流装置是指按照国家标准文件或国际计量组织文件（如《用安装在圆形截面管道中的差压装置测量满管流体流量　第 2 部分：孔板》GB/T 2624.2—2006 或《用安装在圆形截面管道中的差压装置测量满管流体流量　第 2 部分：孔板》ISO5167—2：2003）设计、制造、安装和使用，不需要实流标定就可以确定差压和流量关系的装置。非标准节流装置是必须经过实流标定才能确定其差压和流量关系的装置。标准节流装置是全世界通用的，目前我国规定的标准节流装置种类有：角接取压标准孔板、法兰取压标准孔板、径距（$D-D/2$）取压标准孔板、角接取压标准喷嘴四种。

完整的节流装置由节流元件、带有取压孔的取压装置和上下游测量导管三部分组成。采用标准节流装置的流量测量，在设计计算时都有统一标准的规定、要求和计算所需要的数据、图表，可直接根据标准进行设计、制造、安装和使用，不必进行标定，可保证一定的精度。标准节流装置如图 4-23 所示。

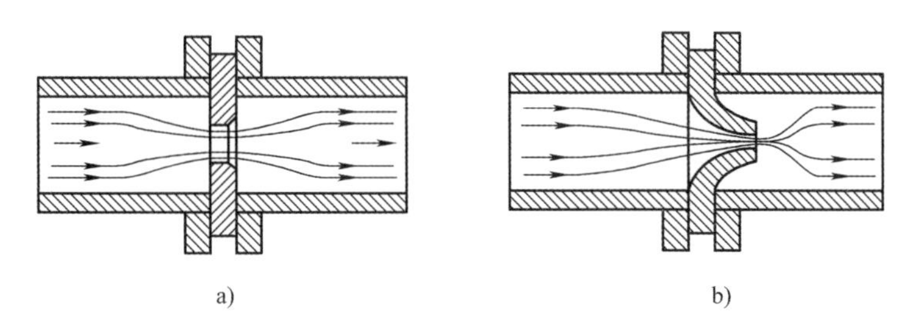

图 4-23　标准节流装置

a）孔板　b）喷嘴

下面首先以节流元件——标准孔板为例来介绍标准节流装置的结构、特点和安装等要求。

（1）标准孔板　标准孔板是一块与管道轴线同心的开有圆形孔、内边缘尖锐的金属薄板。剖视图如图 4-24 所示，详见国家标准 GB/T 2624.2—2006。对标准孔板的要求是：

1）标准孔板的节流孔孔直径 d 在任何情况都要满足 $d \geqslant 12.5\text{mm}$ 和 $0.10 \leqslant \beta \leqslant 0.75$。节流孔直径 d 应取相互之间角度大致相等的 4 个直径测量结果的平均值，且要求任意一个直径与直径平均值之差不超过直径平均值的 0.05%。

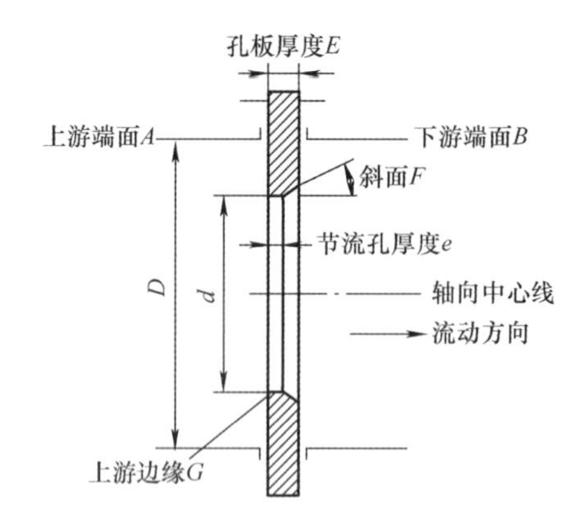

图 4-24　标准孔板

2）孔板上游端面 A 的平面度，即连接孔板表面上任意两点的直线与垂直于轴线的平面之间的斜度应小于 0.5%，上游端面 A 的粗糙度必须 $\leqslant 10^{-4}d$。

3）节流孔的厚度 e 应在 $0.005D \sim 0.02D$ 之间，在节流孔的任意点测得的各个 e 值之间的差不得大于 $0.001D$。孔板厚度 E 应在 $e \sim 0.05D$ 之间，而当 $50\text{mm} \leqslant D \leqslant 64\text{mm}$ 时，孔板厚度 E 可以达到 3.2mm。若孔板的厚度 E 超过节流孔厚度 e，孔板的下游应切成斜角。斜角表面应精加工。圆斜角应为 $45° \pm 15°$。

4）上游边缘 G 应是锐边，只要边缘半径不大于 $0.0004d$，就认为是锐边。无卷口，无飞翅。若 $d \geqslant 25\text{mm}$，则一般认为目测可以满足此要求，用肉眼观察，检测边缘不反射光束。若 $d < 25\text{mm}$，则目检是不够的。

如果对是否满足本要求有任何怀疑，应测量边缘半径。

（2）标准取压装置　国家标准中规定标准孔板有角接取压、法兰取压和 $D-D/2$ 取压 3 种标准取压方式。

1）角接取压。角接取压的取压口位于上、下游孔板的前后端面处，有环隙取压和单独钻孔取压两种结构形式。其所取出的压力为节流件前后端面处的压力。图 4-25 为角接取压装置示意图，上半部分为环隙取压结构，下半部分为单独钻孔取压结构。每个取压孔开孔面积不小于 12mm^2。小管径时一般采用环隙取压，当管道直径为 $D > 500\text{mm}$ 的大管径时，一般都采用单独钻孔取压。环隙宽度或单独钻孔取压口的直径 d 通常取 4 ~ 10mm。

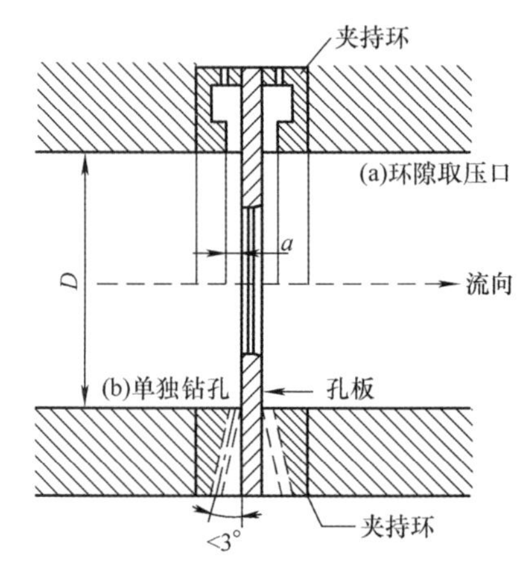

图 4-25　角接取压装置示意图

2）法兰取压和 $D-D/2$ 取压。如图 4-26 所示，法兰取压时孔板被夹持在两块特殊加工的法兰中，其间加垫片，厚度不超过 1mm。在两法兰上分别钻一个取压孔，上游取压孔中心距孔板前端面名义上等于 25.4mm，下游取压孔中心位置距孔板后端面含义上等于 25.4mm，即前后距离均为 25.4mm，取压孔直径为 6 ~ 12mm，取压孔中心与管道中心垂直。其所取的压力为离孔板前后端面 25.4mm 处的压力。$D-D/2$ 取压装置的上游取压孔的中心距孔板前端面为 D，下游取压孔的中心距孔板前端面为 $D/2$。取压孔直径应小于 $0.13D$ 和小于 13mm。取压孔最小直径可根据偶然阻塞的可能性和动态特性来决定，没有任何限制。上游与下游的取压孔应具有相同的直径，且取压孔的中心线应与管道轴线相交成直角。

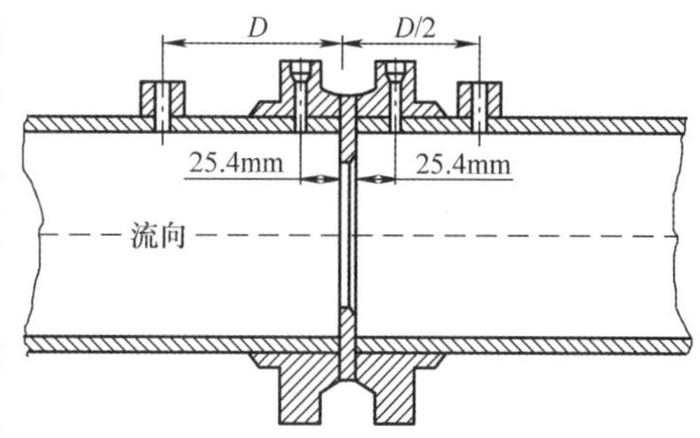

图 4-26 法兰取压和 $D-D/2$ 取压示意图

（3）节流装置上游及下游侧的测量导管　标准节流装置除标准节流件和标准取压装置外，还包括安装在节流件上游侧及下游侧的测量直管段。其长度规定为上游侧测量直管段为 $10D$，下游侧测量直管段为 $5D$。

在国家标准 GB/T 2624—2006 中规定了 4 种标准节流装置：角接取压标准孔板、法兰取压标准孔板、$D-D/2$ 取压标准孔板和角接取压标准喷嘴。测量流量时选择节流装置的主要依据是：测量所要求的精度、允许的压力损失、被测介质的性质、被测对象的具体条件与参数范围、使用条件及经济价值等，具体选用时则要看侧重哪个方面来决定。一般来说，采用角接取压标准孔板的优点是灵敏度高，加工简单，对管道内壁粗糙度 K 无要求，费用较低，使用数据、资料最全；法兰取压标准孔板的优点：加工制造容易、计算简单，但只适用光滑管的测量；$D-D/2$ 取压标准孔板的优点：对标准孔板与管道轴线的垂直度和同心度的安装要求较低，特别适合大管径的过热蒸汽的测量。另外，同等条件下标准喷嘴比标准孔板优越。标准喷嘴在测量中，压损较小，不容易受被测介质腐蚀、磨损和脏污，寿命长，测量精度较高以及所需要的直管段长度比较短。但是标准孔板比较简单，容易加工制造和安装，价格便宜。因而在工业生产中，一股采用标准孔板。

采用标准节流装置进行测量流量的优点是其设计计算有统一标准，图表和数据资料齐全，可直接按照标准制造、安装和使用，不必标定。标准节流装置的设计计算请参看 GB/T 2624—2006。

因标准节流装置测量流量时其使用条件有严格的规定，如管道内径 $D \geqslant 50$mm、管道雷诺数 R_{eD} 至少要 $\geqslant 5000$ 等条件，从而使其使用受到一定的限制。为了弥补其不足，可采用非标准节流装置测量流量。

常用非标准节流元件有 1/4 圆喷嘴、圆缺孔板、圆锥入口孔板、双重孔板等，主要用于特殊介质或特殊工况条件下的流量测量。非标准节流件剖视图如图 4-27 所示。非标准节流装置中 1/4 圆喷嘴是应用得较广的一种测量装置，其特点是图样、资料、数据较齐全，适用于 $200 \leqslant R_{eD} \leqslant 10^5$ 和 25mm $\leqslant D \leqslant$ 750mm 的条件下各种流体的流量测量；圆缺孔板特别适用于脏污介质在 50mm $\leqslant D \leqslant$ 500mm、$5 \times 10^3 \leqslant R_{eD} \leqslant 2 \times 10^6$ 条件下的流量测量；圆锥入口孔板适用于小管径 $D \geqslant 25$mm、小雷诺数 $250 \leqslant R_{eD} \leqslant 5000$ 条件下的流量测量。非标准节流装置必须标定后才能使用。

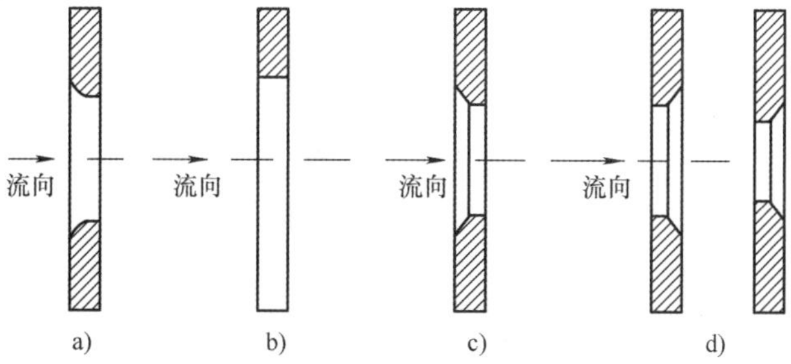

图 4-27 非标准节流件剖视图

a）1/4 圆喷嘴　b）圆缺孔板　c）圆锥入口孔板　d）双重孔板

3. 差压式流量计

差压式流量计由节流装置、引压导管、差压变送器（差压计）组成，如图4-28所示。

图4-28　差压式流量计的组成框图

节流装置把流体流量 q_m（q_v）转换成差压信号 $\Delta P=K_1q_m^2$，引压导管把节流装置产生的差压信号传送至差压变送器（差压计），差压变送器将差压信号转换为国家规定的标准信号（如DC I_o=4～20mA）输出或显示流量大小。因为输出的标准信号便于集中控制和实行综合自动化，所以用差压变送器和节流装置等组成的差压式流量计已经很常见。

由于节流装置是一个非线性环节，因而差压式流量计的输出电流 I_o 与输入的流量之间呈现 $I_o=K_1K_2q_m^2$ 的关系，即被测流量和差压变送器的输出电流的平方根呈正比。但一般都希望输入输出呈线性关系，即指示流量时有均匀的刻度。解决的办法是在差压变送器内增添开方运算功能，将标准电流信号进行开方。必须指出，并不是将电流的毫安数开方就完成任务，应使开方后的电流仍然保持在标准信号范围之内。例如直流4～20mA信号，开方之后仍然在4～20mA范围内。故实际运算公式是 $I_o=\sqrt{16}\times\sqrt{I_i-4}+4$，先要把起点电流4mA减去，经过开方后再把它加上，例如 I_i=13mA时，开方后变为 $I_o=(\sqrt{16}\times\sqrt{13-4}+4)$mA=16mA。

现以4～20mA的信号为例，将开方前后的电流值对应关系画成曲线，如图4-29所示。如能设计某种电路，使其输出和输入满足图4-29中曲线关系，就可用其来实现开方运算。

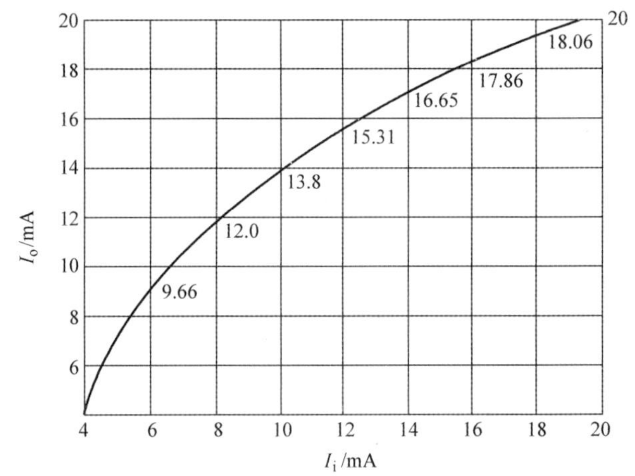

图4-29　4～20mA开方电路特性曲线

差压式流量计的主要优点是结构简单、使用方便、寿命长。标准节流装置按国家规定的技术标准设计制造，无须标定即可应用，这是其他流量计难以具备的。其适用性广，对各种工况下的单相流体、管径在50～1000mm范围以内，几乎都可以使用。其不足之处就是量程比较窄，一般为（3～4）:1，压力损失较大，需消耗一定的动力；对安装要求严格，需要足够长的直管。

4.3.4　转子流量计

转子流量计是目前工业生产和实验室中广泛应用的一种小流量测量仪表。差压式流量计是在节流面积（如孔板的开孔面积）不变的条件下，以差压变化来反映流量的大小，因而差压式流量计也称为恒截面变差压式流量仪表。转子流量计却是恒压降变节流面积的流量测量仪表，因此转子流量计又称为变面积式流量计。其优点是：结构简单、工作可靠、压力损失小、标尺线性，特别适用于测量管径在50mm以下的管道的流量。

转子流量计是在流体动力和浮子重力的作用下，使具有圆形横截面的浮子在一根垂直锥形管中自由地上升和下降的流量计。可变面积由浮子和管子之间的间隙组成，如图4-30所示。流动始终取垂直方向。当流体沿锥形圆管自下而上流动时，浮子受到流体的作用力而上升，流体的流量越大，浮子上升越高。浮子上升的高度 h 就代表着一定的流量，因此可从管壁上的流量标尺上直接读出流量大小。

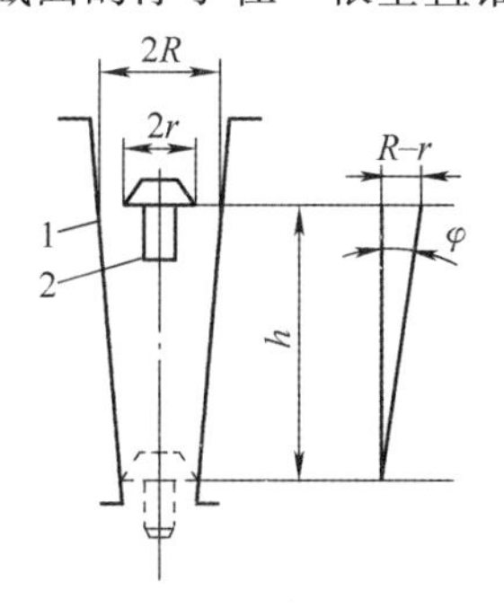

图4-30 转子流量计
1—锥形管 2—浮子

实际上浮子可视为一个节流体，在锥形管与浮子之间有一个环形通道，浮子的升降使环形通道的流通截面积也在不断变化，从而测定流量。浮子在锥形管内受流体向上的浮力为 $\rho A_f v^2/2$，浮子在流体中向下的自重力为 $V_f(\rho_f-\rho)g$。如忽略压射冲头损失，在平衡状态下即浮子稳定在一定高度时，则有

$$\rho A_f v^2/2 = V_f(\rho_f-\rho)g \tag{4-41}$$

由此得

$$v=\sqrt{\frac{2V_f(\rho_f-\rho)g}{A_f\rho}} \tag{4-42}$$

式中 A_f、V_f——分别为浮子的最大截面积和体积，单位分别为 m^2 和 m^3；

ρ_f、ρ——分别为浮子与被测介质的密度和体积，单位分别为 kg/m^3；

v——浮子与锥形管壁之间的环形通道处的流速和体积，单位分别为 m/s。

在浮子稳定位置处，流体通过的体积流量 q_v 为

$$q_v = aA_0\sqrt{\frac{2V_f(\rho_f-\rho)g}{A_f\rho}} \tag{4-43}$$

式中 a——流量系数，与锥形管的锥度、浮子的几何形状和被测介质的雷诺数等因素有关，由实验确定；

A_0——浮子稳定位置处的环形通道面积，$A_0=\pi(R+r)h\tan\varphi$。

对于一台具体的流量计，A_f、V_f、ρ_f、R、r、φ、a 均可视为常数。当被测介质的密度 ρ 已知时，故式（4-43）可简化为 $q_v=f(h)$。q_v 与 h 之间并非线性关系，只是由于锥形管夹角 φ 很小可近似视为线性关系。通常在锥形管壁上直接分度流量标尺。

转子流量计的浮子可用不锈钢、铝、铜或塑料等材料制造，具体选用何种材料需视被测介质的性质和量程大小而定。按照读数方式的不同，转子流量计分成直读式和远传式两种类型。前者的锥形管用玻璃制成，流量标尺直接在管壁上分度，在安装现场就地读取所测流量数值，通称为玻璃转子流量计（如图4-30所示）；后者的锥形管用不锈钢制造，其将浮子的位移转换成统一标准的电流或气压信号，传送至仪表室，便于集中检测与自动控制。

玻璃转子流量计结构简单、价格便宜、直观，适于就地指示和被测介质是透明的场合使用。由于玻璃锥形管容易破损，只适宜测量压力小于0.5MPa、温度低于120℃的液体或气体的流量。

转子流量计在制造厂进行分度时，是用水或空气在标准状态下进行标定的。在实际使用中，如果被测介质的性质和工作状态（温度和压力）与标定时不同，会产生测量误差，因此，必须对原有流量示值加以修正。

4.3.5 涡轮流量计

涡轮流量计是流体流动时驱动一只具有若干叶片并与管道同轴的转子转动而进行流量测量的流量计，其是一种速度式流量计，其结构如图4-31所示，主要由涡轮、导流架、壳体和磁电式传感器等组成，涡轮转轴的轴承由固定在壳体上的导流架所支撑。壳体由不导磁的不锈钢制成，涡轮为导磁的不锈钢，它通常有4~8片螺旋形叶片。当流体通过流量计时，推动涡轮使其以一定的转速旋转，此转速是流体流量的函数。而装在壳体外的非接触式磁电转速传感器输出脉冲信号的频率与涡轮的转速成正比。因此，测定传感器的输出频率即可确定流体的流量。

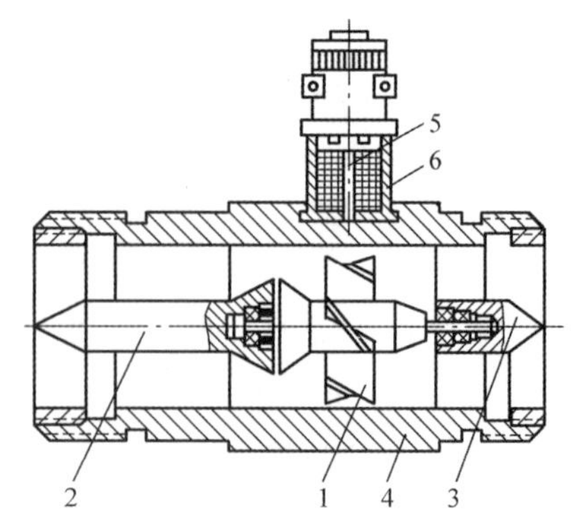

图4-31 磁电式涡轮流量计
1—涡轮 2—前导流架 3—后导流架
4—壳体 5—磁钢 6—绕组

流体进口处设有导向环和导向座组成的导流架，它使流体到达涡轮前先导直，避免因流体自旋而改变流体与涡轮叶片的作用角，从而保证仪表的准确度。为了进一步减小流体自旋的影响，流量计前后都应装有与它口径相同的一段直管。一般流体进口的直管段长度为管道直径的10倍以上，出口直管段长度不小于直径的5倍。

如果忽略轴承的摩擦及涡轮的功率损耗，经分析可知，通过流量计的流体流量 q_v 与传感器输出的脉冲信号频率的关系为

$$q_v = \frac{f}{\xi} \tag{4-44}$$

式中 f——输出电脉冲信号的频率，单位为Hz；

ξ——仪表常数（频率—流量转换系数）。

涡轮流量计有较高的精度，其基本误差在 -1.5% ~1.5%之间，量程宽在10~30之间。动态特性好，时间常数在1~50ms之间，可测量脉冲流。耐高压达 5×10^7Pa，压力损失小，约为 $5\sim75\times10^3$Pa，使用温度范围宽（-240~540℃），可测量 $0.01\text{m}^3/\text{h}$ 的小流量至 $7000\ \text{m}^3/\text{h}$ 的大流量。另外该流量计可以直接输出数字信号，抗干扰能力强，便于与计算机相连进行数据处理。

涡轮流量计放在流体中旋转，为了减小磨损、增加轴承寿命，要求介质纯净、无机械杂质。对于不洁介质应在进入仪表前进行预处理（过滤等），因磨损将使误差增大，故涡轮轴承是限制其广泛使用的薄弱环节。

4.3.6 电磁流量计

电磁流量计是利用导电流体在磁场中流动所产生的感应电动势来推算并显示流量的流量计。电磁流量计的优点是压力损失极小，可测流量范围宽，最大流量与最小流量的比值一般为20:1以上，适用的工业管径范围宽，最大可达3m，输出信号和被测流量成线性，精确度较高，可测量电导率≥1μs/cm的酸、碱、盐溶液，水、污水、腐蚀性液体以及泥浆、矿浆的流体流量。但其不能测量气体、蒸汽及纯净水的流量。

1. 测量原理

当导体在磁场中做切割磁力线运动时，在导体中会产生感应电动势，感应电动势的大小与导体在磁场中的有效长度及导体在磁场中做垂直于磁场方向运动的速度成正比。同理，如图 4-32 所示，导电流体在磁场中做垂直方向流动而切割磁力线时，也会在管道两边的电极上产生感应电动势。感应电动势的方向由右手定则判定，感应电动势的大小由下式确定：

$$E_x = BDv \tag{4-45}$$

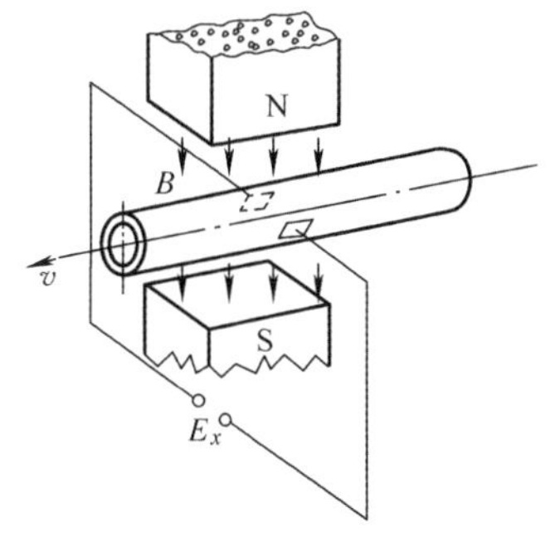

图 4-32 电磁流量计的测量原理

式中 E_x——感应电动势，单位为 V；

B——磁感应强度，单位为 T；

D——管道内径，单位为 m；

v——流体的平均流速，单位为 m/s。

然而体积流量 q_v 等于流体的流速 v 与管道截面积（πD^2）/4 的乘积

$$q_v = \frac{\pi}{4}D^2 v \tag{4-46}$$

将式（4-45）代入式（4-46）得

$$q_v = \frac{\pi D}{4B}E_x \tag{4-47}$$

由式（4-47）可知，在管道直径 D 已定且保持磁感应强度 B 不变时，被测体积流量与感应电动势呈线性关系。若在管道两侧各插入一根电极，就可引出感应电动势 E_x，测量此电动势的大小，就可求得体积流量。

2. 结构

电磁流量计的结构如图 4-33 所示，主要由磁路系统、测量导管、电极、外壳、衬里和转换器等部分组成。

（1）磁路系统　磁路系统的作用是产生均匀的直流或交流磁场。直流磁路用永久磁铁来实现，其优点是结构比较简单，受交流磁场的干扰较小，但它易使通过测量导管内的电解质液体极化，使正电极被负离子包围，负电极被正离子包围，即产生电极的极化现象，并导致两电极之间的内阻增大，因而严重影响仪表正常工作。当管道直径较大时，永久磁铁相应也很大，笨重且不经济。所以电磁流量计一般采用交变磁场，且是 50Hz 工频电源激励产生的。产生交变磁场的励磁线圈的结构形式因测量导管的口径不同而有所不同，图 4-33 是一种集中绕组式结构。它由两只串联或并联的马鞍形励磁绕组组成，上下各一只夹持在测量导管上，为了形成磁路并保证磁场均匀，在线圈外围有若干层硅钢片叠成的磁轭。

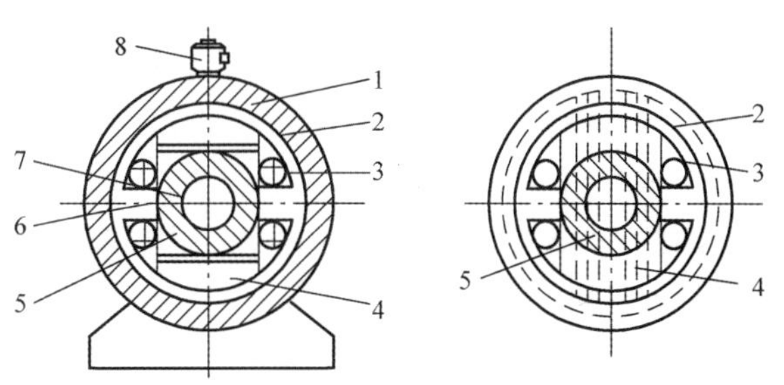

图 4-33 电磁流量计结构

1—外壳 2—磁轭 3—励磁绕组 4—铁心 5—导管 6—电极 7—衬里 8—转换器

采用交变磁场的电磁流量计，其磁感应强度 $B=B_{\mathrm{m}}\sin\omega t$。故此时的感应电动势 E_x 也是一交变电动势，即

$$E_x=B_{\mathrm{m}}Dv\sin\omega t \tag{4-48}$$

式中 B_{m}——磁感应强度的最大幅值，单位为 T；

ω——交变磁场的角频率，单位为 s^{-1}；

t——时间，单位为 s。

（2）测量导管　测量导管的作用是让被测导电性液体通过。为了使磁力线通过测量导管时磁通量不被分流或短路，测量导管必须采用不导磁、低电导率、低热导率和具有一定机械强度的材料制成，可选用不导磁的不锈钢、玻璃钢、高强度塑料、铝等。

（3）电极　电极的作用是引出和被测流量成正比的感应电动势信号。电极一般用非导磁的不锈钢制成，且被要求与衬里齐平，以便流体通过时不受阻碍。它的安装位置宜在管道的垂直方向，以防止沉淀物堆积在其上面而影响测量精度。

（4）外壳　外壳应用铁磁材料制成，是保护励磁绕组的外罩，并隔离外磁场的干扰。

（5）衬里　在测量导管的内侧及法兰密封面上，有一层完整的电绝缘衬里。它直接接触被测液体，其作用是增加测量导管的耐腐蚀性，防止感应电动势被金属测量导管管壁短路。衬里材料多为耐腐蚀、耐高温、耐磨的聚四氟乙烯塑料、陶瓷等。

（6）转换器　由液体流动产生的感应电动势信号十分微弱，受各种干扰因素的影响很大，转换器的作用就是将感应电动势信号放大并转换成统一的标准信号并抑制主要的干扰信号。

3. 电磁流量计的选用与安装

电磁流量计的合理选用及正确安装对提高流量计的测量精度和延长仪表寿命，都是极其重要的。其选用原则有以下四点：

1）被测流体必须是导电液体，它不能测量气体、蒸汽、石油制品、甘油、酒精等物质，也不能测量纯净水。

2）口径与量程的选择。流量计口径比管道内径稍小。流量计的量程根据不低于预计的最大流量值的原则选择满量程刻度，常用流量最好超过满量程的 50%，这样可获得较高的测量精度。常用流速为 2～4m/s 最合适。

3）压力的选择。使用压力必须低于电磁流量计额定工作压力，一般不超过 16×10^5Pa。

4）温度的选择。被测介质温度不能超过衬里材料的容许使用温度，一般≤200℃。

电磁流量计安装时的注意事项：

1）安装位置。电磁流量计可以垂直、水平安装，但推荐垂直安装，且被测流体是自下而上流动。也可以水平安装，但要使两电极在同一水平面上。当水平安装时要保证无论在何时测量导管都应充满液体。

2）电磁流量计信号比较弱，满量程时只有几毫伏，且流量很小时，只有几微伏，外界稍有干扰就会影响测量精度。因此，流量计的外壳、屏蔽线、测量导管都要接地。要求单独设置接地点，千万不要连接在电动机或上、下管道上。

3）流量计的安装地点要远离一切磁源（加大功率电动机、变压器等）。

4）电磁流量计是速度式流量计。当流线分布不符合设定条件时，将产生测量误差。因此，在电磁流量计前必须有 10D 左右的直管段，以消除各种局部阻力对流线分布对称性的

影响。

4.3.7　涡街流量计

涡街流量计是利用卡门涡街原理测量流量的流量计。在流体中安放非流线型阻流体，流体在该阻流体下游两侧交替地分离释放出一系列漩涡。在给定流量范围内，漩涡的分离频率正比于流量。

涡街流量计由涡街传感器和转换电路组成。传感器的核心是漩涡发生体和漩涡检测器。在流体中垂直于流向插入一个非流线型的对称形状的柱体（如圆柱体、三角柱体等），当流速大于一定值时，在柱体两侧将产生两排旋转方向相反和交替出现的漩涡，这两排平行的涡列称为卡门涡街，柱体称为漩涡发生体，如图4-34所示。伴随漩涡的产生，在柱体周围和下游的流体将产生有规律的振动，其振动频率（即漩涡产生的频率）f与流速成正比

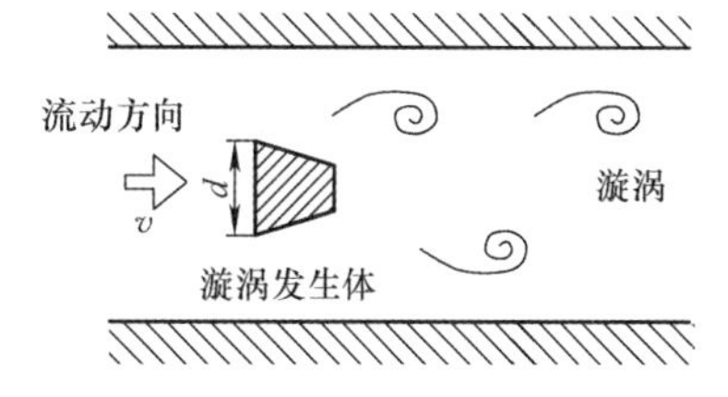

图4-34　漩涡发生原理图

$$f = St\frac{v_1}{d} \tag{4-49}$$

式中　St——斯特劳哈尔数（Strouhal）；

v_1——漩涡发生体两侧的流速；

d——漩涡发生体迎流面最大宽度。

若漩涡发生体两侧的流通面积为A_1，则流量为

$$q_v = A_1 v_1 \tag{4-50}$$

将式（4-49）代入式（4-50）得

$$q_v = \frac{A_1 d}{St}f \tag{4-51}$$

可见，流量q_v与漩涡的频率f成线性关系，只要测出漩涡的频率就可求得流量q_v。

漩涡频率的检测方法很多。采用圆柱形漩涡发生体时，漩涡频率的检测通过柱体内部的热电阻温度传感器来实现，如图4-35a所示。圆柱体表面开有导压孔与圆柱体内部空腔相通。空腔由隔墙分成两部分，在隔墙中央有小孔，在小孔中装有被加热的铂电阻丝。当圆柱检测器后面一侧形成漩涡时，由于产生漩涡的一侧的静压大于不产生漩涡一侧的静压，两者之间形成压力差，通过导压孔引起检测器空腔内流体移动，从而交替地对热电阻丝产生冷却作用，且改变其阻值，由测量电桥给出电信号输送至放大器。检测器的作用是形成漩涡列，并将漩涡产生的频率转变为热阻丝阻值的变化，形成与漩涡频率成比例的电信号输出。

采用三角柱检测器，如图4-35b所示。三角柱检测器能得到更稳定、更强烈的漩涡。埋在三角柱正面的两只热敏电阻组成电桥的两臂，且由恒流电源供给微弱的电流对其加热。在产生漩涡一侧的热敏电阻处的流速较大，热敏电阻的温度降低，阻值升高，则电桥失去平衡并有电压输出。随着漩涡的交替产生，电桥输出与漩涡产生的频率相一致的交变电压信号，该信号经放大、整形和D－A转换后，输送至显示仪表进行流量的指示、计算、调节、记录和控制等。

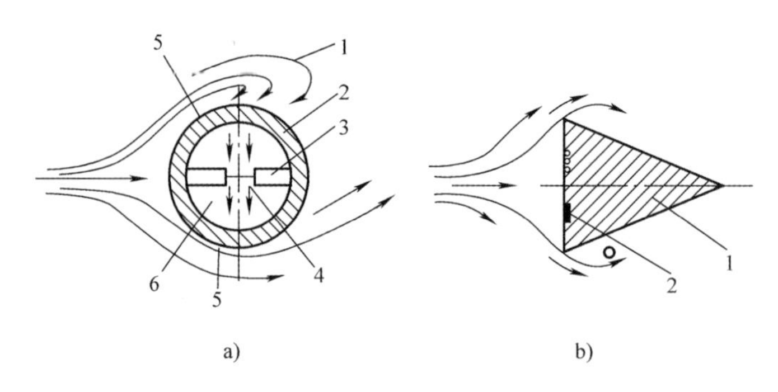

图4-35 漩涡发生体及信号检测原理
a）圆柱检测器
1—漩涡 2—圆柱检测器 3—隔墙 4—铂电阻丝 5—导压孔 6—空腔
b）三角柱检测器
1—三角柱检测器 2—热敏电阻

4.3.8 超声波流量计

超声波流量计是利用超声波在流体中的传播特性来测量流量的流量计。超声波流量计通常由一个或多个超声换能器和设备组成，根据它们所产生和接收到的超声波信号推导出流量测量值并把该信号转换为正比于流量的标准化输出信号。其测量原理如图4-36所示。

假定流体静止时的声速为 c，流体流速为 v，顺流时超声波传播速度为 $c+v$，逆流时则为 $c-v$。设置两个超声波发生器 T_1 和 T_2，两个接收器 R_1 和 R_2，在不接入两个放大器的情况下，超声波从 T_1 到 R_1 和从 T_2 到 R_2 的时间分别为 t_1 和 t_2

$$t_1=\frac{l}{c+v}\quad t_2=\frac{l}{c-v}$$

一般情况下，$c>>v$，亦即 $c^2>>v^2$，则

$$\Delta t=t_1-t_2=\frac{2lv}{c^2} \tag{4-52}$$

若已知 l 和 c，只要测得 Δt，便可知流速 v。

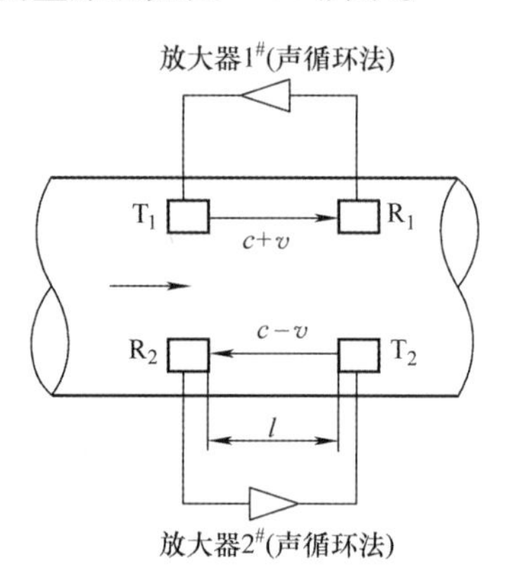

图4-36 超声波测量流速原理图

但流速带给声波的变化量为 10^{-3} 数量级，要得到1%的流量测量精度，对声速的测量要求为 $10^{-5}\sim10^{-6}$ 数量级，检测很困难。

为了提高检测灵敏度，早期采用相位差法，即测 $\Delta\varphi$ 而非 Δt，$\Delta\varphi$ 与 Δt 有如下关系

$$\Delta\varphi=2\pi f_t\Delta t \tag{4-53}$$

式中 f_t——超声波的频率。

以上方法存在的问题是，必须已知声速 c，然而声速随温度而变化，因此，必须进行声速修正才能提高测量精度。

如果接入两个反馈放大器，即构成声循环法，就不需要进行声速修正了。如图4-36所示，T_1 发射超声波，R_1 接收信号后经放大器放大加到 T_1 上，再从 T_1 发射，如此重复进行，重复周期为 t_1，因此重复频率（声循环频率）f_1 为

$$f_1 = \frac{1}{t_1} = \frac{c+v}{l} \tag{4-54}$$

同理，逆向从 T_2到 R_2的声循环频率f_2为

$$f_2 = \frac{1}{t_2} = \frac{c-v}{l} \tag{4-55}$$

声循环频率差 Δf 为

$$\Delta f = f_1 - f_2 = \frac{1}{t_1} - \frac{1}{t_2} = \frac{c+v}{l} - \frac{c-v}{l} = \frac{2v}{l} \tag{4-56}$$

由上式可知已消除了声速的影响。

应用式（4-52）、式（4-53）、式（4-56）测量流速分别称为时差法、相差法和频差法。目前超声波流量计多采用频差法。

超声波流量计是近十几年来随着集成电路技术的迅速发展才开始应用的一种非接触式仪表，适于测量不易接触和观察的流体以及大管径流量。它与水位计联动可进行敞开水流的流量测量。使用超声波流量计不用在流体中安装测量元件故不会改变流体的流动状态，不产生附加阻力，仪表的安装及检修均可不影响生产管线运行，因而是一种理想的节能型流量计。近年来其发展甚快，成熟产品不断出现，如多普勒超声波流量计，声束偏转式超声波流量计等。

4.4 压力测量

压力是工业生产、生活过程中的重要参数之一。首先，在工业生产中许多生产工艺过程经常要求在一定的压力或一定的压力变化范围内进行，如锅炉的汽包压力、炉膛压力、烟道压力，化工生产中的反应釜压力、加热炉压力等。因此，正确地测量和控制压力是保证生产过程良好运行，达到优质高产、低消耗的重要环节。其次，压力测量或控制可以防止生产设备因过压而引起破坏或爆炸，这是安全生产所必需的。再者，通过测量压力可间接测量其他物理量，如温度、液位、流量、密度与成分量等。因而，压力测量在各类工业生产中，如石油、电力、化工、冶金、航天航空、环保及轻工等领域中占有很重要的地位。

4.4.1 概述

1. 压力的定义

压力是垂直并均匀作用在单位面积上的力，即物理学上的压强，工程上常称为压力。压力的表达式为

$$P = \frac{F}{A} \tag{4-57}$$

式中 P——压力，单位为 Pa；

F——垂直作用力，单位为 N；

A——受力面积，单位为 m^2。

2. 压力的单位

国际单位制中的压力单位是 N/m^2，又称帕斯卡，简称“帕”（以 Pa 表示）。它的物理意义是：1 牛顿的力垂直均匀地作用于 $1m^2$ 面积上所产生的压力。但由于帕的单位很小，工

业上一般采用千帕（kPa）或兆帕（MPa）作为压力的单位。其他在工程上使用的压力单位有：工程大气压、标准大气压、巴、毫米水柱、毫米汞柱等，各种单位之间的换算详见表4-4。

表4-4 常用压力单位的换算

压力单位	帕 Pa	工程大气压 kg/cm^2	标准大气压 atm	巴 bar	毫米水柱① mmH_2O	毫米汞柱② mmHg
帕	1	1.01972×10^{-5}	9.869236×10^{-6}	1×10^{-5}	0.101972	7.5006×10^{-3}
工程大气压	9.80665×10^{4}	1	0.967841	0.980665	1×10^{4}	735.562
标准大气压	1.01325×10^{5}	1.03323	1	1.01325	1.03323×10^{4}	760.0
巴	1×10^{5}	1.019716	0.986923	1	1.01972×10^{4}	750.062
毫米水柱	9.80665	1×10^{-4}	9.67841×10^{-5}	9.80665×10^{-5}	1	7.35562×10^{-2}
毫米汞柱	133.3224	1.35951×10^{-3}	1.31579×10^{-3}	1.33322×10^{-3}	13.5951	1

注：1. 用水柱表示的压力，是以纯水在4℃时的密度值为标准。

2. 用汞柱表示的压力，是以汞在0℃时的密度值为标准。

3. 压力的表示方式

由于参考点不同，在工程上压力的表示方式有3种：绝对压力、表压力、负压力或真空度。

1）绝对压力是以完全真空作参考点。用来测量绝对压力的仪表称为绝对压力表。

2）表压力是以大气压力为参考点，大于或小于大气压力的压力。大气压力（又称气压）是地球表面大气层空气柱重力所产生的压力，其值随气象情况、海拔和地理纬度等不同而改变。用来测量大气压力的仪表叫气压表。

3）真空度是指处于真空状态下的气体稀薄程度的习惯用语，用压力值表示，以Pa为单位。

4）任意两个压力的差值称为差压。以大气压力为参考点，大于大气压力的压力称为正（表）压力（又称正压），小于大气压力的压力称为负（表）压力（又称负压）。

由于各种工艺设备和检测仪表通常是处于大气之中，本身就承受着大气压力，所以工程上经常采用表压力或真空度来表示压力的大小。同样，一般的压力检测仪表所指示的压力也是表压力或真空度。因此，以后所提压力，若无特殊说明，均指表压力。

4. 压力测量仪表的分类

压力测量仪表，按敏感元件和工作原理的特性不同，一般分为4类。

1）液柱式压力计。它是利用自重产生的压力与被测压力相平衡的原理制成的压力计。主要有U形管液体压力计、单管（杯形）液体压力计、斜管微压计及补偿式微压计等。它一般用于低压力的精密测量以及对其他压力表进行校验。

2）弹性元件式压力表。它是以弹性敏感元件为感压元件的测量压力的仪表。常见的弹性元件式压力表有弹簧管式压力表、膜片压力表、膜盒压力表、波纹管压力表、电触头压力表、电触头膜盒压力表等，其中，弹簧管式压力表，由于结构简单、测量范围大、精度较高、线性较好，而成为应用最普遍的工业用压力计。

3）活塞式压力计。它是利用活塞及其连接件和专用砝码加载在活塞有效面积上的重力与被测压力作用在活塞下面产生的力相平衡的原理而制成的测量压力的仪器。它主要用于计量室、实验室以及生产或科学实验环节作为压力基准器使用。

4）压力传感器。是能感受压力信号，并能按照一定的规律将压力信号转换成可用的输出电信号的器件或装置。基于这种原理的压力传感器具有动态响应快、便于远传和自动控制等明显的优点，尤其适用于快速变化压力的动态测量以及超高压和高真空等测量场合。常见的有应变式压力传感器、压阻式压力传感器、电位器式压力传感器、电容式压力传感器、压电式压力传感器、电感式压力传感器、霍尔式压力传感器、光纤式压力传感器和振动筒压力传感器等。

各种压力测量仪表分类及性能特点见表4-5。

表4-5 压力测量仪表分类及性能特点

类别	仪表名称	测压范围/kPa	测量精度（%）	输出信号	性能特点
液柱式压力计	U形管液体压力计	$-10 \sim 10$	0.2、0.5	液柱高度	结构简单、精度较高，但测量范围较窄，适用于实验室低、微压和负压测量
	单管液体压力计	$0 \sim 20$	$0.2 \sim 1$		
	斜管微压计	$-2 \sim 2$	$0.5 \sim 1$		
	补偿式微压计	$-2.5 \sim 2.5$	0.02、0.1	旋转刻度	用作微压基准仪器
弹性元件式压力表	弹簧管式压力表	$-10^2 \sim 10^6$	$0.1 \sim 4.0$	位移、转角或力	直接安装，就地测量或校验
	膜片压力表	$-10^2 \sim 10^3$	1.5、2.5		用于腐蚀性、高黏度介质测量
	膜盒压力表	$-10^2 \sim 10^2$	$1.0 \sim 2.5$		用于微压的测量与控制
	波纹管压力表	$0 \sim 10^2$	1.5、2.5		用于生产过程低压的测控
活塞式压力计	活塞式压力计	$0 \sim 10^6$	$0.01 \sim 0.1$	砝码负荷	结构简单、坚实，准确度极高，广泛用作压力基准器
压力传感器	应变式压力传感器	$-10^2 \sim 10^4$	1.0、1.5	电压、电阻	输出信号小、线性范围窄，而且动态响应较差
	压阻式压力传感器	$-10^2 \sim 10^4$	1.0、1.5	电压、电阻	结构简单、灵敏度高、测量范围广、频率响应快，但受环境温度影响大
	电容式压力传感器	$0 \sim 10^4$	$0.05 \sim 0.5$	伏、毫安	动态响应快，灵敏度高，易受干扰
	电感式压力传感器	$0 \sim 10^5$	$0.2 \sim 1.5$	毫伏、毫安	环境要求低，信号处理灵活
	压电式压力传感器	$0 \sim 10^4$	$0.1 \sim 1.0$	伏	响应速度快，多用于测量脉动压力
	霍尔式压力传感器	$0 \sim 10^4$	$0.5 \sim 1.5$	毫伏	灵敏度高，易受外界干扰

4.4.2 弹性元件式压力表

物体在外力作用下如果改变了原有的尺寸或形状，当外力撤除后它又能恢复原有的尺寸或形状，具有这类特性的元件称为弹性元件。弹性元件式压力表利用各种形式的弹性元件，在被测介质的压力作用下产生弹性变形的程度来衡量被测压力的大小。这种仪表具有结构简单、使用可靠、价格低廉、测量范围宽以及精度高等优点。若增加附加装置，如记录机构、电气变换装置及控制元件等，则可实现压力的记录、远传、信号报警和自动控制等。弹性元件式压力表可以用来测量几百帕到数千兆帕范围内的压力，因此是工业上应用最为广泛的一种测压仪表。

1. 弹性元件

弹性元件是指利用弹性材料的弹性变形特性，把压力转换为位移、力等物理量的元件。

在同样的压力下，不同结构、不同材料的弹性元件会产生不同的弹性变形。常用的弹性压力敏感元件有波登管（C形弹簧管或包登管）、螺旋形弹簧管（多圈弹簧管）、膜片、膜盒和波纹管等。其中膜片、膜盒和波纹管多用于微压、低压或负压的测量；C形弹簧管和多圈弹簧管可用于高、中、低压或负压的测量。弹性元件如图4-37所示。

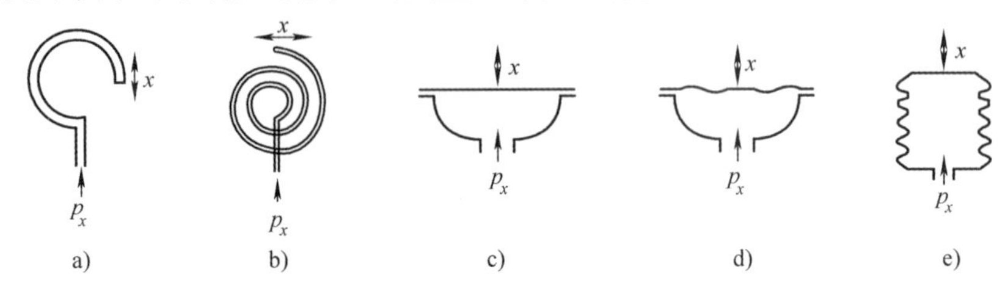

图4-37　弹性元件

a）C形弹簧管　b）螺旋形弹簧管　c）平膜片　d）波纹膜片　e）波纹管

（1）波登管　波登管是一端封闭，横截面为椭圆形或扁圆形，外形为C形，用于测量压力的金属管，又称为C形弹簧管或包登管。当波登管一侧通入一定压力的流体时，由于内外侧的压力差（外侧一般为大气压力），迫使波登管的椭圆形或扁圆形截面产生趋向于圆形变化的变形，导致波登管的自由端产生位移。其自由端位移与作用压力在一定范围内呈线性关系。

（2）螺旋形弹簧管　螺旋形弹簧管是一端封闭，横截面为椭圆形或扁圆形，外形为螺旋状，用于测量压力的金属管，又称多圈弹簧管。其测量原理与波登管类似，自由端位移与作用压力在一定范围内呈线性关系。

（3）膜片　膜片是一种沿外缘固定的金属片状弹性元件。主要形式有平膜片、波纹膜片和垂链式膜片。应用时，膜片的边缘刚性固定，在压力作用下，膜片的中心位移和膜片的应变在小变位时均与压力近似地成正比。

（4）膜盒　膜盒是将两片金属膜片对合，沿外缘焊接而成的弹性元件。几个膜盒连接起来，可以构成膜盒组以增大输出位移。

（5）波纹管　波纹管是一种具有同轴等间距、外形为圆形、能沿轴向伸缩的弹性元件。使用时将开口端焊接于固定基座上并将被测流体通入管内，在流体压力的作用下，密封的自由端会产生一定的位移。在波纹管弹性范围内，自由端的位移与作用压力呈线性关系。

2. 弹簧管式压力表

弹簧管式压力表由于结构简单、安装方便、测压直接，在实际生产中应用最为广泛。按弹簧管结构的不同，有单圈弹簧管压力表和多圈弹簧管压力表两种。

单圈弹簧管的结构如图4-38所示。它用断面为扁圆形或椭圆形的空心管子弯成圆弧形，空心管的扁形截面长轴$2a$与和图面垂直的弹簧管几何中心轴O平行，管的一端A为固定端，与被测压力相连，另一端B密封为弹簧管自由端。当A端引入压力后，管的扁圆截面有变为圆截面的趋势。由于弹簧管长度一定，将迫使管的弧形角改变而使其自由端B随之向外扩张，即由B移至B′点。弹簧管中心角的变化量为$\Delta\gamma$，如图4-38中虚线所示。根据弹性变形原理，对于薄壁管弹簧（$h/b<0.7\sim0.8$），中心角相对变化量 $\Delta\gamma/\gamma$ 与被测压力 P 的关系为

$$\frac{\Delta\gamma}{\gamma}=P\frac{1-\mu^2}{E}\times\frac{R^2}{bh}(1-\frac{b^2}{a^2})\times\frac{\alpha}{\beta+k^2} \qquad (4\text{-}58)$$

式中　μ、E——弹簧管材料的泊松系数和弹性模数；

h——弹簧管的壁厚；

a、b——扁形或椭圆形弹簧管截面的长半轴、短半轴；

k——弹簧管的几何参数，$k=Rh/a^2$；

α、β——与 a/b 比值有关的系数。

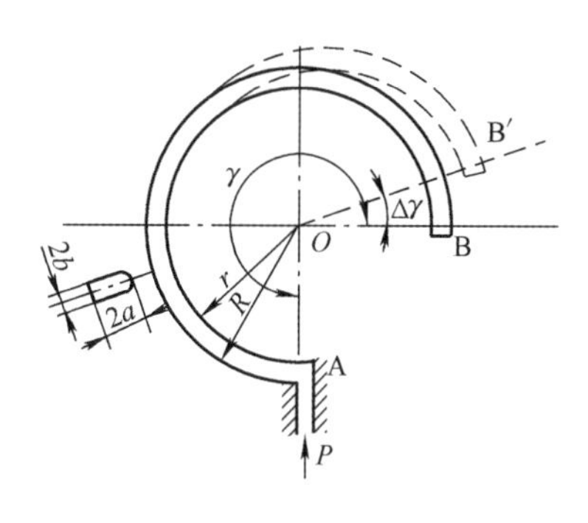

图4-38　单圈弹簧管结构

由式（4-58）可知，要使弹簧管在被测压力 P 作用下其自由端的相对角位移 $\Delta\gamma/\gamma$ 与 P 成正比，必须保持由弹簧材料和结构尺寸决定的其余参数不变，而且扁圆管截面的长、短轴差距越大，相对角位移越大，测量的灵敏度越高。在 $b=a$ 时由于 $1-(b^2/a^2)=0$，相对角位移量 $\Delta\gamma/\gamma=0$，这说明具有均匀壁厚的完全圆形弹簧管不能作为测压元件。

弹簧管式压力表的结构如图4-39所示。当被测压力从接头输入弹簧管后，弹簧管产生变形，自由端向外伸张，牵动拉杆带动扇形齿轮逆时针偏转，再通过中心小齿轮带动压力计指针做顺时针转动，在面板上标尺的相对位置上可指示出被测压力的数值。此外，仪表中游丝的作用是用来克服扇形齿轮和中心小齿轮传动间隙所产生的不良影响，调整螺钉用来调整弹簧管位移与扇形齿轮之间的机械传动放大系数，进而调整压力计量积，压力计的零点可以通过指针与针轴的不同安装位置来加以调整。根据式（4-58）得知，由于弹簧管位移大小与被测压力呈比例关系，因而弹簧管式压力表的刻度是线性的。

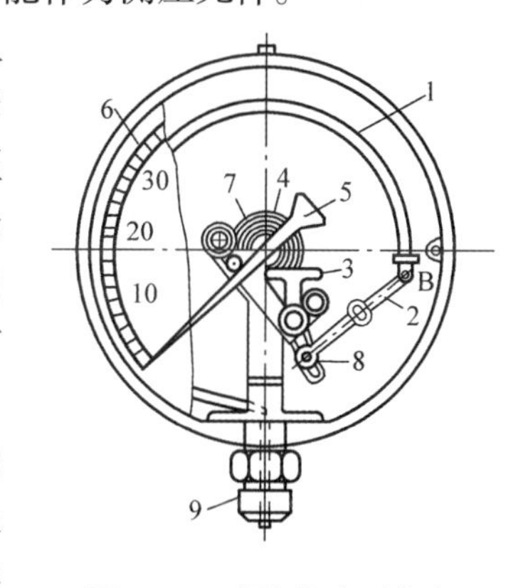

图4-39　弹簧管式压力表

1—弹簧管　2—拉杆　3—扇形齿轮　4—中心小齿轮　5—指针　6—面板　7—游丝　8—调整螺钉　9—接头

弹簧管式压力表一般做成指针式仪表。由于弹簧管在压力作用下的位移相对其他压力敏感元件的位移要小，因而一般都在测量较大压力的场合使用。为增大弹簧管受压变形的位移量，提高测压灵敏度，可采用多圈弹簧管结构，其基本原理与单弹簧管相同。

3. 波纹管压力表

波纹管是一种形状类似于手风琴风箱，表面有许多同心环状波形皱纹的薄壁圆管。在外部压力作用下，波纹管将产生伸长或缩短的形变。由于金属波纹管的轴向容易变形，所以测压的灵敏度很高，常用于低压或负压的测量中。用波纹管组成压力表时，波纹管本身可以既作为弹性测压元件，又作为与被测介质隔离的隔离元件。为改变量程，在波纹管内部还可以采用一些辅助弹簧，构成组合式测压装置。

波纹管压力表如图4-40所示。被测压力 P 引入压力室施压于波纹管底部，波纹管受力产生轴向变形与内部弹簧压缩变形平衡，弹簧受压变形产生的位移带动推杆轴向移动，经四连杆机构传动和放大，带动记录笔在记录纸上移动、从而记录被测压力的数值。在波纹管变形量允许的情况下，即波纹管不因外施压力过大而产生波纹接触，也不因拉力过大使其波纹

变形。波纹管的伸缩量与外施压力是成正比的，所以记录笔在纸上的移动距离直接反映被测压力的大小。

4. 膜盒压力表

用两片或两片以上的金属波纹膜组合起来，做成空心膜盒或膜盒组，其在外力作用下的变形非常敏感，位移量也较大。因此，用空心膜盒测压元件组成的压力表常用来测量1000mm H_2O 以下无腐蚀性气体的微压，如炉膛压力、烟道压力等。膜盒压力表的结构原理如图4-41所示。被测压力 P 引入膜盒内后，膜盒产生弹性变形位移，带动空间四连杆机构和曲柄动作，最后带动指针转动，在面板标尺上指示出被测压力的数值。游丝的作用是用来消除传动机构间隙的影响。指针移动大小与膜盒受压的位移和传动机构传动比有关，而传动机构的传动比是铰链、拉杆、曲柄的长度和它们在空间位置的函数，调整这些数值即可调整传动比，进而调整仪表的量程和线件。

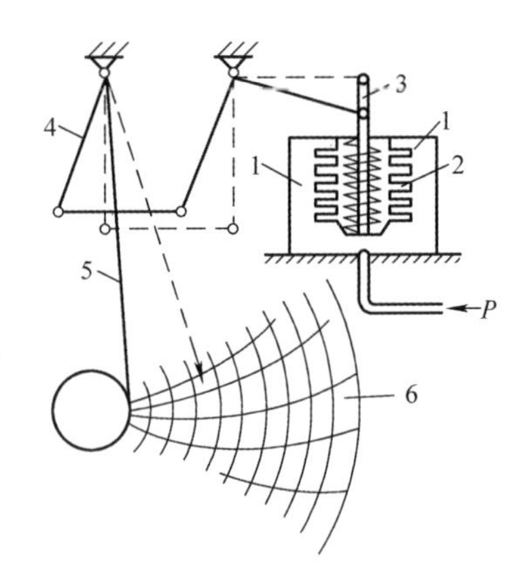

图4-40　波纹管压力表

1—波纹管　2—弹簧　3—推杆　4—连杆机构　5—记录笔　6—记录纸

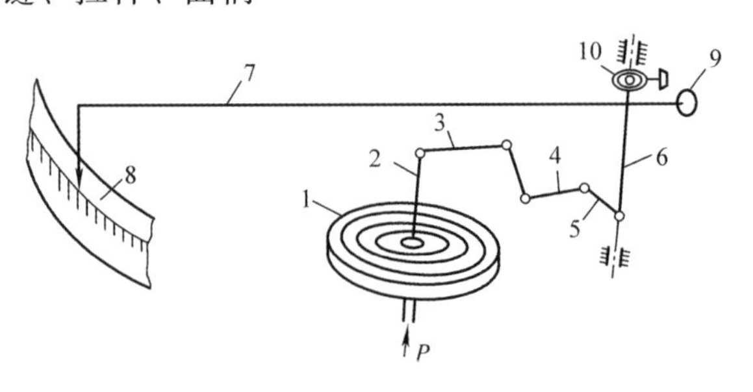

图4-41　膜盒压力表

1—膜盒　2—连杆　3—铰链块　4—拉杆　5—曲柄　6—转轴　7—指针　8—面板　9—金属平衡片　10—游丝

4.4.3　活塞式压力计

为了保证压力测量值的统一，必须要有国家级的压力基准，以此作为压力测量的最高标准。压力基准是用活塞压力计建立起来的，同时从国家基准到工业生产现场压力仪表的校验、标定传递系统中，作为标准压力计量仪器的活塞式压力计占有重要的地位。

活塞式压力计又称为静重式压力计，其测量原理是利用作用在可自由运动的活塞上的被测压力与标准重物（砝码）所产生的重力互相平衡，根据砝码及活塞本身重量大小来确定被测压力数值的。

图4-42是一个活塞式压力计的原理示意图。仪表的测量变换部分包括：活塞1、活塞筒2和重物（砝码）3。活塞一般由钢制成，上边有承受重物的托盘4，而在活塞下边为了防止活塞从活塞筒中滑出，装了一个比活塞直径稍大的限程螺母。活塞筒的内径是经过仔细研磨的，其下部与底座相连，而上部装有漏油斗5，可将系统中漏出的油积聚起来。活塞筒下边的孔道是与螺旋压力机的内腔6相连的。转动螺旋压力机手轮7，可以压缩内腔6中的工作液体，以产生所需的压力。与活塞系统相连的还有管接头8和9，通过它们可以把被校压力表接在系统中。往系统中注油或放油通过阀11和阀12来实现。当活塞式压力计工作时，把工作液（变压器油或蓖麻油等）注入系统中，再在活塞承重盘上部加上必要的砝码，旋转手轮7，使系统压力提高，当压力达到一定程度时，由于系统内压力的作用，使活塞浮起。

当系统处于平衡时，系统内部的压力，即待测压力为

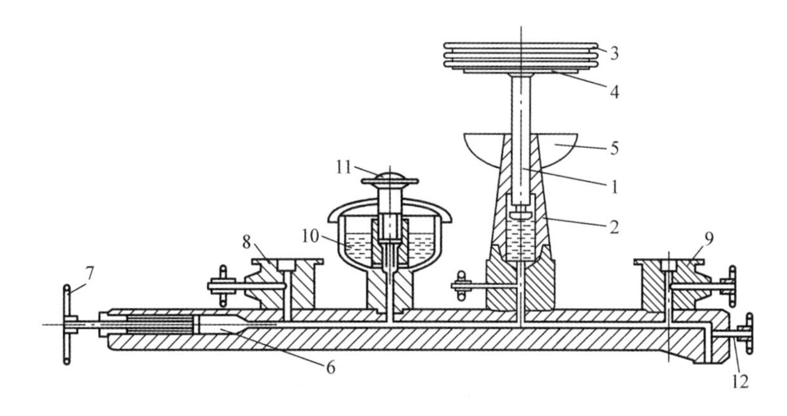

图4-42　活塞式压力计的原理示意图

1—活塞　2—活塞筒　3—重物（砝码）　4—托盘　5—漏油斗　6—压缩内腔
7—手轮　8、9—管接头　10—工作液体　11、12—阀

$$p=\frac{G}{S_0} \tag{4-59}$$

式中　G——重物（砝码）与活塞及上部托盘的总重力；

S_0——活塞的有效面积。

活塞的有效面积可用下式计算：

$$S_0=S+\pi rh \tag{4-60}$$

式中　S——活塞的截面积；

h——单边间隙值，即筒半径 R 与活塞半径 r 之差。

活塞式压力计的精度高、测量范围广，目前广泛应用于基准、标准及校验其他压力表的工作中。

4.4.4　压力传感器

1. 应变式压力传感器

这种压力传感器是用电阻应变片作敏感元件、粘贴在弹性元件上而制成的压力传感器。其主要缺点是输出信号小、线性范围窄，而且动态响应较差。但由于应变片的体积小，商品化的应变片有多种规格可供选择，而且可以灵活设计弹性敏感元件的形式以适应各种应用场合，所以用应变片制造的应变式压力传感器仍有广泛的应用。按弹性敏感元件结构的不同，应变式压力传感器大致可分为应变管式、膜片式、应变梁式和组合式4种。

（1）应变管式压力传感器　应变管式压力传感器又称应变筒式压力传感器。其弹性敏感元件为一端封闭的薄壁圆筒，其另一端带有法兰与被测系统连接。在筒壁上贴有2片或4片应变片（应变片按图4-43所示位置粘贴），其中一半贴在实心部分作为温度补偿片，另一半作为测量应变片。当没有压力时，4片应变片组成平衡的全桥式电路；当压力作用于内腔时，应变管膨胀，工作应变片电阻发生变化，使电桥失去平衡，产生与压力变化相应的电压输出。这种传感器还可以利用活塞将被测压力转换为力传递到应变筒上或通过垂链式膜片传递被测压力。应变管式压力传感器的结构简单、制造方便、适用性强，在火箭弹、炮弹和火炮的动态压力测量方面有广泛的应用。

(2) 膜片式压力传感器　膜片式压力传感器的弹性敏感元件是周边固定的圆形金属平膜片。膜片受压力变形时（见图4-44c），中心处径向应变 ε_r 和切向应变 ε_t 均达到正的最大值，而边缘处径向应变达到负的最大值，切向应变为零。因此常把两个应变片分别贴在正负最大应变处（见图4-44b），并接成相邻桥臂的半桥电路，以获得较大灵敏度和温度补偿。采用圆形箔式应变计则能最大限度地利用膜片的应变效果。这种传感器的非线性较显著。膜片式压力传感器的最新产品是将弹性敏感元件和应变片的作用集于单晶硅膜片上，即采用集成电路工艺在单晶硅膜片上扩散制作电阻条，并采用周边固定结构制成固态压力传感器。

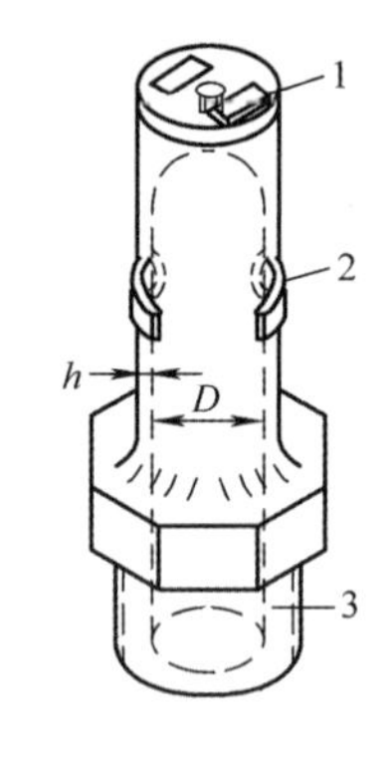

图4-43　应变管式压力传感器
1—补偿应变片　2—工作应变片　3—应变管

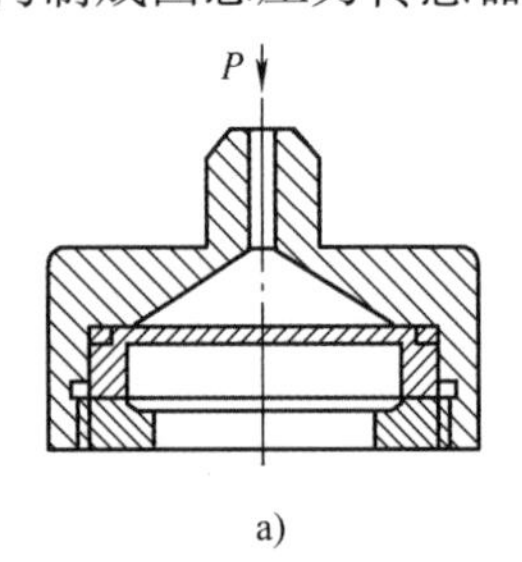

a)

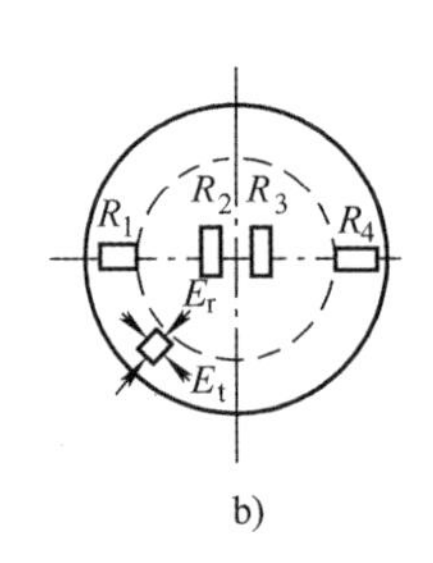

b)

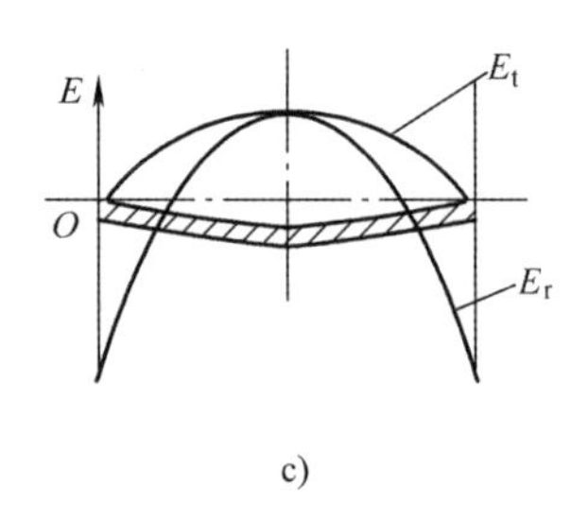

c)

图4-44　膜片式压力传感器

(3) 组合式压力传感器　在组合式应变压力传感器中，弹性敏感元件可分为感受元件和弹性应变元件。感受元件把压力转换为力传递到弹性应变元件应变最敏感的部位，而应变片则贴在弹性应变元件的最大应变处。感受元件有膜片、膜盒、波纹管及波登管等，弹性应变元件有悬臂梁、薄壁筒等。它们之间可根据不同需要组合成多种形式。应变式压力传感器主要用来测量流动介质动态或静态压力，例如动力管道设备的进出口气体或液体的压力、内燃机管道压力等。

如图4-45a所示，利用膜片1和悬臂梁2组合成弹性系统。在压力的作用下，膜片产生位移，通过杆件使悬臂梁变形。如图4-45b所示，利用垂链式膜片1将压力传给薄壁筒2，使之产生变形。如图4-45c所示，利用弹簧管1在压力的作用下，自由端产生拉力，使悬臂梁2变形。如图4-45d所示，利用波纹管1产生的轴向力，使梁2变形。

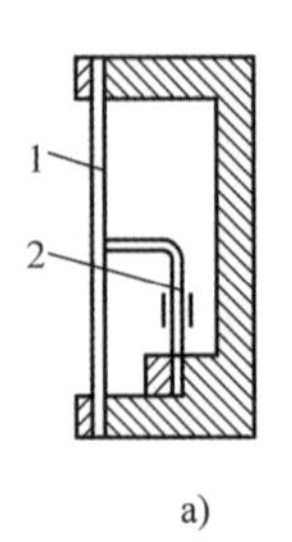

a)

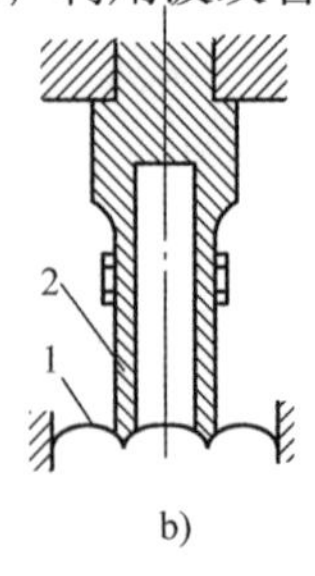

b)

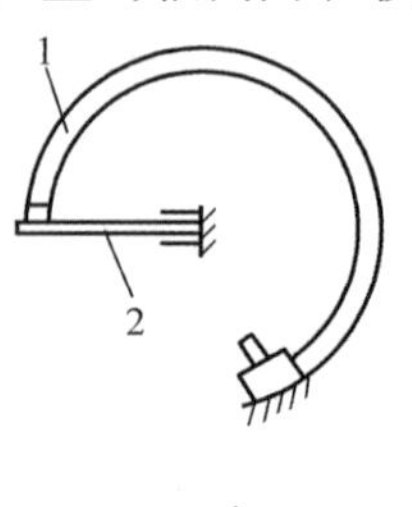

c)

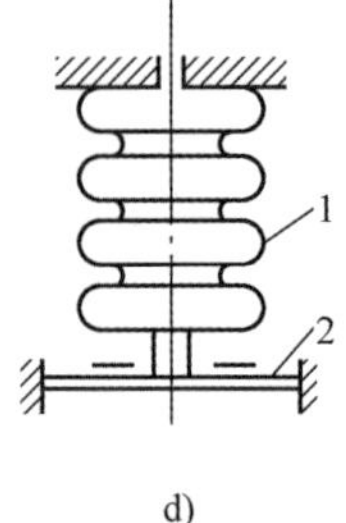

d)

图4-45　组合式压力传感器

2. 压阻式压力传感器

压阻式压力传感器是利用硅材料的压阻效应，在其上扩散出惠斯顿电桥而制成的压力传感器，又称为扩散硅压力传感器。

压阻式压力传感器由外壳、硅膜片和引线组成，其结构原理如图4-46所示，其核心部分是做成杯状的硅膜片，通常叫作硅杯。外壳则因不同用途而异。在硅膜片上，用半导体工艺中的扩散掺杂法做了4个相等的电阻，经蒸镀铝电极及连线，接成惠斯顿电桥，再用压焊法与外引线相连。膜片的一侧是和被测系统相连接的高压腔，另一侧是低压腔，通常和大气相通，也有做成真空的。当膜片两边存在压力差而发生形变时，膜片各点产生应力，从而使扩散电阻的阻值发生变化，电桥失去平衡，输出相应的电压，其电压大小就反映了膜片所受的压力差值。

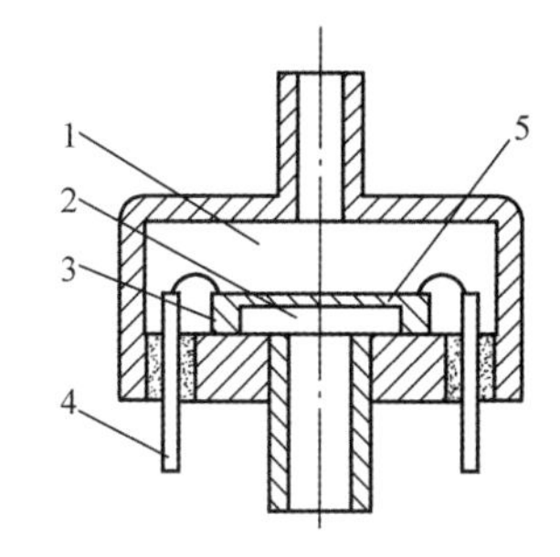

图4-46　压阻式压力传感器结构
1—低压腔　2—高压腔　3—硅杯
4—引线　5—硅膜片

3. 电容式压力传感器

电容式压力传感器是利用力与电容量变化的关系制成的压力传感器。它由一个固定电极和一个膜片电极构成，在压力作用下膜片变形，引起电容变化，结构原理如图4-47所示。

由于膜片电极在压力作用下产生弯曲变形而不是平行移动，因此电容变化的计算十分复杂，据推导，压力P引起膜片电容式压力传感器电容的相对变化值为

$$\frac{\Delta C}{C_0}=\frac{a^2}{8d_0\sigma}P \tag{4-61}$$

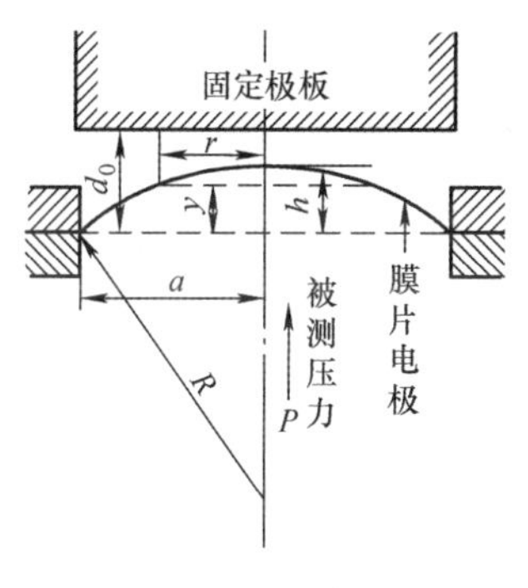

图4-47　电容式压力传感器

式中　σ——膜片的拉伸张力；

a——膜片直径；

d_0——无压力时电容极距。

式（4-61）仅适用于静态受力的情况，忽略了膜片背面的空气阻尼等复杂影响。

4. 电感式压力传感器

电感式压力传感器是在压力变化条件下，利用绕组的自感和互感变化制成的压力传感器。

图4-48所示为三种电感式压力传感器的例子。图4-48a为膜盒与变气隙式自感传感器构成的气体压力传感器，活动衔铁固定在膜盒的自由端，气体压力使膜盒变形，推动衔铁上移动引起电感变化，这种传感器适用于测量精度要求不高的场合或报警系统中。图4-48b为差动变压器与膜盒构成的微压力传感器。在无压力作用时，固连于膜盒中心的衔铁位于差动变压器绕组的中部，输出电压为0。当被测压力经接头输入膜盒后，推动衔铁移动，从而使差动变压器输出正比于被测压力的电压。图4-48c为YDC型压力计的原理图。弹簧管的自由端和差动式变压器的活动衔铁相连，当压力使弹簧管产生位移时，衔铁在变压器中运动，因而差动变压器的两个二次绕组的感应电动势发生变化。当它们差接时，就有一个与弹簧管自由端位移成正比的电压输出。测出这个电压，通过标定换算出压力值。

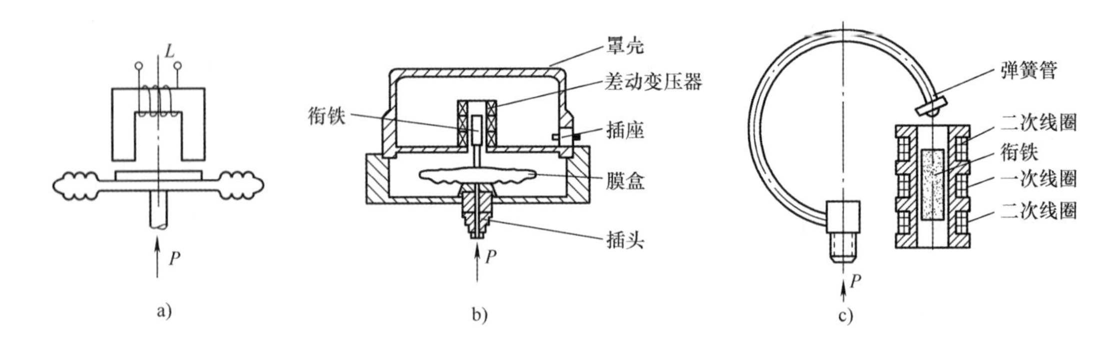

图 4-48　电感式压力传感器

5. 电位器式压力传感器

电位器式压力传感器是用电位器和压力敏感元件制成的压力传感器。图 4-49 所示为麻花形弹簧管与电位器构成的压力传感器。在弹簧管下部开口端引入压力的作用时，麻花形弹簧管上部封口端将产生扭转变形，带动电位器滑臂转动，改变电位器电阻或分压比，从而将压力转换为电信号。

6. 压电式压力传感器

压电式压力传感器是利用压电晶体材料在一定方向上受压力后，在其两个表面上产生符号相反电荷的效应制成的压力传感器。其主要用于动态或瞬态压力测量，其结构有活塞式和膜片式两种。

活塞式压电压力传感器的结构如图 4-50 所示。被测压力通过活塞、砧盘将压力传递给压电元件，两片压电元件产生的电荷由中间导电片、引线、插头座输出与仪表相连。该结构的活塞面积小，适用于中、高压测量。但该结构由于活塞质量和刚度、活塞杆前端所测流体黏度等因素的影响，自振频率不高，一般在 20～30kHz 之间。

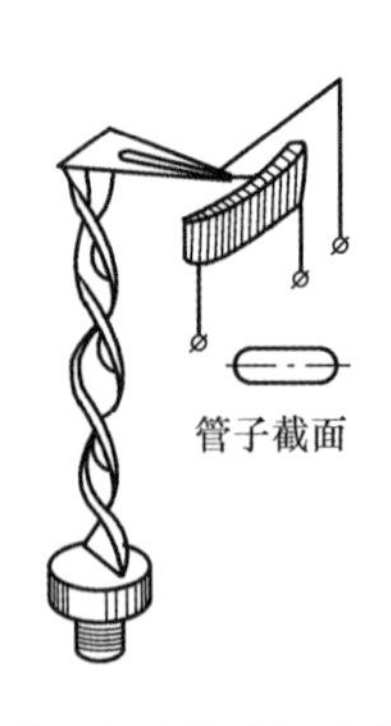

图 4-49　电位器式压力传感器

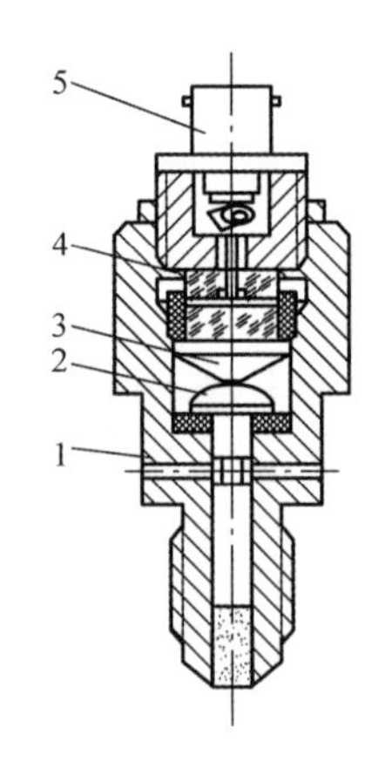

图 4-50　活塞式压电压力传感器

1—本体　2—活塞　3—砧盘　4—压电元件　5—插头座

膜片式压电压力传感器的结构如图 4-51 所示。承压膜片只起到密封、预压和传递压力的作用。由于膜片的质量很小，而压电晶体的刚度很大，所以传感器有很高的固有频率

(可达 100kHz 以上)，因此它主要用于对动态或瞬态压力的测量。常用的压电材料有石英晶体、锆钛酸铅和钛酸钡。石英晶体的灵敏度虽然较低，但其温度稳定性好、滞后小，故目前应用较多。为了提高传感器的灵敏度，可采用多片压电元件串联或并联的结构。

压电式压力传感器可以测量几百帕（Pa）到几百兆帕（MPa）的压力，并且外形尺寸可以做得很小。这种压力传感器和压电加速度计及压电力传感器一样，需采用高输入阻抗的电荷放大器作前置放大，其可测频率下限是由放大器决定的。

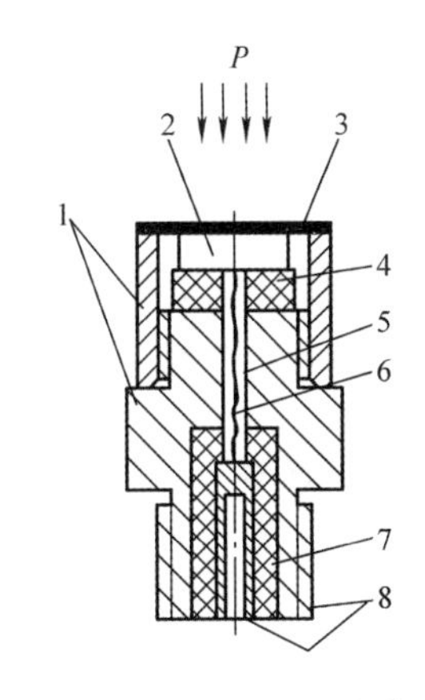

图 4-51　膜片式压电压力传感器

1—壳体　2—压电元件　3—膜片　4—绝缘圈　5—空管　6—引线　7—绝缘材料　8—电极

7. 霍尔式压力传感器

霍尔式压力传感器是利用光在光纤材料中的传播特性与压力作用在光弹性元件上的关系制成的压力传感器。

HWY－1 型霍尔式压力传感器如图 4-52a 所示，当被测压力 P 送到膜盒中使膜盒变形时，膜盒中心处的硬芯及与之相连的推杆产生位移，从而使杠杆绕其支点轴转动，杠杆的一端装上霍尔元件。霍尔元件在两个磁铁形成的梯度磁场中运动，产生的霍尔电动势与其位移成正比，若膜盒中心的位移与被测压力 P 呈线性关系，则霍尔电动势的大小即反映压力的大小。

HYD 霍尔式压力传感器如图 4-52b 所示，弹簧管在压力作用下，自由端的位移使霍尔器件在梯度磁场中移动，从而产生与压力成正比的霍尔电动势。

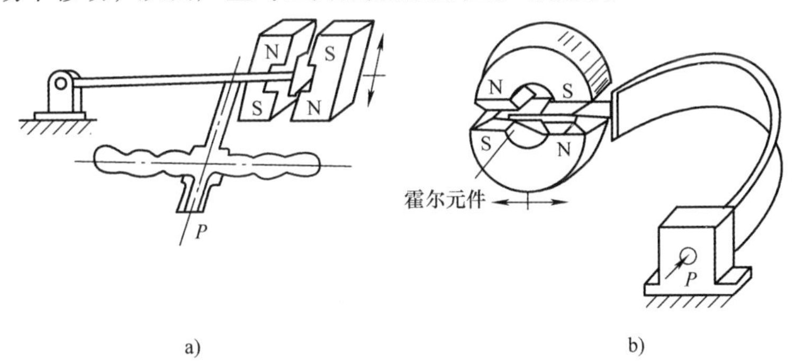

图 4-52　霍尔式压力传感器结构原理图

4.4.5　压力计的校验和使用

1. 压力计的选择

压力计种类繁多，从安装地点分为用于现场就地安装的测读压力计和可用于压力信号远传的远传压力计，从被测介质分为测量气体、液体、载荷等不同的压力计，从量程上又有负压表、微压表、高压表之分，此外现在还有带微处理芯片，具有计算机数据处理和通信功能的智能型压力计。在选用这些压力计时，要根据实际使用要求、使用情况合理地进行种类、型号、量程、精度等级的选择。具体选择时主要考虑以下几点：

1）压力计量程。为了使压力计能安全可靠地工作，并保证检测中的线性精度，应使被测压力值在压力计全量程的30%～70%之间为宜。

2）压力计精度。不同的使用目的，如仪表调校、科学实验、生产控制、现场指示等所要求的仪表精度均不相同，要根据实际使用的需要合理选择压力计精度，以寻求性能价格比的最佳选择。

3）信号的使用情况。压力检测信号是作为指示用还是作为控制用，是否要求与计算机或其他智能型仪表进行信息通信等，决定了所选用的压力计是无输出的还是标准电流（电压）信号输出，或者是带有计算机通信接口输出的仪表。

4）被测介质性质。被测介质是液体还是气体，对液体，其黏度大小、脏污情况等要考虑，对气体也要考虑温度高低，是否为腐蚀性气体等因素。

5）使用环境。是正常干燥环境，还是高温、高湿、易燃易爆或振动环境，这些都牵涉到压力计种类、型号的选择。

2. 压力计的安装

（1）测压点选择　测压点的选择主要考虑要使被测压力直接作用于压力计，如测量管段内是流动介质时，应使取压点与流动方向垂直且使取压点位于管段的直线部位，不得选在管路拐弯、分叉、死角或其他易形成旋涡的地方。此外，在测量液体压力时，取压点应设在管道下部，使导压管内不积存气体；在测量气体压力时，取压点应取在管道上方，以使导压管内不积存液体。

（2）压力计安装　压力计安装应考虑易观察、易检修，避开高温、振动、易燃易爆环境。要注意避免某些测量介质对仪表的破坏作用，如在测量蒸汽压力时应加装凝液管，以防止高温蒸汽直接和测压元件接触；对有腐蚀性介质，应加装充有中性介质的隔离罐等。压力计的连接处应加装密封垫片，在低于80℃及1960kPa压力时，一般采用石棉纸板或铝片作密封垫片，当温度及压力更高时（49MPa以下）用退火紫铜或铅垫。此外还要考虑介质的影响，例如测氧气的压力表不能用带油或有机化合物的垫片，否则会引起爆炸；测量乙炔压力时禁止使用铜垫。

（3）导压管敷设　导压管长度一般为3～50m，内径为6～10mm。当被测介质易冷凝或冻结时，应加保温伴热管线。在取压口到压力表之间，应靠近取压口装切断阀。对液体测压管道，应在靠近压力表处装排污阀。

4.5　位移测量

位移是指物体的位置相对于参考点产生的偏移量，可分为直线位移和角位移。位移量一般采用传感器进行测量，当被检测的位移量加载到相应的传感器上时，位移量就被转换成与线位移或角位移成比例的电信号输出。根据位移传感器的信号输出形式，可以将位移传感器分为模拟式和数字式，具体见表4-6。

下面将具体介绍光电式位移传感器及电位器式位移传感器在具体实际中的应用。

4.5.1　欧姆龙E6A2旋转式编码器在角位移测量系统中的应用

欧姆龙E6A2系列旋转式编码器，是将旋转的机械位移量转换为电气信号，对该信号进

表 4-6　常用位移传感器及分类

位移传感器	模拟式位移传感器	电位器式位移传感器
		电阻应变式位移传感器
		电容式位移传感器
		微波式位移传感器
		螺管电感式位移传感器
		差动变压器式位移传感器
		涡流式位移传感器
		超声波式位移传感器
	数字式位移传感器	光电式位移传感器
		霍尔器件式位移传感器
		光栅式位移传感器
		磁栅式位移传感器
		感应同步器式位移传感器

行处理后检测位置、角位移、速度等的传感器。欧姆龙 E6A2 系列旋转式编码器的基本原理为：欧姆龙编码器齿轮与轴一起旋转的同时把角位移或机械位移转换为电信号脉冲写入光学图案的磁盘中，是同时通过两处狭缝的光相应地被透过、遮断；与狭缝相对的接收光器件将光信号转换为电流信号，通过波形整形成 2 个矩形波输出。因此，欧姆龙 E6A2 系列旋转式编码器也属于光电式传感器，下面将介绍欧姆龙 E6A2 旋转式编码器的性能特点、应用电路及其相关测量程序。

4.5.1.1　欧姆龙 E6A2 旋转式编码器的性能特点

欧姆龙 E6A2 旋转式编码器主要有以下性能特点：

1）根据轴的旋转变化量进行输出，通过联合器与轴结合，能直接检测旋转位移量。

2）启动时无须原点复位（仅绝对型），在绝对型时，将旋转角度作为绝对数值进行并列输出。

3）可对旋转方向进行检测，在增量型中可通过 A 相和 B 相的输出时间，在绝对型中可通过代码的增减来掌握旋转方向。

4）能根据轴的旋转位移量，输出脉冲列，通过其他计数器，计算输出脉冲数，通过计数检测旋转量。

5）可添加电路，产生 1 周期信号的 2 倍、4 倍脉冲数，提高电流的分辨率。

欧姆龙 E6A2 旋转式编码器实物图如图 4-53 所示，其主要性能参数见表 4-7，关于欧姆龙 E6A2 旋转式编码器的其他具体性能参数可以查阅其技术手册。

图 4-53　欧姆龙 E6A2 旋转式编码器实物图

表 4-7　欧姆龙 E6A2 旋转式编码器的主要性能参数

输出相	电源电压	输出状态	型号	分辨率（脉冲/旋转）
A 相	DC 5 ~ 12V	电压输出	E6A2 – CS3E	10、60、100、200、300、360、500
	DC12 ~ 24V	NPN 开路集电极输出	E6A2 – CS3C	10、60、100、200、300、360、500
			E6A2 – CS5C	10、60、100、200、300、360、500
A 相	DC 5 ~ 12V	电压输出	E6A2 – CW3E	100、200、360、500
B 相	DC12 ~ 24V	NPN 开路集电极输出	E6A2 – CW3C	100、200、360、500
			E6A2 – CW5C	100、200、360、500
A 相	DC 5 ~ 12V	电压输出	E6A2 – CWZ3E	100、200、360、500
B 相	DC12 ~ 24V	NPN 开路集电极输出	E6A2 – CWZ3C	100、200、360、500
Z 相			E6A2 – CWZ5C	100、200、360、500

4.5.1.2　关于欧姆龙 E6A2 旋转式编码器测量角位移的应用

欧姆龙 E6A2 系列旋转式编码器将旋转的机械位移量转换为电气信号，对该电气信号进行处理后可以检测位置、角位移、速度等信息。下面，具体介绍利用欧姆龙 E6A2 – CS3E 旋转式编码器对车轮旋转角位移的测量，测量出车轮角位移后，可以进一步转化为车的行驶线速度，这在智能车的实时测速中应用较多。利用欧姆龙 E6A2 – CS3E 旋转式编码器对车轮旋转角位移的测量框图如图 4-54 所示。

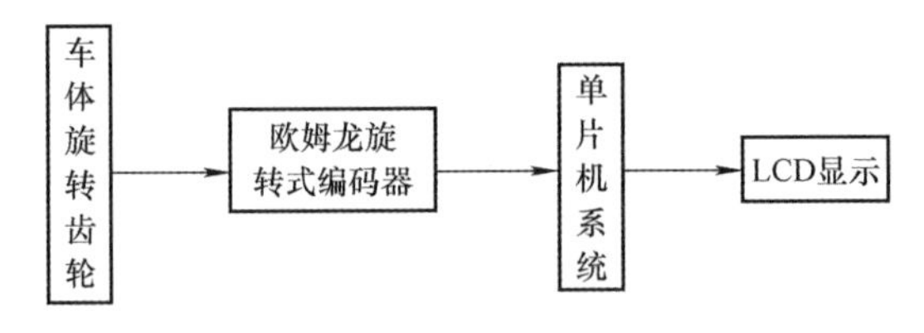

图 4-54　欧姆龙 E6A2 – CS3E 旋转式编码器对车轮旋转角位移的测量框图

在实际测量中，将欧姆龙 E6A2 – CS3E 旋转式编码器的齿轮与车体驱动齿轮扣合，通过车体驱动齿轮驱动欧姆龙编码器齿轮旋转而使其输出脉冲电压信号（脉冲高电平接近于欧姆龙编码器电源电压值），将此脉冲信号输入给单片机进行处理并算出角位移量，最后通过 LCD 进行显示。

4.5.1.3　欧姆龙编码器测量旋转角位移的应用电路及相关程序

图 4-55 所示为对欧姆龙 E6A2 – CS3E 旋转式编码器的输出脉冲信号进行测量的 Proteus

仿真电路图；在 Proteus 仿真中，单片机最小系统采用系统默认方式，即晶振：12MHz，电源 V_{CC}：+5V，V_{SS}已接地。

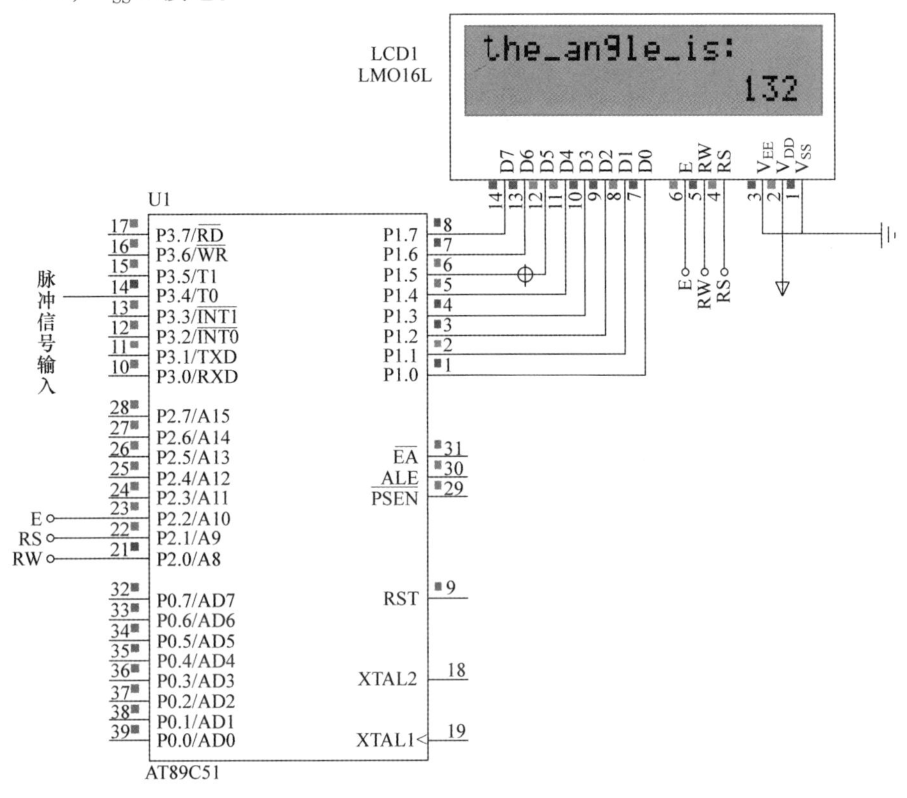

图4-55　E6A2 - CS3E 旋转式编码器的输出脉冲测量电路

在图4-55 角位移测量中，E6A2 - CS3E 旋转式编码器输出为 A 相，供电电压大小为 +5V，分辨率为 360 脉冲/转。将编码器的输出脉冲信号给 AT89C51 单片机的 T0 计数端进行脉冲计数，通过测量编码器的输出脉冲个数（1 脉冲/°）而可得出车轮的相应角位移量，最后通过 LCD 液晶显示器将测量结果进行显示。关于测量角位移的相关参考程序如下：

```
#include <reg51. h>
#define uint unsigned int
#define uchar unsigned char
sbit LCM_RW = P2^0; //定义引脚
sbit LCM_RS = P2^1;
sbit LCM_E  = P2^2;
#define LCM_Data   P1
#define Busy 0x80 //用于检测 LCM 状态字中的 Busy 标识
unsigned char code explain[ ]  = {"the_angle_is:"};
uchar   angle[10]  = {'0','1','2','3','4','5','6','7','8','9'};
uchar   display[5]  = {0x00,0x00,0x00,0x00,0x00};
/* * * * * * * * * * * * * * * * * * * * * * * 延时函数 * * * * * * * * * * * * * * * * * * * * * * */
void delay(uint   h)
{
```

```
    while(h--);     //0.01ms
}
void Delay ms(uint n)
{
    uint i,j;
    for(j=n;j>0;j--)
    for(i=112;i>0;i--);
}
/********************定时器初始化****************/
void t0_t1_ini()            //计数器 T0、定时器 T1 初始化
{
    TL0 = 0x00;             //置计数器初值 0x0000
    TH0 = 0x00;
    TL1 = 0x00;             //置定时器初值 0x0000
    TH1 = 0x00;
    TMOD = 0X15;            //0x05(t0 计数,16 位) + 0x10(t1 定时,16 位)
    TR0 = 1;                //启动计数器 t0
    TR1 = 1;                //启动定时器 t1
    IE =0x88;               //允许全局中断,允许定时器 1 中断/计数器 0 不产生中断
}
/*********************定时器 1 中断服务程序******************/
void timer1_over(void)interrupt 3  //定时器 1 中断服务程序
{
    TR1 = 0;  //关闭定时器 t1
    TR0 = 0;  //关闭计数器 t0
}
/**********写数据 RS=H,RW=L,D0...D7=数据,E=高脉冲************/
void WriteDataLCM(uchar WDLCM)
{
    delay(100);
    LCM_RS = 1;
    LCM_RW = 0;
    LCM_Data = WDLCM;
    LCM_E = 0;
    delay(100);      //短暂延时,代替检测忙状态
    LCM_E = 1;
}
/**************写指令 RS=L,RW=L,D0~D7=指令码,E=高脉冲********/
void WriteCommandLCM(uchar WCLCM,BusyC)//BusyC 为 0 时忽略忙检测
{
    if (BusyC)delay(100);          //短暂延时,代替检测忙状态
    LCM_Data = WCLCM;
    LCM_RS = 0;
```

```
    LCM_RW  = 0;
    LCM_E = 0;
    delay(100);
    LCM_E   = 1;
}
/* * * * * * * * * * * * * * * * * * * * LCM 初始化* * * * * * * * * * * * * * * * * * * * * */
void LCMInit(void)//LCM 初始化
{
    LCM_Data  = 0;
    Delay ms(15);
    WriteCommandLCM(0x38,0); //三次显示模式设置,不检测忙信号
    Delay ms(5);
    WriteCommandLCM(0x38,0);
    Delay ms(5);
    WriteCommandLCM(0x38,0);
    WriteCommandLCM(0x38,1);//显示模式设置,开始要求每次检测忙信号
    WriteCommandLCM(0x08,1); //关闭显示
    WriteCommandLCM(0x01,1); //显示清屏
    WriteCommandLCM(0x06,1); //显示光标移动设置
    WriteCommandLCM(0x0C,1); //显示开及光标设置
}
/* * * * * * * * * * * * * * * * * 按指定位置显示一个字符* * * * * * * * * * * * * */
void DisplayOneChar(uchar X, uchar Y, uchar DData)
{
    Y& = 0x1;
    X& = 0xF;                  //限制 X 不能大于 15,Y 不能大于 1
    if (Y)X| = 0x40;           //当要显示第二行时地址码 +0x40;
    X| = 0x80;                 //算出指令码
    WriteCommandLCM(X, 1);//这里不检测忙信号,发送地址码
    WriteDataLCM(DData);
}
/* * * * * * * * * * * * * * * * 按指定位置显示一串字符* * * * * * * * * * * * * */
void DisplayListChar(uchar X, uchar Y, uchar code  * DData)
{
    uchar ListLength;
    ListLength  = 0;
    Y& = 0x1;
    X& = 0xF;                          //限制 X 不能大于 15,Y 不能大于 1
    while (DData[ListLength] >0x20) //若到达字串尾则退出
      {
        if (X < = 0xF)                 //X 坐标应小于 0xF
          {
            DisplayOneChar(X, Y, DData[ListLength]);//显示单个字符
```

```
            ListLength + + ; X + + ;
          }
      }
}
/ * * * * * * * * * * * * * * * * * * * * * *主函数* * * * * * * * * * * * * * * * * * * * /
void main( void)
{
    uchar i;
    LCM Init( ) ; //LCM 初始化
    while( 1 )
      {
        t0_t1_ini( ) ; //初始化 t0,t1,t0 设定为计数器,t1 设定为计时器
        while( ( TR0 = = 1 ) &&( TR1 = = 1 ) )//等待定时器 t1 中断结束
          {
            ;
          }
        display[ 4 ]  = ( ( TH0&0X00ff) < <8 ) | ( TL0&0X00ff) ;
        display[ 0 ]  = display[ 4 ]/1000 ;
        display[ 4 ]  = display[ 4 ]% 1000 ;
        display[ 1 ]  = display[ 4 ]/100 ;
        display[ 4 ]  = display[ 4 ]% 100 ;
        display[ 2 ]  = display[ 4 ]/10 ;
        display[ 3 ]  = display[ 4 ]% 10 ;
        DisplayListChar( 0, 0, explain) ;
        for( i = 0 ;i < = 3 ;i + + )
          {
            DisplayOneChar( 12 + i, 1, angle[ ( display[ i] ) ] ) ;
            if( display[ 1 ] = = 0)//首位为 0,不显示
              {
                DisplayOneChar( 13, 1,'') ;
              }
            if( ( display[ 1 ] = = 0) &&( display[ 2 ] = = 0) )
              {
                DisplayOneChar( 14, 1, '') ;
              }
          }
      }
}
/ * * * * * * * * * * * * * * * * * * * * * * *结束* * * * * * * * * * * * * * * * * * * * * * * /
```

4.5.2 电涡流式位移传感器在线位移测量中的应用

电涡流传感器由平面线圈和金属涡流片组成，当线圈中通以高频交变电流后，在与其平

行的金属片上会感应产生电涡流，电涡流的大小影响线圈的阻抗 Z，而涡流的大小与金属涡流片的电阻率、磁导率、厚度、温度以及与线圈的距离 X 有关，当平面线圈、被测体（涡流片）、励磁源确定，并保持环境温度不变，阻抗 Z 只与距离 X 有关，将阻抗变化转为电压信号 U 输出，则输出电压是距离 X 的单值函数。涡流式位移传感器的基本结构如图 4-56 所示。

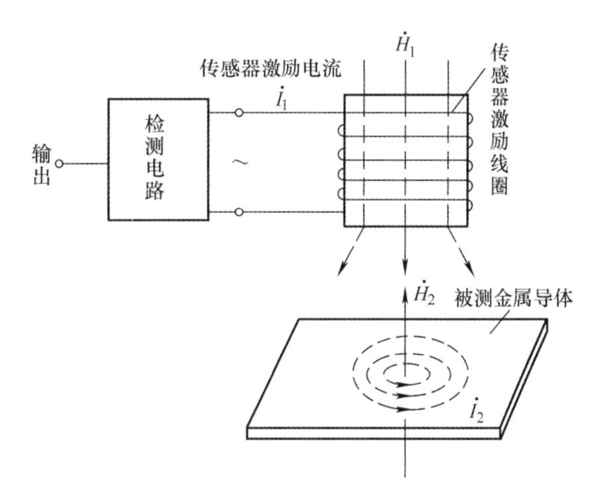

图 4-56　涡流式位移传感器的基本结构

电涡流式位移传感器测量电路一般由振荡器电路、检测电路、放大电路组成，输出信号为电涡流传感器线圈与被测金属物体距离成正比的电压信号，具体测量框图如图 4-57 所示。

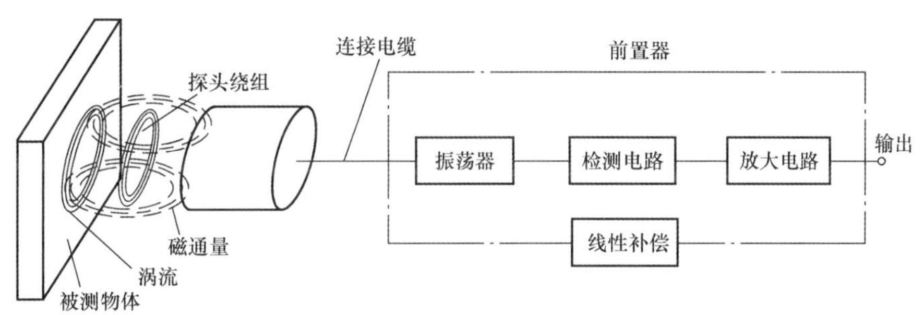

图 4-57　电涡流式位移传感器系统框图

在实际测量中，电涡流式位移传感器系统的输出电压与其离检测金属的位移接近正比，实验测试为 0.2mm/0.4V，即位移每增 0.2mm，输出电压增 0.4V。图 4-58 所示为电涡流式位移传感器的位移测量框图，在测量系统中，将电涡流式位移传感器系统的测量输出电压信号送给 AD0809，通过 AD0809 电路模块将电涡流位移传感器的输出模拟电压信号转换为数字量，此后将 AD0809 转换的数字信号送给单片机系统进行处理，最后由单片机系统将处理后得出的线位移值送给 LCD 进行显示。

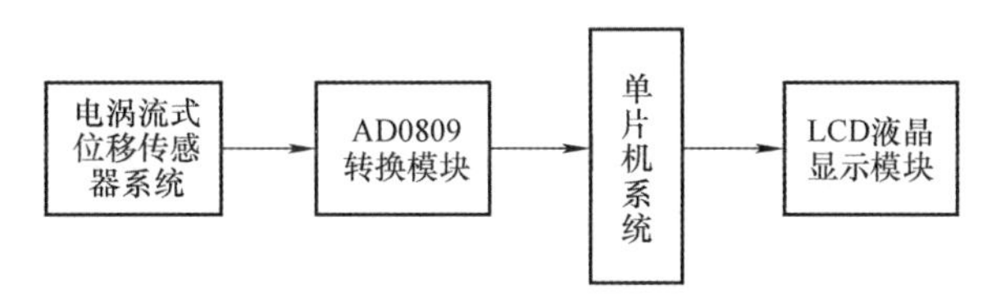

图 4-58　电涡流式位移传感器的位移测量框图

图 4-59 所示为用 Proteus 软件仿真的电涡流式位移传感器的位移测量电路。在 Proteus 仿真中，单片机最小系统采用系统默认方式，即晶振：12MHz，电源 V_{CC}：+5V，V_{SS} 已接地。在仿真中，可以将 ADC0809 的 IN0 口直接输入 0 ~ 5V 的模拟电压进行仿真（电涡流式位移传感器的输出量为模拟电压量）。

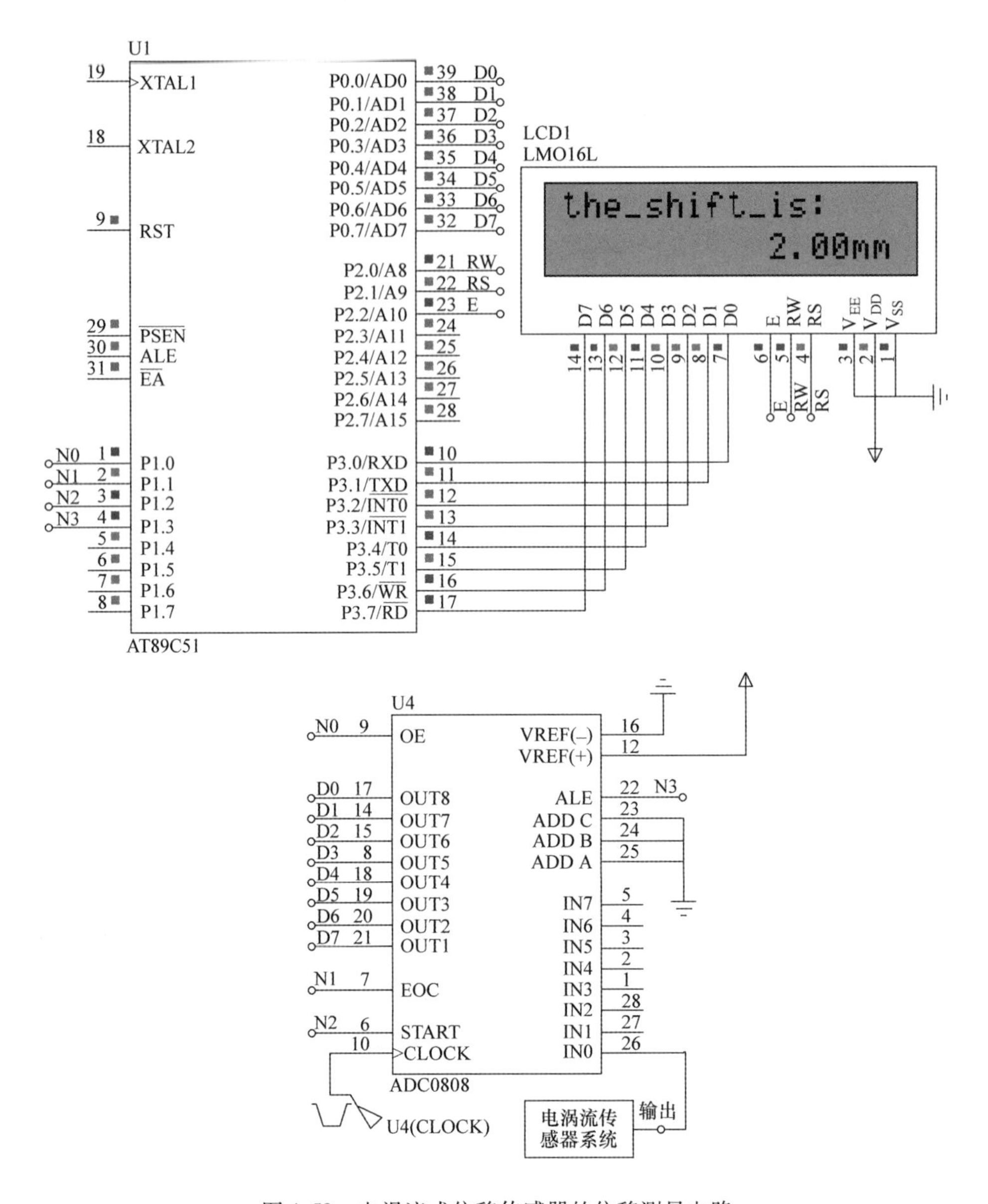

图 4-59　电涡流式位移传感器的位移测量电路

ADC0808/ADC0809 是采用 CMOS 工艺制造的、8 位逐次比较的 A－D 转换器，目前仅在单片机应用设计中较为常见。片内包含 8 位 A－D 转换器、8 通道多路转换器与微控制器兼容的控制逻辑电路。8 通道多路转换器能直接连通 8 个单端模拟信号中的任何一个。该芯片非常适用于过程控制、微控制器输入通道的接口电路、智能仪器和机床控制等领域。

在图 4-59 中，单片机 P0.0～P0.7 口为 AD0809 转换后的数据读入口，P1.0～P1.3 为 AD0809 的功能控制端口；单片机 P3.0～P3.7 口为并行输出口，输出 8 位数据给 LCD 液晶显示，P2.0～P2.2 为液晶显示功能的控制端口。

在写位移测量相关程序时，需注意程序的规范性、程序模块化设计要求、ADC0809 及 LCD 的严格时序性。电涡流式位移传感器的位移测量电路的相关参考程序如下：

```
#include "AT89X51. H"           //51 系列单片机定义文件
#include "intrins. h"           //调用_nop_( );延时函数用
#define uchar unsigned char     //无符号字符(8 位)
#define uint unsigned int       //无符号整数(16 位)
/* * * * * * * * * * * * * * * * * ADC0808 端口定义 * * * * * * * * * * * * * * * * * * * * */
#define  addata     P0          //A - D 数据计入读入口
sbit   OE = P1^0;               //0809 输出数据控制位
sbit   EOC = P1^1;              //转换结束标志位
sbit   START = P1^2;            //启动一次转换位
sbit   ALE = P1^3;              //锁存地址控制位
/* * * * * * * * * * * * * * * * * * * LCM 端口定义 * * * * * * * * * * * * * * * * * * * * */
#define LCM_Data   P3
#define Busy 0x80 //用于检测 LCM 状态字中的 Busy 标识
sbit LCM_RW = P2^0; //定义引脚
sbit LCM_RS = P2^1;
sbit LCM_E  = P2^2;
/* * * * * * * * * * * * * * * * * * * * 存储数组定义 * * * * * * * * * * * * * * * * * * * * */
unsigned char code explain[ ]  =  {"the_weiyi_is:"};
uchar   displace[10]  =  {'0','1','2','3','4','5','6','7','8','9'};
uint    dis[6] = {0x00,0x00,0x00,0x00,0x00,0x00};          //定义 4 个显示数据单元、1 个数据暂存单元
/* * * * * * * * * * * * * * * * * * * * 延时函数 * * * * * * * * * * * * * * * * * * * */
void delay( uint   h)
{
    while(h - - );      //0. 01MS
}
void Delay ms( uint n)
{
    uint i,j;
    for( j = n;j > 0;j - - )
    for( i = 112;i > 0;i - - );
}
/* * * * * * * * * * * * * * * * ADC0808 转换子函数 * * * * * * * * * * * * * * * * * * */
test( )
{
    ALE = 0;_nop_( );_nop_( );
    ALE = 1;_nop_( );_nop_( );
    ALE = 0;          //转换通道地址锁存
    START = 0;_nop_( );_nop_( );
    START = 1;_nop_( );_nop_( );
    START = 0; //开始转换命令
    while( ! EOC);                 //等待转换结束
    Delay ms(5);
    OE = 1;
    dis[5] = addata;               //读取 A - D 转换值并存储
```

```
    OE =0;
    Delay ms(1);
}
/*******************ADC0808 数据处理函数***************/
work_temp()
{
    dis[0] =dis[5]/102;         //测得值转换为三位 BCD 码,最大为 5.00V
    dis[4] =dis[5]%102;         //余数暂存
    dis[4] =dis[4] *10;         //计算小数第一位
    dis[1] =dis[4]/102;
    dis[4] =dis[4]%102;
    dis[4] =dis[4] *10;         //计算小数第二位
    dis[2] =dis[4]/51;
}
/**********************LCM 写数据**********************/
void WriteDataLCM(uchar WDLCM)
{
    delay(100);
    LCM_RS = 1;
    LCM_RW = 0;
    LCM_Data = WDLCM;
    LCM_E = 0;
    delay(100);     //短暂延时,代替检测忙状态
    LCM_E = 1;
}
/*********************LCM 写指令 **********************/
void WriteCommandLCM(uchar WCLCM,BusyC)//BusyC 为 0 时忽略忙检测
{
    if (BusyC)delay(100);       //短暂延时,代替检测忙状态
    LCM_Data = WCLCM;
    LCM_RS = 0;
    LCM_RW = 0;
    LCM_E   = 0;
    delay(100);
    LCM_E   = 1;
}
/*******************LCM 初始化*********************/
void LCMInit(void)//LCM 初始化
{
    LCM_Data = 0;
    Delay ms(15);
    WriteCommandLCM(0x38,0); //三次显示模式设置,不检测忙信号
    Delay ms(5);
```

```
    WriteCommandLCM(0x38,0);
    Delay ms(5);
    WriteCommandLCM(0x38,0);
    WriteCommandLCM(0x38,1); //显示模式设置,开始要求每次检测忙信号
    WriteCommandLCM(0x08,1); //关闭显示
    WriteCommandLCM(0x01,1); //显示清屏
    WriteCommandLCM(0x06,1); //显示光标移动设置
    WriteCommandLCM(0x0C,1); //显示开及光标设置
}
/********************按指定位置显示一个字符**************/
void DisplayOneChar(uchar X, uchar Y, uchar DData)
{
    Y &= 0x1;
    X &= 0xF;                  //限制 X 不能大于 15,Y 不能大于 1
    if (Y)X |= 0x40;           //当要显示第二行时地址码+0x40;
    X |= 0x80;                 //算出指令码
    WriteCommandLCM(X, 1); //这里不检测忙信号,发送地址码
    WriteDataLCM(DData);
}
/*******************按指定位置显示一串字符**************/
void DisplayListChar(uchar X, uchar Y, uchar code *DData)
{
    uchar ListLength;
    ListLength = 0;
    Y &= 0x1;
    X &= 0xF;                            //限制 X 不能大于 15,Y 不能大于 1
    while (DData[ListLength]>0x20)  //若到达字串尾则退出
      {
        if (X <= 0xF)                //X 坐标应小于 0xF
          {
            DisplayOneChar(X, Y, DData[ListLength]); //显示单个字符
            ListLength++; X++;
          }
      }
}
/**********************主函数*************************/
main()
{
    uchar i;
    LCM Init(); //LCM 初始化
    while(1)
      {
        test();                              //测量数据转换
```

```
        work_temp();                    //数据处理
        DisplayListChar(0, 0, explain);
        for(i=0;i<=5;i++)
        {
          if(0<=i<=3)
          {
            DisplayOneChar(10+i, 1,displace[(dis[i])]);
          if(i==1)
          {
            DisplayOneChar(10+i, 1,'.');
          }
        }
        if(i>3)
        {
          DisplayOneChar(10+i, 1,'m');
        }
      }
    }
}
/*********************结束*********************/
```

4.6 力与荷重的测量

力和载荷传感器是试验技术和工业测量中用得较多的一种传感器。如发动机、传动装置的扭矩测量，工业生产中配料测量、分装计量，工业产品的力学测试，各种吊装设备中的安全监测，工业生产线上的力学状态监测，日常生活中的电子计价秤、地磅秤等。另外，其他不便直接测量的参数也可通过力的测量来间接获取测量值，如各种刀式纸浆浓度传感器实际测量的是相对流动纸浆产生的剪切力。

力与荷重的测量需将力作用于弹性敏感器件上，弹性敏感器件产生位移或应变，通过测量位移或应变来测量力与荷重。根据位移或应变测量方式，力与荷重传感器按原理分类主要有应变式、压阻式、电感式、电容式、光电式及电磁闭环反馈式等。其中应用最多的是应变式力传感器。

4.6.1 力与荷重测量的主要误差

力与荷重测量误差除传感器本身的误差外，还与安装方式、测量环境有关，主要误差有：偏载误差、其他力干扰以及环境振动产生的误差。

1. 偏载误差

力的作用点或力的方向变化会导致弹性敏感器件应变或位移变化，从而产生误差，此误差称为偏载误差。单悬臂梁结构如图 4-60 所示，其应变为

$$\varepsilon_x = \frac{6F(l-x)}{EAh^2}$$

端部位移为

$$y=\frac{4l^3F}{Ebh^3}$$

当力作用点发生变化，力作用点距支撑根部距离 l 变化时，应变和位移也会发生变化，从而产生误差。

减小偏载误差可采用抗偏载能力较强的敏感器件结构形式，如双连孔形、剪切形等。减小受力面积也可减小偏载误差，如受力处常采用球形接触或通过钢丝传递力，其作用点的变化量大为减小。

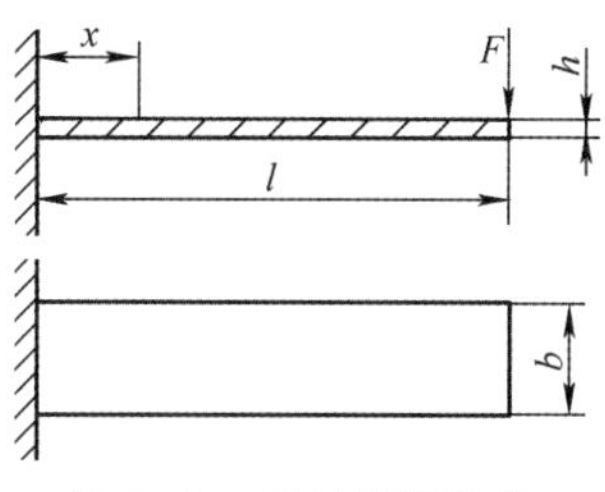

图 4-60　单悬臂梁结构

2. 其他力的干扰

在测量过程中可能产生其他方向的力或力的作用方向发生变化。

钢绳在受拉时，除轴向变形外，还会产生旋转。若用钢绳传递力，则会产生附加扭矩，从而带来干扰。

减小这种干扰的方法是可通过增加一轴承以释放旋转位移。

3. 环境振动干扰

传感器自身质量及被测物体质量在加速度或振动环境下会产生惯性力，此惯性力作用于敏感器件上导致传感器输出发生变化。

减小振动干扰，除要求环境振动幅值小以外，还可通过减小对加速度敏感的质量、滤波以及差分等方法解决。

4.6.2　力与荷重传感器的选用原则

1）量程选择。为了使传感器测量精度高、可靠性高，一般静态测量最大值为传感器量程的 70% ~80%，若为动态测量最大值为传感器量程的 30% ~50%。

2）结构选择。力与荷重测量依赖敏感器件变形，为保证位移或应变不受其他干扰，一般选用抗偏载能力较强的结构形式的传感器，如双连孔传感器、板环式传感器及剪切形传感器。

3）安装方式。安装影响测量精度的主要因素有力的作用点与方向变化带来的干扰、力传递过程中产生的附加力或附加力矩引起的误差。安装时应注意：若受压时尽可能采用点接触（如球头承载）；若受拉时应保证力的方向与传感器的敏感方向一致。

例：旋转拉力传感器

输电线架设在野外山区，在雨雾较大时，无法通过电力线的垂度判定其张紧程度。为保证安全可靠，在架设电力线时需通过拉力传感器测定其张力。

4）传感器选型。由于测量拉力，传感器截面积要小（长度可较长）、两端便于钢绳固定，所以选用板环式结构，如图 4-61 所示。

钢绳在受拉过程中，会产生旋转，为避免受到扭矩产生的干扰，需要将钢绳旋转位移释放，以使传感器仅受轴向拉力。旋转拉力传感器结构如图 4-62 所示。

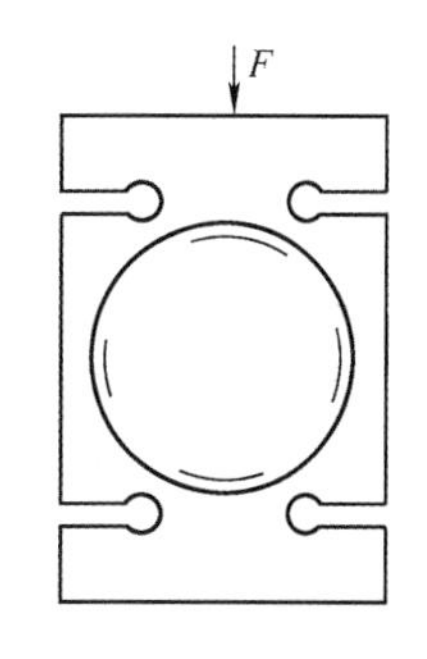

图 4-61　板环式结构

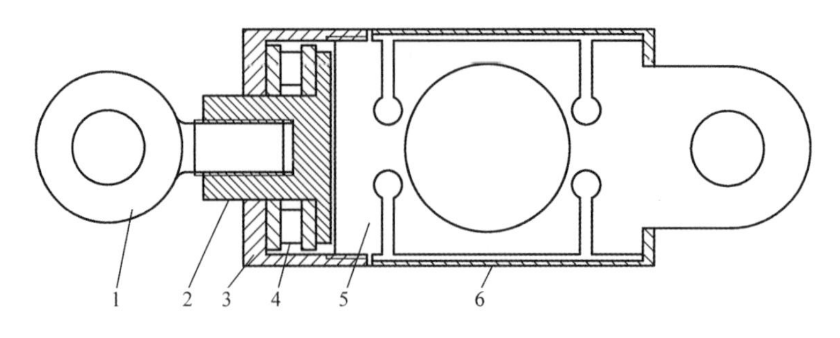

图4-62　旋转拉力传感器结构

1—拉环　2—传力杆　3—传力筒　4—轴承　5—弹性体　6—外壳

4.7　速度、转速、加速度的测量

1. 速度的测量

单位时间内位移的增量就是速度。速度包括线速度和角速度，与之相对应的就有线速度传感器和角速度传感器，统称为速度传感器。在机器人自动化技术中，旋转运动速度测量得较多，而且直线运动速度也经常通过旋转速度间接测量。目前广泛使用的速度传感器是直流测速发电机（简称：测速机），可以将旋转速度转变成电信号。测速机要求输出电压与转速间保持线性关系，并要求输出电压陡度大，时间及温度稳定性好。测速机一般可分为直流式和交流式两种。直流式测速机的励磁方式可分为他励式和永磁式两种，电枢结构有带槽的、空心的、盘式印制电路等形式，其中带槽式最为常用。

旋转式速度传感器按安装形式分为接触式和非接触式两类。

1）接触式：旋转式速度传感器与运动物体直接接触。当运动物体与旋转式速度传感器接触时，摩擦力带动传感器的滚轮转动。装在滚轮上的转动脉冲传感器，发送出一连串的脉冲。每个脉冲代表着一定的距离值，从而就能测出线速度。

2）非接触式：旋转式速度传感器与运动物体无直接接触，非接触式测量原理很多，以下仅介绍两种供参考。光电流速传感器：叶轮的叶片边缘贴有反射膜，流体流动时带动叶轮旋转，叶轮每转动一周光纤传输反光一次，产生一个电脉冲信号。可由检测到的脉冲数，计算出流速。光电风速传感器：风带动风速计旋转，经齿轮传动后带动凸轮成比例旋转。光纤被凸轮轮番遮断形成一串光脉冲，经光电管转换成定信号，经计算可检测出风速。

以轴承振动速度测量仪为例来说明速度的测量。美国 BENDIX 公司的 B1010 型轴承振动测量仪，就是测量振动速度的。该仪器由驱动器、动圈式速度传感器及电子测量放大器组成，如图4-63所示。测量过程为：被测轴承经装入驱动器主轴的芯轴带动，其内圈以 1800r/min 的恒定速率旋转，外圈固定并承受轴向加载。放置在轴承上方中央的速度传感器将轴承径向振动速度转换为电压信号输送到电子测量放大器中，由电子滤波器

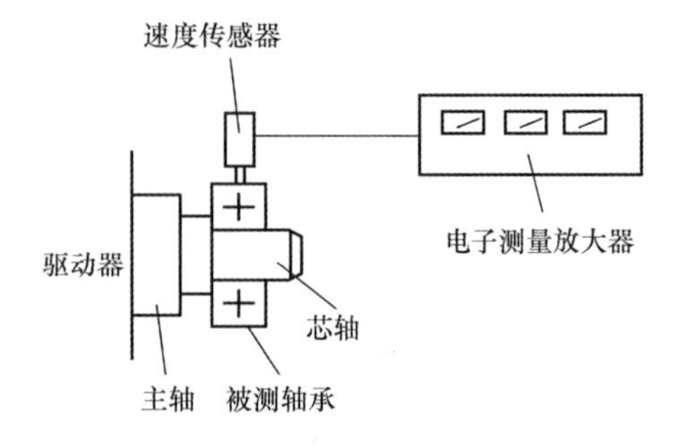

图4-63　轴承振动速度测量示意图

分离成不同频率范围的电压信号，并通过不同的表头分别显示各测量频带的振动速度值。

2. 转速的测量

转速传感器是将旋转物体的转速转换为电量输出的传感器。为了感受转速的变化，可用随转速改变而发生相应变化的物理量作为媒介物。常用的转速传感器有磁电式和光电式两种。这两种转速传感器工作可靠，测速频响范围宽，输出脉冲信号幅度大，是常用的两种转速传感器。

磁电式转速传感器由一个恒磁体和一个绕组构成，当磁性体（例如金属齿轮的齿）与磁头交替接近或离开时，使磁头磁回路的磁阻随之发生变化，在磁头绕组中即产生一个正弦波电压信号。感应磁头结构简单，没有相对转动部件，工作时不需要外接电源，使用方便、可靠，能适应各种不同的环境条件，其输出信号幅值随转速的变化而变化，且为正弦波。由于受到二次仪表灵敏度的限制，被测转速不能过低，一般低于20Hz即难以进行正确测量。

光电式转速传感器利用光敏器件的光敏特性将转速信号变换为电脉冲信号，该脉冲信号的波形近似矩形波，幅值恒定，并不因转速的变化而变动，最低测速可从零开始。由于光敏器件的频响特性所致，其输出脉冲前沿有一个上升时间，使之与被测转轴的转角间产生相位差而略有滞后，但其数值极微，与其他转速转换元件相比较好，在实用上往往用它来作为测量其他转换元件相位特性的基准测量装置。图4-64所示为一种反射式光电转速传感器的原理图。

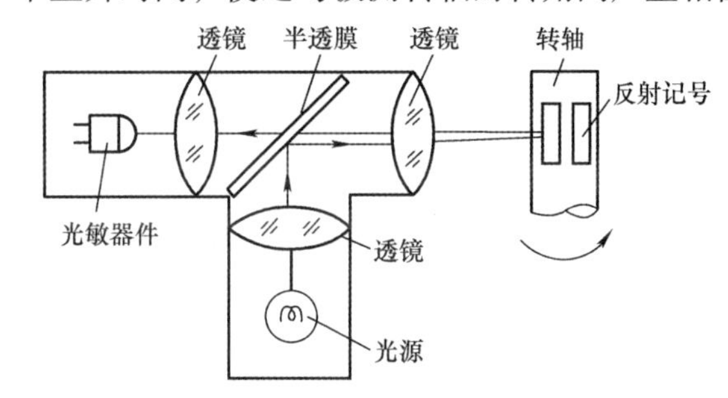

图4-64　反射式光电转速传感器的原理图

要介绍的另一种是测速发电机。与以上脉冲式不同，这是一种典型的模拟式转速转换器，它输出一个与转速成正比的电压信号，可以直接驱动电压表头指示读数，也可以直接驱动控制回路。其输出值存在一定的波纹率，而且其幅值受到负载电阻的影响，并且存在较大的线性误差，故难以获得较高的测量精度。它需要一套要求较高的标定装置，故在整机性能测试中应用较少，而多用于闭环控制回路中。

3. 加速度的测量

加速度是单位时间内速度的变换量，因而可以通过对位移或速度积分的方式来获取加速度值。下面介绍几种典型的加速度传感器。

应变式加速度传感器。由于加速度是运动参数，所以首先要将加速度转换为力 F，再作用在弹性元件上。在测量加速度时，将传感器壳体和被测对象刚性连接，当有加速度作用在传感器壳体上时，由于梁的刚度很大，惯性质量块也以同样的加速度运动，其产生的惯性力正比于加速度 a 的大小。

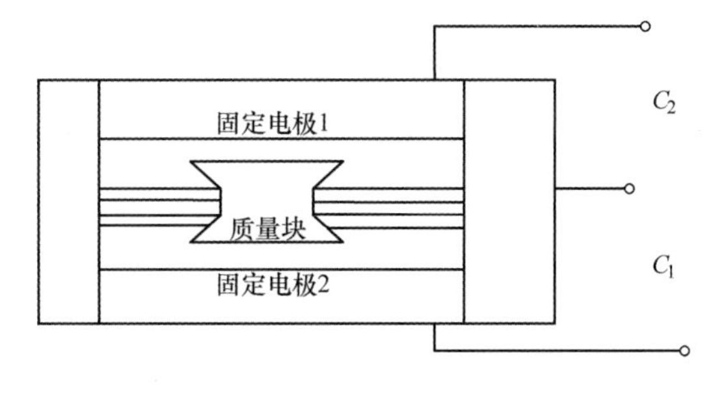

图4-65　电容式加速度传感器

电容式加速度传感器。一种差接式电容加速度传感器的原理结构如图4-65所示。这里有两个固定极板，极板中间有一个用弹簧支撑的质量块，此质量块的两个端面经过磨平抛光后作为可动极板。当传感器测量垂直方向上的直线加速度时，质量块在绝对空间中相对静止，而两个固定电极相对质量块产生位移，此位移的大小正比于被测加速度，使 C_1、C_2 中一个增大，另一个减小。

4.8 成分与含量的测量

4.8.1 湿度测量

大气中含水的多少表明了大气的干湿程度，即为湿度。测量湿度的传感器是能将湿度转换成与其成一定比例关系电量输出的器件式装置。由于湿度的变化，器件的某些特性随之改变，从而对湿度产生传感作用。

湿度传感器的种类很多，就感湿材料而言，有电解质系的，有半导体及陶瓷系的，也有有机物及高分子聚合物系的。这些传感器中的感湿材料可随空气中湿度的改变而吸湿或者脱湿，同时引起感湿材料电阻或电容的改变。这样，通过对电阻或电容的测试和标定，即可知环境的湿度。

湿度传感器按与水分的亲和力又分为水分子亲和力型湿度传感器与非水分子亲力型湿度传感器。水分子亲和力型湿度传感器是利用水分子有较大的偶极矩、易于吸附在固体表面并渗透到固体内部的特性制成的湿度传感器。不同的感湿材料在吸湿或脱湿过程中改变其不同的自身性能，从而构成不同类型的湿度传感器。非水分子亲和力型湿度传感器主要的测量原理为：利用潮湿空气和干燥空气的热传导之差来测定湿度；利用微波在含水蒸气的空气中传播，水蒸气吸收微波使其产生一定的能量损耗，传输损耗的能量与环境空气中的湿度有关，以此来测定湿度；简言之，就是利用水蒸气能吸收特定波长的红外线来测定空气中的湿度。

理想的湿度传感器要满足以下要求：

1）在各种气体环境下特性稳定，不受尘埃附着的影响，使用寿命长。

2）受湿度的影响小。

3）线性重复性好，灵敏度高，迟滞回差小，响应速度快。

4）小型，易于制作和安装。

湿度测量的电路设计。湿度测量电路系统主要由控制电路、湿度测量电路、接口电路、显示电路和键盘组成，如图 4-66 所示。其中，控制电路采用 AT89C51 单片机以及外围元件构成，主要完成定时、湿度频率数据采集、数据处理和结果显示等任务。湿度测量电路实现环境湿度与频率的转换，其输出信号的频率与湿度单值对应。接口电路主要完成输出频率信号的整形、电平匹配等，再将其输送给单片机的定时/计数器 T1。T1 工作于计数器方式，定时记录脉冲数并存入内存缓冲区。

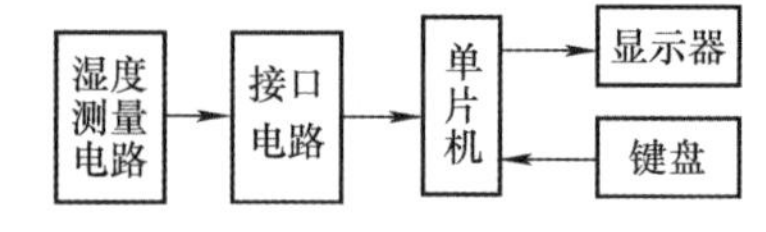

图 4-66　湿度测量系统电路框图

采用电容式湿度传感器 HS1100/HS1101（在电路构成中等效于一个电容器件），其电容量随着所测空气湿度的增大而增大。如何将电容的变化量准确地转变为计算机易于接收的信号，常用两种方法：一是将该湿敏电容置于运放与阻容组成的桥式振荡电路中，所产生的正弦波电压信号经整流、直流放大、再经 A－D 转换为数字信号；另一种是将该湿敏电容置于

555 振荡电路中，将电容值的变化转为与之呈反比的电压频率信号，可直接被计算机所采集。这里采用第二种方法，因此在系统电路设计中，可略去接口电路。

如图 4-67 所示。由 HS1100/1101 与 555 定时器构成的非稳态振荡电路是典型的 555 非稳态电路。555 必须为 CMOS 型定时器。HS1100/ 1101 作为定时电容 C_T接在 555 的 2 引脚（TRI）和 6 引脚（THR）上，R_3 起输出短路保护作用。引脚 7 连接于电阻 R_4 与 R_2 之间，这样充电支路为 R_4、R_2、C_T，放电支路为 C_T、R_2。当电源 $+V_{CC}$接通时，C_T两端的电压 $U_C=0$，定时电路处于置位状态，由 $+V_{CC}$通过 R_2 与 R_4 对变量电容 C_T充电，当 U_C 达到门限电压（$2/3V_{CC}$）时，定时电路翻转为复位状态，C_T通过 R_2 向 555 内部的放电管放电，当 U_C 降低到触发电平（$1/3V_{CC}$）时，定时电路又翻转为置位状态，C_T开始充电，这样周而复始，形成振荡。当外界湿度变化时引起 HS1100/ 1101 电容值改变，从而改变回路的输出频率值。其输出端 F_{out}与 51 单片机的 T1 脚相连接，计数出 1s 的脉冲个数，即振荡器的输出频率，然后进行频率与湿度之间的转换。

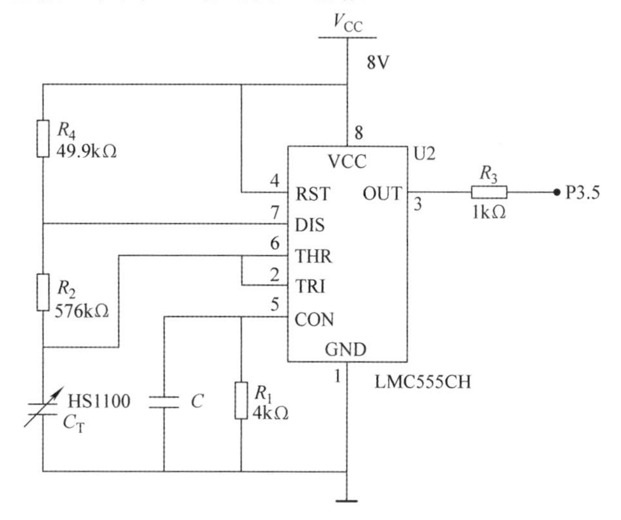

图 4-67　非稳态振荡电路

例如：在自动气象站的遥测装置上，采用耗电量很小的湿度传感器这种传感器可以由蓄电池长期供电而自动工作。用于无线电遥测自动气象站的湿度测报原理框图如图 4-68 所示。图中的 $R-f$ 变换器将传感器送来的电阻阻值变为相应的频率 f，再经过自校器控制使频率 f 与相对湿度一一对应，最后经电子门电路记录在自动记录仪上，如需要远距离数据传输，则还需要将得到的数字量编码，调制到无线电载波上发射出去。

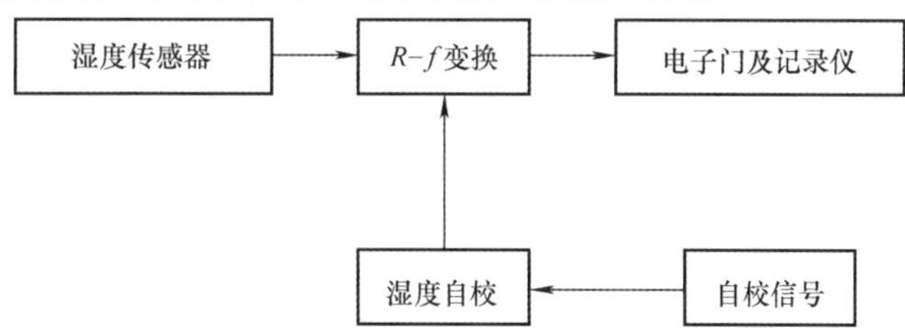

图 4-68　自动气象站湿度测报原理框图

4.8.2　气体成分测量

气体成分的测量依赖于优良的气体传感器。气体传感器是一种把气体中的特定成分检测出来，并把它转换成电信号的器件，以便提供有关待测气体的存在及其浓度大小的信息。按照所用的气敏材料和气敏特性的不同，气体传感器可分为半导体式、固体电解质式、电化学式、接触燃烧式、高分子式等几种类型。

半导体气体传感器是采用半导体气敏材料做成的器件，它与气体相互作用时产生表面吸附或反应，引起以载流子运动为特征的电导率或伏安特性或表面电位变化。

固体电解质气体传感器使用固体电解质气敏材料作为气敏元件，气敏材料在通过气体时产生离子，从而形成电动势，通过测量电动势来间接测量气体的浓度。

电化学气体传感器一般使用液体电解质，输出为气体直接氧化或还原反应产生的电流，也可以是离子作用于离子电极产生的电动势。

接触燃烧式气体传感器的工作原理为：气敏材料如 Pt 电热丝等在通电状态下，可燃性气体氧化燃烧或者在催化剂作用下氧化燃烧，电热丝由于燃烧而升温，电阻值发生变化，测量电阻的变化从而间接地测量出了气体的浓度。

高分子气体传感器近年来得到快速发展，在毒性气体和食品鲜度等方面的检测发挥了重要作用。它的种类很多，例如：有通过测量高分子气敏材料的电阻来测量气体浓度的高分子电阻式；有根据声波在吸收了气体的高分子气敏材料表面上的传播速度或频率的变化来测量气体浓度的表面声波式气体传感器等。这种传感器对特定气体分子具有灵敏度高、选择性好的优点，弥补了其他气体传感器的不足，发展前景良好。

下面以潜艇气体监测系统为例来说明气体成分的检测过程。监测系统由气体传感器、取样器、中心处理单元、显示器、报警装置和控制接口几部分组成如图 4-69 所示。

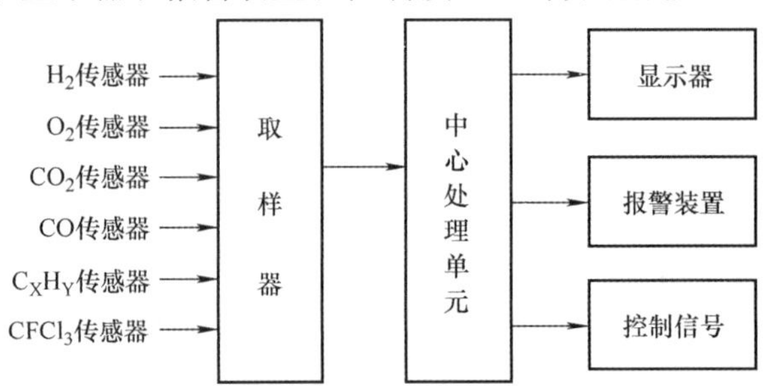

图 4-69　潜艇气体监测系统框图

其中，氢气传感器选用载体催化元件，氧气传感器和一氧化碳传感器采用电化学原理，二氧化碳传感器使用热导元件，总烃传感器采用光离子化法，氟利昂采取半导体气敏元件。传感器直接置于被测现场，利用自然扩散方式工作，将气体浓度转变成电压或电流信号。取样器直接读取模拟信号，通过内部转换形成标准数字信号。中心处理单元是信号处理的核心所在，对读取的信号进行稳零跟踪、线性校正、抗干扰处理后，输出标准的显示信号供显示器直接显示测到的气体浓度。一旦有气体浓度超限，输出报警信号驱动报警装置工作，提醒操作人员采取必要的措施，同时输出控制信号起动相应的气体净化装置工作。

4.8.3　液体成分（离子、生物大分子、非溶性成分）的测量

对液体成分进行检测的方法有很多种，除了传统的物理化学方法外，还有分光光度计，液相色谱等方法也被广泛应用。分光光度计主要是利用物质对不同波长光的吸收特性来对液体成分进行检测的；液相色谱技术则是对液体先分离然后进行检测。另外，毛细管电泳法和液滴分析法是两种快速、综合、简单、低成本的检测法。下面以毛细管电泳法为例来说明液体成分的测量过程。

毛细管电泳法是一种比较新的成分检测技术。它首先将液体样品分离，然后根据液体吸

光度的不同来确定液体成分。目前已经有多家公司生产毛细管电泳仪。它作为一种高效快速的分离分析方法在生命科学、环保、化工及制药等领域得到了广泛的应用，用于对多肽、蛋白质、核苷酸、脱氧核糖核酸的分离以及液体成分的检测。

毛细管电泳仪的结构如图4-70所示。它由一个高压电源、一根毛细管、一个检测器和两个电极池组成。在毛细管的阳极端（进样端）未与缓冲液接触之前先将毛细管置于样品溶液中，等待检测样品从毛细管的一端进入。毛细管的另一端具有检测器，可对毛细管内液体进行聚焦检测。

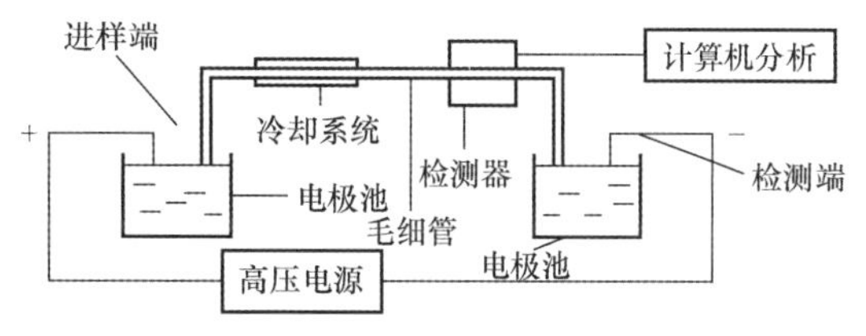

图4-70　毛细管电泳仪的结构原理图

毛细管电泳对液体进行分离分析的原理是：将注有样品溶液的毛细管的两端分别浸在盛有同样缓冲液的电极池中。在毛细管两端加电压，被检测液体中的粒子受到电场力和电渗流的作用而运动。液体中带正电的粒子的电泳方向和电渗作用方向一致，中性粒子只受电渗作用的影响，移动速度中等，而带负电的粒子的电泳方向和电渗作用方向相反。因为电渗作用一般大于电泳，所以带负电的粒子移动最慢。这样不同的粒子由于速度不同而实现分离，然后可以分别进行检测。目前常见的检测器为紫外检测器。检测时，在毛细管的中后部开一个透光的窗，允许光透过。紫外光从一端照射，聚焦于毛细管的内部，然后在另一端接收。由于不同液体的吸光度不同，因此可以通过吸光度曲线来鉴别不同的液体成分。

4.8.4　固体成分测量

在固体成分的测量方法中，光谱分析法是应用最广泛的方法。该方法是根据物质的光谱来鉴别物质及确定它的化学组成和相对含量的，其优点是灵敏、迅速。历史上曾通过光谱分析发现了许多新元素，如铷、铯、氦等。根据分析原理的不同，光谱分析可分为发射光谱分析与吸收光谱分析两种；根据被测成分的形态不同可分为原子光谱分析与分子光谱分析。

发射光谱分析是根据被测原子或分子在激发状态下发射的特征光谱的强度计算其含量的。而吸收光谱分析则是根据待测元素的特征光谱，通过样品蒸汽中待测元素的基态原子吸收被测元素的光谱后被减弱的强度计算其含量的。

近年来，近红外光谱、拉曼光谱等分子振动谱分析技术已经迅速发展起来，它们利用物质表现出来的特征光谱进行材料组分的定性鉴别和定量分析。最近人们发现，物质处于远红外波段的太赫兹（THz）光谱亦具有“指纹”特性，而且THz辐射容易穿透常见的包装材料，能够探测经过包装的产品。这些特点使得THz技术有望作为近红外光谱分析等常规方法的互补技术用于产品的质量控制中。

下面以THz谱分析实验系统为例来说明固体成分分析的一种方法。

THz谱分析实验系统组成示意图如图4-71所示。该系统包括光纤色散预补偿器、延迟扫描控制单元、光导天线THz波发射器及接收器4个模块。飞秒激光器作为产生和探测THz波的激发光源，输出脉宽为100fs，中心波长800nm。系统的工作流程为：飞秒激光经过色散补偿后由光纤传输到控制单元，并在其内部由分束镜分为泵浦光和探测光；泵浦光进入发射器激发光导天线辐射出频率范围约0.05～1.6THz的脉冲信号，该信号与样品作用后到达接收器内的光导天线而被测量；调节控制单元中的延迟装置改变两束光的延迟时间，从而扫描得到 THz 脉冲的时域波形。当样品被放置在固定位置后，测量穿过样品前后的脉冲信号，然后将它们变换至频域并计算样品的复传输函数，进而提取出其光谱信息，而光谱信息正好反映了样品的成分。

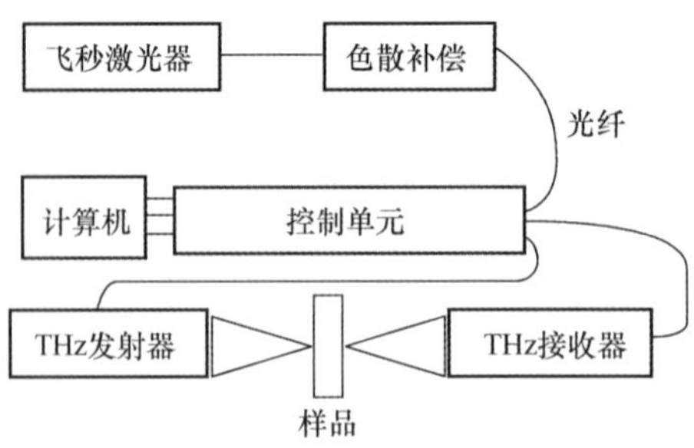

图 4-71　THz 谱分析实验系统组成示意图

第5章　现代检测新技术

5.1　虚拟仪器

测量仪器是当前人们认识世界、进行科学研究的重要工具，其发展历程大体可分为4个阶段：模拟仪器、数字化仪器、智能仪器和虚拟仪器。随着微电子技术、计算机技术、软件技术、通信技术的迅速发展，新的测量理论、测量方法、测量领域和新的仪器结构不断出现，在许多方面已经突破了传统仪器的概念。尤其是以计算机为核心的仪器系统与计算机软件技术的紧密结合使得仪器的概念发生了突破性的变化，出现了一种全新的仪器概念——虚拟仪器（Virtual Instrument，VI）。

1. 虚拟仪器的概念

虚拟仪器是由美国国家仪器公司（National Instruments，NI）在1986年提出的一种构成仪器系统的新概念，其基本思想是：用计算机资源取代传统仪器中的输入、处理和输出等部分，实现仪器硬件核心部分的模块化和最小化；用计算机软件和仪器软面板实现仪器的测量和控制功能。在使用虚拟仪器时，用户可通过计算机显示屏上的友好界面（模仿传统仪器控制面板，故称为仪器软面板）来操作拥有测试软件的计算机进行测量，犹如操作一台虚设的仪器，虚拟仪器因此而得名。

虚拟仪器是现代计算机软、硬件技术和测量技术相结合的产物，它突破了传统仪器以硬件为主体的模式，主要以计算机为核心，通过最大限度地利用计算机系统的软件和硬件资源，使计算机在仪器中不但能像在传统程控化仪器中那样完成过程控制、数据运算和处理工作，而且可以用强有力的软件去代替传统仪器的某些硬件功能，直接产生出激励信号或实现所需要的各项测试功能。从这个意义上来说，虚拟仪器的一个显著特点就是仪器功能的软件化。表5-1列举了虚拟仪器与传统仪器相比较的优点。可以肯定地说，虚拟仪器的出现是仪器发展的一个重要方向，虚拟仪器技术是现代计算机系统和仪器系统技术相结合的产物，是当今计算机辅助测试（CAT）领域的一项重要技术，必将推动传统仪器朝着数字化、模块化、网络化的方向发展。

2. 虚拟仪器的组成特点

传统仪器一般被设计成能独立地完成一项具体测量任务的装置，通常具有固定的硬件结构、软件配置和仪器功能，目前绝大多数测量仪器及系统都采用这种组成方式。

虚拟仪器的组成方式不同于传统仪器。虚拟仪器采用将仪器功能划分为一些通用模块的方法，通过在标准计算机平台上将具有一种或多种功能的若干通用模块组织起来，构成任何一种满足用户所需测量功能的仪器系统。

表 5-1　虚拟仪器与传统仪器的比较

传统仪器	虚拟仪器
功能由仪器厂商定义	功能由用户自己定义
与其他区域设备的连接十分有限	可方便地与网络、外设及多种仪器连接
人工读取数据	计算机直接读取数据并进行分析处理
数据无法编辑	数据可编辑、存储、打印
硬件是关键部分	软件是关键部分
价格昂贵	价格低廉，可复用，可重配置性强
系统封闭、功能固定、可扩展性差	基于计算机技术开发的功能块可构成多种仪器
技术更新慢	技术更新快
开发和维护费用高	基于软件体系的结构，大大节省开发和维护费用

将一台仪器的功能分解为一些通用功能模块的方式是虚拟仪器组成的基础。实际上，任何一台仪器，从最基本的形式去考察，都可以视为由输入、输出和数据处理这三个基本模块所构成。

1）输入模块：主要由 A－D 转换器与信号输入处理单元组成，其作用是对输入模拟信号进行适当调理后，将它转换成便于分析和处理的数字信号。实际上，这部分实现的是数据采集功能。

2）输出模块：主要由 D－A 转换器与信号驱动器组成，其作用是将量化的输出数据转换成模拟波形并进行必要的信号调理。实际上，这部分实现的是数据输出功能。

3）数据处理模块：通常以一个微处理器或一台数字信号处理器为核心构成，用来按要求实现一定的测量功能。实际上，这部分完成的是数据的生成、运算、管理和分析。

从上述这种考察仪器结构的观点出发，所有仪器都可以视为由某些通用模块组合而成。例如，信号源都含有一个数据处理模块和一个输出模块，而信号分析仪（如示波器、电压表和频谱仪等）都包含一个输入模块和一个数据处理模块。虚拟仪器正是基于这种观点，利用软件对若干功能模块进行组态，以模拟一个或多个传统仪器及其功能。因此，软件和硬件功能的模块化是虚拟仪器组成上的一大特点。

虚拟仪器同模块式测量系统（MMS）一样都采用模块化结构，但它们又有所不同。虚拟仪器在硬件和软件设计上都采用了面向对象的模块化设计方法，并且所有模块的组合是通过软件进行的。另一方面，由于数字信号处理（DSP）技术已能用来进行测量和产生波形，如对电压和时间等参数的测量已经可以由 DSP 技术来完成。因此，在虚拟仪器中，传统仪器的某些硬件乃至整个仪器都可由计算机软件代替。这样，仪器功能的软件化就成为虚拟仪器组成上的又一大特点，这也是虚拟仪器与传统仪器存在差别的主要标志。

虚拟仪器的整个工作过程都是依靠计算机图形处理技术来实现的。仪器通常是借助图形程序设计软件在计算机屏幕上形成软面板来进行控制和操作的。这种虚拟软面板不仅能够在外观和操作上模仿传统仪器，以建立一个直观友好的用户界面，而且用户还可以根据需要通过软件调用仪器驱动程序来选择仪器的功能设置和改变面板的控制方式。这种能力显然是传统仪器所不具备的，它是由下述特点决定的：虚拟仪器的功能可以借助计算机软件来生成。

综上所述，虚拟仪器是这样的一种仪器系统：在用户需要某种测试功能时，可由用户自己通过计算机平台利用图形软件对测量模块进行分层组合，以生成所需要的测试功能。

5.2　网络化仪器和网络化传感器

网络技术的发展，尤其是 Internet 的发展，使得人们可以用极快的速度在更远的距离相互交换信息。Internet 是由成千上万个大大小小网络组成的高速网络，它不仅连接了几千万台计算机，而且将信息型家电等也都连接上了，它几乎影响了人们生活的各个领域。电子测量与仪器技术也不例外，现场总线技术从工业现场设备底层向上发展，逐步扩展到网络化；计算机网络从互联网顶层向下渗透，直至能和底层的现场设备通信。网络化仪器基于 Internet 远程测控系统应运而生，它通过现场控制网络（或现场总线）、企业网和 Internet 把分布于各局部现场、独立完成特定功能的控制计算机互连起来，以构成资源共享、协同工作、远程监测和集中管理、远程诊断为目的的全分布式设备状态监测和故障诊断系统，这就是所谓的基于 Internet 的网络化仪器。

网络化仪器是智能仪器和虚拟仪器进一步发展的结果，是计算机技术、网络通信技术与仪表技术相结合的产物。以智能化、网络化、交互性为特征，结构比较复杂，多采用体系结构来表示其总体框架和系统特点。网络化仪器的体系结构包括基本网络系统硬件、应用软件和各种协议。可以将信息网络体系结构内容（OSI 七层模型）、相应的测量控制模块和应用软件，以及应用环境等有机地结合在一起，形成一个统一的网络化仪器体系结构的抽象模型。该模型可更本质地反映网络化仪器具有的信息采集、存储、传输和分析处理的原理特征。

5.3　多传感器数据融合

现实世界的多样性决定了采用单一的传感器已不能全面地感知和认识自然界，多传感器及其数据融合技术应运而生。多传感器数据融合（Multisensor Data Fusion）一词出现在 20 世纪 70 年代，并于 80 年代发展成为一门自动化信息综合处理的专门技术。这一技术首先广泛地应用于军事领域，后来很快推广应用到智能检测、自动控制、空中交通管理和医疗诊断等许多领域。

1. 多传感器数据融合的概念及优点

根据 JDL（Joint Directors of Laboratories Data Fusion Working Group）的定义，“多传感器数据融合”是一种针对单一传感器或多传感器数据或信息的处理技术，通过数据关联、相关和组合等方式，以获得对被测环境或对象更加精确的定位、身份识别及对当前态势和威胁的全面而及时的评估。

随着多传感器数据融合技术应用领域的不断扩展，多传感器数据融合比较确切的定义可概括为：利用计算机技术对按时间序列和空间序列获得的若干传感器观测信息，在一定准则下自动分析、综合，以完成所需决策和估计任务而进行的信息处理过程。因此，多传感器系统是多传感器数据融合的硬件基础，多源信息是多传感器数据融合的加工对象，协调优化和综合处理是多传感器数据融合的核心。

综上所述，“多传感器数据融合”是将来自多传感器或多信息源的信息和数据，模仿人类专家的综合信息处理能力进行智能化处理，从而获得更为广泛全面、准确可信的结论。

和传统的单传感器技术相比，多传感器数据融合技术主要有以下优点：

1）采用多传感器数据融合可以增加检测的可信度。

2）降低不确定度。例如采用雷达和红外传感器对目标进行定位，雷达通常对距离比较敏感，但方向性不好，而红外传感器则正好相反，其具备较好的方向性，但对距离测量的不确定度较大，将两者相结合可以使得对目标的定位更精确。

3）改善信噪比，增加测量精度。例如我们通常用到的对同一被测量进行多次测量然后取平均的方法。

4）增加系统的互补性。采用多传感器技术，当某个传感器不工作、失效的时候，其他的传感器还能提供相应的信息。

5）增加对被检测量的时间和空间覆盖程度。

6）降低成本。例如采用多个普通传感器可以取得和单个高可靠性传感器相同的效果，但成本却大大降低。

2. 基本原理及融合过程

（1）基本原理　多传感器数据融合的基本原理就像人脑综合处理信息一样，充分利用多传感器资源，通过对这些传感器及其观测信息的合理支配和使用，把多传感器在空间或时间上的冗余或互补信息依据某种准则进行组合，以获得被测对象的一致性解释或描述，使该传感器系统所提供的信息比它的各组成部分子集单独提供的信息更有优越性。数据融合的目的是通过多种单个数据信息的组合推导出更多的信息，得到最佳协同作用的结果。也就是利用多个传感器共同或联合操作的优势，提高传感器系统的有效性，消除单个或少量传感器的局限性。

在多传感器数据融合系统中，各种传感器的数据可以具有不同的特征，可能是实时的或非实时的、模糊的或确定的、互相支持的或互补的，也可能是互相矛盾或竞争的。它与单传感器数据处理或低层次的多传感器数据处理方式相比，能更有效地利用多传感器信息资源。单传感器数据处理或低层次的多传感器数据处理只是对人脑信息处理的一种低水平模仿，不能像多传感器数据融合系统那样，可以更大程度地获得被测目标和环境的综合信息。多传感器数据融合与经典的信号处理方法相比也存在本质的区别，数据融合系统所处理的多传感器数据具有更复杂的形式，而且可以在不同的信息层次上出现，包括数据层（即像素层）、特征层和决策层（证据层）。

（2）数据融合的过程　数据融合的过程主要包括多传感器（信号获取）、数据预处理、特征提取、融合计算和结果输出等环节，其过程如图 5-1 所示。由于被测对象多半为具有不同特征的非电量，如压力、温度、色彩和灰度等，首先要将它们转换成电信号，然后经过 A－D变换将它们转换为能由计算机处理的数字量。数字化后的电信号由于环境等随机因素的影响，不可避免地存在一些干扰和噪声信号，通过预处理以滤除数据采集过程中的干扰和噪声后得到有用信号，再经过特征提取，提取被测对象的某一特征量进行数据融合计算，最后输出融合结果。

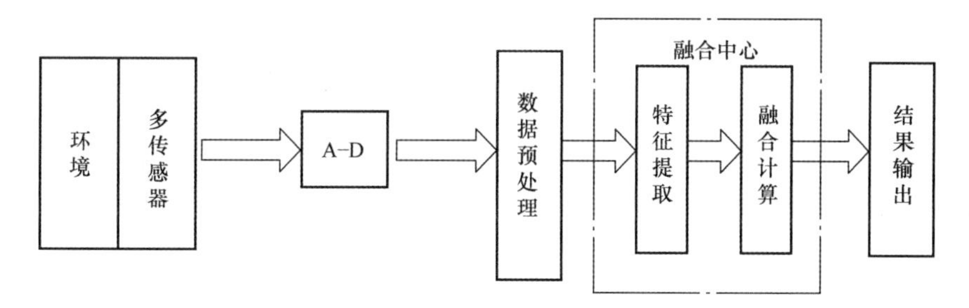

图 5-1　多传感器数据融合过程

第 6 章　检测技术的应用实例

6.1　飞思卡尔智能车系统中的传感器的选择及应用

全国大学生“飞思卡尔”杯智能汽车竞赛是在规定的模型汽车平台上，使用飞思卡尔半导体公司的 8 位、16 位微控制器作为核心控制模块，通过增加道路识别传感器、电机驱动电路以及编写相应软件，设计一个能够自主识别道路的模型汽车，按照规定路线行进，以完成时间最短者为优胜。该竞赛内容涵盖了控制技术、传感技术、机械设计、计算机技术等多个学科的知识，对学生综合运用知识分析和解决问题，加强实践动手能力的培养，具有良好的推动作用。

飞思卡尔智能车大赛赛道表面以宽 500mm 的白色 KT 板铺设，中心以宽 25mm 的连续黑线（黑线下面铺设 0.1 ~ 0.3mm 漆包线且通有 50 ~ 150mA、20kHz ± 2kHz 的交流电）作为引导线，赛道包括直道、十字交叉道、大 S 道、小 S 道、曲率半径大于 500mm 的普通弯道、15°倾角坡道等，具体赛道状况如图 6-1 所示。

图 6-1　飞思卡尔智能车大赛赛道

在智能车的设计中，关键在于智能车路径的检测和速度的测量。根据赛道特点及大赛规则，关于智能车路径的检测，可以采用的传感器有光电式传感器、图像传感器和电磁式传感器三种。智能车速度的检测一般采用相关测速传感器进行测量，在此介绍霍尔式传感器和光电编码器两种测速传感器。以下将针对智能车路径检测和速度测量，具体介绍相关传感器的选择及应用。

6.1.1　路径检测传感器

6.1.1.1　光电式传感器

当光电式传感器与反射面之间的距离一定时，光电式传感器输出信号入射到反射面的反射光强与反射面的特性有关。如果红外线照射到黑色线，黑色线会吸收大部分红外光，红外接收管接收到红外线强度就很弱；反之，红外线照射到白色线时，白色线基本不吸收红外光，红外接收管接收到红外线强度就很强。因此，可利用光电式传感器检测小车行驶道路上的黑色标志线，就可实现智能车的自主寻迹功能。

1. 红外传感器检测黑线路径

红外传感器的检测电路设计简单，响应速度快，可实现对黑色标志线的非接触测量。红外传感器型号较多，但选择时需考虑红外传感器输出光线的集散性及抗干扰能力。下面以光束集散性较好的红外对管 ST178 为例来介绍红外传感器检测黑线路径的原理及方法，ST178 的光电特性见表 6-1，实物图、测量原理及测量电路如图 6-2 所示。

表 6-1 ST178 光电特性（$T_a=25℃$）

项目		符号	测试条件		最小	典型	最大	单位
输入	正向压降	U_F	$I_F=20mA$		—	1.25	1.5	V
	反向电流	I_R	$U_R=3V$		—	—	10	μA
输出	集电极暗电流	I_{ceo}	$U_{ce}=20V$		—	—	1	μA
	集电极亮电流	I_L	$U_{ce}=15V$ $I_F=8mA$	H1	0.30	—	—	mA
				H2	0.40	—	—	mA
				H3	0.50	—	—	mA
	饱和压降	U_{CE}	$I_F=8mA$ $I_c=0.5mA$		—	—	0.4	V
传输特性	响应时间	T_r	$I_F=20mA$ $U_{ce}=10V$		—	5	—	μs
		T_f	$I_{Rc}=100Ω$		—	5	—	μs

a)

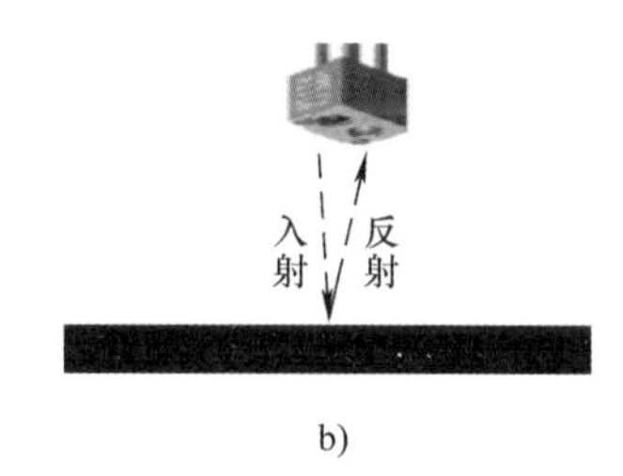

b)

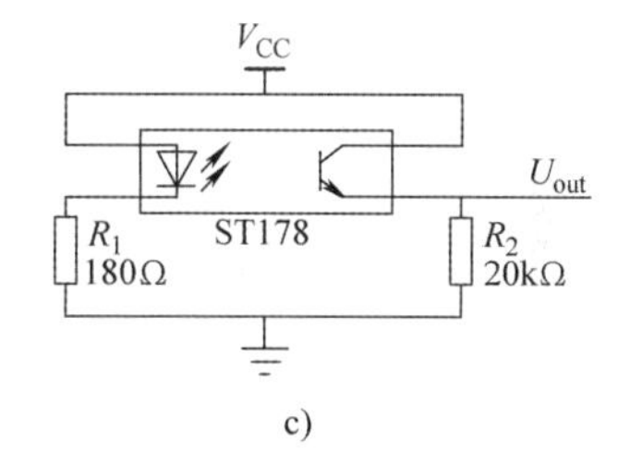

c)

图 6-2 ST178 的实物图、检测原理及电路图

a）ST178 实物图 b）ST178 检测原理 c）ST178 测量电路

为了有效检测路径行信息，可将 ST178 设计为“一”字型布局，原理如图 6-3 所示。ST178 检测原理如下：ST178 发射管导通后发射出红外光线，红外光线入射至非黑线路径时，光线大部分将被路径界面反射而回，此时，红外接收管将接收到反射回的红外光线而导通，U_{out}将输出高电平。当红外光线入射至黑线路径时，光线大部分将被黑线界面吸收而使得很少红外光线反射而回，红外接收管接收到反射回的红外光线也较少而使其导通角较小，U_{out}将输出低电平。因此，可应用红外传感器来检测路径行信息。

应用红外传感器检测路径的电路设计及检测方法比较简单，但红外传感器易受外界光线影响且有效检测距离较短。因此，采用红外传感器检测路径将限制小车寻迹的前瞻性，从而限制了小车的行驶速度。

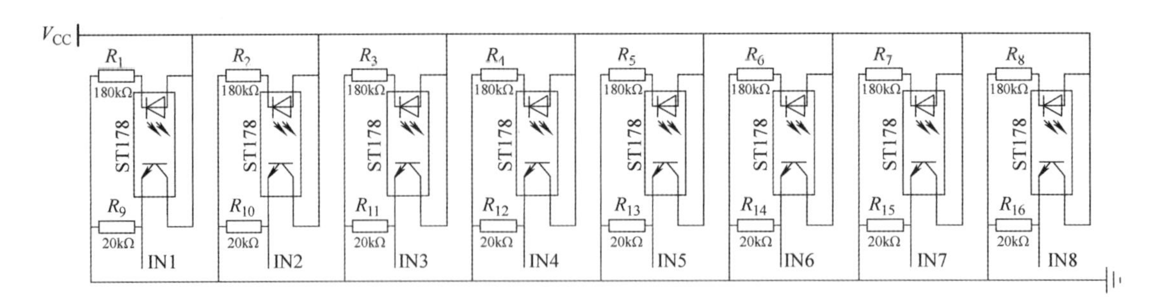

图 6-3　ST178 红外检测原理

2. 激光传感器检测黑线路径

因红外传感器检测黑线路径的有效距离较短，这不仅直接限制了小车寻迹的前瞻性，而且间接影响了小车寻迹时的运行速度。因此，为提高小车前瞻性，可选择激光传感器来检测黑线路径信息。激光传感器实物如图 6-4 所示，其内部参考电路如图 6-5 所示。

图 6-4　激光传感器实物图

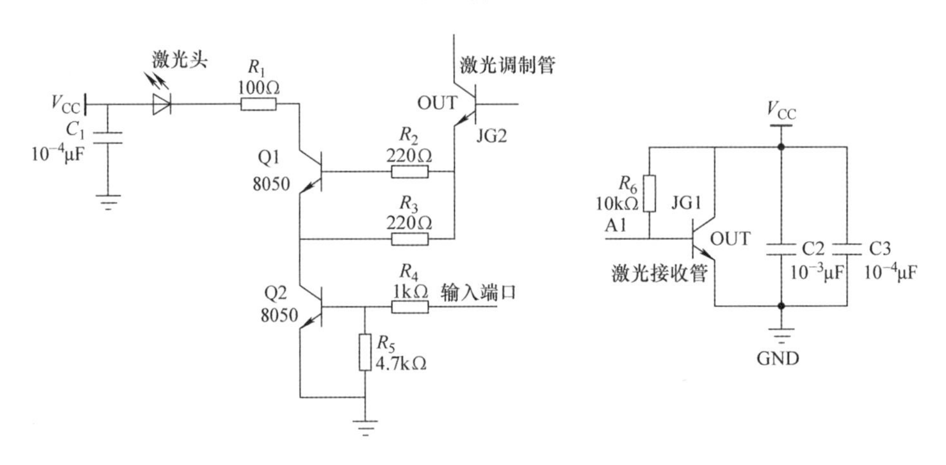

图 6-5　激光传感器发射管和接收管电路

激光传感器与普通光电式传感器检测黑线路径的原理是相同的，激光传感器发射的光束线性度高，不易受环境干扰，有效检测距离可达 0.6m。但是，激光传感器价格较贵，检测电路设计复杂且相邻传感器间易产生信号干扰。

激光传感器由发射部分和接收部分两部分构成，如图 6-5 所示。在发射部分，调制管 JG2 将信号变换为 180kHz 频率的振荡波后经晶体管 Q1 放大以控制激光管发光，JG2 输出信号波形如图 6-6 所示。接收部分，由相匹配 180kHz 光信号的接收管 JG1 接收返回光强，光信号经过电容滤波后直接送入单片机 I/O 端口以检测返回电压的高低，由返回电压高低来判断传感器是否检测到黑线。激光传感器使用调制处理，使接收管只能接收相同频率的反射光，因而可以有效防止可见光对反射激光信号的干扰。

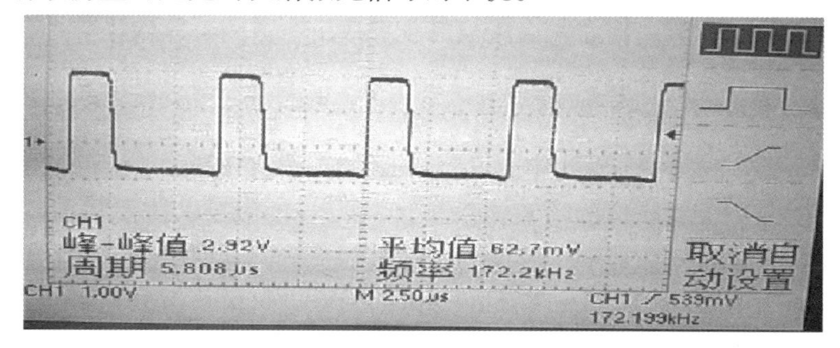

图 6-6　激光发射管输出信号波形

激光传感器以一字型布局，实物图如图 6-7 所示。若传感器间距过小，相邻传感器之间将产生信号干扰；若相邻传感器间距过大，又使传感器检测路径精度较低。为兼顾传感器布局间距及检测精度，可使传感器以分时扫描方式来检测路径信息。

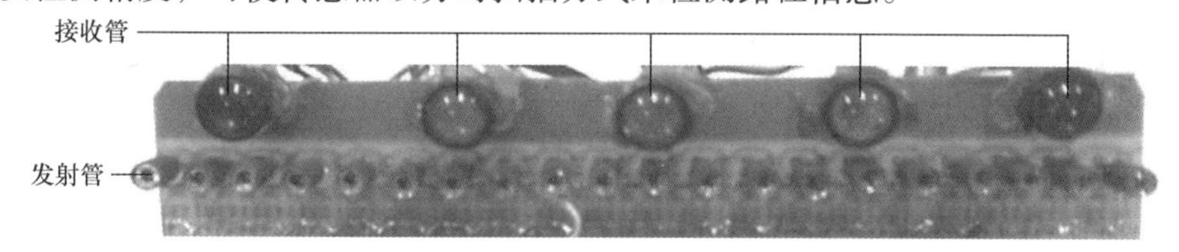

图 6-7　激光传感器发射管和接收管布局实物图

激光接收管从左至右编码为［0，1，2，3，4］，激光发射管从左至右编码为［－10，－9，－8，－7，－6，－5，－4，－3，－2，－1，1，2，3，4，5，6，7，8，9，10］。实际应用中，将激光发射管分时发射以检测路径信息，即每次仅有一组发射管发射信号，而激光接收管全部导通以实时检测是否有信号输入，其中激光发射管分时扫描情况可参考表 6-2。

表 6-2　激光发射管分时扫描表

分时扫描	第一组	第二组	第三组	第四组
发射管编号	－10，－6，－2，3，7	－9，－5，－1，4，8	－8，－4，1，5，9	－7，－3，2，6，10

在表 6-2 中，激光发射管被分成 4 组，每组 5 个激光发射管。在检测路径信息时，激光发射管每次仅导通其中一组，激光接收管实时检测反射而回的光信号；若检测到光信号，则激光接收管输出端为低电平；若未检测到光信号，则激光接收管输出端为高电平。

因此，激光管以上述分时扫描的检测方式可消除相邻传感器之间的信号干扰。但是，分时扫描方式增加了检测电路设计的复杂度，而且降低了传感器检测路径横向信息的线性度。总之，采用激光传感器不仅提高了小车寻迹的前瞻性，而且降低了外界光线对传感器的干扰。

红外传感器和激光传感器检测路径各有其优劣所在，红外传感器电路设计简单但检测效果较差，激光传感器检测效果较好但电路设计复杂。但是，考虑到飞思卡尔智能车大赛是竞速性的，可采用性能较好的激光传感器以检测路径信息。

6.1.1.2 图像传感器

1. 图像传感器的选择

在飞思卡尔智能车竞赛中，首先由于只需要提取出赛道的引导路径信息，信息获取比较单一；其次采用的处理器为飞思卡尔 16 位单片机，仅有 8kB 的 RAM 可供存储图像数据以及最高 80MHz 的工作频率，因此它对于图像的处理能力十分有限，系统设计要求能够识别出规定的路径引导线，这样只需要每帧为几万像素的图像信号即可，在能够满足这一要求的情况下，可以选择一款像素较低的图像传感器。

图像传感器可以采用模拟或数字式的，现在数字式 CMOS 摄像头已成为智能车设计中的一个主流，其中使用较多的为 OmniVision 公司的 OV6620 和 OV7620 数字式图像传感器，OV6620 的扫描频率为 25 帧/s，逐行扫描。即每秒 50 场；OV7620 为 30 帧/s，扫描方式可选逐行和隔行扫描，默认为隔行扫描方式，即每秒 60 场。

摄像头以隔行和逐行扫描的方式采样图像，当扫描到某点时，就通过图像传感器芯片将该点处图像的灰度转换成对应的电压值，然后将此电压值通过视频信号端输出。摄像头连续地扫描图像上的一行，就会输出一段连续的视频信号，该信号的电平变化反映了该行数据的灰度变化情况。当扫描完一行，视频信号端就会出现一段明显低于最低视频电压信号的电平，并会保持一段时间。这样相当于紧接着每行图像对应的信号之后都会出现这样一个“凹槽”，此“凹槽”叫作行同步信号，它是行扫描换行的标志。然后开始扫描新的一行，如此下去，直至该场信号扫描完成，紧接着还会出现一段场消隐信号，其中又有若干个复合消隐脉冲，在这些消隐脉冲中，有一个脉冲宽度远宽于其他的消隐脉冲，该脉冲又称为场同步脉冲，它的出现标志着新的一场信号的到来。如果摄像头以 30 帧/s 扫描图像，每帧又分为奇偶两场，故每秒扫描 60 场图像。摄像头工作时序如图 6-8 所示。

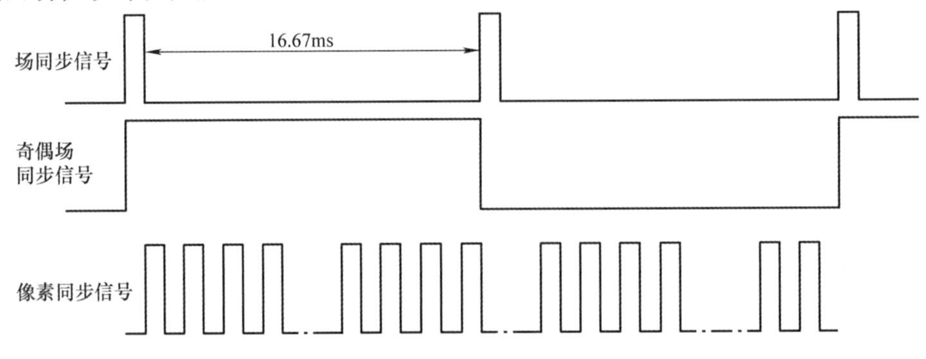

图 6-8　摄像头同步脉冲信号时序图

2. 图像传感器在智能车系统中的应用

在智能车大赛中可以通过三种方式来获取路径信息，图像传感器、电磁感应传感器、光电式传感器，其中以图像传感器采集路径的方式对技术和算法的要求较为复杂，下面就对这一方式进行介绍。

通常产品说明书上会给出有效像素和分辨率，但通常不会具体介绍视频信号的持续时间、行消隐脉冲的持续时间等参数，而这些参数又关系到图像采集的时序控制，因此在进行软硬件设计时需要对这些参数进行测量。一般采用的方法是用在摄像头通电工作时，使用示波器对相应的输出信号引脚进行测量，如行同步信号 HREF、场同步信号 VSYNC、奇偶场同步信号 FODD、像素同步信号 PCLK 等，即可获得准确的时间等参数。OV7620 摄像头引脚及模块如图 6-9 所示。

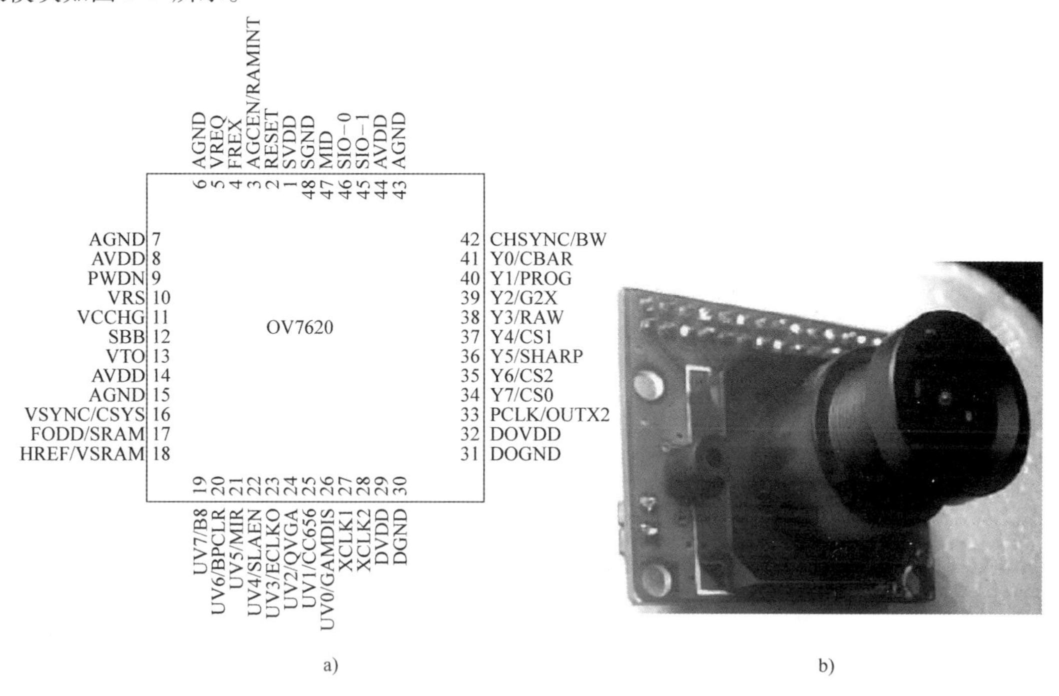

图 6-9　OV7620 摄像头引脚及模块

a）OV7620 引脚　b）OV7620 摄像头模块

在对飞思卡尔智能车系统的设计过程中，仅需要提取出赛道的路径信息，而数字摄像头传输的通常为 YUV 信号，使用起来有些浪费，因此使用图像传感器的 Y 亮度信号就可以实现。对于智能车系统特定图像数据的采集，要根据处理器芯片和具体的用途去实现，下面针对 OV7620 模块进行图像数据的采集，单片机和图像传感器的端口连接框图如图 6-10 所示，在应用中有几点需要注意：

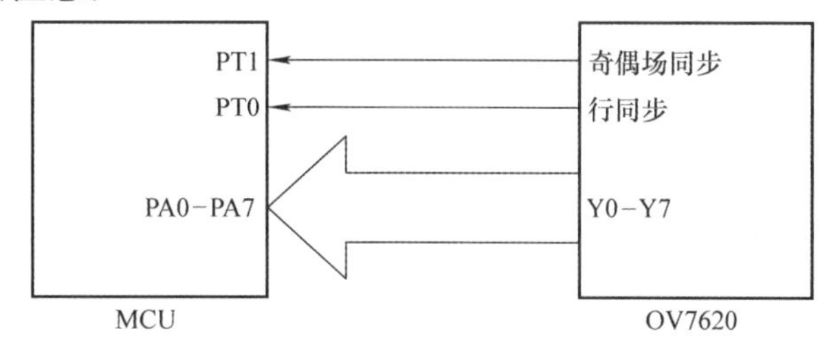

图 6-10　MCU 与 OV7620 数据采集端口连接框图

1）在采集时忽略 PCLK（像素同步）信号，首先是因为它太快了，每个 PCLK 信号只有 75ns，并且在 XS12 单片机使用 PLL 将频率提高到最高 80MHz 时，也很难捕捉到它，而在这个期间还有信号采集这一步，所以在这一步很难做到既要采集还要判断像素同步。另外也完全没有必要采集它，采集图像时尽快地挨着每个点去采集就可以了。

2）VSYNC 是判断一场图像是否开始的信号，周期是 16.67ms，其中高电平持续的时间很短，几乎可以忽略。FODD 是奇偶场同步信号，由于图像默认使用的是隔行扫描的方式，因此两场图像基本相差不大，可以在两场中使用其中一场的信号。

3）HREF（行同步）信号是判断一行图像是否开始的信号，周期是65μs，其中高电平持续的时间为49μs，低电平持续的时间为16μs，在采集数据时，通常使用行同步信号作为中断信号来开始采集图像数据，但是要特别注意的是，在行同步信号后的16μs内不要进行数据采集，这些数据都是消隐区的数据，不是真实的图像数据。

6.1.1.3 电磁式传感器

智能车路径信息的检测除了上述两种方法之外，还可以用电磁式传感器进行检测。

根据电磁学，在导线中通入变化的电流，则导线周围就会产生变化的磁场，并且磁场与电流的变化规律一致。通过检测相应的电磁场的强度和方向就能够获得物体距离导线的空间位置，因此，可以通过电磁导航来进行路径识别，从而控制小车的运行。电流周围磁场分布示意图如图6-11所示。

由毕奥－萨伐尔定律知：通有稳恒电流I长度为L的直导线周围会产生磁场，直流电流的磁场如图6-12所示，距离导线距离为r的P点的磁感应强度为

$$B = \int_{\theta_2}^{\theta_1} \frac{\mu_0 I}{4\pi r}\sin\theta \mathrm{d}\theta \quad (\mu_0 = 4\pi \times 10^{-7}\mathrm{T \cdot mA^{-1}}) \tag{6-1}$$

由此可得：$B = \frac{\mu_0 I}{4\pi r}(\cos\theta_1 - \cos\theta_2)$。

对于无限长直流电流来说，上式中的$\theta_1=0$，$\theta_2=\pi$，则有$B=\frac{\mu_0 I}{4\pi r}$。

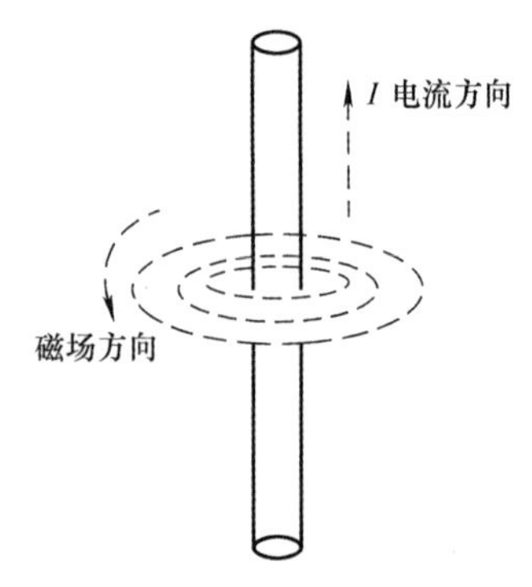

图6-11　电流周围磁场分布示意图

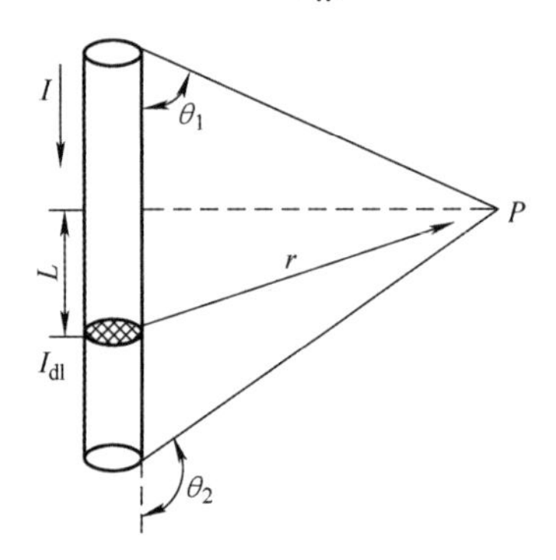

图6-12　直线电流的磁场

在竞赛中使用的路径导航交流电流频率为20kHz，20kHz交流电流产生的电磁波属于甚低频电磁波。甚低频频率范围处于工频和低频电磁波中间，为3～30kHz，波长为10～100km。由于赛道导航电线和小车尺寸远远小于电磁波的波长，电磁场辐射能量很小，所以能够感应到电磁波的能量非常小。因此，可以将导线周围变化的磁场看成缓变的磁场，按照检测静态磁场的方法获取导线周围的磁场分布，从而进行位置检测。磁场检测方法有很多种，主要是利用物质与磁场之间的各种物理效用，如磁电效应、磁机械效应、磁光效应、核磁共振、超导体与自旋量子力学效应。对于每一种效应，都有相应的测量原理和传感器。

1. 电磁感应绕组检测

用电磁感应绕组测量磁场的原理简单，并且具有价格便宜、体积相对较小、频率响应快、电路实现简单等优点，而且测量方法比较容易掌握，适合初学者进行操作。下面就以电

磁感应绕组为例，说明用电磁式传感器进行路径检测的一般方法。

当闭合的绕组在磁场中运动时，在绕组上会产生感应电动势，由法拉第电磁感应定律知，产生的感应电动势的大小和通过绕组的磁通量的变化率成正比，即

$$E = -\frac{\mathrm{d}\Phi}{\mathrm{d}t} \tag{6-2}$$

感应电动势的方向可由楞次定律得出。而在导线周围的不同位置，磁感应强度的大小和方向不同，所以绕组在不同的位置所产生的感应电动势的大小也不相同，由此，可以根据感应电动势的变化来确定绕组的位置，从而确定小车的大致位置。

上文提到，由于导线中通过的电流频率较低，且绕组较小，小范围内的磁场分布可以视为是均匀的，因此，绕组中产生的感应电动势可以近似表示为

$$E = \frac{k}{r'} \times \frac{\mathrm{d}I}{\mathrm{d}t} \tag{6-3}$$

式中的 r' 表示绕组到导线的距离，k 是与绕组摆放方法、绕组面积、绕组匝数和一些物理常量有关的一个量。具体的感应电动势要用实际测定来确定。

不同的绕组轴线摆放方向可以感应不同的磁场分量。如果在车模的前上方水平方向放置两个相距 L 的绕组，并保证两个绕组的轴线水平，高度为 h，如图 6-13 所示。假设沿着跑道前进的方向为 z 轴，垂直跑道往上的方向为 y 轴，在跑道平面内垂直于跑道中心线的为 x 轴，xyz 满足右手定则。由此可得如图 6-14 所示的坐标关系。

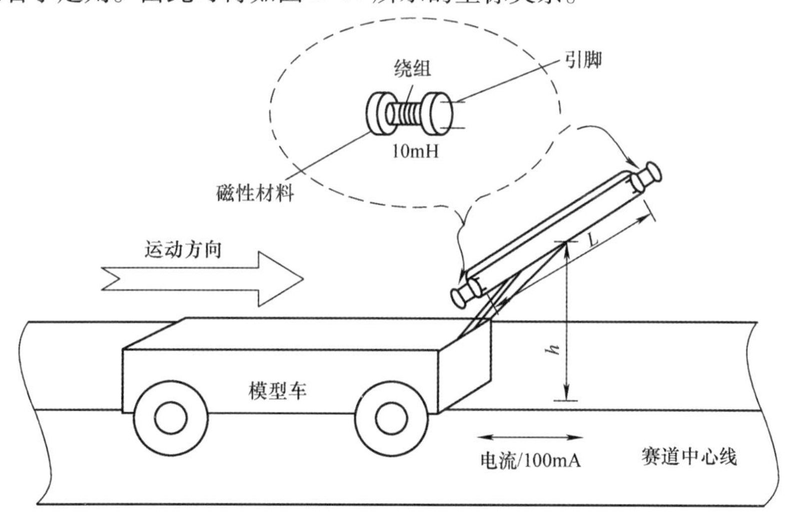

图 6-13　双水平绕组检测方案

由图 6-14 可知，由于线圈的轴线是水平的，所以感应电动势反映了磁场的水平分量。根据感应电动势公式知，线圈中感应电动势的大小与 $\frac{h}{x^2+h^2}$ 成正比。而对于相距 L 的两个感应线圈，线圈中的感应电动势差值为

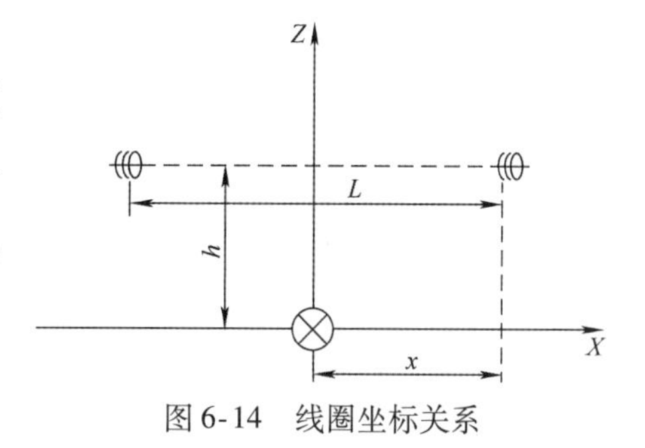

图 6-14　线圈坐标关系

$$E_d = E_1 - E_2 = \frac{h}{h^2 + x^2} - \frac{h}{h^2 + (x - L)^2} \tag{6-4}$$

假设 $L = 30\text{cm}$，$h = 8\text{cm}$，则两个线圈中的电动势差值如图 6-15 所示。

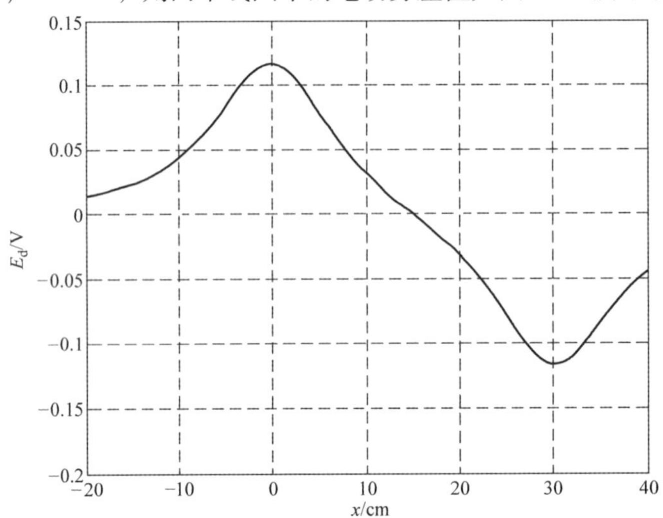

图 6-15　线圈距黑线距离与感应电动势之间的关系

从图 6-15 可以得出，当线圈位于中心位置时，感应电动势的差值为零，当线圈距离黑线的长度在 $x \in (15, 30)$ 时，感应电动势的差值小于零；反之，当线圈距离黑线的长度在 $x \in (0, 15)$ 时，感应电动势的差值大于零。因此，当位移在 0 ~ 30cm 之间时，电动势差值与位移是一个单调函数。可以使用这个量对小车转向进行负反馈控制，从而保证两个线圈的中心位置跟踪赛道的中心线。通过调整线圈距离地面的高度和两个线圈之间的距离，可以调整检测的范围以及感应电动势的大小。

从检测原理可以设计如下电路，电路由信号选频放大，整流与检测等几个方面组成。系统电路框图如图 6-16 所示。

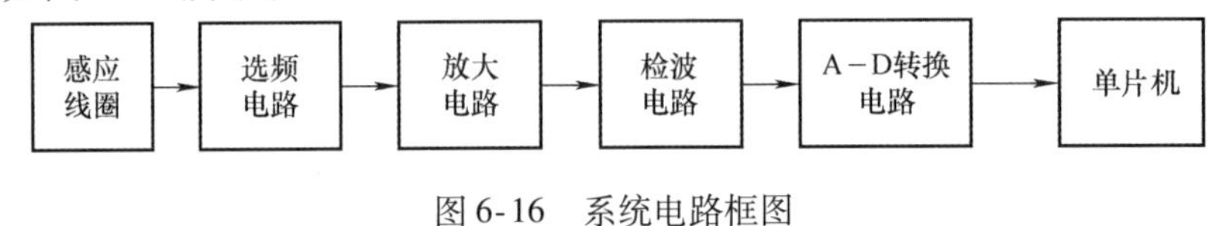

图 6-16　系统电路框图

按照各部分电路要求，可以将系统路径检测电路设计为如图 6-17 所示。

2. 电感检测

采用 10mH 的工字形电感进行路径信息检测。这类电感体积小，Q 值高，具有开放的磁心，可以感应周围交变的磁场。工字形电感如图 6-18 所示。

为了能够准确地测量电感检测出来的电压，还需要将感应电压信号进行放大，一般情况下将电压峰峰值放大到 1 ~ 5V。因此，需要设计一个放大电路。在实验中采用最简单的设计，用一阶共射晶体管放大电路就可以满足将电压峰值放大到 1 ~ 5V 的要求。电路如图 6-19所示。

除了用晶体管放大信号之外，还可以选用运算放大器进行电压放大。但是选择使用单电源，并且具有低噪声、动态范围大、高速特点的运算放大器不太容易，所以建议不要使用运

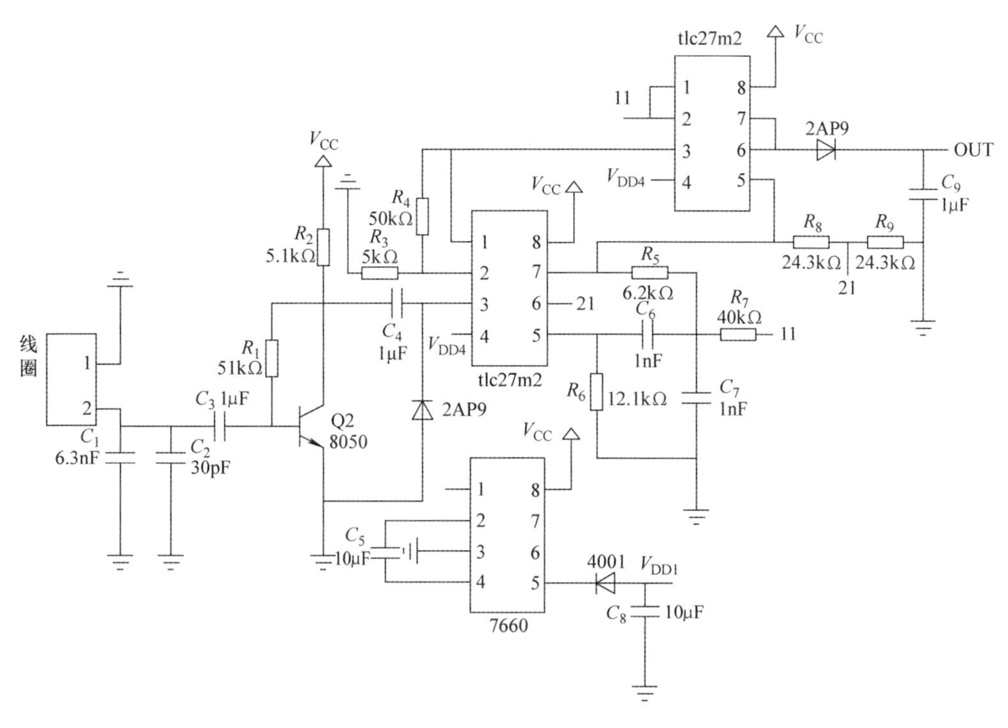

图 6-17　电测感应线圈检测电路

算放大器进行信号放大。

通过实验可知，采用电感检测路径信息，所采集的信号变化的斜率大。与线圈检测相比，检测的灵敏度相对较高一些。因此，采用电感检测路径信息，对路径情况可以及时地做出反应，从而达到了更好地控制小车运动寻迹的目的。此外，在相同横截面积的情况下，电感检测输出的电压信号幅值与线圈检测输出的电压幅值相比，前者比较大，更利于后续电路处理。

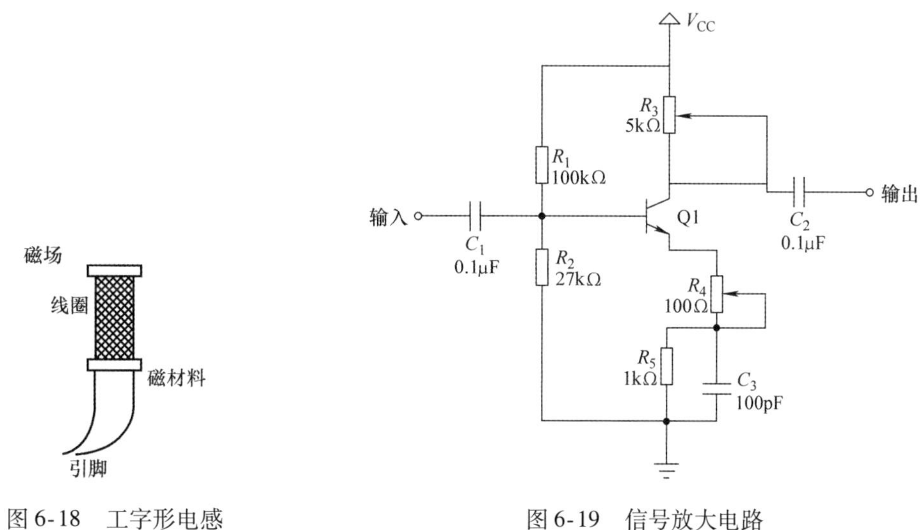

图 6-18　工字形电感　　　　图 6-19　信号放大电路

6.1.2 测速传感器

在小车实际寻迹行驶时，电池电压的下降及轨道摩擦系数的不同，使得电动机的实际速度不等于指令给定转速值，若采用开环控制电动机运转，将影响小车正常寻迹。因此，需采用闭环控制以实时调节电动机速度，使电动机实际转速值等于指令转速值。一般采用测速传感器对电动机转速进行测量，具体测量方法参考如下。

6.1.2.1 霍尔式传感器检测

小车速度测量方案一般基于速度传感器，可用于速度测量的传感器种类较多，如红外对射式速度传感器、霍尔效应传感器、光电式脉冲编码器等。选取测速传感器的最重要标准是电路及机械设计简单、工作性能稳定。

霍尔式传感器基于霍尔效应原理，将电流、磁场、位移、压力等被测量转换成电动势输出的一种传感器。霍尔开关器件体积小、重量轻、寿命长，不易受灰尘、油污污染，开关速度比较快，而且其输出波形清晰、无抖动、电路设计简单。因此，可选择霍尔式传感器来测量小车的运行速度。下面介绍 CS3202 霍尔式传感器的特点及其在小车速度测量中的应用。

CS3202 霍尔双输出开关型集成电路是由电压调整器、霍尔电压发生器、差分放大器、施密特触发器和集电极开路的输出级组成的磁敏集成电路，其输入为磁感应强度，输出是一个数字电压信号。

CS3202 具有开关速度快、无瞬间抖动、电源电压范围宽、工作频率宽、寿命长、体积小、安装方便，工作温度范围为 $-55\sim125$℃，能直接和晶体管及 TTL、MOS 等逻辑电路兼容等特点。CS3202 主要应用于直流无刷电动机、转速检测、无触点开关、位置控制、隔离检测等电路。

CS3202 的应用电路设计比较简单，只需一个 10kΩ 的上拉电阻将输出端口接到电源就可以使用，参考电路如图 6-20 所示。

采用 CS3202 测量小车速度的方法为：在小车后轮驱动轮上粘两块磁铁，如图 6-21 所示，当轮胎转动一圈时，霍尔元件将输出两个周期的方波，而小车前进约 20cm。通过测量 CS3202 输出方波的周期 T，就可以计算出小车的速度 $V=10\text{cm}/\text{T}$。

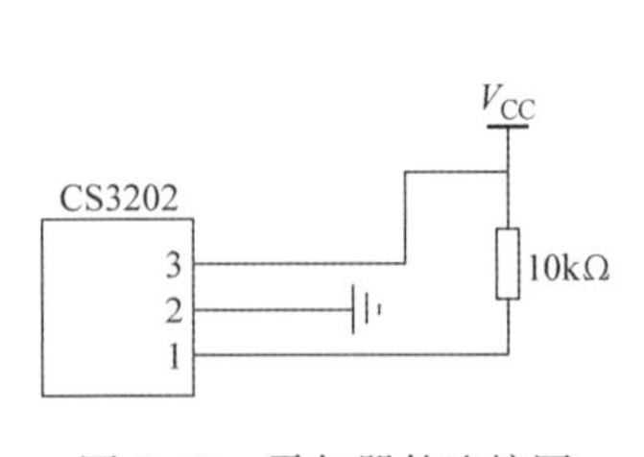

图 6-20 霍尔器件连接图

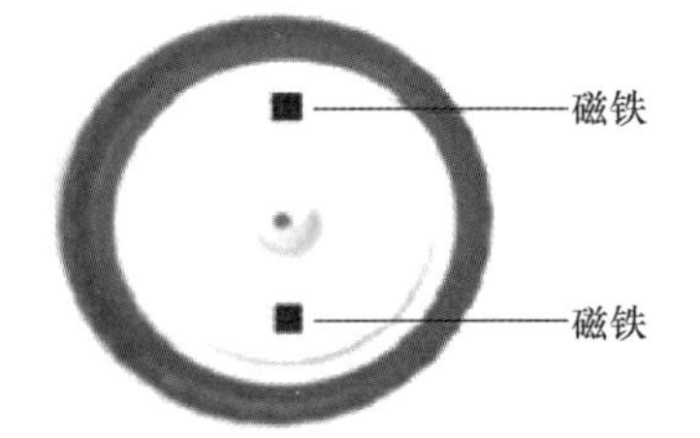

图 6-21 霍尔器件测量小车速度示意图

但是，在实际测试中，用霍尔式传感器来测量小车速度也存在如下不足：①测量速度精度不够高。②车轮高速转动时，磁铁可能被甩掉。因此，在经费、设备等条件许可的情况下，可以考虑采用测量精度较高的光电式脉冲编码器来测量小车电动机的转速。

6.1.2.2 光电编码器

光电编码器是一种通过光电转换将输出轴上的机械几何位移量转换成脉冲或数字量的传

感器，是目前应用最多的传感器。一般的光电编码器主要由光栅盘和光电检测装置组成。在伺服系统中，由于光电码盘与电动机同轴，电动机旋转时，光栅盘与电动机同速旋转，经发光二极管等电子元件组成的检测装置检测输出若干脉冲信号，通过计算每秒光电编码器输出脉冲的个数就能反映当前电动机的转速。如图 6-22 所示。此外，为判断旋转方向，码盘还可提供相位相差 90°的 2 个通道的光码输出，根据双通道光码的状态变化确定电动机的转向。根据检测原理，编码器可分为光学式、磁式、感应式和电容式。根据其刻度方法及信号输出形式，可分为增量式、绝对式以及混合式 3 种。

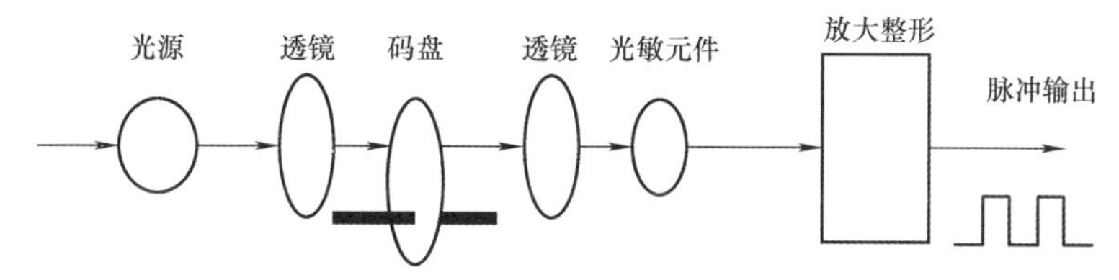

图 6-22　增量编码器原理示意图

1. 增量编码器

增量式编码器又称为脉冲盘式编码器，它由三个码道构成，直接利用光电转换原理输出三组方波脉冲 A、B 和 Z 相；A 为增量码道、B 为辨相码道，通过 A、B 两相之间脉冲的前后顺序可以方便地判断出旋转方向，产生这两相脉冲码盘都均匀地分布着 n 个不透光的扇形区，但彼此错开半个扇区即 $90°/n$，扇形区的多少决定了增量编码器的分辨率

$$\alpha = \frac{360°}{n} \tag{6-5}$$

当主轴旋转一圈，这两个码道对应的光电器件将产生 n 个增量脉冲和辨相脉冲，由于在空间上彼此错开角度，因此两个脉冲在时间上相差 1/4 个周期，即相位上 A、B 两组脉冲相位差 90°，增量编码器的实物如图 6-23 所示。

图 6-23　360P/R 增量编码器

Z 相作为码盘的基准位置，给计数系统提供一个初始为零位的信号，如图 6-24 所示。它的优点是原理构造简单，机械平均寿命可在几万小时以上，抗干扰能力强，可靠性高，适合于长距离传输。其缺点是无法输出轴转动的绝对位置信息，但是在普通闭环控制中，如飞思卡尔智能车这种简单的转速闭环控制系统，用增量编码器已符合要求，如果需要准确地知道车辆行驶的距离，在不考虑差速机构等因素的情况下，则需要使用绝对编码器才能够做到。

2. 绝对编码器

绝对编码器是直接输出数字量的传感器，在它的圆形码盘上沿径向有若干同心码道，每条码道由透光和不透光的扇形区相间组成，相邻码道的扇区数目是双倍关系，码盘上的码道数就是它的二进制数码的位数，在码盘的一侧是光源，另一侧对应每一码道有一光敏元件；当码盘处于不同位置时，各光敏元件根据受光照与否转换出相应的电平信号，形成二进制数。这种编码器的特点是不要计数器，在转轴的任意位置都可读出一个固定的与位置相对应的数字码。显然，码道越多，分辨率就越高，对于一个具有 N 位二进制分辨率的编码器，

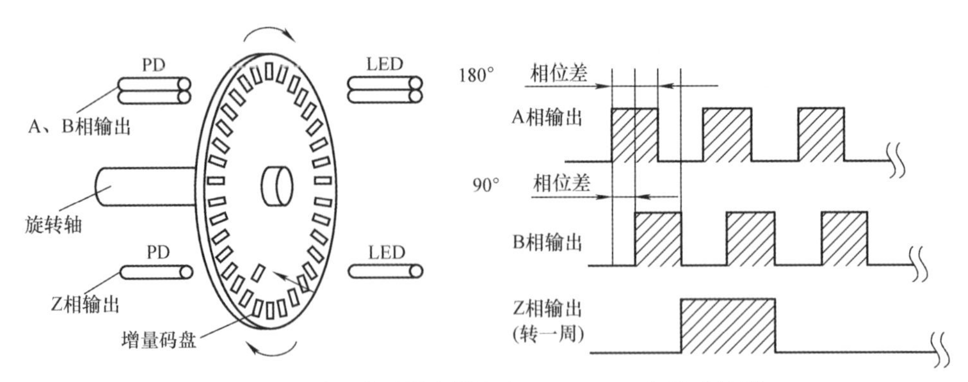

图 6-24　增量编码器光栅盘及 A、B、Z 三相脉冲波形

其码盘必须有 N 条码道。目前国内已有 16 位的绝对编码器产品。

绝对式编码器是利用自然二进制或循环二进制（格雷码）方式进行光电转换的。绝对式编码器与增量式编码器的不同之处在于圆盘上透光、不透光的线条图形的个数不同，绝对编码器可有若干编码，根据读出的码盘上的编码，检测绝对位置。编码的设计可采用二进制码、循环码、二进制补码等。它的特点是：

1）可以直接读出角度坐标的绝对值。

2）没有累积误差。

3）电源切除后位置信息不会丢失。但是分辨率是由二进制的位数来决定的，也就是说精度取决于位数，目前有 10 位、14 位、16 位等多种。

3. 混合式绝对值编码器

混合式绝对值编码器输出两组信息：一组信息用于检测磁极位置，带有绝对信息功能；另一组则完全等同增量式编码器的输出信息。

4. 编码器在智能车系统设计中的应用

在飞思卡尔智能车系统设计中，闭环控制作为一个必不可少的环节，对于速度检测来说尤为重要。

光电编码器是一种角度（角速度）检测装置，它将输入给轴的角度量，利用光电转换原理转换成相应的电脉冲或数字量，具有体积小、精度高、工作可靠、接口数字化等优点。它广泛应用于数控机床、回转台、伺服传动、机器人、雷达、军事目标测定等需要检测角度的装置和设备中。在飞思卡尔智能汽车设计中，光电编码器主要用于检测电动机的转速，作为闭环速度控制的重要反馈环节。图 6-25 为智能车系统中编码器的安装示意图。

图 6-25　智能车系统中编码器的安装示意图

编码器选用的型号为欧姆龙 E6A2 - CWZ3C，工作电压为 5 ~ 12V，脉冲最大频率为 30kHz，A、B、Z 三相输出，每转输出 360 个脉冲，通过 A、B 相位可以判断旋转方向，Z 相提供初始为零位的信号。系统使用 XS12 单片机作

为主控芯片，它的定时器接口模块可以对外部输出脉冲进行捕获，其 PT7 端口捕获的输入脉冲可以保存在定时器模块包含的 16 位脉冲累加器中，通过周期性地采集编码器的脉冲并从累加器寄存器 PACNT 中读出，即可以获得当前的电动机转速，对智能车系统的整体运行情况进行闭环控制。

6.2 温室环境检测系统中的传感器选择及应用

现代化温室作为设施农业的一个方面，其环境检测与控制系统利用自动化、机械化和微电子智能高新技术，使温室内温度、湿度、光照、CO_2 浓度等环境参数自动调控到作物生长所需的最佳状态值，使生产作业实现了高度自动化和机械化。温室设施包括环境调控设施和温室建筑结构，而先进的环境调控是现代化温室的重要特征。

温室环境控制，即根据植物生长发育的需要，自动调节温室内环境条件的总称。现代化温室，通过传感器、微型计算机及单片机技术和人工智能技术，能自动调控温室的环境，其中包括温度、湿度、光照、CO_2 及水分等，使作物在不适宜生长发育的反季节中，获得比室外生长更优的环境条件，以达到早熟、优质和高产的目的。

在温室自动化管理系统中应用的传感器主要有温度传感器、湿度传感器、光照传感器、CO_2 浓度传感器等。选择传感器的原则是：接口简单、性能稳定、工作可靠等。

6.2.1 温度检测

1. 温度传感器的选择

温室内环境温度的变化范围为 0 ~40℃，变化速度较为缓慢，且对作物生长的影响不特别敏感，因而灵敏度要求不高。因温室内湿度较大，传感器需具有较好的物理和化学稳定性。故选择的传感器应该满足长期稳定性好，测量范围符合作物生长的环境要求，满足测量精度要求等条件。为了便于推广应用，要求传感器性能稳定，价格适中。

目前，温度传感器主要有数字式温度传感器和模拟式温度传感器。数字式温度传感器与微处理器的接口以数字形式的串行接口为主，主要有美国 DALLAS 半导体公司的单线式数字化测温集成电路 DS1820 和瑞士 SENSIRION 公司的 SHT71 二线制温湿度一体集成电路。模拟式温度传感器通过 ADC 与微处理器的接口相连接，常用的有热电阻温度传感器或变送器和集成温度传感器（如 AD 公司的 AD590 集成温度传感器），可根据温室测控系统灵活选用，如在温湿度测量点较多且使用无线节点时可选用 SHT71，需要增加温度测量点时可选用 DS1820；在测量点很少（小型温室，有一个测量点就能满足需求）且测量点距离控制器较近时，温室内可不用无线节点，此时，可选用温度变送器直接与温室控制连接，节省成本。

DS1820 采用 1 - Wire 单线接口方式，与微处理器接口相连接时仅需占用 1 个 I/O 端口，支持多节点，使分布式测量、测温时无须任何外部元件，可以通过数据线直接供电，具有超低功耗；测温范围为 -55 ~125℃，测温精度为 0.5℃。

SHT71 采用二线制 I2C 接口方式，与微处理器接口相连接时需要 2 个 I/O 端口，测量范围为 -40 ~123.8℃，测量精度为 0.8℃。

热电阻温度传感器是利用导体的电阻随温度变化而变化的特性测量温度的，常用的热电阻材料有铂和铜。其中，铂电阻的特点是精度高、稳定性好、性能可靠，在氧化性气氛中，甚至在高温下的物理化学性质都非常稳定。本文设计了一款基于 PT1000 的温度变送器，测量范围在 0 ~ 145℃时测量最大误差为 0.4℃，线性度和重复性很好，成本低。

2. 测量电路的设计

本文以采用热电阻 PT1000 为例，讲述其变送器的设计过程。

采用 PT1000 设计的温度变送器主要包括 *R* - *U* 电路、放大电路、*U* - *I* 电路三部分。*R* - *U* 电路将电阻变化值转换为电压变化值，放大电路将微弱的电压放大到合理的值，*U* - *I* 电路将电压变化转换成 4 ~ 20mA 的电流输出，提高抗干扰能力。

R - *U* 电路有恒压式和恒流式测量电路两种。恒压式测量电路如图 6-26 所示，该电路采用桥式电路，将电阻的变化转化为电压的变化，桥式电路中的电阻精度和匹配程度对测量精度影响较大，应选用高精度、低温度漂移的电阻。在该电路中，为了使桥式电路不受影响，需将输入电阻值选取高达 $R_4 = R_6 = 1\text{M}\Omega$ 的数值，由此而决定了运算放大器必须是低输入偏置电流的场效应晶体管输入型。

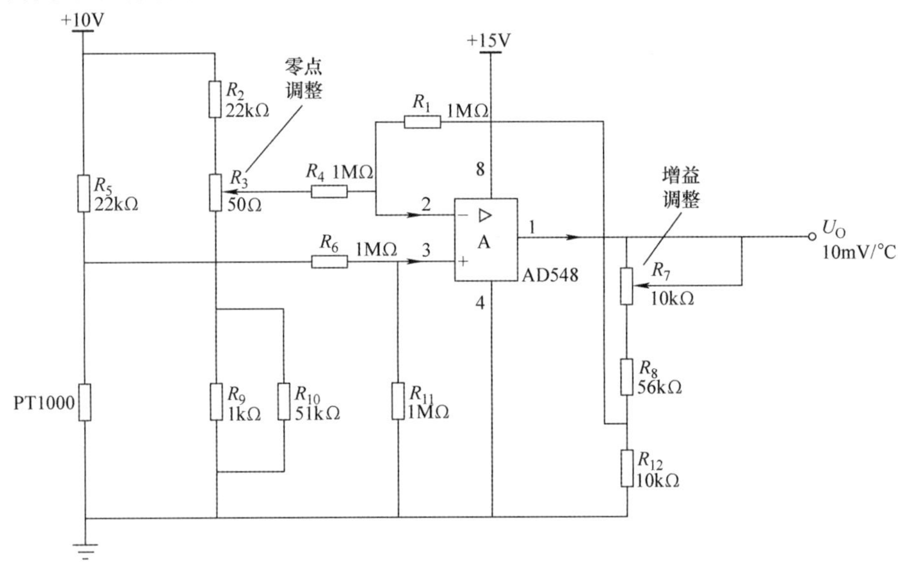

图 6-26　恒压式测量电路

恒流式测量电路如图 6-27 所示，该电路采用恒流源，将电阻的变化转化为电压的变化，设计高精度的恒流源是提高测量精度的关键。恒流式与恒压式相比较，恒流式测量电路调试方便，故选用之。

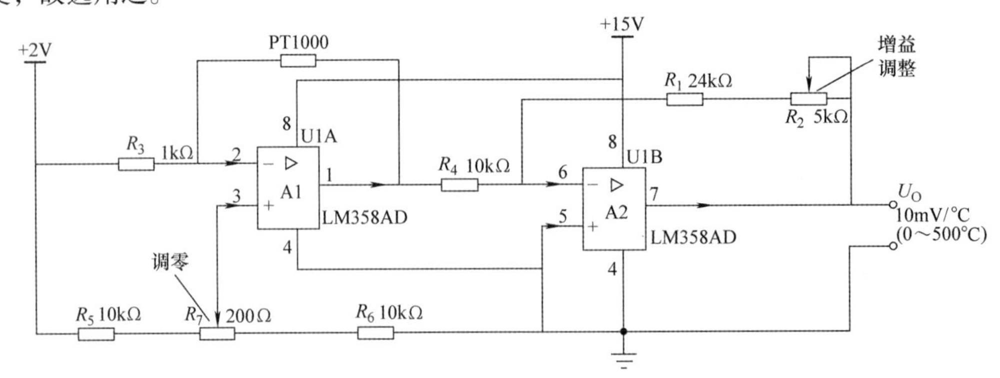

图 6-27　恒流式测量电路

如图 6-27 所示，测温电阻流过的标称电流为 1mA，基准电压为 2V，从电路可知，流过 PT1000 的电流为

$$I_{IN} = (2V - U_+)/R_3 \tag{6-6}$$

运算放大器 LM358 正常工作时，U_-和同相端输入 U_+相等。U_+由基准电压用电阻 R_5、R_6、R_7分压得到。若假定 $U_+ = 1V$，则

$$I_{IN} = (2V - 1V)/1k\Omega = 1mA \tag{6-7}$$

PT1000 中流过 1mA 的电流，在 0℃时，LM358 的 1 端就有 1kΩ × 1mA = 1V 的偏置电压，这是不理想的。为了使传感器能在 0℃时，LM358 的 1 端输出电压为 0V，必须在电路中消除该偏置电压（1V）。为此，在 LM358 的同向输入端输入 1V，LM358 的 1 端的电压为

$$U = U_+ - (U_r - U_-) \times R_{PT1000}/R_3 = 1V - (2V - 1V) \times R_{PT1000}/1k\Omega \tag{6-8}$$

式中，R_{PT1000}为铂测温电阻，因

$$\begin{aligned} R_{PT1000} &= R_0(1 + \alpha t + \beta t^2) \\ &= 1000(1 + 3.90802 \times 10^{-3} \times T - 0.580195 \times 10^{-6} \times T^2)\Omega \end{aligned} \tag{6-9}$$

所以

$$U = -(3.90802 \times 10^{-3} \times T - 0.580195 \times 10^{-6} \times T^2) \tag{6-10}$$

当温度升高时，输出电压变小，需要设计一级运算放大器 A2 将负输出倒相为正电压并进行必要的放大。由于在温度范围较宽时，其非线性误差较大，还必须设计如图 6-28 所示的电路进行线性校正，这里采用正反馈来实现线性化。

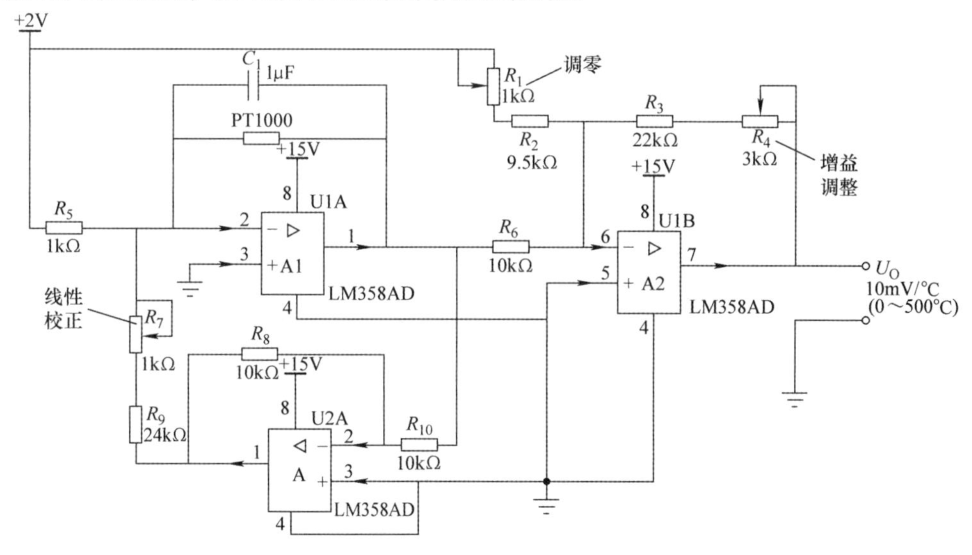

图 6-28 带线性校正的恒流式测量电路

放大电路中包含零点调节电路，即调节本级放大电压输出的大小，保证信号源在温度为零度时整个回路电流为 4mA。倘若要使运算放大器 A2 的输出 U_O达到 10mA/℃的灵敏度，就需要通过调整电位器调整增益。

$U-I$ 转换电路，如图 6-29 所示。

$$\frac{U_-}{R_4} = \frac{U_1}{R_4 + R_5} \tag{6-11}$$

$$\frac{U_i-U_2}{R_1+R_2}=\frac{U_i-U_-}{R_2} \quad (6\text{-}12)$$

运算放大器在理想情况下有

$$U_+=U_- \quad (6\text{-}13)$$

所以有

$$U_1-U_2=0.2U_i \quad (6\text{-}14)$$

因此

$$I=\frac{U_i}{5R_6}=\frac{U_i}{250} \quad (6\text{-}15)$$

若 U_i 输入为 1 ~ 5V，则输出为 4 ~ 20mA。

通过对温度变送电路进行实际测试，结果表明其线性度高，误差为 0.4℃，满足温室测控系统的需求。

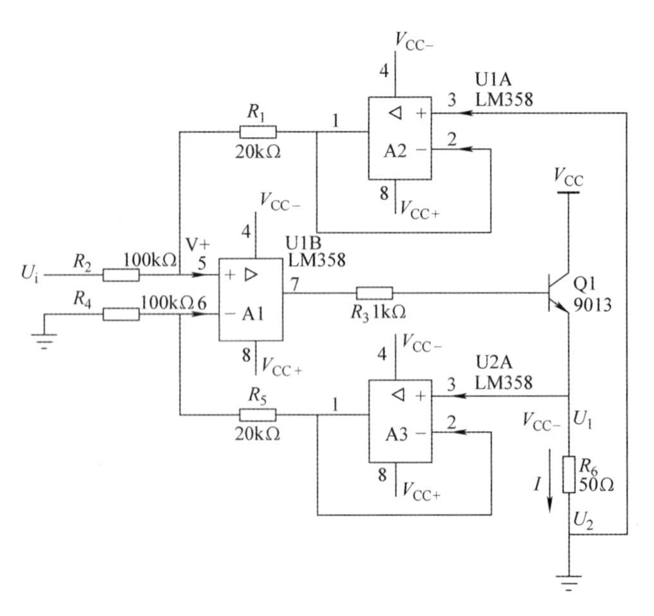

图 6-29 $U-I$ 转换电路

6.2.2 湿度检测

1. 湿度传感器的选择

影响作物生长的湿度是空气的相对湿度，本系统需要检测温室内空气的相对湿度，它是绝对湿度和饱和湿度之比。目前，湿度检测传感器的种类比较多，湿敏元件主要有电阻式、电容式两大类。湿敏电阻应用得比较多，如：金属氧化物湿敏电阻、硅湿敏电阻、陶瓷湿敏电阻等。使用湿敏电阻作为湿度检测的优点是灵敏度高，但缺点是线性度和产品的一致性比较差。湿敏电容一般采用高分子薄膜电容制成，其优点是灵敏度高、线性度好、产品互换性好、响应速度快、湿度的滞后量小、便于制造，容易实现小型化和集成化等。

对温室湿度的测量可采用数字式温湿度一体集成芯片 SHT71，也可采用利用湿敏元件制作的传感器或变送器。可根据温室测控系统灵活选用，当需要测量多个点且测量点距离控制器较远时，可以采用无线网络节点，适合选用 SHT71 芯片；当测量点很少，不需要无线节点时，可采用湿度变送器直接连接到控制器，控制器完成数据的采集，以节省成本。

2. 测量电路的设计

本文以采用 Humirel 公司生产的湿敏电容 HS1101 为例，讲述其变送器设计步骤。

湿敏电容 HS1101 的主要特点：

1）全互换性在标准环境下不需校正。

2）长时间饱和下快速脱湿。

3）可以自动化焊接，包括波峰焊或水浸。

4）高可靠性与长时间稳定性。

5）具有专利技术的固态聚合物结构。

HS1101 的测量范围是（0 ~ 100%）RH，在 55% RH 下的标称电容量为 180pF，温度系数为 +0.04 pF/℃。在（33% ~ 75%）RH 范围内的平均灵敏度为 0.34pF/RH；产品具有良好的互换性；既可构成线性电压输出电路，亦可组成线性频率输出电路；响应速度快

(5s)，恢复时间短（10s），长期稳定性好（年温度漂移量为 ±1.5% RH），湿度滞后量为 ±1.5% RH；供电电压一般为 +5V 最高不超过 +10V。

如图 6-30 所示，湿度变送器主要有湿敏电容 HS1101 和 TLC555 定时器构成的振荡电路、$F-U$ 转换电路、信号调理电路和 $U-I$ 电路组成。

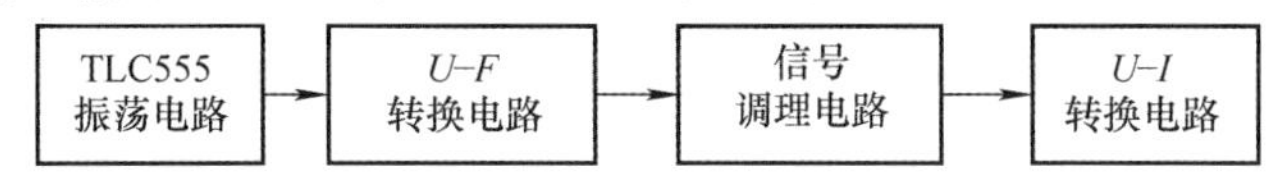

图 6-30　湿度变送器结构框图

HS1101 和 TLC555 电路组成的 $C-F$ 转换电路如图 6-31 所示。集成定时器 TLC555 芯片外围电阻 R_1、R_2、与湿敏电容 C_3 构成对 C_3 的充电回路。7 端通过芯片内部的晶体管对地短路又构成了对 C_3 的放电回路，并将引脚 2、6 相连引入到片内比较器，便成了一个多谐振荡器，即方波发生器。另外 R_4 是防止输出短路的保护电阻，R_3 用于平衡温度系数. 该电路有两个暂稳态过程：首先电源 V_{CC} 通过 R_1 和 R_2 向 C_3 充电其电时间为

$$t_{hight} = C_3\ (R_2 + R_1)\ \ln 2 \tag{6-16}$$

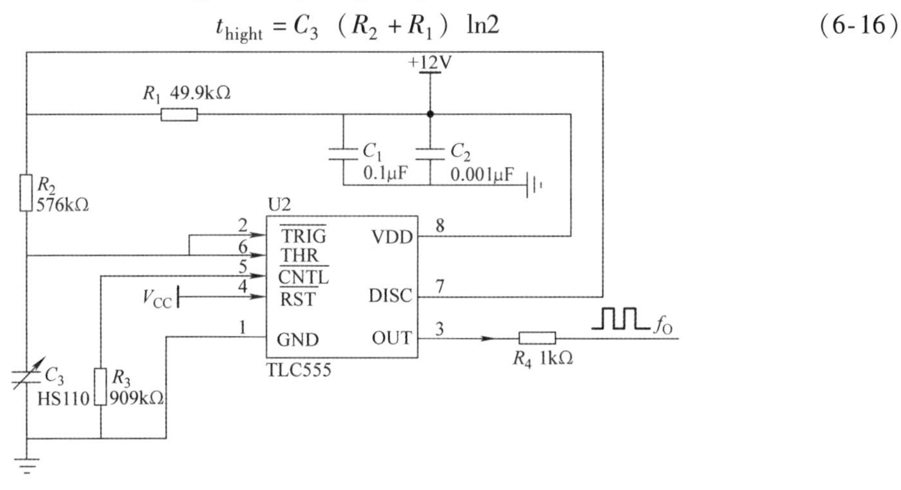

图 6-31　$C-F$ 转换电路

当达到芯片内比较器的高触发电平，约 $0.67V_{CC}$ 时，此时输出引脚 3 端由高电平降为低电平后通过 R_2 放电，放电时间为

$$t_{low} = C_3 R_2 \ln 2 \tag{6-17}$$

当电压下降到 $0.33V_{CC}$ 时，此时引脚 3 又由低电平跃升为高电平，因而输出频率为

$$f_O = 1/(t_{hight} + t_{low}) = 1/[C_3(2R_2 + R_1)\ln 2] \tag{6-18}$$

$F-U$ 转换电路采用美国 NS 公司生产的 LM331 转换器件，该器件是一款性能价格比较高的集成芯片，其采用新的温度补偿能隙基准电路，在整个工作温度范围内和低于 4.0V 电源电压下都有极高的精度。LM331 的动态范围宽，可达 100dB；线性度好，最大线性失真小于 0.01%，工作频率低于 0.1Hz 时尚有较好的线性；变换精度高，数字分辨率可达 12 位；外接电路简单，只需接入几个外部元件就可方便构成 $U-F$ 或 $F-U$ 等变换电路，并且容易保证转换精度。

频率－电压转换电路如图 6-32 所示，输入频率 f_O 经过 C_2、R_4 组成的微分电路加到输入比较器的反相输入端，输入比较器的同相端经过 R_2、R_4 分压而加约 $2/3V_{CC}$ 的直流电压，反

相输入端经电阻 R_4 加有 V_{CC} 的电压，当输入的脉冲下降沿到来时，经微分电路 C_2、R_4 产生一负尖脉冲叠加到反相输入端的 V_{CC} 上。当负尖脉冲大于 $V_{CC}/3$ 时，输入比较器输出高电平使触发器置位，此时 LM331 内的电流开关打向右边，电流源 I_R 对 C_1 进行充电，同时因复位晶体管截止而使电源 V_{CC} 通过电阻 R_1 对 C_1 充电，当电容 C_1 两端电压达到 $2/3V_{CC}$ 时，定时比较器输出高电平使触发器复位。此时 LM331 内的电流开关打向左边，电容 C_3 通过电阻 R_7 放电，同时复位晶体管导通，定时电容 C_1 迅速放电，完成一次充放电过程。

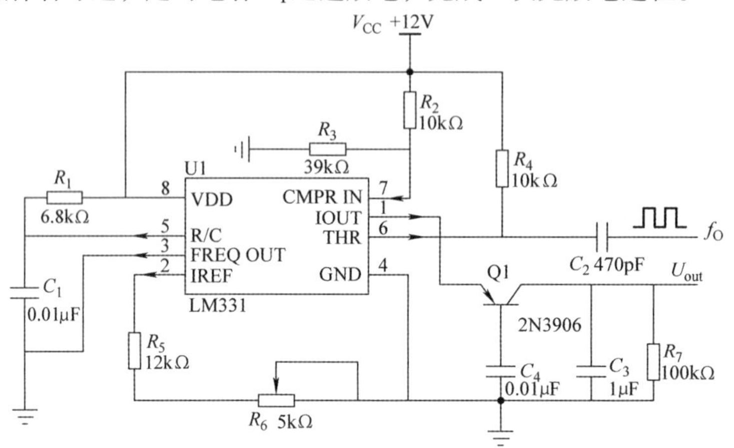

图 6-32　F－U 转换电路

电容 C_3 的充电时间由定时电路 R_1、C_1 决定，充电电流由 I_R 决定。输入脉冲的频率越高，电容 C_3 上积累的电荷就越多。输出电压就越高，实现了 $F-U$ 变换，因此有

$$U_{out}=f_O\times\left(\frac{R_7}{R_5+R_6}\right)1.9\times1.1R_1C_1 \tag{6-19}$$

在进行 $F-U$ 转换时，频率（范围 7351～6033Hz）需要转换得到的电压为 1～5V，以备 $U-I$ 电路使用。在式（6-19）中 R_7、R_1、C_1 为已知，需调整 R_6。信号调理电路如图 6-33所示，其中的 U_S 使用滑线变阻器和 10kΩ 电阻 R_1 从 +12V 电压分压得到，经过跟随器接入减法电路，其中跟随器起隔离作用，提高输入阻抗。频率－电压转换过来的电压 U_{out} 通过电压跟随器进入减法电路，根据虚短、虚断可以求出输出电压为

$$U_O=\frac{R_f}{R_S}(U_{out}-U_S) \tag{6-20}$$

其中要求 $R_2/R_4=R_3/R_5$ 达到匹配，采用了 $R_S=R_2=R_3=10\text{k}\Omega$；$R_f=R_4=R_5=30\text{k}\Omega$，则有以下方程：

$$3\times\left(\frac{f_{max}\times14.212}{R_5+R_6}-U_S\right)=5\text{V} \tag{6-21}$$

$$3\times\left(\frac{f_{min}\times14.212}{R_5+R_6}-U_S\right)=1\text{V} \tag{6-22}$$

求式（6-21）和式（6-22）得到，$R_6=2.05\text{k}\Omega$，$U_S=5.7688\text{V}$，可通过调节滑动变阻器而获得。

$U-I$ 转换电路与温度变送器设计得一样，如图 6-29 所示。

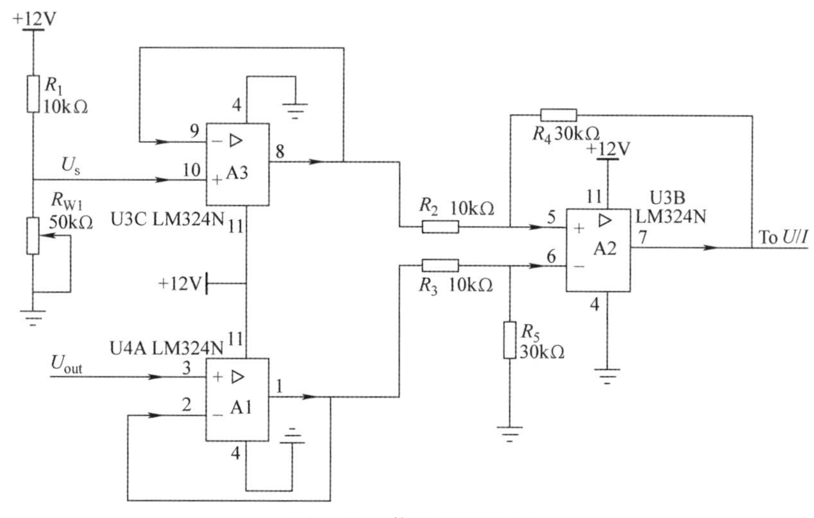

图 6-33 信号调理电路

6.2.3 光照检测

在光照度测量中，常用的光电器件是光电池和光敏二极管。通过对两者的结构与工作原理及特性的比较可知，光电池的漏电流、结电容较大、并联电阻较小。用光电池探测辐射时，有噪声大、动态范围和线性区小、响应慢等缺点。同时，光电池的疲劳现象直接影响其响应度的稳定性。另外，这两种器件的光谱特性也不同，光敏二极管的光谱特性与光谱光视效率更接近。硅光敏二极管在光照特性、温度特性和频率特性上等，都更适合于智能温室控制光照度传感器的测量。从光谱特性上可以看出，硅光敏二极管的光谱响应范围是 400 ~ 1100nm，可满足温室测控系统的需求，故选择硅光敏二极管作为光照度传感器的光电转换元件。

光照度测量电路如图 6-34 所示，由于硅光敏二极管输出的是极其微弱的光电流，大约是 2μA，因此需要一个放大电路，在保证输出信号线性的条件下，将输出的电流信号转换为对应的电压信号。硅光敏二极管输出电流信号经放大电路转换为电压信号输出，放大器输入电阻相对光敏二极管可以视为短路，则放大器的输出电压 $U_O = -I_i R_f$。这种方式可以获得线性良好的电流 - 电压变换。电路选用的硅光敏二极管型号为 3DU050C，光谱范围为 450 ~ 1150 nm，用于可见光、红外光检测，光电流 I_L(1000LX - 10V) ≥5mA，暗电流 I_d(0LX - 10V) ≤ 0.1μA，击穿电压 U_{CEO} > 30V，耗散功率 P_d = 1500mW。

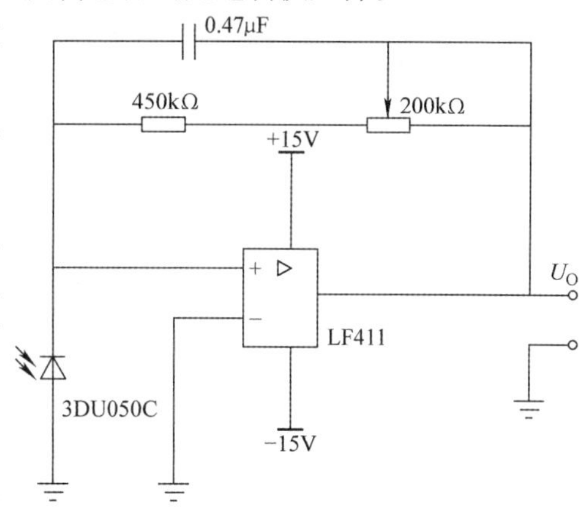

图 6-34 光照度测量电路

6.2.4 CO_2检测

1. CO_2传感器的选择

目前，CO_2传感器的类型有两种：一种是红外式，优点是精度高、工作稳定可靠、使用方便，缺点是价格较高；另一种是热导式，优点为价格较低，缺点是需要经常更换感受元件，定期用标准气体标定传感变送器，使用不方便，且可靠性和感受元件相关。

红外式 CO_2 传感器应用最广泛，其利用 CO_2 吸收波长为 4.27μm 红外线的物理特性来有选择地准确测量 CO_2 的分压，尤其是在 CO_2 绝对浓度很高（甚至高达 100%）的情况下更能准确测量其浓度，如 T6004 模块，测量范围：$0\sim2\times10^{-3}$，非线性小于 1% FS（满量程），价格适中，主要参数指标如下：

1）工作电压：4.75～5.25V。

2）工作环境：温度 0～50℃，湿度 0～95% RH。

3）建立时间：<2min。

4）测量范围：$0\sim2000\times10^{-6}$。

5）非线性误差：小于 1% FS。

6）输出形式：数字输出（SPI）或模拟输出（0～4V）。

2. 测量电路的设计

以 T6004 红外式 CO_2 测量模块为例，介绍其接口电路的设计过程。

T6004 与 CC2430 的接口电路如图 6-35 所示。因 CC2430 工作电压为 2.0～3.6V，所以 5V 电源需要通过两个二极管降压。T6004 工作电压最大 5.25V，必须加保护电路，否则电源的意外冲击电压容易将其损坏，图中通过一个 5V 稳压二极管对其进行保护。为了节省 CC2430 的引脚资源，使用 T6004 的模拟输出模式，通过内部 A－D 转换器采样。T6004 模拟输出的最大电压为 4V，没法直接对其采样，因此，通过一个 LM358 单电源放大器对其进行衰减至 0～3.2V。

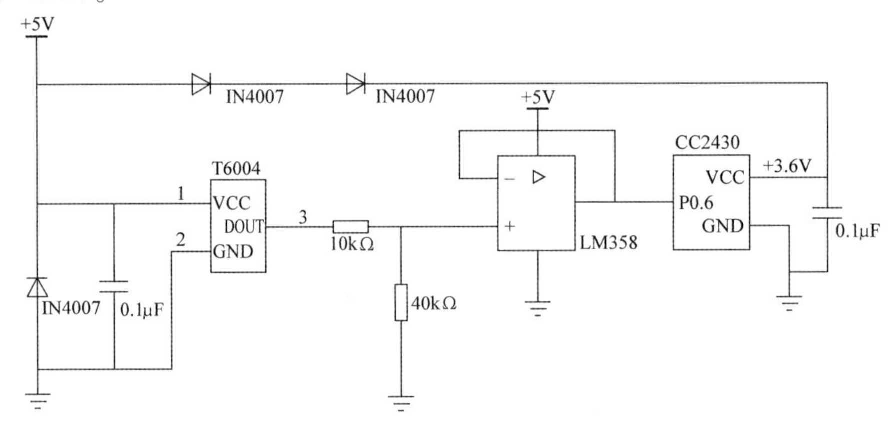

图 6-35　CO_2 测量电路

附　录

附录 A　铂铑 10 – 铂热电偶（S 型）$E(t)$ 分度表

参考端温度：0℃

温度/℃	热电动势 E/mV										
	0	−10	−20	−30	−40	−50	−60	−70	−80	−90	−100
0	0	−0. 0527	−0. 1028	−0. 1501	−0. 1944	−0. 2356					

温度/℃	热电动势 E/mV										
	0	10	20	30	40	50	60	70	80	90	100
0	0	0. 0553	0. 1129	0. 1728	0. 2349	0. 2989	0. 3649	0. 4327	0. 5022	0. 5733	0. 6459
100	0. 6459	0. 72	0. 7955	0. 8722	0. 9502	1. 0294	1. 1097	1. 191	1. 2733	1. 3566	1. 4408
200	1. 4408	1. 5258	1. 6116	1. 6982	1. 7855	1. 8736	1. 9623	2. 0516	2. 1415	2. 232	2. 323
300	2. 323	2. 4146	2. 5067	2. 5993	2. 6923	2. 7858	2. 8797	2. 974	3. 0687	3. 1639	3. 2594
400	3. 2594	3. 3552	3. 4514	3. 548	3. 6449	3. 7422	3. 8398	3. 9377	4. 0359	4. 1344	4. 2333
500	4. 2333	4. 3325	4. 4319	4. 5317	4. 6318	4. 7322	4. 8329	4. 9339	5. 0352	5. 1368	5. 2387
600	5. 2387	5. 3409	5. 4435	5. 5463	5. 6495	5. 753	5. 8568	5. 9609	6. 0654	6. 1701	6. 2752
700	6. 2752	6. 3807	6. 4865	6. 5926	6. 699	6. 8058	6. 913	7. 0205	7. 1283	7. 2365	7. 345
800	7. 345	7. 4539	7. 5631	7. 6726	7. 7825	7. 8928	8. 0034	8. 1143	8. 2256	8. 3373	8. 4492
900	8. 4492	8. 5616	8. 6742	8. 7872	8. 9005	9. 0141	9. 1281	9. 2423	9. 3569	9. 4719	9. 5871
1000	9. 5871	9. 7026	9. 8185	9. 9347	10. 0512	10. 168	10. 2851	10. 4026	10. 5203	10. 6383	10. 7565
1100	10. 7565	10. 875	10. 9937	11. 1127	11. 2318	11. 3511	11. 4707	11. 5904	11. 7103	11. 8303	11. 9505
1200	11. 9505	12. 0709	12. 1914	12. 312	12. 4327	12. 5536	12. 6745	12. 7956	12. 9167	13. 0378	13. 1591
1300	13. 1591	13. 2804	13. 4017	13. 523	13. 6444	13. 7658	13. 8872	14. 0086	14. 1299	14. 2513	14. 3726
1400	14. 3726	14. 4939	14. 6151	14. 7362	14. 8573	14. 9783	15. 0992	15. 22	15. 3407	15. 4612	15. 5817
1500	15. 5817	15. 702	15. 8221	15. 9421	16. 0619	16. 1816	16. 301	16. 4203	16. 5394	16. 6582	16. 7768
1600	16. 7768	16. 8952	17. 0134	17. 1313	17. 2489	17. 3663	17. 4834	17. 6002	17. 7165	17. 8323	17. 9473
1700	17. 9473	18. 0613	18. 1741	18. 2855	18. 3953	18. 5033	18. 6093				

附录B 镍铬—镍硅热电偶（K型）$E(t)$分度表

参考端温度：0℃

温度/℃	热电动势 E/mV（JJG 351—1984）									
	0	1	2	3	4	5	6	7	8	9
-50	-1.889	-1.925	-1.961	-1.996	-2.032	-2.067	-2.102	-2.137	-2.173	-2.208
-40	-1.527	-1.563	-1.600	-1.636	-1.673	-1.709	-1.745	-1.781	-1.817	-1.853
-30	-1.156	-1.193	-1.231	-1.268	-1.305	-1.342	-1.379	-1.416	-1.453	-1.490
-20	-0.777	-0.816	-0.854	-0.892	-0.930	-0.968	-1.005	-1.043	-1.081	-1.118
-10	-0.392	-0.431	-0.469	-0.508	-0.547	-0.585	-0.624	-0.662	-0.701	-0.739
-0	0	-0.039	-0.079	0.118	-0.157	-0.197	0.236	-0.275	-0.314	-0.353
0	0	0.039	0.079	0.119	0.158	0.198	0.238	0.277	0.317	0.357
10	0.397	0.437	0.477	0.517	0.557	0.597	0.637	0.677	0.718	0.758
20	0.798	0.838	0.879	0.919	0.960	1.000	1.041	1.081	1.122	1.162
30	1.203	1.244	1.285	1.325	1.366	1.407	1.448	1.489	1.529	1.570
40	1.611	1.652	1.693	1.734	1.776	1.817	1.858	1.899	1.940	1.981
50	2.022	2.064	2.105	2.146	2.188	2.229	2.270	2.312	2.353	2.394
60	2.436	2.477	2.519	2.560	2.601	2.643	2.684	2.726	2.767	2.809
70	2.850	2.892	2.933	2.875	3.016	3.058	3.100	3.141	3.183	3.224
80	3.266	3.307	3.349	3.390	3.432	3.473	3.515	3.556	3.598	3.639
90	3.681	3.722	3.764	3.805	3.847	3.888	3.930	3.971	4.012	4.054
100	4.095	4.137	4.178	4.219	4.261	4.302	4.343	4.384	4.426	4.467
110	4.508	4.549	4.590	4.632	4.673	4.714	4.755	4.796	4.837	4.878
120	4.919	4.960	5.001	5.042	5.083	5.124	5.164	5.205	5.246	5.287
130	5.327	5.368	5.409	5.450	5.490	5.531	5.571	5.612	5.652	5.693
140	5.733	5.774	5.814	5.855	5.895	5.936	5.976	6.016	6.057	6.097
150	6.137	6.177	6.218	6.258	6.298	6.338	6.378	6.419	6.459	6.499
160	6.539	6.579	6.619	6.659	6.699	6.739	6.779	6.819	6.859	6.899
170	6.939	6.979	7.019	7.059	7.099	7.139	7.179	7.219	7.259	7.299
180	7.338	7.378	7.418	7.458	7.498	7.538	7.578	7.618	7.658	7.697
190	7.737	7.777	7.817	7.857	7.897	7.937	7.977	8.017	8.057	8.097
200	8.137	8.177	8.216	8.256	8.296	8.336	8.376	8.416	8.456	8.497
210	8.537	8.577	8.617	8.657	8.697	8.737	8.777	8.817	8.857	8.898
220	8.938	8.978	9.018	9.058	9.099	9.139	9.179	9.220	9.260	9.300
230	9.341	9.381	9.421	9.462	9.502	9.543	9.583	9.624	9.664	9.705
240	9.745	9.786	9.826	9.867	9.907	9.948	9.989	10.029	10.070	10.111
250	10.151	10.192	10.233	10.274	10.315	10.355	10.396	10.437	10.478	10.519
260	10.560	10.600	10.641	10.882	10.723	10.764	10.805	10.848	10.887	10.928
270	10.969	11.010	11.051	11.093	11.134	11.175	11.216	11.257	11.298	11.339
280	11.381	11.422	11.463	11.504	11.545	11.587	11.628	11.669	11.711	11.752

（续）

温度/℃	热电动势 E/mV（JJG 351—1984）									
	0	1	2	3	4	5	6	7	8	9
290	11.793	11.835	11.876	11.918	11.959	12.000	12.042	12.083	12.125	12.166
300	12.207	12.249	12.290	12.332	12.373	12.415	12.456	12.498	12.539	12.581
310	12.623	12.664	12.706	12.747	12.789	12.831	12.872	12.914	12.955	12.997
320	13.039	13.080	13.122	13.164	13.205	13.247	13.289	13.331	13.372	13.414
330	13.456	13.497	13.539	13.581	13.623	13.665	13.706	13.748	13.790	13.832
340	13.874	13.915	13.957	13.999	14.041	14.083	14.125	14.167	14.208	14.250
350	14.292	14.334	14.376	14.418	14.460	14.502	14.544	14.586	14.628	14.670
360	14.712	14.754	14.796	14.838	14.880	14.922	14.964	15.006	15.048	15.090
370	15.132	15.174	15.216	15.258	15.300	15.342	15.394	15.426	15.468	15.510
380	15.552	15.594	15.636	15.679	15.721	15.763	15.805	15.847	15.889	15.931
390	15.974	16.016	16.058	16.100	16.142	16.184	16.227	16.269	16.311	16.353
400	16.395	16.438	16.480	16.522	16.564	16.607	16.649	16.691	16.733	16.776
410	16.818	16.860	16.902	16.945	16.987	17.029	17.072	17.114	17.156	17.199
420	17.241	17.283	17.326	17.368	17.410	17.453	17.495	17.537	17.580	17.622
430	17.664	17.707	17.749	17.792	17.834	17.876	17.919	17.961	18.004	18.046
440	18.088	18.131	18.173	18.216	18.258	18.301	18.343	18.385	18.428	18.470
450	18.513	18.555	18.598	18.640	18.683	18.725	18.768	18.810	18.853	18.896
460	18.938	18.980	19.023	19.065	19.108	19.150	19.193	19.235	19.278	19.320
470	19.363	19.405	19.448	19.490	19.533	19.576	19.618	19.661	19.703	19.746
480	19.788	19.831	19.873	19.916	19.959	20.001	20.044	20.086	20.129	20.172
490	20.214	20.257	20.299	20.342	20.385	20.427	20.470	20.512	20.555	20.598
500	20.640	20.683	20.725	20.768	20.811	20.853	20.896	20.938	20.981	21.024
510	21.066	21.109	21.152	21.194	21.237	21.280	21.322	21.365	21.407	21.450
520	21.493	21.535	21.578	21.621	21.663	21.706	21.749	21.791	21.834	21.876
530	21.919	21.962	22.004	22.047	22.090	22.132	22.175	22.218	22.260	22.303
540	22.346	22.388	22.431	22.473	22.516	22.559	22.601	22.644	22.687	22.729
550	22.772	22.815	22.857	22.900	22.942	22.985	23.028	23.070	23.113	23.156
560	23.198	23.241	23.284	23.326	23.369	23.411	23.454	23.497	23.539	23.582
570	23.624	23.667	23.710	23.752	23.795	23.837	23.880	23.923	23.965	24.008
580	24.050	24.093	24.136	24.178	24.221	24.263	24.306	24.348	24.391	24.434
590	24.476	24.519	24.561	24.604	24.646	24.689	24.731	24.774	24.817	24.859
600	24.902	24.944	24.987	25.029	25.072	25.114	25.157	25.199	25.242	25.284
610	25.327	25.369	25.412	25.454	25.497	25.539	25.582	25.624	25.666	25.709
620	25.751	25.794	25.836	25.879	25.921	25.964	26.006	26.048	26.091	26.133
630	26.176	26.218	26.260	26.303	26.345	26.387	26.430	26.472	26.515	26.557
640	26.599	26.642	26.684	26.726	26.769	26.811	26.853	26.896	26.938	26.980
650	27.022	27.065	27.107	27.149	27.192	27.234	27.276	27.318	27.361	27.403
660	27.445	27.487	27.529	27.572	27.614	27.656	27.698	27.740	27.783	27.825
670	27.867	27.909	27.951	27.993	28.035	28.078	28.120	28.162	28.204	28.246

（续）

温度/℃	热电动势 E/mV（JJG 351—1984）									
	0	1	2	3	4	5	6	7	8	9
680	28.288	28.330	28.372	28.414	28.456	28.498	28.540	28.583	28.625	28.667
690	28.709	28.751	28.793	28.835	28.877	28.919	28.961	29.002	29.044	29.086
700	29.128	29.170	29.212	29.264	29.296	29.338	29.380	29.422	29.464	29.505
710	29.547	29.589	29.631	29.673	29.715	29.756	29.798	29.840	29.882	29.924
720	29.965	30.007	30.049	30.091	30.132	30.174	30.216	20.257	30.299	30.341
730	30.383	30.424	30.466	30.508	30.549	30.591	30.632	30.674	30.716	30.757
740	30.799	30.840	30.882	30.924	30.965	31.007	31.048	31.090	31.131	31.173
750	31.214	31.256	31.297	31.339	31.380	31.422	31.463	31.504	31.546	31.587
760	31.629	31.670	31.712	31.753	31.794	31.836	31.877	31.918	31.960	32.001
770	32.042	32.084	32.125	32.166	32.207	32.249	32.290	32.331	32.372	32.414
780	32.455	32.496	32.537	32.578	32.619	32.661	32.702	32.743	32.784	32.825
790	32.866	32.907	32.948	32.990	33.031	33.072	33.113	33.154	33.195	33.236
800	33.277	33.318	33.359	33.400	33.441	33.482	33.523	33.564	33.606	33.645
810	33.686	33.727	33.768	33.809	33.850	33.891	33.931	33.972	34.013	34.054
820	34.095	34.136	34.176	34.217	34.258	34.299	34.339	34.380	34.421	34.461
830	34.502	34.543	34.583	34.624	34.665	34.705	34.746	34.787	34.827	34.868
840	34.909	34.949	34.990	35.030	35.071	35.111	35.152	35.192	35.233	35.273
850	35.314	35.354	35.395	35.435	35.476	35.516	35.557	35.597	35.637	35.678
860	35.718	35.758	35.799	35.839	35.880	35.920	35.960	36.000	36.041	36.081
870	36.121	36.162	36.202	36.242	36.282	36.323	36.363	36.403	36.443	36.483
880	36.524	36.564	36.604	36.644	36.684	36.724	36.764	36.804	36.844	36.885
890	36.925	36.965	37.005	37.045	37.085	37.125	37.165	37.205	37.245	37.285
900	37.325	37.365	37.405	37.443	37.484	37.524	37.564	37.604	37.644	37.684
910	37.724	37.764	37.833	37.843	37.883	37.923	37.963	38.002	38.042	

附录 C　Pt100 热电阻分度表

温度/℃	0	1	2	3	4	5	6	7	8	9	10
	电阻值/Ω										
-100	60.25	59.85	59.44	59.04	58.63	58.22	57.82	57.41	57.00	56.60	56.19
-90	64.30	63.90	63.49	63.09	62.68	62.28	61.87	61.47	61.06	60.66	60.25
-80	68.33	67.92	67.52	67.12	66.72	66.31	65.91	65.51	65.11	64.70	64.30
-70	72.33	71.93	71.53	71.13	70.73	70.33	69.93	69.53	69.13	68.73	68.33
-60	76.33	75.93	75.53	75.13	74.73	74.33	73.93	73.53	73.13	72.73	72.33
-50	80.31	79.91	79.51	79.11	78.72	78.32	77.92	77.52	77.13	76.73	76.33
-40	84.27	83.88	83.48	83.08	82.69	82.29	81.89	81.50	81.10	80.70	80.31
-30	88.22	87.83	87.43	87.04	86.64	86.25	85.85	85.46	85.06	84.67	84.27
-20	92.16	91.77	91.37	90.93	90.59	90.19	89.80	89.40	89.01	88.62	88.22

（续）

温度/℃	0	1	2	3	4	5	6	7	8	9	10
	电阻值/Ω										
-10	96.09	95.69	95.30	94.91	94.52	94.12	93.73	93.34	92.95	92.55	92.16
0	100.00	100.39	100.78	101.17	101.56	101.95	102.34	102.73	103.12	103.51	103.90
10	103.90	104.29	104.68	105.07	105.46	105.85	106.24	106.63	107.02	107.40	107.79
20	107.79	108.18	108.75	108.96	109.35	109.73	110.12	110.51	110.90	111.28	111.67
30	111.67	112.06	112.45	112.83	113.22	113.61	114.99	114.38	114.77	115.15	115.54
40	115.54	115.93	116.31	116.70	117.08	117.47	117.85	118.24	118.62	119.01	119.40
50	119.40	119.78	120.16	120.55	120.93	121.32	121.70	122.09	122.47	122.86	123.24
60	123.24	123.62	124.01	124.39	124.77	125.16	125.54	125.92	126.31	126.69	127.07
70	127.07	127.45	127.84	128.22	128.60	128.98	129.37	129.75	130.13	130.51	130.89
80	130.89	131.27	131.66	132.04	132.42	132.80	133.18	133.56	133.94	134.32	134.70
90	134.70	135.08	135.46	135.84	136.22	136.60	136.98	137.36	137.74	138.12	138.50
100	138.50	138.88	139.26	139.64	140.02	140.39	140.77	141.15	141.53	141.91	142.29
110	142.29	142.66	143.04	143.42	143.80	144.17	144.55	144.93	145.31	145.68	146.06
120	146.06	146.44	146.81	147.19	147.57	147.94	148.32	148.70	149.07	149.45	149.82
130	149.82	150.20	150.57	150.95	151.33	151.70	152.08	152.45	152.83	153.20	153.58
140	153.58	153.95	154.32	154.70	155.07	155.45	155.82	156.19	156.57	156.94	157.31
150	157.31	157.69	158.06	158.43	158.81	159.18	159.55	159.93	160.30	160.67	161.04
160	161.04	161.42	161.79	162.16	162.53	162.90	163.27	163.65	164.02	164.39	164.76
170	164.76	165.13	165.50	165.87	166.24	166.61	166.98	167.35	167.72	168.09	168.46
180	168.46	168.83	169.20	169.57	169.94	170.31	170.68	171.05	171.42	171.79	172.16
190	172.16	172.53	172.90	173.26	173.63	174.00	174.37	174.74	175.10	175.47	175.84
200	175.84	176.21	176.57	176.94	177.31	177.68	178.04	178.41	178.78	179.14	179.51
210	179.51	179.88	180.24	180.61	180.97	181.34	181.71	182.07	182.44	182.80	183.17
220	183.17	183.53	183.90	184.26	184.63	184.99	185.36	185.72	186.09	186.45	186.82
230	186.32	187.18	187.54	187.91	188.27	188.63	189.00	189.36	189.72	190.09	190.45
240	190.45	190.81	191.18	191.54	191.90	192.26	192.63	192.99	193.35	193.71	194.07
250	194.07	194.44	194.80	195.16	195.52	195.88	196.24	196.60	196.96	197.33	197.69
260	197.69	198.05	198.41	198.77	199.13	199.49	199.85	200.21	200.57	200.93	201.29
270	201.29	201.65	202.01	202.36	202.72	203.08	203.44	203.80	204.16	204.52	204.88
280	204.88	205.23	205.59	205.95	206.31	206.67	207.02	207.38	207.74	208.10	208.45
290	208.45	208.81	209.17	209.52	209.88	210.24	210.59	210.95	211.31	211.66	212.02
300	212.02	212.37	212.73	213.09	213.44	213.80	214.15	214.51	214.86	215.22	215.57
310	215.57	215.93	216.28	216.64	217.99	217.35	217.70	218.05	218.41	218.76	219.12
320	219.12	219.47	219.82	220.18	220.53	220.88	221.24	221.59	221.94	222.29	222.65
330	222.65	223.00	223.35	223.70	224.06	224.41	224.76	225.11	225.46	225.81	226.17
340	226.17	226.52	226.87	227.22	227.57	227.92	228.27	228.62	228.97	229.32	229.67
350	229.62	230.02	230.42	230.82	231.22	231.62	232.02	232.42	232.82	233.22	233.62
360	233.17	233.52	233.87	234.22	234.56	234.91	235.26	235.61	235.96	236.31	236.65
370	236.65	237.00	237.35	237.70	238.04	238.39	238.74	239.09	239.45	239.78	240.13
380	240.13	240.47	240.82	241.17	241.51	241.86	242.20	242.55	242.90	243.24	243.59
390	243.59	243.93	244.28	244.62	244.97	245.31	245.66	246.00	246.35	246.69	247.04
400	247.04	247.38	247.73	248.07	248.41	248.76	249.10	249.45	249.79	250.13	250.48

（续）

温度/℃	0	1	2	3	4	5	6	7	8	9	10
	电阻值/Ω										
410	250.48	250.82	251.16	251.50	251.85	252.19	252.53	252.55	253.22	253.56	253.90
420	253.90	254.24	254.59	254.93	255.27	255.61	255.95	256.29	256.64	256.98	257.32
430	257.32	257.66	258.00	258.34	258.68	259.02	259.36	259.70	260.04	260.38	260.72
440	260.72	261.06	261.40	261.74	262.08	262.42	262.76	263.10	263.43	263.77	264.11
450	264.11	264.45	264.79	265.13	265.47	265.80	266.14	266.48	266.82	267.15	267.49
460	267.49	267.83	268.17	268.50	268.84	269.18	269.51	269.85	270.19	270.52	270.86
470	270.86	271.20	271.53	271.87	272.20	272.54	272.88	273.21	273.55	273.88	274.22
480	274.22	274.55	274.89	275.22	275.56	275.89	276.23	276.56	276.89	277.23	277.56
490	277.56	277.90	278.23	278.56	278.90	279.23	279.56	279.90	280.23	280.56	280.90
500	280.90	281.23	281.56	281.89	282.23	282.56	282.89	283.22	283.55	283.89	284.22
510	284.22	284.55	284.88	285.21	285.54	285.87	286.21	286.54	286.87	287.20	287.53
520	287.53	287.86	288.19	288.52	288.85	289.18	289.51	289.84	290.17	290.50	290.83
530	290.83	291.16	291.49	291.81	292.14	292.47	292.80	293.13	293.46	293.79	294.11
540	294.11	294.44	294.77	295.10	295.43	295.75	296.08	296.41	296.74	297.06	297.39
550	297.39	297.72	298.04	298.37	298.70	299.02	299.35	299.68	300.00	300.33	300.65
560	300.65	300.98	301.31	301.63	301.96	302.28	302.61	302.93	303.26	303.58	303.91
570	303.91	304.23	304.56	304.88	305.20	305.53	305.85	306.18	306.50	306.82	307.15
580	307.15	307.47	307.79	308.12	308.44	308.76	309.09	309.41	309.73	310.05	310.38
590	310.38	310.70	311.02	311.34	311.67	311.99	312.31	312.63	312.95	313.27	313.59
600	313.59	313.92	314.24	314.56	314.88	315.20	315.52	315.84	316.16	316.48	316.80
610	316.80	317.12	317.44	317.76	318.08	318.40	318.72	319.04	319.36	319.68	319.99
620	319.99	320.31	320.63	320.95	321.27	321.59	321.91	322.22	322.54	322.86	323.18
630	323.18	323.49	323.81	324.13	324.45	324.76	325.08	325.40	325.72	326.03	326.35
640	326.35	326.66	326.98	327.30	327.61	327.93	328.25	328.56	328.88	329.19	329.51
650	329.51	329.82	330.14	330.45	330.77	331.08	331.40	331.71	332.03	332.34	332.66
660	332.66	332.97	333.28	333.60	333.91	334.23	334.54	334.85	335.17	335.48	335.79
670	335.79	336.11	336.42	336.73	337.04	337.36	337.67	337.98	338.29	338.61	338.92
680	338.92	339.23	339.54	339.85	340.16	340.48	340.79	341.10	341.41	341.72	342.03
690	342.03	342.34	342.65	342.96	343.27	343.58	343.89	344.20	344.51	344.82	345.13
700	345.13	345.44	345.75	346.06	346.37	346.68	346.99	347.30	347.60	347.91	348.22
710	348.22	348.53	348.84	349.15	349.45	349.76	350.07	350.38	350.69	350.99	351.30
720	351.30	351.61	351.91	352.22	352.53	352.83	353.14	353.45	353.75	354.06	354.37
730	354.37	354.67	354.98	355.28	355.59	355.90	356.20	356.51	356.81	357.12	357.42
740	357.42	357.73	358.03	358.34	358.64	358.95	359.25	359.55	359.86	360.16	360.47
750	360.47	360.77	361.07	361.38	361.68	361.98	362.29	362.59	362.89	363.19	363.50
760	363.50	363.80	364.10	364.40	364.71	365.01	365.31	365.61	365.91	366.22	366.52
770	366.52	366.82	367.12	367.42	367.72	368.02	368.32	368.63	368.93	369.23	369.53
780	369.53	369.83	370.13	370.43	370.73	371.03	371.33	371.63	371.93	372.22	372.52
790	372.52	372.82	373.12	373.42	373.72	374.02	374.32	374.61	374.91	375.21	375.51
800	375.51	375.81	376.10	376.40	376.70	377.00	377.29	377.59	377.89	378.19	378.48

附录 D　Cu50 热电阻分度表

温度/℃	0	-1	-2	-3	-4	-5	-6	-7	-8	-9
	电阻值/Ω									
-40	41.400	41.184	40.969	40.753	40.537	40.322	40.106	39.890	39.674	39.458
-30	43.555	43.339	43.124	42.009	42.693	42.478	42.262	42.047	41.831	41.616
-20	45.706	45.491	45.276	45.061	44.846	44.631	44.416	44.200	43.985	43.770
-10	47.854	47.639	47.425	47.210	46.995	46.780	46.566	46.351	46.136	45.921
0	50.000	49.786	49.571	49.356	49.142	48.927	48.713	48.498	48.284	48.069

温度/℃	0	1	2	3	4	5	6	7	8	9
	电阻值/Ω									
0	50.000	50.214	50.429	50.643	50.858	51.072	51.386	51.505	51.715	51.929
10	52.144	52.358	52.572	52.786	53.000	53.215	53.429	53.643	53.857	54.071
20	54.285	54.500	54.714	51.928	55.142	55.356	55.570	55.784	55.988	56.071
30	56.426	56.640	56.854	57.068	57.282	57.496	57.710	57.924	58.137	58.351
40	58.565	58.779	58.993	59.207	59.421	59.635	59.848	60.062	60.276	60.490
50	60.704	60.918	61.132	61.345	61.559	61.773	61.987	62.201	62.415	62.628
60	62.842	63.056	63.270	63.484	63.698	63.911	64.125	64.339	64.553	64.767
70	64.981	65.194	65.408	65.622	65.836	66.050	66.246	66.478	66.692	66.906
80	67.120	67.333	67.547	67.761	67.975	68.189	68.403	68.617	68.831	69.045
90	69.259	69.473	69.687	69.901	70.115	70.329	70.544	70.726	70.972	71.186
100	71.400	71.614	72.828	72.042	72.257	72.471	72.685	72.899	73.114	73.328
110	73.542	73.751	73.971	74.185	74.400	74.614	74.828	75.043	75.258	75.472
120	75.686	75.901	76.115	76.330	76.545	76.759	76.974	77.189	77.404	77.618
130	77.833	78.048	78.263	78.477	78.692	78.907	79.122	79.337	79.552	79.767
140	79.982	80.197	80.412	80.627	80.834	81.058	81.273	81.788	81.704	81.919
150	82.134									

参考文献

[1] 郁有文，常健，程继红. 感器原理及工程应用［M］. 4版. 西安：西安电子科技大学出版社，2018.
[2] 张洪润，傅瑾新，吕泉，等. 传感器技术大全［M］. 北京：北京航空航天大学出版社，2007.
[3] 孙传友，等. 测控系统原理与设计［M］. 北京：北京航空航天大学出版社，2002.
[4] 刘君华. 现代检测技术与测试系统设计［M］. 西安：西安交通大学出版社，2001.
[5] 李军，等. 检测技术及仪表［M］. 北京：中国轻工业出版社，1989.
[6] 费业泰. 误差理论与数据处理［M］. 北京：机械工业出版社，1992.
[7] 樊尚春，等. 信号与测试技术［M］. 北京：北京航空航天大学出版社，2002.
[8] 周泽存，刘馨媛. 检测技术［M］. 北京：机械工业出版社，1993.
[9] 徐科军，等. 自动检测和仪表中的共性技术［M］. 北京：清华大学出版社，2000.
[10] 刘君华. 智能传感器系统［M］. 西安：西安电子科技大学出版社，1999.
[11] 楼然苗，李光飞. 单片机课程设计指导［M］. 北京：北京航空航天大学出版社，2007.
[12] 谭浩强. C语言程序设计［M］. 3版. 北京：清华大学出版社，2005.
[13] 姜志海，黄玉清，刘连鑫，等. 单片机原理及应用［M］. 北京：电子工业出版社，2007.
[14] 林凌，李刚，丁茹，等. 新型单片机接口器件与技术［M］. 西安：西安电子科技大学出版社，2005.
[15] 周润景，袁伟亭. 基于PROTEUS的ARM虚拟开发技术［M］. 北京：北京航空航天大学出版社，2007.
[16] 中华人民共和国国家质量监督检验检疫总局，中国国家标准化管理委员会. 传感器通用术语：GB/T 7665—2005［S］. 北京：中国标准出版社，2005.
[17] 王俊杰. 检测技术与仪表［M］. 武汉：武汉理工大学出版社，2002.
[18] 宋文绪，杨帆，等. 传感器与检测技术［M］. 北京：高等教育出版社，2004.
[19] 孙传友，翁惠辉，施文康. 现代检测技术及仪表［M］. 北京：高等教育出版社，2006.
[20] 孙传友，孙晓斌. 感测技术基础［M］. 2版. 北京：电子工业出版社，2006.
[21] 许大才. 机械量测量仪表［M］. 北京：机械工业出版社，1980.
[22] 徐文泉. 现代测试技术［M］. 上海：上海科学技术文献出版社，1986.
[23] 肖景和. 集成运算放大器应用精粹［M］. 北京：人民邮电出版社，2006.
[24] 国家质量监督检验检疫总局. 流量计量名词术语及定义：JJF 1004—2004［S］. 北京：中国计量出版社，2004.
[25] 贺良华. 现代检测技术［M］. 武汉：华中科技大学出版社，2008.
[26] 李登超. 参数检测与自动控制［M］. 北京：冶金工业出版社，2004.
[27] 刘焕彬. 制浆造纸过程自动测量与控制［M］. 2版. 北京：中国轻工业出版社，2009.
[28] 张华，赵文柱. 热工测量仪表［M］. 3版. 北京：冶金工业出版社，2006.
[29] 吴九辅. 现代工程检测及仪表［M］. 北京：石油工业出版社，2004.
[30] 王克华，张继峰. 石油仪表及自动化［M］. 北京：石油工业出版社，2006.
[31] 国家质量监督检验检疫总局. 压力计量名词术语及定义：JJF_ 1008—2008［S］. 北京：中国计量出版社，2008.
[32] 施文康，余晓芬. 检测技术［M］. 北京：机械工业出版社，2005.
[33] 柳昌庆，刘玠. 测试技术与实验方法［M］. 徐州：中国矿业大学出版社，1997.
[34] 李瑜芳. 传感器原理及其应用［M］. 2版. 成都：电子科技大学出版社，2008.